江苏省"九五"哲学社会科学规划重点工程项目

教育部"九五"教育规划重点项目

中共江苏省委宣传部2000年度哲学社会科学

专项基金资助项目

伦理精神的
价值生态

樊浩 著

中国社会科学出版社

图书在版编目（CIP）数据

伦理精神的价值生态／樊浩著．—北京：中国社会科学出版社，
2017.12（2019.5 重印）
ISBN 978 - 7 - 5004 - 3134 - 3

Ⅰ.①伦…　Ⅱ.①樊…　Ⅲ.①伦理学—思想史—研究—世界
Ⅳ.①B82 - 091

中国版本图书馆 CIP 数据核字（2019）第 053504 号

出 版 人	赵剑英
责任编辑	张　林　齐　芳
责任校对	韩海超
责任印制	戴　宽

出　　　版	中国社会科学出版社
社　　　址	北京鼓楼西大街甲 158 号
邮　　　编	100720
网　　　址	http://www.csspw.cn
发 行 部	010 - 84083685
门 市 部	010 - 84029450
经　　　销	新华书店及其他书店

印刷装订	北京君升印刷有限公司
版　　　次	2017 年 12 月第 1 版
印　　　次	2019 年 5 月第 2 次印刷

开　　　本	710 × 1000　1/16
印　　　张	26.25
字　　　数	415 千字
定　　　价	138.00 元

樊浩，本名樊和平。男，1959年9月8日生，江苏省泰兴市人。教育部长江学者特聘教授（2007），东南大学资深教授，校学术委员会副主任，人文社会科学学部主任，道德发展研究院院长；江苏省社会科学院副院长；北京大学世界伦理中心副主任（主任为杜维明教授），资深研究员。英国牛津大学高级访问学者，伦敦国王学院访问教授。1992年被破格晋升为教授，成为当时全国最年轻的哲学伦理学教授。国家"万人计划"首批人文社会科学领军人才，中宣部"四个一批"人才暨"全国文化名家"；教育部社会科学委员会哲学学部委员，教育部高校哲学教学指导委员会副主任，国家教材局专家委员会委员，中国伦理学会名誉副会长；江苏省社科名家，江苏省中青年首席科学家、"333工程"第一层次（院士级）专家。江苏省"公民道德与社会风尚'2011'协同创新中心"、江苏省"道德发展高端智库"首席专家兼总召集人。第八、九、十届江苏省政协委员。

出版个人独立专著14部，合著多部，在《中国社会科学》等独立发表论文260多篇。成果获全国、教育部、江苏省优秀哲学社会科学一等奖5项，二等奖8项。作为首席专家主持国家重大招标项目2项，其他国家和省部级重大、重点和一般项目二十多项。代表作有：独立专著"中国伦理精神三部曲"——《中国伦理的精神》（22万字，1990，1995），《中国伦理精神的历史建构》（38万字，1992，1994），《中国伦理精神的现代建构》（60万字，1997）；独立专著"道德形而上学三部曲"——《伦理精神的价值生态》（42万字，2001，2007），《道德形而上学体系的精神哲学基础》（57万字，2006），《伦理道德的精神哲学形态》（55万字，2017）；以及作为首席专家的合著"道德国情三部曲"《中国伦理道德报告》（94万字，2010），《中国大众意识形态报告》（105万字，2010），《中国伦理道德发展数据库》和《中国伦理道德发展报告》（一千多万字，2018）。

总　序

　　东南大学的伦理学科的起步于20世纪80年代前期，由著名哲学家、伦理学家萧焜焘教授、王育殊教授创立，90年代初开始组建一支由青年博士构成的年轻的学科梯队；至90年代中期，这个团队基本实现了博士化。在学界前辈和各界朋友的关爱与支持下，东南大学的伦理学科得到了较大的发展。自20世纪末以来，我本人和我们团队的同仁一直在思考和探索一个问题：我们这个团队应当和可能为中国伦理学事业的发展作出怎样的贡献？换言之，东南大学的伦理学科应当形成和建立什么样的特色？我们很明白，没有特色的学术，其贡献总是有限的。2005年，我们的伦理学科被批准为"985工程"国家哲学社会科学创新基地，这个历史性的跃进推动了我们对这个问题的思考。经过认真讨论并向学界前辈和同仁求教，我们将自己的学科特色和学术贡献点定位于三个方面：道德哲学，科技伦理，重大应用。

　　以道德哲学为第一建设方向的定位基于这样的认识：伦理学在一级学科上属于哲学，其研究及其成果必须具有充分的哲学基础和足够的哲学含量；当今中国伦理学和道德哲学的诸多理论和现实课题必须在道德哲学的层面探讨和解决。道德哲学研究立志并致力于道德哲学的一些重大乃至尖端性的理论课题的探讨。在这个被称为"后哲学"的时代，伦理学研究中这种对哲学的执著、眷念和回归，着实是一种"明知不可为而为之"之举，但我们坚信，它是我们这个时代稀缺的学术资源和学术努力。科技伦理的定位是依据我们这个团队的历史传统、东南大学的学科生态，以及对伦理道德发展的新前沿而作出的判断和谋划。东南大学最早的研究生培养方向就是"科学伦理学"，当年我本人就在这个方向下学习和研究；而东南大学以科学技术为主体、文管艺医综合发展的学科生态，也使我们这些90年代初成长起来的"新生代"再次认识到，选择科技伦理为学科生长点是明智之举。如果说道德哲学与科技伦理的定位与我们的学科传统有关，那么，重大应用的定位就是基于对伦理学的现实本性以及为中国伦理道德建设作出贡献的愿望和抱负而作出的选择。定位"重大应用"而不是一般的"应用伦理学"，昭明我们在这方面有所为也有所不为，只是试图在伦理学应用的某些重大方面和重大领域进行我们的努力。

　　基于以上定位，在"985 工程"建设中，我们决定进行系列研究并在长期积累的基础上严肃而审慎地推出以"东大伦理"为标识的学术成果。"东大伦理"取名于两种考虑：这些系列成果的作者主要是东南大学伦理学团队的成员，有的系列也包括东南大学培养的伦理学博士生的优秀博士论文；更深刻的原因是，我们希望并努力使这些成果具有某种特色，以为中国伦理学事业的发展作出自己的贡献。"东大伦理"由五个系列构成：道德哲学研究系列；科技伦理研究系列；重大应用研究系列；与以上三个结构相关的译著系列；还有以丛刊形式出现并在 20 世纪 90 年代已经创刊的《伦理研究》专辑系列，该丛刊同样围绕三大定位组稿和出版。

　　"道德哲学系列"的基本结构是"两史一论"。即道德哲学基本理论；中国道德哲学；外国道德哲学。道德哲学理论的研究基础，不仅在概念上将"伦理"与"道德"相区分，而且从一定意义上将伦理学、道德哲学、道德形而上学相区分。这些区分某种意义上回归到德国古典哲学的传统，但它更深刻地与中国道德哲学传统相契合。在这个被宣布"哲学终结"的时代，深入而细致、精致而宏大的哲学研究反倒是必须而稀缺的，虽然那个"致广大、尽精微、综罗百代"的"朱熹气象"在中国几乎已经一去不返，但这并不代表我们今天的学术已经不再需要深刻、精致和宏大气魄。中国道德哲学史、外国道德哲学史研究的理念基础，是将道德哲学史当作"哲学的历史"，而不只是道德哲学"原始的历史"、"反省的历史"，它致力探索和发现中外道德哲学传统中那些具有"永远的现实性"精神内涵，并在哲学的层面进行中外道德传统的对话与互释。专门史与通史，将是道德哲学史研究的两个基本纬度，马克思主义的历史辩证法是其灵魂与方法。

　　"科技伦理系列"的学术风格与"道德哲学系列"相接并一致，它同样包括两个研究结构。第一个研究结构是科技道德哲学研究，它不是一般的科技伦理学，而是从哲学的层面、用哲学的方法进行科技伦理的理论建构和学术研究，故名之"科技道德哲学"而不是"科技伦理学"；第二个研究结构是当代科技前沿的伦理问题研究，如基因伦理研究、网络伦理研究、生命伦理研究等等。第一个结构的学术任务是理论建构，第二个结构的学术任务是问题探讨，由此形成理论研究与现实研究之间的互补与互动。

"重大应用系列"以目前我作为首席专家的国家哲学社会科学重大招标课题和江苏省哲学社会科学重大委托课题为起步，以调查研究和对策研究为重点。目前我们正组织四个方面的大调查，即当今中国社会的伦理关系大调查；道德生活大调查；伦理—道德素质大调查；伦理—道德发展状况及其趋向大调查。我们的目标和任务，是努力了解和把握当今中国伦理道德的真实状况，在此基础上进行理论推进和理论创新，为中国伦理道德建设提出具有战略意义和创新意义的对策思路。这就是我们对"重大应用"的诠释和理解，今后我们将沿着这个方向走下去，并贡献出团队和个人的研究成果。

"译著系列"、《伦理研究》丛刊，将围绕以上三个结构展开。我们试图进行的努力是：这两个系列将以学术交流，包括团队成员对国外著名大学、著名学术机构、著名学者的访问，以及高层次的国际国内学术会议为基础，以"我们正在做的事情"为主题和主线，由此凝聚自己的资源和努力。

马克思曾经说过，历史只能提出自己能够完成的任务，因为任务的提出表明完成任务的条件已经具备或正在具备。也许，我们提出的是一个自己难以完成或不能完成的任务，因为我们完成任务的条件尤其是我本人和我们这支团队的学术资质方面的条件还远没有具备。我们期图通过漫漫求索乃至几代人的努力，建立起以道德哲学、科技伦理、重大应用为三元色的"东大伦理"的学术标识。这个计划所展示的，与其说是某些学术成果，不如说是我们这个团队的成员为中国伦理学事业贡献自己努力的抱负和愿望。我们无法预测结果，因为哲人罗素早就告诫，没有发生的事情是无法预料的；我们甚至没有足够的信心展望未来；我们唯一可以昭告和承诺的是：

我们正在努力！

我们将永远努力！

樊　浩

谨识于东南大学"舌在谷"

2006 年 9 月 8 日

"伦理精神"及其"价值生态"

本书 2001 年初版后，一些朋友感到"伦理精神的价值生态"书名的语义和立意有点费解。自我反思，虽然构成这个书名原素的四个单元概念，即"伦理""精神""价值""生态"都极为普通和熟知，但循序将前后两组概念嫁接而形成的两个核心概念，即"伦理精神"与"价值生态"，尤其是由这两个核心概念的逻辑关联所形成的"伦理精神的价值生态"的命题和主题，却可能由于概念移植而不易理解。美国著名学者丹尼尔·贝尔在 30 年前就引用塞缪尔·约翰逊的话道破当代人的阅读习惯："任何一个精神健全者都不会从头至尾读完一本书。"① 可以想见，在这样的阅读风尚下，如果某人对一本标题压根就折磨人的书感兴趣并且竟然将它读完，那么，这个人不是超人，便是不幸患上读书强迫症而残忍地自虐，至少在当代人的眼里可能如此。为了便于与读者沟通和珍惜已经变得十分稀有并且可能越来越稀有的阅读资源，也为使本书不至于沦为"让老鼠的牙齿去批判"的厄运，在再版时便有必要对这个书名做些解释和诠释。

"伦理精神""价值生态"的概念和理念，以及由它们所形成的"伦理精神的价值生态"的命题和主题，生成和发展于本人的学术成长中，必须在本人以前的学术研究和学术思想发展的整个进程中诠释和理解。

1. "伦理"与"精神"

"伦理精神"是书名的第一个核心概念，它由"伦理"与"精神"

---

① 丹尼尔·贝尔：《资本主义文化矛盾》，赵一凡、蒲隆译，生活·读书·新知三联书店 1989 年版，第 20 页。

两个概念原素构成。

虽然自己的学术研究经历并不很长，但我已经记不清"伦理精神"这个概念最初如何在思想中生成。可以肯定的是，它是以往我在伦理研究方面最基本、最具学术个性、乃至最有学术代表性的概念之一。作为道德哲学概念，它的第一次出现，是在我的硕士论文《〈四书〉伦理精神与民族道德现代化道路的选择》一文中。但在初期的研究包括硕士论文中，并未对"伦理精神"这个概念进行明确而严格的规定，可以说它的使用主要是基于一种学术直觉乃至学术偏好，其学术基础主要是：（1）"伦理"与"道德"的概念区分；（2）"精神"的辩证性质。应该说，这个概念最初被直觉甚至可以说是被本能地使用，主要是在本科和硕士阶段学习中受萧昆焘先生授课和萧先生对我们进行的哲学训练的影响。不过，它一旦被使用，便在相当时期成为自己在学术研究中具有学术标识意义的基本概念，并在学术进展中不断展开和推进。

1988—1997 年这十年间，我完成了一项重要的学术研究工程，这就是出版了 120 多万字的个人专著"中国伦理精神三部曲"——《中国伦理的精神》（22 万字，河海大学出版社 1990 年版，台湾五南图书出版公司 1995 年版）、《中国伦理精神的历史建构》（37 万字，江苏人民出版社 1992 年版，台湾文史哲学出版社 1995 年版）、《中国伦理精神的现代建构》（60 万字，江苏人民出版社 1997 年版）。从书名中便可发现，三部曲的核心概念和主题就是"伦理精神"，但对这一概念的学术自觉却是在三部曲的研究进程中。

对于"伦理精神"的概念考察起始于《中国伦理的精神》。初期的把握显然是朦胧和粗糙的，但却为后来对这一概念的坚持埋下了理性的种子和根据。在这本书的绪论部分有一页左右的篇幅试图解释和规定这个概念，其中三方面的认知对后来的学术发展具有基础性意义。第一，将"伦理"与"道德"在概念上相区分，将"伦理"区分为客观伦理（"人际关系和秩序"）、主观伦理（"人伦原理"）和现实伦理（"道德"）三个方面。显而易见，将"道德"直接包含于"伦理"之中，并作为伦理的一个环节，虽有一定道理，但却潜在着逻辑矛盾。第二，根据黑格尔的理论（注：此书中并未明确说明是根据黑格尔的理论，直接的学术资源实际上是萧昆焘先生的授课，以及自己的学习心得），将"精神"诠释为"理性与实在的统一"，认为精神比理性更实在，因为"它具有行动的意义"。第三,同样是根据萧先生的观点,申言"民族是伦理的实体,伦理是民族的精神"。① 这个命题在道德哲学上将伦理、民族、精神这三个概念贯通一体,为"伦理精神"、"中国伦理精神"概念的确立提供了哲学基础。

《中国伦理精神的历史建构》将《中国伦理的精神》中关于"伦理精神"的概念诠释中许多引而未发的观点加以阐发,并根据自己当时的学力对它尽可能地进行比较严格和细致的哲学考察,虽然这个考察是思辩性的。在这本书的长篇绪论中,我对"伦理"、"精神"、"伦理精神"的概念进行了具体规定。其进展也有三方面。第一,更明确地提出,"中国的'伦理'二字,至少包括三层含义:(1)人伦,此为客观伦理。……(2)人伦之理,此为主观伦理。……(3)伦份,此为现实伦理。"认为"'伦理'至少内在地具有三个方面的特点。第一,区别与秩序是伦理的第一要义。……第二,它是人际关系的法则和原理,是人际关系、社会关系的组织建构原理。……第三,伦理以人性,确切地说以善之人性为前提。"② 应该说,这些理解比《中国伦理的精神》具体了些,相对来说也准确了点。第二,初步也是第一次建构了一个"伦—理—道—德—得"的概念分析和概念诠释系统,得出结论:"伦理"的真谛是"人理","道德"的真谛是"得道"。第三,已经意识到并开始指出"精神"概念的辩证性与民族性。"在中国文化中,精神是一个十分复杂的概念。一方面,它是内在的理性与外在的气质的统一,内在的要义精华与外在的风格表现的结合就构成了它的内涵。另一方面,精神往往又心灵、灵魂等词同义,具有自身运动的特点。"自我运动、自我生长是精神的辩证本性。应该说,对"精神"的这种把握当时还十分模糊,乃至是非概念和非哲学的,但在这里,已经将"伦理精神"与"道德精神"相区分。"伦理精神与道德精神是有区别的。伦理精神是社会的人伦精神而不是个体的德性精神或人格精神;伦理精神是社会生活内在秩序的精神,道德精神是个体内在生命秩序的精神;伦理精神是社会生活秩序的精神,道德精神是个体意志选择的精神。前者追求的是社会生活的和谐,后者追求的是主体自觉、精神

---

① 以上参见樊和平《中国伦理的精神》,台湾五南图书出版公司1995年版,第8—9页。此书初版于1990年河海大学出版社。

② 樊浩:《中国伦理精神的历史建构》,江苏人民出版社1992年版,第21—23页。

的实现、人格的价值。"① 这些论述显然也是在反思、说服、论证自己：为什么研究和使用的核心概念是"伦理精神"而不是"道德精神"。

《中国伦理精神的现代建构》直接运用前两本书关于"伦理精神"的概念成果，它为这个概念的确立所做的新贡献，就是更为系统地论述了在《中国伦理精神的历史建构》中已经提出的"伦—理—道—德—得"的概念发展的辩证过程，详细阐发了"伦理"—"道德"也是"伦理精神"概念发展的五个要素与四个过程，从而使"伦理"与"道德"不仅在概念上相互区分，而且在文化本性上融为一体，真正成为一种有机的"精神"。② 这一努力非常重要，其学术意义在于：（1）只有通过这种阐发与展开，对"伦理""道德"的概念把握才真正走出思辩性的抽象，初步达到概念本性方面的辩证和具体，也才能将"伦理"与"精神"的概念在哲学的层面相链接并融为一体，由"伦理""精神"，达到"伦理精神"；（2）它将"伦—理—道—德—得"作为伦理精神的"文化生态"，不仅赋予伦理和伦理精神以民族的本性，而且在逻辑上和学术推进的实际进程中，将"伦理精神"与"生态"的概念相关联，为"价值生态"概念的生成提供了逻辑基础和思想准备。在这个意义上，"生态"和"伦理精神"的"价值生态"概念的学术萌芽和学术准备在《中国伦理精神的历史建构》中就已经开始，当然无论在主观还是客观上，它都是潜在的和不自觉的，只是一种逻辑可能。

《伦理精神的价值生态》中对"伦理精神"概念的理解和规定基本上沿着以上思路和进程，只是更为简洁或简约。应当注意的是，这本书讨论的问题，已经不是或不只是"中国伦理精神"，而是"伦理精神"，它所透露的学术信息是：在自己的学术进程中，它比起前三部曲更具有某种哲学方法论的意义。正因为如此，对"伦理精神"的概念分析和概念把握也具有更重要的学术意义。什么是"伦理"？在道德哲学的意义上，"伦理"具有以下重要的概念规定。（1）"伦理是一种本性上普遍的东西"，这种"本性上普遍的东西"就是（单个）人的"共体"或公共本质。伦理关系的内核是人伦关系，人伦关系的哲学本质不是人与人的关系或所谓"人际关系"，而是"人"与"伦"即个体与他的共体或公共本质的关

① 樊浩：《中国伦理精神的历史建构》，江苏人民出版社1992年版，第29—30页。
② 参见樊浩《中国伦理精神的现代建构》，江苏人民出版社1997年版，第294—310页。

系；伦理行为也不是个体的或偶然的行为，而是整个的和普遍的，"伦理行为的内容必须是实体性的，换句话说，必须是整个的和普遍的；因为伦理行为所关涉的只能是整个的个体，或者说只能是其本本身是普遍物的那种个体。"① （2）伦理性的共体或公共本质的基本形态是家庭与民族，家庭与民族是两个最基本的伦理实体。家庭是自然的和直接的伦理实体，家庭伦理关系的本质不是家庭成员之间的关系，而是个别性的家庭成员与家庭整体之间的关系。"因为伦理是一种本性上普遍的东西，所以家庭成员之间的伦理关系不是情感关系或爱的关系。在这里，我们似乎必须把伦理设定为个别的家庭成员对其作为实体的家庭之间的关系，这样，个别家庭成员的行动和现实才能以家庭为其目的和内容。"② 在家庭和民族的伦理实体中，个体的伦理存在的现实性是"家庭成员"与"民族公民"。虽然家庭是直接和自然的伦理实体，但只有民族中，个体才真正具有伦理的现实性。"因为一个人只作为公民才是现实的和有实体的，所以如果他不是一个公民而是属于家庭的，他就仅只是一个非现实的无实体的阴影。"③ （3）根据伦理实体的两种形态，便存在两大伦理规律，即所谓"神的规律"与"人的规律"，它们分别对应家庭伦理关系与民族伦理关系。用中国道德哲学的话语表述，这两大伦理规律便是所谓"天道"与"人道"，两大伦理关系便是所谓"天伦"与"人伦"。 （4）在法哲学与现象学的体系中，"伦理"与"道德"的地位是不同的。在黑格尔精神现象学的体系中，"伦理"是"真实的精神"，处于客观精神发展的第一个环节；"道德"是扬弃异化后"对其自身具有确定性的精神"，处于客观精神发展的最高阶段。而在法哲学体系中，"道德"是"主观意志的法"，是"法"的否定性环节；"伦理"是"客观意志的法"，是"法"的否定之否定环节。但是，"伦理"作为普遍性和普遍物的本质是同一的，"伦理"—"道德"辩证发展的本性是同一的，二者的区别源于：现象学以意识为考察对象，法哲学以意志为考察对象。在法哲学意义上，"伦理是它概念中的意志和单个人的意志即主观意志的统一。""伦理性的规定就是个人的实体性或普遍本质。"④

① 黑格尔：《精神现象学》下卷，贺麟、王玖兴译，商务印书馆1996年版，第8—9页。
② 同上书，第8—9页。
③ 同上书，第10页。
④ 黑格尔：《法哲学原理》，范扬、张企泰译，商务印书馆1996年版，第43、105页。

　　"精神"是与"伦理"在道德哲学本性上相通甚至同一的概念。
(1)"精神"是体现中国道德哲学的民族特性的话语,也是伦理道德的哲
学本质。在中国传统哲学和德国古典哲学中,"精神"是包括理智、意
志、人的整个心灵和道德的存在。在德国古典哲学尤其是黑格尔哲学中,
"Geist"(即精神)中意志的成分往往高于理智。"精神"不仅是体现伦
理道德的民族特性的中国道德哲学概念,而且在哲学本性上,伦理道德的
本质不是理性,乃至不是所谓"实践理性",而是"精神"。在康德哲学
体系中,虽然道德属于"实践理性",但在现实中实践理性并不只是道
德。就《纯粹理性批判》与《实践理性批判》的关系而言,"实践理性批
判"的任务,是证明纯粹理性的"实践能力",道德作为纯粹理性的"实
践能力"的确证,哲学地包含于"纯粹理性"之中,但并不能由此反证
伦理道德就是、只是"实践理性",也不能将二者简单同一,事实上,经
济理性、技术理性等也都是"实践理性"。伦理道德的哲学本性是"精
神",而不是"实践理性"。"精神"高于"理性",是理性与它的现实的
统一。在黑格尔所描绘的精神世界的辩证发展中,精神是理性与"它的
世界"的统一。"当理性之确信其自身即是一切实在这一确定性已上升为
真理性,亦即理性已经意识到它的自身即是它的世界、它的世界即是它自
身时,理性就成了精神。"①(2)"精神"本身是一个道德哲学概念,它
概念地包含着伦理与道德,在黑格尔体系中,伦理是"真实的精神",道
德是"对其自身具有确定性的精神"。伦理、伦理世界与精神直接同一。
"当它处于直接的真理性状态时,精神乃是一个民族——这个民族的个体
是一个世界——的伦理生活。""活的伦理世界就是在其真理性中的精
神。"②伦理、精神、民族三者之间的同一性,如果用一句话表述,那就
是:民族是伦理的实体,伦理是民族的精神。(3)伦理是"本性上普遍
的东西",精神的伦理本性和道德哲学意义在于它是"单一物与普遍物的
统一"。"在考察伦理时永远只有两种观点可能:或者从实体出发,或者
原子式地进行探讨,即以单个的人为基础而逐渐提高。后一种观点是没有
精神的,因为它只能做到集合并列,但精神不是单一的东西,而是单一物

---

　　①　黑格尔:《精神现象学》下卷,贺麟、王玖兴译,商务印书馆1996年版,第1页。
　　②　同上书,第4页。

和普遍物的统一。"① 伦理是普遍物、实体或公共本质，个体达到自己的公共本质或实体，必须也只能透过精神，因为精神的辩证本质既不是单一物，也不普遍物，而单一物与普遍物的统一。正因为如此，精神才使伦理具有现实性与辩证性。（4）由于"精神"与"伦理""民族"概念地存在着内在的同一性，因此，它不仅是道德哲学的概念，而且是体现中国道德哲学的民族性的概念，既是伦理的"精神"，也是民族的"精神"。"伦理性的实体包含着同自己概念合一的自为地存在的自我意识，它是家庭和民族的现实精神。"②

由于"伦理"在概念本性上所具有的普遍性、具体性与辩证性，所以"伦理精神"比"道德精神"在理论上具有更大的解释力、表达力和涵摄度；在实践上也具有更大的合理性与现实性。"伦理精神"在道德哲学的层面概念地解决了三大问题。（1）"伦理"与"精神"在概念上的相通性与同一性；（2）"精神"与"伦理"的概念关联，以"精神"诠释"伦理"，逻辑地辩证了伦理道德的哲学本性（是"精神"而不是"实践理性"），历史地解决了伦理道德的民族性，尤其是中国道德哲学的民族性与民族特色问题；（3）"精神"概念地回答和解决了如何达到伦理，伦理如何实现、伦理如何具有现实性的问题。基于这些理由，"伦理精神"不仅是《伦理精神的价值生态》一书，而且也是本人以往研究中的最为基本、最有个性特点的核心概念。需要申言的是，以上对"伦理精神"的这些概念分析，包含了本人近年来即《伦理精神的价值生态》出版以后的一些研究心得，还不能说在写这本书时已经达到了如此程度的概念把握。

2. "生态"与"价值生态"

"生态"本是一个熟知并被广泛使用的概念，但它一旦与"价值"嫁接，形成"价值生态"，便因概念移植而有待诠释，也需要进行道德哲学上的推进。

生态无疑原本是生态学的概念，但因其在价值属性和概念内涵方面可能被延展的广泛的哲学意义，它已经被嫁接和移植到其它学科，在学科交

---

① 黑格尔：《法哲学原理》，范扬、张企泰译，商务印书馆1996年版，第173页。

② 同上。

叉中形成一些新的概念和新的研究领域，如政治生态、社会生态等。在以前的研究中，我并没有专门研究生态学的问题，乃至没有专门研究生态伦理的问题，20世纪90年代中后期，我着力关注和思考的是"伦理生态"，而不是"生态伦理"，也正是因为思考和研究"伦理生态"的需要，在《伦理精神的价值生态》，准确地说在形成和论证"伦理生态""价值生态"概念的过程中，我开始对"生态"的概念发展史进行考察和研究。而"伦理生态"思想的萌发，或者说将"生态"与"伦理"、"生态"与"价值"相嫁接，使之成为一个道德哲学而不只是生态哲学的概念，则同样是自己学术思想和学术研究方法论演变和发展的自然结果。

在《中国伦理精神的现代建构》一书以前，我极少使用"生态"一词，但"伦理生态""价值生态"中"生态"概念所内在准确说被赋予的道德哲学意义，在第一部专著即《中国伦理的精神》中已经开始生成。在这部书中，我对中国伦理精神有一个特殊的分析和把握方法，即将中国传统伦理史上所出现的那些主要的并成为"传统"的思潮和流派，都当作中国伦理精神有机体系中的必要和必然的结构，在中国伦理精神自我运动、辩证发展的历史过程中进行把握和分析。这部书的主题不是介绍中国伦理史上的各种学派学说和思想，而是提出并试图回答一个问题：中国传统伦理为什么在诞生了儒家的同时就诞生了道家？儒家与道家为何是中国传统文化、传统伦理的一对孪生儿？中国传统伦理精神为何需要佛家伦理才得以最后完成自己的历史建构？我的结论是：中国传统伦理精神是以儒家为主体、道佛为两翼的三维结构的有机体系。儒道佛的三位一体，使中国人的伦理精神具有了三角形的稳定性，使中国人在任何境遇下都不会丧失安身命的基地。中国传统伦理精神的历史形态是"自给自足"，儒道佛三位一体造就了中国传统伦理精神既"自给"又"自足"内在生态平衡。这本书中虽无"生态"之词，但无论在方法还是在意义内涵方面，"伦理生态"的思想已经萌发。

在"伦理生态"思想初期萌生的过程中，另一个概念和思想也具有学术基因的意义，这就是"文化设计"和"文化有机体"的思想和观点。"中国伦理精神三部曲"的共同特点都是从文化尤其从传统文化的分析切入，对中国伦理进行主体的和精神的把握。选择这个切入点的学术前提是："文化"就是"人化"；"伦理"就是"人理"；"人理"必须在"人化"的体系和进程中考察与把握。从文化出发而不是从"社会存在"出发进行传统伦理的诠释和研究，潜在的考虑是试图进行某种研究方法方面的突破和创新，这种突破的真义不是回避更不是否认历史唯物主义的方法论前提，而是试图在这个前提下，从对伦理精神生成最为直接的文化传统和文化体系入手进行分析和把握，是在既有的历史分析成果的基础上突出文化分析的意义。当然，当这种分析视角形成一种比较稳定的方法论特征时，本人的伦理学研究也具有某种"文化伦理学"的特点。也正因为如此，在撰写《中国伦理的精神》一书的同时，我便开设《中西文化与文化》课程，并在《中国伦理精神的历史建构》一书完成不久，便出版了《文化撞击与文化战略》（河北人民出版社 1994 年版）。在这两本书中，我提出了"文化设计"和"文化有机体"的观点和理念，这两个理念是后来道德哲学意义上"生态"概念的刍形，对"伦理生态"和"价值生态"概念的形成起到奠基和催生作用。

《中国伦理精神的历史建构》对"生态"概念的演进和提升主要在于：运用《中国伦理的精神》中关于"自给自足的三维结构"的理论框架，对中国传统伦理精神的辩证运动和辩证发展进行历史建构，并且进一步提出，中国传统伦理精神是儒道佛三位一体的自给自足的自然伦理，它与中国传统社会自给自足的自然经济相匹合，并且构成有机生态。这一观点和思想为"伦理生态"理念和概念的最后生成埋下了学术思想上的伏笔，至少作了学术上的铺垫，虽然它们同样都是不自觉的。

"生态"概念、"生态"与"伦理"嫁接形成"伦理生态"的概念，开始于《中国伦理精神的现代建构》。"伦理生态"事实上是这部 60 万字专著的核心概念，也是对中国伦理精神进行现代建构的最基本的思路。所以该书出版后，《光明日报》曾以"伦理生态的建构"为题进行评论。就我掌握的信息，这是当时国内学术界第一次提出和使用"伦理生态"的概念。

在概念发展中，如果说由"自给自足的三维结构"、"文化设计"的有机性思想向"生态"、"伦理生态"的演进，是第一次转折，那么，由"伦理生态"向"价值生态"的演进，则是第二次学术转折。"价值生态"显然比"伦理生态"具有更为广泛的哲学内涵和更为普遍的哲学意义。正如《伦理精神的价值生态》的后记中所说明的那样，这本书的初衷本是修改和修订《中国伦理精神的现代建构》，但结果却变成后者的重写和续写，续写的重要标志之一，就是主题词和核心概念将"中国伦理精神"推扩为"伦理精神";将"伦理生态"推扩为"价值生态"。

《伦理精神的价值生态》对"生态"如何、为何成为道德哲学的概念问题进行了比较仔细的讨论。它所提出的问题是:20世纪人类最重要的觉悟是生态觉悟,"生态觉悟到底只是技术文明的觉悟还是整个人类文明的觉悟?更深层次的内涵是:生态觉悟是人与自然关系的价值觉悟还是人类价值方法和价值观的觉悟?从伦理学的视野考察,生态伦理是人与自然的价值关系的觉悟,还是整个人类价值观的觉悟?"① 生态概念、生态理念自创生起,已经经历了两次重大跃进。1866年,当恩斯特·海克尔首先使用生态学这一概念时,它只是作为一个生物学的范畴,被当作"研究生物体同外部世界关系的科学。"自1962年美国作家拉海尔·卡尔松《寂静的春天》出版后,生态学才运用到人与自然关系的意义上,获得了文化价值的意义。此后,"生态"便被演绎为20世纪后期的最重要的文明价值与文化价值之一,以至于后现代主义者托马斯·伯里预言后现代文明时代应当是"生态时代"。② 在20世纪末至21世纪初的学术研究中,"生态"概念也开始走出生态学,与人文社会科学的其他学科概念联姻,出现"政治生态"、"社会生态",乃至"教育生态"等话语。从生物学的概念到人与自然关系的概念,这是"生态"概念和"生态"理念发展中的第一次跃进;从人与自然关系的概念与理念到向整个人类文明的渗透与提升,这是"生态"概念与"生态"理念发展中的第二次跃进。但是,第二次跃进还刚刚开始,甚至才刚刚露出端倪,在学术上尤其是概念确立方面的奠基性工作还没有进行,更没有完成。本书立论的逻辑与历史出发点是:20世纪的生态觉悟,不只是人与自然关系的觉悟,而且是整个人类文明的觉悟。"生态觉悟的实质不只是对人与自然关系的反省,而且更深刻的是对世界的合理秩序、对人在世界中的地位、对人的行为合理性的反省。"③ 生态觉悟要真正自觉地成为"整个人类文明的觉悟",在学术上必须完成两大工程:第一,将人与自然关系的生态理念上升为一种普遍的哲学智慧,形成生态哲学;第二,将生态智慧或生态哲学落实为一种世界观、价值观和方法论。第一项工程汉斯·萨克塞的《生态哲学》已经开

---

① 樊浩:《伦理精神的价值生态》,中国社会科学出版社2001年版,第14页。
② 参见格里芬《后现代精神》,中国编译出版社1998年版,第81页。
③ 樊浩:《伦理精神的价值生态》,中国社会科学出版社2001年版,第15页。

始，第二项工程虽然在某些后现代主义者那里已经被提出并潜在于他们的理论和思想中，但总体上自觉的学术努力还没有系统进行。"价值生态"的概念以及《伦理精神的价值生态》一书试图做出的学术努力和新学术贡献就在这里。它首先将"生态"提升为一个哲学概念，在哲学的意义上把握和诠释"生态"；然后将哲学意义上的"生态"概念和"生态"智慧落实为一种世界观、价值观和方法论，形成生态世界观、生态价值观、生态方法论。"价值生态"就是体现这种生态世界观、生态价值观和生态方法论的道德哲学概念。这也是由"伦理生态"到"价值生态"概念推进的学术真义和学术意义之所在。

"价值生态"既不是自然生态意义上的概念，它是"自然生态"概念的哲学提升和意义抽象；"价值生态"也不只是人与自然的生态，它已经是意义化了的并被"精神地"理解和把握的生态；"价值生态"也不是纯粹哲学或思辩理性的概念，虽然由自然生态到价值生态的演进必须透过哲学的抽象和提升。"价值生态"理念的基础是生态世界观；理论内核是生态价值观；作为特殊的"伦理学方法"是生态方法论。《伦理精神的价值生态》所要建构、演示和确证的，就是基于生态世界观的道德哲学的生态价值观和生态方法论。正因为如此，此书在我的学术研究进程中具有特殊的意义。它既是"中国伦理精神三部曲"的逻辑结果与理论推进，又是为开启第二个研究工程即进行理论体系的建构所进行的概念与方法方面的形而上学准备，具有承前启后的地位。

3. "伦理精神"的"价值生态"

通过以上学术追溯和概念诠释，可以发现，"伦理精神"与"价值生态"这两个个性化的概念，包含着我对伦理道德的哲学本性的特殊理解和特殊规定，它们既是学术演进的自然结果，也是试图进行道德哲学创新的概念体现。

自道德哲学诞生以来，"伦理"与"道德"在概念与现实方面的"理一"与"分殊"便是理论与实践的难解之结，即使像亚里士多德、康德、黑格尔这些概念大师，彼此之间也存在深刻的分歧，并且在自身的理论体系中存在诸多矛盾。亚里士多德没有区分伦理与道德，康德以道德代替伦理，黑格尔严厉批评康德这种粗糙的做法缺乏辩证法。无论人们在理论与实践中如何强调二者之间的同一性，不可否认的事实是：自古以来，伦理与道德总是作为两个概念同时存在。漫长文明史、学术史上这种两个概念并存的现象已经说明，二者之间存在分殊，也应当分殊。需要追究和反思的是，在本书的概念系统中，为何偏好"伦理"，以"伦理精神"而不是"道德精神"为核心概念？概言之就是：与"道德"相比，"伦理"的概念和理念，突显的是意志和意识的客观性、同一性、普遍性、实体性，以及它们存在和发展的辩证性。伦理扬弃个体及其行为的抽象性、任意性和偶然性，在"单一物与普遍物"、个体与实体的统一中获得客观性、现实性与合理性；伦理以普遍性即共体、实体、公共本质为本性，以家庭、民族以及市民社会为其客观世界和现实形态；伦理强调个体与整体、个体与他的公共本质的同一性，既融摄个体又敬重整体与实体，以个体与整体、"单一物"与"普遍物"的统一为其辩证本性。而道德作为"抽象意志的法"，是一种"伦理上的造诣"；如果没有达到伦理，个体只凭自己的"良心"而行动，就像黑格尔所指出的那样，便内在"处于作恶的边缘"的危险。伦理扬弃道德的个体性、任意性与偶然性，使人的意识、意志和行为获得实体性、现实性与合理性。所以，"伦理"与"道德"在中国道德哲学传统中，不仅是"理一分殊"的两个概念，而且依循"伦—理—道—德—得"发展的辩证过程和辩证规律。正是基于这些学术直觉和学术认知（注：在自己研究的开端，应该说是出于学术直觉，但在学术进展中，不断走向自觉，产生学术认知），我更多地使用、准确地说偏好于"伦理"的概念，以"伦理精神"而不是"道德精神"为核心概念。这种情况与康德使用"道德"而不是"伦理"的概念恰好相反。当然，这种概念偏好除了学术认知以外，还潜在某种价值取向和人文意向。

与"伦理"相比，"精神"概念的理性根据似乎更明晰和充分。（1）无论是"理性"还是"实践理性"，都不能完全涵摄"伦理"与"道德"的基本概念规定，甚至不能涵摄意识与意志的基本规定及其同一性，因为"理性"只能解释意识，而不能解释意志，"实践理性"的概念试图以"实践"规定"理性"，以达到意志与意识的同一，但这种同一只是外在的甚至仍然是二元的。而"精神"则是意识和意志的同一体，意识和意志只是精神的两种不同表现形态，它们好似一个硬币的正反两面，正如黑格尔所指出的那样，意志只是冲动形态的思维或冲动形成的意识，在"精神"中本来就是一体的，而不像"实践理性"的概念，似乎意识和意志分别处于两个口袋之中。"精神"的概念,还可以解释情感与意志、意识的同一性问题。在"精神"中,情感是主观形态的意志,是伦理与道德最重要的源动力之一。以"实践理性"作为伦理道德的本性,是对康德道德哲学及其全部哲学体系的误读。(2)"精神"是体现中国民族特色的道德哲学概念。中国传统道德哲学几乎未使用"理性"的概念,"理性"概念在中国哲学和道德哲学中的出现,事实上只是近现代以后的事。"理性"在道德哲学中的泛滥,不仅会导致民族道德哲学的失语,而且会导致道德哲学对现实伦理世界和道德生活的解释力与表达力的贫乏。从概念规定方面诠释,"精神"作为意识与意志的同一体,其本性是"知行合一"。"精神"与伦理道德的文化本性、中国道德哲学的传统,存在某种概念上的深度契合。(3)"精神"的另一个哲学本性是"单一物"与"普遍物"、个体与实体的统一。伦理是个体与实体、单一物与普遍物的统一,伦理与道德的辩证运动,必须也只有透过"精神"才能实现和达到。更具现实性的是,"精神"概念的澄明和辩证,可以扬弃由现代性所导致的伦理关系、道德生活以及道德哲学体系中的"原子式思维"或原子主义。原子主义以个体为单子,伦理与道德的功能只是透过利益与契约的机制使诸个体"集合并列"。黑格尔批评,这种"原子式思维"是"没有精神的",因为它不能达到个体与实体、"单一物"与"普遍物"的现实与合理的统一。现代道德哲学,尤其是现代中国道德哲学,必须进行和实现"精神"的概念回归。

　　"伦理"与"精神"同一形成"伦理精神"的概念,一方面由于这两个概念之间内在深刻的契合与关联,另一方面,"伦理精神"可以概念地解决内在于道德哲学、伦理实体与道德生活中的诸多难题。(1)个体与整体、个体与实体的统一问题。伦理是个体与实体统一的存在,精神是达到"单一物"与"普遍物"、个体与实体统一中介,由此个体与整体、实体的统一便获得概念基础和概念现实性,也解决了个体道德、个体道德行为的合理性与现实性问题。在这个意义上,道德融摄于伦理之内,道德精神融摄于伦理精神之中,因为,"德本性上是一种伦理上的造诣"。(2)知与行,知、情、意的统一,以及伦理道德的内在性问题。"精神"不仅概念地融摄意识、意志和情感,更重要的是,作为具有民族特色的概念,它也概念地融摄了伦理与道德。伦理与道德应当也必须是知情意的统一,但知情意的统一体不一定就是伦理与道德。而"精神"的概念则不同，正像一些学者所指出的那样，精神是包括理智和意志，以及人的全部心灵和道德的概念。这就将伦理与道德概念地包含于精神之内。也正因为如此，黑格尔是在"精神"准确地说是在客观精神部分对伦理道德进行现象学考察，将它们当作精神发展的两个不同阶段。（3）民族精神与伦理精神的同一性问题。伦理、伦理精神的概念，不仅解决伦理世界与伦理实体即普遍物、公共本质如何建构的问题，而且解决了实体、普遍物如何作为"整个的个体而行动"的问题，或伦理实体如何作为整个的个体的问题，最具现实性的是民族如何作为"整个的个体而行动"，即民族精神的问题。在此，"伦理精神"与"民族精神"在概念中直接同一：民族是伦理的实体，伦理是民族的精神。

"价值生态"的概念突显伦理、道德与其他诸价值在文明体系中的共生、互动和让渡。本书揭示了"生态"的一些重要的哲学原则：有机性原则、共生互动原则、整体性原则、自我生长原则、具体性原则。伦理与文化、经济、社会诸价值之间的有机共生、辩证互动，是价值生态概念的基本内涵，但在对话与互动中，事实上也存在价值让渡的问题。这里的"让渡"与罗尔斯在《正义论》论中所说的"让渡"有所不同。罗尔斯的让渡概念指的是强势群体向弱势群体的让渡，以达到社会公正；价值生态中的让渡，指在文明有机体和社会发展的特定情境中，为了追求和达到社会文明的整体合理性，某些价值必须部分和适度地让渡自己。就像经济学家们已经指出的那样，经济发展虽然是人们追求的基本目标，但它并不能无穷地和恶性地发展自己，否则便会产生发展指数与幸福指数之间的不平衡。但让渡并不能简单等同于道德发展与伦理进步中的所谓"代价"论，让渡的根据与目标是文明体系的整体合理性，是文明体系内部诸因子、诸价值之间的协调发展、合理互动。正因为如此，价值让渡才成为价值生态的重要内涵之一。由"伦理生态"向"价值生态"的概念演进与概念推进，更加突显诸价值之间的共生互动的意义，但又保留了以伦理为研究对象和理论原点的本意。共生互动、整体合理性，便是"伦理精神"的"价值生态"的基本取向和基本特性。

"伦理精神"的"价值生态"是什么？本书着重考察和建构了三大价值生态：伦理—文化生态；伦理—经济生态；伦理—社会生态。伦—理—道—德—得，人伦原理、人德规范、人生智慧、人文力，构成伦理精神的文化生态，或伦理—文化生态；伦理冲动力—经济冲动力的"合理冲动体系"，构成伦理—经济生态的内核；德—得相通、个体至善与社会至善的统一，构成伦理—社会生态的合理性价值基础。三大生态的复合，构成"伦理精神"的"价值生态"的基本内涵。

　　"伦理精神"的"价值生态"问题域，它所针对和试图解决的问题是什么？就是文明体系内部、文明体系之间、以及学术研究中的"价值霸权"。消解价值霸权，在"生态觉悟"中追求和达到"伦理学方法的超越"，是"伦理精神的价值生态"的命题和理论所试图探讨和解决的两个现实和学术课题。它试图以"生态合理性"与"生态现实性"消解文明体系内部伦理与经济、社会、文化诸因子之间关系中的价值霸权，包括消解伦理—经济关系中的价值霸权；也试图以"生态合理性"与"生态现实性"消解由文明体系内的价值霸权衍生和演化的诸文明体系之间的价值霸权，即文化帝国主义和文明帝国主义；同时，它还试图以"生态合理性"与"生态现实性"超越麦金太尔与罗尔斯之争，超越"何种正义？谁之合理性"的"麦金太尔难题"，实现"伦理学方法的超越"。如果说绪论"开放—冲突的文明体系中伦理精神的生态合理性"是立论和方法论的预设，那么，结语"伦理精神的生态对话和生态发展"，就是根据"价值生态"的理念消解全球化背景下文明体系内部和文明体系之间的价值霸权的学术努力，也是依据"价值生态"的理念得出的具有现实意义的结论。

　　显然，无论是这部书还是迄今为止本人所进行的学术努力，并没有完全达到这些目的，也许它所提出的学术目标就本人的学术资质而言根本上就力所不逮，只是"明知不可为之而为之"。但是，我至今仍坚信：它所提出的问题是重要的；它所付出的努力是有意义的。而且，我还固执乃至有点自恋地认为，"伦理精神"、"价值生态"的概念与理念，以及"伦理精神的价值生态"的命题与理论，有一定的前瞻性和创新性。绪论的主要部分由《中国社会科学》发表①；结语部分在参加国际中国哲学大会之后被会议的主办方以会议的三种具有代表性的观点之一，在《中国社会科学院研究生院学报》发表；② 第一篇中"'新儒学理性'与'新儒学情

---

①　樊浩：《当代伦理精神的生态合理性》，《中国社会科学》2001 年第 1 期。
②　其他两种观点是刘述先先生和成中英先生的观点。《伦理精神的生态对话与生态发展》，《中国社会科学院研究生院学报》2001 年第 6 期。

结'"部分，也于研究过程中在《中国社会科学》发表。[1] "价值生态"的理念与当今的"和谐"理念存在理论上的某些深度契合，甚至可以部分地说它是和谐理念的道德哲学表达。需要再次申言的是，"价值生态"的理念，"生态合理性"的理念，与历史唯物主义的方法与原则是一致的，这个问题在该书绪论的最后已经做了比较详细的讨论和陈述，我想进一步补充的是，"生态"的理念、"精神"的概念，对于马克思主义道德哲学的现代化与中国化，也许是具有理论创新意义的概念和理念。

值本书再版之际，我要再次感谢两位在我以前的学术生涯中难以忘怀的两位朋友。一位是中国社会科学出版社的老社长、老总编张树相先生，当年是他以敏锐的学术辨识力和出版家的独特气魄，在接到书的投稿的当天就亲自给我来电话，毅然决定作为重点书目出版。另一位是当年本书的责任编辑冯斌先生。在接到书稿后，冯先生组织著名专家对本书进行了批评性的严格审阅，提出了重要而详细的修改意见。在冯先生的"苛责"下，本书又经过了一年多的修改，硬是将一部 65 万字的书稿"瘦身"成现在的 40 万字。正是这两位出版家的一宽一猛、一慈一严，成就了这部书现在的样态。回想起来，对于我们这样的年轻出道，需要扶持但更需要鞭策的学者来说，遇上这样的出版家，尤其是同时遇上这样两位出版家，实在是一种幸运。现在，张树相先生已经功成身退，冯斌先生不弃蔽履，依然担当这部书的责任编辑，对此我由衷地向两位道一声：谢谢！

樊　浩

2007 年元宵节于东南大学"舌在谷"

---

[1]　樊浩：《"新儒学理性"与"新儒学情结"》，《中国社会科学》1999 年第 3 期，《中国社会科学》英文版 2001 年第 1 期。

内容提要

　　本书探讨的具有道德哲学方法论意义的课题是：面对 20 世纪伦理学研究的理论推进与实践难题，伦理学理论研究与现实道德发展如何进行方法论上的超越与突破？致力探讨的理论课题是：在开放、多元、相互冲突而又共生互动的文明体系中，现代伦理精神如何建构理论合理性与实践合理性？致力解决的现实课题是：面对新的经济—社会—文化背景，尤其是市场经济和全球化的挑战，现代中国伦理精神如何实现创造性转化和创新性发展，与文化、经济、社会的新历史存在形成有机而辩证互动的价值生态？

　　本书的主题不是回答现代伦理精神是"是什么"的问题，也不是试图建构现代伦理学的理论体系或道德哲学体系，而是致力探讨"怎么样"，即如何建构现代伦理精神的价值合理性问题，其目的是为现代伦理精神的合理建构，为现代伦理精神应对市场经济和全球化的挑战，提供一种伦理学的方法论和道德哲学的价值观，这就是所谓"伦理精神的价值生态"和"生态价值观"。

　　围绕以上主题，全书展开为四篇十九章，外加一个绪论和结语。绪论部分依据 20 世纪"伦理学方法"的新进展及其酝酿的超越，提出新的方法论假设。第一篇从文化、经济、社会的纬度提出关于建构现代伦理精神的价值合理性的三大理念。第二、三、四五篇，分别探讨伦理—文化生态、伦理—经济生态、伦理—社会生态。第二篇依据解释学理论演绎出"文化理解"的概念，由此探讨伦理精神的文化生态。第三篇从 20 世纪的伦理—经济悖论及其反思中演绎出"人文力"的概念，以此探讨伦理—经济的辩证生态。第四篇以"'德'—'得'相通"为理论假设，探讨伦理—社会生态的价值原理。伦理—文化生态、伦理—经济生态、伦理—社会生态，形成现代伦理精神的价值合理性建构的辩证结构和辩证体系。结语将伦理精神现代建构的方法提升为一种价值观——"生态价值观";并以此为依据,提出当代中国伦理应对"全球化"的价值理念——"伦理精神的生态对话与生态发展"。

从人与自然关系的觉悟中引伸出的"生态价值观"、"伦理学方法"推进的"生态合理性"的方法论、通过伦理—文化、伦理—经济、伦理—社会三大"伦理生态"建构现代中国伦理精神的现实性与合理性、"伦理精神的生态对话与生态发展",是本书致力进行的学术努力,基本观点聚焦于以下四个方面。

第一,20世纪人类最重要的觉悟,是生态觉悟。20世纪生态觉悟的本质,不仅人与自然关系的觉悟,而且人与人、人与自身、人与社会关系的觉悟。在马克思主义哲学指导下,将这个重大觉悟进行形而上学的提升,便可以演绎出一种体现新的文明精神的伦理价值观和伦理学方法论,这就是生态价值观和生态方法论。

第二,依此可以回答20世纪"伦理学方法"演进的"麦金太尔追问"——"何种合理性":生态合理性!伦理精神的现实性,是生态现实性;伦理精神的价值合理性,是生态合理性。

第三,应当在伦理—文化、伦理—经济、伦理—社会三大价值生态中建构现代中国伦理精神的现实性与合理性。

第四,面对"全球化"的挑战,现代中国伦理精神应当以"生态价值观",抵御文化帝国主义和价值霸权,推动伦理精神的生态对话与生态发展。

目　　录

第二篇　伦理精神的文化生态

第四篇　伦理—社会生态整合的价值原理

绪论　开放—冲突的文明体系中伦理精神的生态合理性

（一）20 世纪西方"伦理学方法"的推进及其"麦金太尔难题"

1874 年，英国伦理学家亨利·西季威克出版了被称为"也许是贯通了两个世纪的道德哲学研究的惟一一本著作"①——《伦理学方法》。在这个"上个世纪末（指 19 世纪）本世纪初（指 20 世纪）英语世界中影响最大的道德哲学文献"②中，西季威克提出并系统阐释了两个基本观点：第一，所谓"伦理学方法"，就是确证和建构伦理精神的价值合理性的方法；第二，存在三种基本的确证伦理精神的价值合理性的"伦理学方法"。他给"伦理学方法"以特殊的理解，认定：所谓"伦理学方法"，不是建构伦理体系的方法，而是确证和建构人的伦理行为与伦理目的的价值合理性，简言之，是确证伦理精神的价值合理性的方法。"伦理学时而被看做对真正的道德法则或行为的合理准则的一种研究，时而又被看做对人类合理行为的终极目的——即人的善或'真正的善'——的本质及获得此种终极目的的方法的一种研究。"③在他的理解下，伦理精神的价值合理性，是方法的合理性；方法的合理性的核心，是价值选择和主体行为的程序的合理性，具体地说，是人们据以确定"应当"做什么或什么为"正当"的合理程序。他认为，存在三种确证伦理精神的价值合理性的方

---

① 西季威克：《伦理学方法》，廖申白译，中国社会科学出版社 1993 年版，第 1 页。
② 同上。
③ 同上书，第 26 页。

法：利己主义、① 直觉主义、② 功利主义。③

在西季威克之前，利己主义、直觉主义、功利主义，在伦理理论和道德实践上是否就是建构和确证伦理精神的价值合理性的三种基本的"伦理学方法"？这一问题当然有待西方伦理史和西方道德发展史的证明，然而，由于《伦理学方法》一书的历史地位，④ 这本书至少在两个方面对日后伦理学的发展产生了巨大影响：（1）对"伦理学方法"的特殊理解。这种理解的特殊性在于：所谓"伦理学方法"，是研究、确证、建构伦理精神的价值合理性，而不是伦理学研究或建构伦理学体系的方法；（2）自《伦理学方法》出版以后，利己主义、直觉主义、功利主义在相当程度上被当作 19 世纪末 20 世纪初伦理精神的价值合理性确证的三种最经典的方法。具有资源意义和探讨价值的问题是：作为一种"跨世纪"方法，它们具有怎样形上本质？

仔细考察就会发现，无论是利己主义、直觉主义，还是功利主义，在合理性确证的价值取向方面都有一个共同特点，这就是伦理本位与个人主义。在学术视野方面，它们都在严格而狭窄的伦理或道德范围内考察价值合理性；在行为合理性与价值合理性的根据方面，它们都以伦理或道德的主体（"我"或"我们"）为价值合理性确证的最终依据（"我"的快乐、"我"的直觉或"我们"的功利）。这些确证方法的核心是在伦理之内通过伦理主体的自我追究确证和实现伦理精神的价值合理性，不同之处仅仅在于，功利主义方法把利己主义、直觉主义的主体从单数扩展为复数，三者可以统称为"自我本位"的伦理学方法。在这里，伦理及其主体虽然不是"方法"的全部，也是"方法"的本位。这种自我本位的确证方法的前提是把伦理道德从人类文明的有机而完整的体系中离析出来，把主体

---

① "利己主义指的是这样一种方法，它把行为作为达到个人幸福或快乐的手段，把自爱冲动作为行为的主导动机。在遵循这种方法时，行为者只把自身的快乐和幸福作为行为目的，追求对于自身的最大快乐余额。"见西季威克《伦理学方法》，第 13 页。

② "直觉主义指这样一种方法，它不诉诸行为之外的其他目的来确定行为的正当性或善性，并且假定这种正当性或善性是可以直觉地认识的。在遵循这种方法时，行为者追求的是行为本身的正当性或善性。"见西季威克《伦理学方法》，第 14 页。

③ "功利主义或普遍快乐主义指这样一种方法，它把行为作为达到与行为有关的所有人的最大幸福或快乐的手段，追求对所有有关个人而言的最大幸福余额。"见西季威克《伦理学方法》，第 15 页。

④ 《伦理学方法》问世以后，在短短 30 余年内再版过 7 次，它的影响之大，"以致在持其他道德哲学观点的伦理学家那里也赢得了敬意"。参见《伦理学方法》。

从有机的社会关系与文化情境中分离出来，在独立的和虚拟条件下抽象地把握。在这个意义上可以说，自我本位的价值合理性，实质上是伦理或伦理精神自我确证的价值合理性。

西季威克所阐释的自我本位的价值合理性方法在经过半个多世纪的辉煌之后，被韦伯所提出的新的价值视野所超越。1920 年，德国社会学家马克斯·韦伯出版了对 20 世纪人类文明产生巨大影响的著作——《新教伦理与资本主义精神》。从不同领域把握，这本书有不同的学科归属和学科理解，可以是社会学的，也可以是伦理学、经济学的。也许，什么"学"都不属于最体现这本书的独特风格，因为它只是作者对一个重大课题进行研究的完整成果及其所采用的具体的而不是抽象的方法。从经济学、社会学的角度考察，它揭示了现代资本主义经济、社会发展的深刻人文动力；从伦理学的角度考察，它提供了一种确证伦理精神的价值合理性的新视野和新方法。依据韦伯的思路，以美国为代表的西方资本主义之所以获得巨大发展，根本原因就在于新教伦理的内在人文推动；实现这一推动的机制，在于行为主体在经济活动中遵循着一些普遍的伦理规则。如果对韦伯的思路进行方法论的提升，可以作这样的理解：伦理精神的价值合理性，并不存在于伦理之内，也不存在于作为它的作用对象的经济、社会及其发展之内，而存在于伦理与经济、社会发展的"关系"之中，存在于主体所依循的普遍的行为准则之中。换言之，不是伦理自身，也不是主体的伦理行为，而是"关系"，准确地说，是伦理与经济、社会发展的关系，以及主体所遵循的普遍的行为准则，才是确证伦理精神的价值合理性的标准和方法。这就是韦伯在新教伦理与资本主义精神之间用一个"与"字连接的方法论启迪和方法论意义。透过"关系"，借助一个"与"字，韦伯令人信服地确证了新教伦理精神的价值合理性。这一研究的方法论意义及其广泛而深刻的学术和社会影响，在日后形成的韦伯式命题（如"新教资本主义"、"儒教资本主义"）中得到体现。这是关于伦理精神的价值合理性确证方法的世纪性突破。这一突破的精髓，在于将西季威克式的"伦理本位"推进为韦伯式的"关系本位"，由行为的目的或效果的合理性，推进为主体所遵循的行为准则的普遍性及其合理性。

同样的视野和方法在另一位著名的社会学家丹尼尔·贝尔的研究中取得了丰硕的成果。在其轰动世界的《资本主义文化矛盾》一书中，贝尔把以伦理为核心的宗教冲动力与经济冲动力看做是一对矛盾，认为现代资本主义危机的根源是存在于宗教冲动力和经济冲动力之间的尖锐的"文化矛盾",宗教冲动力的耗散(主要表现是宗教伦理失去了作为行为准则的普遍合理性和普遍有效性)不仅制约了资本主义的发展,而且也影响了资本主义发展的合理性。这种观点如果从伦理的方面考察,演绎出的结论就是:宗教伦理不仅赋予经济冲动力以价值的合理性,而且也正是在赋予经济冲动力以价值合理性的过程中,才能获得和确证自身的价值合理性。显而易见,贝尔的方法只是韦伯方法的反证。

如果说《新教伦理与资本主义精神》和《资本主义文化矛盾》还不是"纯粹"的伦理学著作的话,对 20 世纪后期伦理学的研究和发展产生重大影响的著作《正义论》,就无论如何难以从伦理学的学科中排除出去了。像韦伯和贝尔的著作一样,《正义论》当然也很难严格地和绝对地只归类于伦理学,它被誉为"二次大战后伦理学、政治哲学领域中最重要的理论著作。"① 然而有一点是肯定的,他把"正义"作为伦理的重要的乃至最高的价值。《正义论》的方法论意义,不是确证"正义"的普遍价值,而是如何确证"正义"的价值合理性。正如人们所发现的,在《正义论》的体系中,"正义"作为社会的基本伦理价值地位及其合理性,不是在孤立的伦理学视野中,而是在伦理与经济、政治、社会的关系中被确立。罗尔斯"是作为一个伦理学家从道德的角度来研究社会的基本结构的,即研究社会基本结构在分配基本的权利和义务、决定社会合理的利益或负担之划分方面的正义问题。然而由于这一对象的性质,他在学科上就必然要涉及到伦理学、政治学、法学、社会学、经济学等许多领域。"② 确切地说,不是因为作为研究对象的"正义"的特殊性必然涉及这些领域,而是罗尔斯试图在伦理与政治、伦理与经济等关系中建构"正义"作为社会的共同准则的普遍价值合理性。罗尔斯的方法具有两个方面的特点:在基本思路上是规则主义的;在建构方法上是关系主义的。他追求并试图为社会和个体建构某些普遍的行为规则(如"正义"),通过普遍规则及其合理性确证和建构伦理精神的价值合理性。在规则的价值合理性的确证方面,他既试图超越以亚里士多德为代表的古典伦理学家在人的道德行为中寻找和确证"正义"的价值合理性的方法,又试图扬弃近代伦理

① 约翰·罗尔斯:《正义论》,何怀宏等译,中国社会科学出版社 1988 年版,第 2 页。
② 同上。

学家仅仅在政治制度中确证"正义"的价值合理性的方法。在罗尔斯那里，"正义作为现代伦理的基本价值的合理性，不是抽象的伦理'学'的合理性，而是在伦理—经济—政治—社会一体化的有机关系中的合理性，因而是现实的合理性。"① 由于规则的普遍性与合理性都必须在"关系"中确立，罗尔斯的方法论特点又可以概括为"关系本位"。② 但是，罗尔斯的方法本质上还是一种抽象。一方面，他试图建立一个超越一切时空的普遍的"正义"规则，追求某种抽象的普遍性和抽象的合理性；另一方面，在价值合理性的确证方面，他超越了自我本位的抽象，但却陷入关系本位的抽象；他追求某种现实的具体，但却陷入历史的抽象。应该说，这种"关系抽象"的局限不只是罗尔斯的局限，而是关系本位的现代西方伦理学的价值方法内在的局限。

罗尔斯方法论的这一缝隙，被触角锐利的另一位美国伦理学家——阿拉斯戴尔·麦金太尔所发现，他以两个追问作标题，对罗尔斯、事实上也是对追求某种普遍伦理价值并以关系为本位确证其合理性的现代价值方法作出诘难："谁之正义？何种合理性？"麦金太尔强调这样的观点：在历史传统和现实生活中，存在"诸种对立的正义和互竞的合理性"。处于不同文化传统以及在文化发展的不同阶段的伦理，都具有不同的正义价值，因而行为准则及其合理性完全是一个历史的概念。不存在超越一定历史传统和共同体的普遍价值，而且，如果主体缺乏良好的道德品质，任何价值都不可能成为行为准则，对伦理价值及其合理性来说，最重要的是主体品质即所谓美德。由此，他认为，罗尔斯的正义论缺乏人格或品质的解释力（"谁之正义"）；传统的多样性决定了存在多种正义而不是一种正义，存在多种合理性而不是一种合理性（"何种合理性？"）。③

然而，麦金太尔只是提出了问题，事实上并没有真正彻底解决这一课题。麦金太尔与罗尔斯在价值方法上有共同性，这就是关系的合理性，同属于关系本位价值观。不同的是，罗尔斯在伦理与经济、政治、社会的现实关系中考察正义作为一种伦理价值的普遍性和合理性，即现实的关系合

---

① 见樊浩《价值冲突中伦理建构的生态观》，《哲学研究》1999 年第 12 期，第 33 页。

② 在这里，"关系"的内涵表现为两个方面：主体行为之间的关系——遵循共同的伦理规则；伦理与经济、社会之间的关系。

③ 以上参见麦金太尔《谁之正义？何种合理性？》，万俊人等译，当代中国出版社 1996 年版，第 12 页。

理性；麦金太尔则更重视在特殊的历史传统、文化情境、社会背景中探讨伦理价值的具体性和合理性，即历史的关系合理性。麦金太尔企图通过解构罗尔斯达到真正的合理性，却从现实的"关系抽象"走进了历史的"关系抽象"，最后只能回归亚里士多德，以"美德"确证价值的合理性和现实性。

如果把西季威克所阐述的利己主义、直觉主义、功利主义的"自我本位"，作为确证和建构伦理精神的价值合理性的古典方法，那么，从韦伯、贝尔，到罗尔斯、麦金太尔的演进已经说明，"关系本位"可以当作伦理精神的价值合理性确证和建构的现代方法。虽然关系本位的"伦理学方法"存在诸多局限，然而无论如何，韦伯、贝尔、罗尔斯、麦金太尔的巨大影响已经充分证明，"关系本位"是 20 世纪伦理学方法的新推进。麦金太尔的特殊学术贡献在于，他通过富有挑战性的追问，提出了困惑以追求合理性为特质的现代西方"伦理学方法"的一个深刻而巨大的理论难题和现实难题。

"何种合理性？"

这就是 20 世纪西方"伦理学方法"的"麦金太尔难题"！

（二）"麦金太尔难题"的真谛与现代伦理的前沿课题

诠释"麦金太尔难题"的深刻学术意蕴，必须对一个问题作出探究："麦金太尔难题"的真谛是什么？

探究"麦金太尔难题"真谛的关键在于："何种合理性？"到底是麦金太尔的难题，还是现代西方文明的难题？到底是西方现代文明的难题，还是整个现代人类文明的难题？

将"麦金太尔难题"放到 20 世纪西方文明发展的全部进程中考察就不难发现，"何种合理性"不只是以罗尔斯为代表的追求某种普遍价值及其合理性的伦理学方法面临的难题，更深刻的是罗尔斯—麦金太尔时代以现代化为核心的整个西方文明发展面临的难题。在西方现代化的进程中，西季威克所揭示的利己主义、直觉主义、功利主义，事实上是形成于西方工业社会初期，并在现代化过程中得到充分发展的"伦理学方法"。这些方法的理论合理性已经在康德、边沁、斯密、休谟、霍布斯、巴特勒等近代伦理学家那里得到论证，并且在西方现代化的过程中落实为实践合理性。作为由近代文明向现代文明过渡的产物，这些"伦理学方法"显然铭刻着工业社会初期经济社会发展的需要和科技发展水平的印记。在方法论上影响最深刻的就是以牛顿力学为基础的机械论，突出表现为在孤立抽象的学科即"伦理学"的视野中和主体自身之内寻找和确证行为的价值合理性，于是形成"自我本位"的"伦理学方法"。

从《新教伦理与资本主义精神》到《谁之正义？何种合理性？》，西方文明处于以现代性为主体但已经出现后现代觉悟的历史发展阶段。20世纪初，随着西方主要资本主义国家现代化的巨大发展及其所内蕴着的深刻矛盾的激化，后现代主义思潮悄然兴起，一些著名学者不断作出"后现代社会来临"、"后工业社会来临"的预言，有的学者甚至提出这样的观点："把20世纪末定位为现代世界的历史终结。这意味着我们正处在所谓的现代文明这一巨大工程的终结点上。"① 从韦伯到麦金太尔，在方法论上就体现了这一文明大转变时期的特点：既有现代性的本质，又有后现代的指向。后现代的指向表现为对现代性、对现代化的价值困惑，表现为对现代性伦理学方法的批判与扬弃；现代性的本质在价值取向方面表现为以经济发展为伦理精神的价值合理性的依据，在判断方式方面表现为追求规则的普遍性，它们都是现代化和工业社会的特征。按照格里芬的观点，现代精神的重要特点表现为人与人的关系方面的个人主义、人与自然关系方面的二元论，以及相对主义、工具理性和选择主义的思维方式；现代社会的特征表现为二分化、分离、机械主义和实利主义。② 不难发现，无论是韦伯对新教伦理与资本主义关系的论述，还是贝尔对经济冲动力与宗教冲动力的资本主义文化矛盾的揭示，都明显地带着现代性的胎记，他们虽然努力在新教伦理—资本主义经济、经济冲动力—宗教冲动力之间建立某种必然的联系，但在形上方法上还是二分化的，虽然韦伯的"与"与贝尔的"矛盾"都试图超越这种二分模式和实利主义的取向，然而在深层上仍然未摆脱现代性的价值模式。

现代性本质与后现代性指向冲突调和的结果，就是"关系本位"的"伦理学方法"。罗尔斯与麦金太尔的推进在于更进一步地扩展了和凸显

---

① ［美］乔·霍兰德：《后现代精神和社会观》，转引自大卫·雷·格里芬《后现代精神》，中央编译出版社1998年版，第63页。

② 参见大卫·雷·格里芬《后现代精神》，第4—21页。

了这种方法，由一种关系，即伦理与经济之间的关系，扩展为伦理与经济、政治、法律诸方面的关系；由横向的、现实的关系延伸为历史的和各种文化传统之间的关系，并且达到了方法论的更大自觉。然而也正因为如此，必然内在着并表现为更大的价值冲突和价值困惑。作为现代西方文明、西方伦理的难题，"何种合理性"追问的核心是：在现代社会中，到底是否存在某种具有普遍有效性和合理性的行为规则？面对现代化中的诸多价值冲突和价值矛盾，到底如何建构和确证伦理精神的价值合理性？

深究下去，"麦金太尔难题"不仅是现代西方伦理文明的难题，而且也是现代人类文明的难题。20世纪以来尤其是20世纪中叶以后，世界范围内的人类文明的一个重要的发展趋势就是文明的开放与文明的冲突。随着经济与科技的巨大飞跃，处于世界文明体系中的各个民族、各种文明或快或慢、或主动或被动地纷纷打开自己的大门，呈现出不断开放的态势。如果说19世纪末20世纪初殖民地、半殖民地国家的文明开放主要是炮与火的结果，那么，20世纪中叶以后的开放则是各民族文明自身发展的内在要求。70年代以后，发生在中国这个长期处于半封闭状态的古老民族实行的改革开放就是开放文明发展趋势的最好诠释。发展与开放的直接结果，就是价值冲突。价值冲突集中表现在三个领域：各民族文明之间的价值冲突；同一民族的文明内部传统文明与现代文明之间的价值冲突；现代文明体系中各种因子如经济、政治、宗教、伦理之间的价值冲突。麦金太尔敏锐地感受到了这种冲突，发现在历史和现代之间、在不同的文明之间，存在各种互竞的和相互冲突的合理性，于是发出"何种合理性"的价值追究。显而易见，在麦金太尔作出这种追问以后（1988年后），开放与冲突的趋势不但没有减弱或消逝，反而更加凸显。促使文明开放的广度和深度得以拓展和加大的主要因素有两个：经济全球化的进程和信息技术的发展。经济全球化使人类在对话与冲突中愈益变成一个地球村的村民，而信息技术尤其是网络技术的发展使开放突破政治和其他外在条件的约束。借助仪态万方的"伊妹儿"，曾经栖息于各种自足体系中营造着各自文明的"没有窗户的单子"（莱布尼兹语），悄然打开了望世界并与之进行信息交流的窗户；透过信息高速公路，处于任何文明体系中的个体都可以方便而快捷地走进其他文明的深层，在加速各民族经济社会发展的同时，也导致了现代文明体系内部的冲突。于是，一方面，经济科技的发展，必然导致它们与政治、文化、伦理、宗教之间的不平衡；另一方面，在各种文明之间的冲突和对话中，人们必定要对自己原有的价值体系作出反思和变革，从而追求某种更具有普遍意义和更为健全的文明价值。于是，人们不仅要在各民族的文明及其传统之间作出"何种合理性"的追问，而且逻辑地还必须在现代文明体系之内在经济的、伦理的、科技的、政治的等等价值之间作出"何种合理性"的选择。文明的冲突在今天具有如此重要的意义，以至美国政治学家亨廷顿作出这样惊世的断言：当今世界的冲突已经不是各种利益集团和政治力量之间的冲突，而是各种文明尤其是西方文明和东方文明之间的冲突。① 作为现代人类文明的难题，"何种合理性"追究的实质是：在开放—冲突的文明体系中，到底如何建构和确证伦理精神的价值合理性？

"何种合理性"归根到底是西方现代伦理和西方现代化的理论难题和实践难题。麦金太尔的追问体现了现代文明的一种价值困惑："我们的社会不是一个一致认同的社会，而是一个分化与冲突的社会……在某种程度上，这种分化和冲突乃是它们自身内部的。……在我们自身内以及在那些属于我们自己与他人之间的冲突问题上，这些分歧是如此的经常，以至我们不得不面对这样一个问题：在这林林总总的互相对立、互不相容且对于我们的道德忠诚、社会忠诚和政治忠诚来说又是互竞不一的正义解释中，我们应当怎样决定？"② "合理性"的内涵是什么？在麦金太尔的理解中，"合理性"被逻辑地区分为"理论合理性"和"实践合理性"，认为"合理性——无论是理论合理性，还是实践合理性——本身是带有一种历史的概念；的确，由于有着探究传统的多样性，由于它们都带着历史性，因而事实将证明，存在着多种合理性而不是一种合理性，正如事实将证明，存在着多种正义而不是一种正义一样。"③ 他的立论是，"无法逃避的历史性和社会性情景关联特点"是"任何实质性的合理性原则——无论是理论合理性原则，还是实践合理性原则——都必定具有的。"④ 理论合理性、实践合理性，可以被看做关于伦理精神的价值合理性的基本内涵和基本结构。

---

① 参见塞缪尔·亨廷顿《文明的冲突与世界秩序的重建》，新华出版社1999年版。
② 阿拉斯戴尔·麦金太尔：《谁之正义？何种合理性？》，万俊人等译，当代中国出版社1996年版，第2页。
③ 同上书，第12页。
④ 同上书，第5页。

　　显而易见，麦金太尔的追究无论作为现代西方伦理的难题还是作为现代人类文明的难题，都交织并日益凸显于19世纪70年代以后的中国。在主动的和不断拓展的对外开放中，在中国文明与西方文明之间的不可避免的冲突中，现代西方文明的难题必然成为中国现代化的伦理难题；改革开放的深入所导致的传统文明与现代文明、经济—文化—伦理—政治之间的冲突，必然导致价值选择的困惑。于是，在中国现代化和改革开放的历史进程中，"何种合理性"的伦理难题的解析不仅不可逾越，而且具有更重要、更现实、更紧迫的意义。它的突破不仅关系到21世纪的中国能否建构一种合理的伦理体系和伦理精神，而且关系到在西方现代化的发展已经提供了思想资源和经验教训的条件下，中华民族能否建立一个健全的、具有超越性的现代化文明模式。

　　在经过将近20年的学术进步和历史发展、尤其是经过人类文明进程中里程碑式的跨世纪之后，我们如何推进这一世纪性也是跨世纪的难题的解析？在现代化的进程中，中国伦理学如何富有预见性和创造性地解决这一现代人类文明的共同难题？麦金太尔天才地提出了问题，并且提供了一个重要的思路。然而，麦金太尔的"美德"无论如何不能令人信服地回答自己的追问，也并没有彻底地贯彻他自己确立的原则。在麦金太尔止步的地方，依照他给世人的启示，根据现代中国伦理的理论建构和现实建构的难题，"何种合理性"的追究必须探讨的前沿性课题是：

　　第一，理论合理性：在开放—冲突的文明体系中，如何建构和确证现代伦理精神作为文明体系的有机因子的价值现实性与价值合理性？

　　第二，实践合理性：在文化冲突、经济转轨、社会转型的背景下，如何建构和确证现代中国伦理精神的理论合理性和现实合理性？

　　第三，方法合理性：面对20世纪人类文明的巨大飞跃，面对关系本位的西方伦理学方法，现代伦理学应当实现怎样的方法论超越？21世纪的伦理文明应当建构怎样的价值观？

　　方法论的超越，是推进"麦金太尔难题"解析的关键，也是必须首先完成的任务。

（三）生态觉悟进程中"伦理学方法"的超越

　　马克思曾经断言：历史只能提出自己能够完成的任务。因为任务的提出预示着完成任务的条件已经成熟或者正在成熟。

就在20世纪80年代麦金太尔提出"何种合理性"的著名难题之前，人类文明就已悄悄地为解析这一难题准备了条件。

如果对上个世纪人类文明的历史发展作一整体的鸟瞰，作出这样的结论也许是恰当的：20世纪人类文明的最重要、最深刻的觉悟之一，就是生态觉悟。从遍及全球的绿色运动到联合国和世界各国制定的生态伦理的规范，从西方马克思主义到后现代主义理论，无不在实践和理论的层面上预示着20世纪人类文明的生态觉悟。面对肇始于自然生态并至今还以此为主要内涵的文明觉悟，展望21世纪人类文明的发展趋势，理性思考应当作出的追问是：生态觉悟到底只是技术文明的觉悟还是整个人类文明的觉悟？更深层次的内涵是：生态觉悟是人与自然关系的价值觉悟还是人类价值方法和价值观的觉悟？从伦理学的视野考察，生态伦理是人与自然的价值关系的觉悟，还是整个人类伦理价值的觉悟？

20世纪生态的觉悟在其现实性上发端于对人类生存环境、对人类文明未来发展命运的关注。但是，这种潜在于人类文明的胚胎之中经过漫长发展而回归的文明觉悟，从一开始就蕴涵着极为深刻而普遍的哲学意义。生态学从19世纪只适用于自然界到20世纪中叶扩展到人类社会，代表着一种深刻的文明跃进。当1866年恩斯特·海克尔首先使用生态学这一概念时，它被当作"研究生物体同外部环境之间关系的全部科学"。1962年，美国女作家拉海尔·卡尔松出版了震惊西方世界的《寂静的春天》后，生态学才运用到对人的研究上，获得了现代意义。此后，生态文明便迅速发展为代表20世纪人类文明新进展的崭新智慧。

生态文明在20世纪人类文明尤其是西方文明发展中的推进及其哲学意义，可以通过它与后现代主义的关系窥见一斑。后现代主义是20世纪代表西方世界文明觉悟的重要哲学文化思潮。生态智慧，就是后现代智慧中最重要的内涵之一。著名的后现代主义者托马斯·伯里曾把后现代文明说成是生态时代的精神，他预示人类的未来社会应当是一个追求生态文明的所谓"生态时代"。[1]美国后现代主义的代表人物大卫·格里芬宣称："后现代思想是彻底的生态学的"，因为"它为生态运动所倡导的持久的见解提供了哲学和意识形态方面的根据。"一些后现代主义的流派，特别

---

[1]　参见格里芬《后现代精神》，中央编译出版社1998年版，第80—81页。

是深层生态学，就被称之为"生态后现代主义"。① 在后现代主义者看来，重建人与自然关系的最好方式和最后结果就是建立一种生态世界观。遍及世界的生态运动以及由此产生的生态理论已经说明，人类正在努力建构这种世界观。

生态觉悟的实质不只是对人与自然关系的反省，而且更深刻的是对世界的合理秩序、对人在世界中的地位、对人的行为合理性的反省。无论是深层生态学还是浅层生态学，无论是强人类中心主义还是弱人类中心主义，都程度不同地动摇了以往所确信不疑的人在世界中的绝对主宰地位，要求以一种新的伦理原则处理人与自然的关系。诚然，生态觉悟起始于对人与自然的关系的反思，然而，由于人与自然的关系是人类文明的基础，因而人对自然的态度的变化，人与自然关系的重大调适，必然导致人类世界观、价值观和文化精神的深刻变革，也必然意味着人类文明的新进步。按照梁漱溟先生的观点，人类文化就其深刻的程度而言，依次面临三大课题：人与自然的关系；人与人的关系；人与自身的关系。在这三大课题中，人与自然关系的处理，无论是在作为人类的生存前提的物质资料的获得方式方面，还是在人对自己所生活的世界的基本态度方面，都成为其他两个课题解决的基础，并成为整个文化体系和文明体系的基础。两个方面的原因决定了人与自然的关系、人对自然的态度对人类文明发展、对人类的文化精神所具有的普遍意义：第一，根据马克思主义的理论，物质资料的生产方式构成社会发展和社会文明的基石，人与自然关系的定位，人与自然之间矛盾的解决方式，必定深刻影响并决定着人与人、人与自然的关系；第二，人与自然的关系，人对自然的态度深刻地影响并最终决定着人对人、人对自身、人对整个世界的态度，从而形成一种价值观和世界观。就像西方后现代主义者所追问的那样，当我们认识到自己只是自然的一部分而非自然的主宰之后，我们应当以何种方式对待人类社会？德国著名的生态哲学家萨克塞指出："如果我们对生态问题从根本上加以考虑，那么它不仅关系到与技术和经济打交道的问题，而且动摇了鼓舞和推动现代社会发展的人生意义。"② 西方深层生态学的代表人物奈斯把自然生态理论的扩展称之为"生态智慧"。他说，"今天我们需要的是一种极其扩展的

---

① 《后现代精神》代序，第9页。
② 汉斯·萨克塞：《生态哲学》，东方出版社1991年版，第3页。

生态思想，我称之为生态智慧。sophy 来自希腊术语 sophia，即智慧，它与伦理、准则、规则及其实践相关。因此，生态智慧，即深层生态学，包含了从科学向智慧的转换。"① 美国最大的绿色政治组织——"通讯委员会"，提出了关于现代社会的"十种关键价值"，位于十种关键价值之首的就是"生态智慧"。② 现代西方马克思主义的代表人物哈贝马斯在《合法化危机》中指出，现代人类所面临的生态危机，包括外部自然生态的危机和内部自然生态的危机两个方面，前者导致自然生态平衡的破坏，后者导致人类学和人格系统的破坏。③ 生态智慧不仅要求重新建构自然生态的平衡，而且更重要、更深层的是要重新建构人的精神生态、人格生态以及整个文明的价值生态的平衡。生态觉悟所导致的，不只是对人与自然关系、人类生存的外部自然环境的觉悟，而且也是对整个人类文化的生态结构和人文精神的觉悟。于是，生态智慧由人对自然的关系提升、扩展为一种世界观，再由一种世界观落实为一种价值观，并由此引导主体追求和建设一种新的社会文明，就不仅具有逻辑必然性，而且具有客观现实性。

可见，生态觉悟之于现代伦理的深刻意义，在于它所提供的确证和建构伦理精神的价值合理性的新的世界观和价值观。半个多世纪以来的生态运动及其内蕴着的深刻的世界观和价值观意义已经说明：人类正在实现"伦理学方法"的新超越。生态文明的新趋向已经而且必将进一步从逻辑和历史两个方面向人们展示：以生态世界观和生态价值观为基础的生态合理性，是体现新的时代精神的"伦理学方法"。与"自我本位"、"关系本位"相对应，这种方法可以称之为"生态本位"的"伦理学方法"。从"麦金太尔难题"所演绎出的现代伦理的前沿性课题考察，这种生态本位的"伦理学方法"具有以下形上特性：以生态世界观和生态价值观为哲学基础；以生态合理性为建构和确证伦理的理论合理性和实践合理性的价值标准；在文化冲突、经济转轨、社会转型的背景下，通过实现伦理生态的辩证复归，通过伦理—文化生态、伦理—经济生态、伦理—社会生态的建构，确证现代中国伦理精神的理论合理性和实践合理性。一句话，它是以"生态合理性"为核心理念、价值取向和建构原理的开放—冲突的文

---

① 奈斯：《深层生态运动：某些哲学的方面》。转引自《环境伦理学新进展：评论和阐释》，第 80 页。

② 参见《后现代精神》，第 54—55 页。

③ 参见陈振明《技术、生态和人的需求》。载《学术月刊》1995 年第 10 期，第 98 页。

明时代的"伦理学方法"。

"生态本位"在其现实性上，是对"关系本位"的西方现代伦理学方法的超越——不仅超越罗尔斯，而且超越麦金太尔。麦金太尔的追问提出了开放—冲突的文明体系中的伦理难题，不仅将以罗尔斯为代表的企图通过共同规范的建构确证价值的普遍合理性的规范伦理学陷入困境，而且实质上也宣告了以人为绝对主体、以主—客对立为模式、以关系为本位的追求普遍的价值合理性的伦理学方法的终结。但是，被麦金太尔一再追寻的"美德"并未解决他自己所提出的"何种合理性"的难题，原因很简单：麦金太尔对罗尔斯的追问同样适用于他自己，也同样可以将他的理论陷于困境："何种美德？"麦金太尔天才地提出了问题，并且事实上已经指出了解决这一难题的学术路向，遗憾的是，他没有彻底地贯彻自己确立的前提。他注意到了伦理价值及其合理性的历史具体性，把"无法逃避的历史性和社会情景关联特点"当作合理性——包括理论合理性和实践合理性必须具备的品质。但是，他把合理性简单地理解为伦理传统及其与历史上的社会文化之间的关系，并不能回答这样的问题：历史的合理性是否就是现实的合理性？历史的合理性如何在现实中获得落实？任何伦理精神的合理性的建构和确立都有其现实的指向，任何合理性也必有其历史和现实的双重纬度，只有在传统与现代的生态转换及其与现实的伦理—经济—社会所形成的现实关系的有机生态中，才能得到建构和确证。罗尔斯试图在伦理与经济、社会、政治的现实关系中确证正义的普遍价值合理性，忽视了它与文化传统之间的历史关联；麦金太尔强调历史性，却未能解决历史合理性如何落实为现实合理性的问题。二者的方法存在共同的缺陷：都是在某些"关系"（现实的或历史的）的纬度，而不是在作为历史和现实关系的复合所构成的有机生态的意义上，考察和确证伦理精神的价值合理性。罗尔斯注重现实的关系，陷入历史的抽象；麦金太尔注意历史的具体，却陷入了现实的抽象。因此，价值合理性的确证方法的超越，不是在麦金太尔和罗尔斯之间进行选择，而是要对二者进行辩证否定和辩证综合，在历史和现实的立体坐标系中，在伦理与文化、经济、社会的有机生态中，建构和确证伦理精神的价值合理性。生态合理性的伦理超越，就是对以罗尔斯和麦金太尔为代表的西方现代伦理学方法的辩证否定和辩证综合。

从"生态本位"的"伦理学方法"出发，对麦金太尔"何种合理

性"难题所作出的回答是:

生态合理性!

(四) 生态合理性的价值原理

从19世纪中叶到20世纪中叶,人类的生态智慧已经完成了由生物生态向人的生态的巨大飞跃。然而就在完成这一飞跃的同时,人类文明正酝酿着另一个更大的飞跃,这就是由以人为主体的自然生态向整个文明生态的飞跃。这一飞跃的核心是将自然生态的理念提升为生态世界观,再由生态世界观落实为生态价值观。

作为一种"伦理学方法","生态本位"的价值观的实质,是以生态合理性为根本理念,建构伦理精神的理论合理性和实践合理性。以伦理精神的价值合理性建构和确证的逻辑原理为依据,与自我本位、关系本位的价值观相对照,生态合理性的价值观坚持四个基本的方法论原则,这四个基本的方法论原则分别回答和解决了价值合理性的四个基本问题。

(1) 有机性和内在关联原则。这一原则回答了关于价值合理性确证的一个前提性问题:伦理精神、伦理价值的现实性在哪里?它是关于伦理精神和伦理价值的现实性确证的原则,是伦理精神的价值合理性确证的逻辑前提。生态的观点,从根本上说就是生命的观点、有机性的观点、内在关联的观点。生态的观点首先是生命的观点,认为生态就是"生命的存在状态",把世界,包括人、自然、社会都看做有机的生命体。生命的特性是有机性。有机性的本质是广泛而内在的普遍联系。因此,广泛而深刻存在的内在关联,构成的生命有机性是生态合理性的第一原则。萨克塞反复强调:"我们要尽可能广泛地理解生态学这个概念,要把它理解为研究关联的学说。"[①] "生态学要求观察事物之间的关联。"[②] "生态哲学研究的是广泛的关联。"[③] 这种广泛关联的最后落实,把被认为是这个世界的主宰的人也看做整个有机关联的生态网中的一部分。"在社会劳动过程中我们得知人在生态关联网中遇到了严格的控制。我们意识到我们不是作为主

---

① 汉斯·萨克塞:《生态哲学》,东方出版社1991年版,前言,第3页。
② 同上书,第70页。
③ 同上书,第193页。

人面对这一发展，我们自己也是整体的一部分。"① "我们自己也是生态学的一个组成部分，这一点是直到今天我们才慢慢认识到的。"② 以有机性和内在关联为原则，生态智慧认为，伦理精神、伦理价值存在于有机体的生命本性中，存在于有机体内部和有机体之间的内在关联中。根据有机性与内在联系的原则，伦理价值的现实性确证的方法论原理是：a. 把伦理精神从而也把伦理价值看做是一个有机的生命体，认为伦理精神是由构成伦理价值的各种要素所形成的生命体，是由主体对伦理价值的追求所建构的活生生的意义世界或价值世界。b. 不仅这个意义世界（主体内在的生命秩序）是有机的生命体，而且意义世界与世俗世界（外在的生活秩序），也同处于有机关联的生命体中，价值的合理性，就是生命秩序的合理性，就是意义世界的合理性，也是意义世界和世俗世界、人的内在生命秩序和外在生活秩序之间关系的合理性，总之是人类生命成长和生活秩序的合理性。c. 在价值的生成方面，生态合理性不仅一般地把伦理价值看做是价值主体—主体需要—价值客体之间的关系链，不仅一般地在三者之间建立联系，而且认为无论是价值主体、价值客体、还是价值主体对价值客体的需要都是有机的，价值的合理性体现为三者有机关联所形成的生态的合理性。d. 在现实性上，伦理精神的价值合理性既表现为伦理精神内部自我生命的合理性，也表现为伦理与文化、经济、社会等其他价值因子所形成的生态关系的合理性，伦理价值的现实合理性，存在于伦理与文化、经济、社会的内在关联所形成的有机生态之中。

（2）整体性原则。整体性原则回答的问题是：谁之合理性？价值合理性在哪里？或者说，伦理精神的价值合理性的依据是什么？它是关于伦理精神的价值合理性确证的原则。反人类中心主义是现代生态理论的共同主张。虽然生态学有深层生态学与浅层生态学的流派之分，但在反对现代文明尤其是西方文明所执著的人类在世界上的主宰和中心地位方面两大流派是基本一致的。萨克塞早就指出，近代西方文明尤其是它所派生的"自我实现"理念的进步和误区在于："人获得了解放，除了个人的意志没有任何其他的标准。"③ 西方深层生态学的代表人物奈斯认为，生态学或生

---

① 汉斯·萨克塞：《生态哲学》，东方出版社 1991 年版，前言，第 194 页。

② 同上书，第 2 页。

③ 同上书，第 142 页。

态智慧有两个最高原则：自我实现原则（确切地说是生态自我实现原则）；生态中心平等主义原则。"从系统而非个体的观点看，最大化的自我实现意味着所有生命的最大的展现。"① 生态智慧以生态的整体性为价值的本位，追求生态系统的整体合理性。在这个意义上，生态智慧又被称为"生态整体主义"。在生态文明中，自觉地意识到人的生存的生态整体性的主体被称为理性生态人。理性生态人强调综合效益、公平正义和整体主义的方法。② 生态合理性本质上是一种整体合理性的价值观。以整体性为原则，生态合理性的"伦理学方法"关于伦理精神的价值合理性的存在原理表现为五个基本要求：生态整体的合理性、生态因子的平等性、反价值霸权、反个人主义及社会文明的健全与协调发展。生态智慧所追求和确证的价值合理性，本质上是整体的合理性，准确地说，是生态整体的合理性，它认为生态整体是合理性价值的主体，伦理精神的价值合理性存在于生态整体之中。生态智慧动摇甚至扬弃了人在整个世界中的先验的、绝对的主宰地位，消解了人在世界中的优先的价值地位和先验的价值合理性，强调生态整体的合理性和生态内部各因子之间在价值上的平等性，因而也就从根本上动摇和否定了任何价值霸权。生态价值观认为，在有机的生态体系中，任何因子都没有先验的价值合理性和价值权威性，即使在经验和直觉中被认为具有充分的合理性的那些价值因子，也必须在与其他因子的有机关联、最后在整体生态体系中才能确证自己。正因为如此，生态整体的价值观必然内在着反个人主义、反自我中心主义的价值取向。不过，反个人主义并不意味着抹杀个体或个别生态因子的价值现实性及其对整体合理性的意义，恰恰相反，它认为整体的合理性正是个体积极努力和造就的结果，只是强调个体价值的现实性和合理性必须在整体中才能确证。

依照这种价值观，伦理精神只是人文精神的价值生态中的一个有机因子，只有在一定人文精神的价值体系中才能确证其现实性与合理性。在人

---

① Arne Neass, *Self Realization*: *An Ecological Approach to Being in the World*, in John Seed, et al., ed. Thinking like a Mountain: Towards a Council of All Beings Philadelphia: New Society Publishers, 1998, pp. 19—30. 转引自徐嵩龄主编《环境伦理学新进展》，社会科学文献出版社 1999 年版，第 85 页。

② 参见徐嵩龄《论理性生态人：一种生态伦理学意义上的人类行为模式》。见徐嵩龄主编：《环境伦理学新进展》，社会科学文献出版社，第 419—421 页。

文精神的价值体系中，不仅伦理价值，而且经济价值、政治价值和其他一切价值，也只有在与其他价值因子的有机关联所形成的生态整体中，才能确证自己的合理性。诚然，在人文精神的价值体系中，伦理、文化、经济、社会对价值的生成具有不同的意义，但是，对于价值合理性来说，不仅伦理，即使经济，也不可能自我确证其合理性，都不可能具有先验的价值合理性和价值霸权。由此，伦理精神的价值合理性的标准，既不是抽象的伦理规范或伦理目的性，也不是抽象的经济发展或生产力标准，而是社会文明的整体发展。生态合理性下的整体合理性原则，就是社会文明的合理性原则。社会文明——既不是抽象的精神文明，也不是抽象的物质文明，而是二者构成的有机生态，才是伦理精神价值合理性的最后根据。在生态合理性的整体主义原则下，价值的主体合理性依据已经不是抽象独立的伦理，也不是抽象独立的伦理—文化、伦理—经济或其他关系，而是有机性、整体性的社会文明。因此，生态合理性的"伦理学方法"既反对抽象的伦理乌托邦和道德理想主义，也反对经济的价值霸权，主张以健全的人文精神追求伦理精神的价值合理性。

（3）共生互动与自我生长原则。这一原则回答的问题是：伦理精神的价值合理性是如何产生、又如何发展的？它是关于伦理精神的价值合理性的创生原则。有机联系与整体发展所确证的价值合理性，是共生互动的合理性。共生互动，就是生态因子之间既相对立，又互依互补的对立统一关系。著名生态学家 E. 奥德姆把生物物种间相互作用的多样性分成两类：负相互作用，包括捕食、寄生、抗生作用；正相互作用，包括偏利作用、合作和互利共生。在这两类相互作用中，互利共生是两个相互作用物种最强的和有利的作用方式。[①] 生态所追求和实现的价值合理性，是生态中诸因子健康互动所形成的合理性。价值及其合理性，存在于多样性的价值主体的共生互动中。共生互动赋予生命机体以自我生长的内在动力。任何平衡的生态都具有自足的特点。生态平衡破坏的结果，首先表现为生态中诸因子自我生长能力的破坏。自我生长是生态有机体生命力的体现，也是生态的存在方式。同生互动与自我生长形成的伦理精神的价值合理性创生的基本原理是：第一，互补互动，对立统一。根据生态合理性的理念，伦理价值包括其他一切价值的存在根据，在于它与其他生态因子在人文精

---

① 参见 E. 奥德姆《生态学基础》，人民教育出版社 1981 年版，第 206 页。

神与意义世界中的互补性，通过互补以及由此实现的互动，殊异的和对立的价值达到统一，从而实现整体价值的生态合理性。具体地说，伦理精神的价值合理性，伦理与文化、经济、社会等价值因子的互补互动和对立统一，是伦理精神的价值合理性的根据。第二，自足性。它认为，任何相对成熟的伦理精神都是一个自足的机体，不仅在文化形态与精神结构方面自给自足，而且在它与经济、社会的关联方面也表现出自足的特性。自足就是平衡，就是生态状态。当然，这种自足是开放的自足，这种平衡是动态的平衡。第三，自我否定。共生互动，构成伦理精神价值体系内在的矛盾，矛盾的对立统一，成为价值生长的内在动力。伦理精神价值合理性的生命力，在于伦理精神的价值生态的内在矛盾运动。共生互动，自我生长，就是伦理精神及其价值合理性的生成和发展方式。

（4）具体性原则。这一原则回答的问题是：伦理精神的价值合理性在形上本性上是抽象的还是具体的？是惟一的还是多样的？是专制的还是民主的？它是关于伦理精神的价值合理性的人文品质的原则。生态智慧肯定整体价值，却反对抽象的所谓普遍价值合理性，因而在本质上追求具体。亨廷顿在研究文明冲突时发现了一种值得注意的现象："每一个文明都把自己视为世界的中心，并把自己的历史当作人类历史主要的戏剧性场面来撰写。与其他文明相比，西方可能更是如此。"① 人们发现，在所谓"普世文明"或"文化趋同"的旗帜下，在价值方面西方文化几乎把现代化与西方化相等同，由此就可能产生并且在事实上已经产生另一种价值霸权，一种在各种生态的文明和价值体系之间存在的价值霸权——"文化帝国主义"。"文化帝国主义"并不只产生于在经济和文化方面处于优势地位的国家民族的霸权故意，也产生于另一些文明对这种霸权的认同。英国学者汤姆森在《文化帝国主义》一书中，列举了两种关于"文化帝国主义"的定义。一种是巴克的定义："帝国主义国家控制他国的过程，是文化先行，由帝国主义国家向他国输出支持帝国主义关系的文化形式，然后完成帝国的支配状态。"② 另一种是贝洛克等人的理解："运用政治与经

---

① 塞缪尔·亨廷顿：《文明的冲突与世界秩序的重建》，第41页。

② M. Barker, 1989, Comics, Manchester University Press, p. 292. 转引自汤姆森《文化帝国主义》，上海人民出版社1999年版，第6页。

济权力，宣扬并普及外来文化的种种价值与习惯，牺牲的却是本土文化。"① 这两种定义从两个相反的侧面提醒人们：文化帝国主义是在文明体系中处于不同地位的各种文明都必须警惕的。

　　生态合理性在价值的层面扬弃价值观中的文化帝国主义。在生态智慧中，任何价值，即使被一部分人认为是卓越的价值，都只有在一定的生态中才能确证其现实性和合理性。一切文明的生态，相对它的主体来说，都有其一定的存在现实性和价值合理性。不仅生态中各价值因子是平等的，而且各种文明生态之间也是平等的。因此，生态智慧，生态价值观，在同一生态内部反对价值霸权主义，就像后现代主义在现代文明的价值体系中致力于消解经济的、科技的、理性的价值霸权，形成反经济主义、非理性主义、反科学主义思潮一样；在不同的生态之间，反对文化帝国主义，反对用一种生态文明的模式判断另一些生态文明的价值，反对把一种生态文明的价值观强加于另一些生态文明。

　　生态价值观对异质文明中价值因子的合理性的认同和确证原理是：特定生态中的任何价值因子，即使最卓越的因子，对其他异质生态来说，都不可能具有先验的和绝对的合理性，只有当这些因子成为新的生态中的有机构成，并确证了自己在异质生态中的存在现实性后，才能在与该生态的其他因子的健康互动中获得价值合理性。生态合理性在内在价值方面是共生互动的，在外在文明形态方面是多元平等的。生态合理性原则的贯彻，必然是对文化帝国主义的消解。

　　生态价值观的具体性原则体现为价值合理性的四大品性：第一，民族性。伦理精神的价值合理性的基本方面，就是它的民族性。民族是伦理的实体，伦理是民族的精神。伦理精神是在一定民族长期的社会实践和文明发展中生长起来的与该民族的特性相匹合的价值生态。民族伦理精神的价值合理性基本方面，就是它对于该民族发展的适应性和生命力，在于它与该民族主体所形成的合理生态。第二，多样性。具体性原则本质上是多样性原则。它肯定和尊重伦理精神、伦理价值的多样性。第三，民主性。具体性原则对于异质伦理精神的价值合理性的逻辑态度是理解和宽容，承认其存在的现实性和合理性，并努力通过对话达到价值的沟通。西方后现代

---

　　①　A. Bullock and O. Stallybrass（end），*The Fontana Dictionary of Modern Toubht*，London：Fonana，1977，p. 303. 转引自汤姆森《文化帝国主义》，第 5 页。

主义的重要代表人物哈贝马斯的商谈伦理已经揭示了这种民主的价值品质。第四，相对性。具体性的合理性原则强调价值的相对性，扬弃抽象的普遍价值合理性，在具体性的价值原则下，伦理精神的合理性，是相对于一定民族，相对于一定历史阶段，相对于一定文明形态和文明发展水平的合理性，没有抽象的、普遍适用的、放之四海而皆准的价值和价值合理性。

从以上基本原则出发，伦理精神的价值合理性建构的方法论思路就是：伦理精神的价值合理性建构，就是合理的价值生态的建构。

（五）　生态合理性的方法论辩证

生态合理性的"伦理学方法"的确证，逻辑地必须回答三个问题：第一，"生态"是否是一个只适用于人与自然关系，而难以在人文精神中具有普遍合理性的移植的概念？第二，伦理精神、伦理价值是否具有生态的本性？第三，生态合理性的方法、生态合理性的理念与历史唯物主义基本原理的关系。

关于第一个问题，两个事实已经否定了这一怀疑。其一，生态学尤其是哲学的长期发展，已经使生态概念和生态理念超越自然生命的范畴，具有价值观和方法论的意义。其二，即使"生态"的概念起源于作为自然科学的一个分支的自然生态学，即使生态价值观和生态合理性的理念是从自然生态学的生态理念中得到启发，或者说从根本上就是作为生物学的生态理念的扩展，这种扩展和推进也有内在的合理性根据，它的合理性已经被科学史和哲学史的长期发展所证明。毋庸讳言，"生态"最初（从海克尔第一次使用到卡尔松《寂静的春天》出版的近一个世纪的时期内）是生物学的概念，然而早在20世纪中叶，生态的理念就被运用到对人、对人的行为的合理性的研究上，获得了现代意义。可以说，生态学从一开始就具有深刻的方法论意义。萨克塞深刻地揭示了这一点，指出在19世纪，"生态学的考察方式是一个很大的进步，它克服了从个体出发的、孤立的思考方法，认识到一切有生命的物体都是某个整体中的一个部分"。[1] 现代生态学将生态的理念运用到对人的研究，在扩展了以普遍关联为特征的

---

① 汉斯·萨克塞：《生态哲学》，第1—2页。

古典生态学的方法论的同时，赋予其世界观和价值观的意义。20 世纪后期，"生态"的概念已经突破人与自然关系的范畴，成为人文精神和人类文明的重要理念，不断演绎的"社会生态学"、①"政治生态学"、②"生态女性主义"③ 的概念就是见证。在人类文明发展史上，曾有许多从自然科学中生长起来，后来被扩展为具有普遍意义的，并且被社会实践证明是必要的和具有真理性的形上理念和哲学方法。哲学是世界观又是方法论，是时代精神的精华，是自然科学和社会科学以及其他一切人类文明成果的概括和总结，核心就是世界观和方法论的提升。因此，从自然科学的成果中引申出具有普遍意义的方法论理念，甚至自然科学的某些概念经过扩展和重新诠释成为具有方法论意义的哲学理念，本身就是哲学的形上思辨的本质特征。

第二个问题可以分解为两个方面：伦理精神、伦理价值是否具有"生态"的本性？"生态"是否体现了伦理精神、伦理价值的本质特性？从古典生态学到现代生态学，无论是以生物为核心还是以人为核心，都有一个共同的主体，这就是生命。正如现代生物学所揭示的那样，生态本质上是"生命的存在状态"，④ 生态的主体是生命。不过，一旦"生态"的理念被运用于研究人，它就不只是、也不可能仅仅局限于人的生理意义上的生命，必然也必须深入到生命的更深层，即人的精神生命。伦理、伦理精神，就是人的生命的最深刻的表现，是由人类文化所创造的意义世界。生理意义上的生命只是人的初级本质，人的更深刻、更高级的生命本质是人的意义追求，以及为此所进行的物质的和精神的实践活动，其中，融入的理性与意志于一体的、作为意义世界的核心构成的伦理精神和伦理价值，就是人的更深刻的生命本质，即在文化意义上体现人与动物的本质区分的生命本质。像人的生理生命一样，伦理精神所体现的生命也是一个有机体。无论是社会伦理精神还是个体伦理精神，在历史发展中都是人类文明和人类文化的有机体，都处于与历史上的和当下存在的各种文明和文化的有机关联中，在其现实性上，也都是人的现实生活的一个有机构成，是

---

① 参见徐嵩龄主编《环境伦理学进展：评论与阐释》，第 100 页。

② J. 海德华：《政治生态学的含义》，参见《哲学译丛》1996 年第 1—2 期。

③ 参见《环境伦理学进展：评论与阐释》，第 98 页。

④ 参见徐嵩龄《论理性生态人：一种生态伦理学意义上的人类行为模式》。见徐嵩龄主编：《环境伦理学进展：评论与阐释》，第 409 页。

与经济、社会的现实发展和价值形式融为一体所构成的活的机体。有机性既是伦理精神、伦理价值的生命本性的表现形式，也是它的根源。也许，随着文明推进和学术发展，人们还会发现伦理精神、伦理价值的更深层次的本质，但是比起19世纪在"自我"中的本质追究，20世纪在"关系"中的本质追究，"生态"的追究对伦理精神的价值合理性，尤其是开放—冲突的文明体系中伦理精神的价值合理性，具有更大的解释力和真理性，也更能体现伦理精神的现实性和合理性。

关于第三个问题，回答应当是肯定的，因为生态合理性价值观的四大基本原则，都体现了马克思主义哲学的基本观点和基本原理。作为生态哲学的基本原则的"内在关联"原则，是辩证唯物主义普遍联系原则的体现；互动性与自我生长原则体现了对立统一、否定之否定的规律；有机性和整体性思想，是历史唯物主义关于社会矛盾运动和社会有机体思想的贯彻；而具体性原则很明显就是关于个别与一般、普遍与特殊关系的原理以及作为马克思主义哲学灵魂的具体问题具体分析的实事求是思想的落实。可以说，生态合理性的价值观、生态的理念在伦理学方法方面更深刻、更具体，也更富有时代精神地在价值领域贯彻了马克思主义的辩证法尤其是历史辩证法的思想。

伦理精神的价值合理性的探讨不能机械地搬用唯物史观，而要把"唯物"的观点与马克思主义的历史辩证法思想有机结合，在社会存在决定社会意识的本体论前提下贯彻关于历史发展的合力的辩证法思想。伦理精神及其历史发展归根到底由生产力发展水平、由经济发展水平决定，这是历史唯物主义的基本原理。但如果我们的努力只停留于此，即使阐述中使用一些新概念，事实上也不一定能作出新贡献，因为这一课题马克思早已完成。社会发展、文明发展之所以需要伦理，根本上不是要它为自己辩护（虽然这种辩护有时是必须的），而是要用它提升社会的品质和文明的品质。这种观点如果用历史唯物主义的原理表述，那就是：伦理对社会存在的反作用，更能体现伦理精神的合理性品质。因此，在伦理精神的价值合理性的创造和确证中，生产力标准、经济标准固然是一个重要的依据，但它决不是惟一的标准，应当贯彻马克思主义的"合力"思想。恩格斯早就指出，"根据唯物史观，历史过程中的决定性因素归根到底是现实生活的生产和再生产。无论马克思或我都从来没有肯定过比这更多的东西。如果有人在这里加以歪曲，说经济因素是惟一决定性的因素，那么他就是把这个命题变成毫无内容的、抽象的、荒诞无稽的空话。"历史发展的最终结果,"总是从许多单个的意志的相互冲突中产生出来的,而其中每一个意志,又是由于许多特殊的生活条件,才成为它所成为的那样。这样就有无数互相交错的力量,有无数个力的平行四边形,而由此就产生出一个总的结果,即历史事变。"① 伦理精神的价值合理性,存在于由各种文明因子的相互作用所形成的"平行四边形"的"合力"之中。生态合理性方法的有机性原则、互动性原则、整体性原则,就是关于"合力"的历史辩证法的贯彻和体现。根据"合力"的历史辩证法,伦理精神的价值合理性的最后根据既不是抽象的生产力标准,也不是抽象的经济发展标准,而是社会文明的健全、健康的发展。因此,生态价值观、生态合理性的方法,是历史唯物主义方法尤其是历史辩证法在伦理精神的价值合理性研究中的落实和创造性推进。

---

① 《马克思恩格斯选集》第 4 卷,人民出版社 1972 年版,第 477—478 页。

第一篇

伦理精神价值合理性的生态理念

从理论与实践两个维度考察，如果在伦理精神的价值合理性建构中存在某个形上前提，那就是：理念。

一　文化理解

在中—西、古—今的文化冲突中，伦理精神的价值合理性建构的生态理念是："文化理解"

（一）"意义"的"理解"

文化冲突是开放时代和开放社会的特征。一个开放的社会，事实上在任何时候都面临本土文化与外来文化、传统文化与现代文化的冲突，只是在社会发展的重大转折时期，以伦理为核心的价值冲突表现得更为激烈。显然，文化冲突的结果，既不应当是文化链的断裂和文化壁垒的筑建，也不应当是文化自我与民族文化个性的丧失，而应当在文化融合的基础上和文化承续的过程中，赋予既有的文化价值以新的世界性和时代精神的内涵。

以下问题的探讨，对于文化冲突中伦理精神的生态合理性的建构，具有重要的方法论意义：

传统文化、西方文化如何被接受并转换为现代中国文化价值结构中的有机因子？

传统文化、西方文化如何从客体性的"文本"的存在转换为"文化"的存在，成为社会发展的现实因子？

在文化冲突中，文化主体应当如何发挥自己的能动性，又应当对价值建构担当什么样的文化责任？

［a. 在"文本"与"文化"之间］在文化冲突中，西方文化、传统文化对于现代中国文化与中国社会发展的影响力与影响方式与以下两个问题密切相关：第一，西方文化、传统文化如何被认同和接受？这一问题的关键在于它们到底在多大程度上被认同？能否被准确和严格地接受？第

二，西方文化、传统文化如何转化为现代文化的有效因子从而对现代社会发展发挥现实的作用?

西方现代哲学的解释学理论在对传统进行诠释的过程中，对人们能否完全客观地解读"文本"即固有的文化经典问题提出了反思，在此基础上对人们解读文本的方式进行了新的探讨。这一探讨的意义显然已经超出了人们对文本的解读方式本身，因为只要稍加引申就会发现，在研究这一问题的过程中，现代解释学事实上从一个视角解决了"文本"如何被接受、如何对现实发挥作用的问题。

什么是"文本"? 法国解释学家保罗·利科尔认为，"'文本'就是任何由书写所固定下来的任何话语。"① 而"书写就是固定了的谈话。"② 因此，他认为，"文本"具有心理学和社会学的意义。对"文本"概念的这种狭义上的把握，对探讨我们所要解决的问题也许还有一段距离，为此，这里在广义上将整个西方文化和中国传统文化都作为一个"文本"，即所谓"文化文本"。从中—西、古—今文化冲突的视野考察，整个西方文化与传统中国文化都可以视为"文本"，它们既以经典文献的形式存在，也以潜在的心理、意识和行为表现，都是现代人解读的对象。在古—今、中—西文化冲突视野下的"文本"，既不只是同质文化下的"历史文本"，也不只是实体性的"作品文本"，而是在古—今、中—西对待的意义上，既包含作品文本又超越作品文本的"文化文本"。"文化文本"设定的根据和立意是: 在古—今、中—西文化冲突中，作为解读对象的不只是以"书写固定了的"严格意义上的中国传统的和西方的"作品"，而是内涵更为宽泛的文本——文化; 任何"文本"，只有在转换为主体的有效文化构成后，才具有现实的意义。

在现实性的意义上，西方文化、传统文化对于现代中国文化和中国社会发展的影响方式，都可以看成是由"文本"向"文化"的转换。主体对西方文化、传统文化的认同和接受的实质，是把作为他们认识对象的"文本"转换为自己的文化要素; 西方文化、传统文化对现实的影响，也是由外在的客体性的"文本"存在，转换为自在的文化存在。在上述设定中，解释学中的"文本"概念的适用领域被大大拓宽了，但解释学的

①　保罗·利科尔:《解释学与人文科学》，河北人民出版社 1987 年版，第 148 页。
②　同上书，第 149 页。

方法及其理论却具有同样的解释力和真理性，因而解释学的理论对文化冲突中不同文化之间影响方式和影响力的研究，具有直接的借鉴意义。

现代解释学是一个庞大而复杂的体系。我认为，这个体系中重要的、也是对"文本"和"文化"之间的关系具有解释力的是以下几个重要概念。

"含义"与"意味"　美国著名解释学家赫施（Eric Donald Hirsch）在《解释的有效性》一书中，提出了文本的"含义"与"意味"即"意义"的区别问题，努力捍卫传统解释学的客观主义精神。他认为，人类对文本的理解具有历史性，但这并不是指作者的原初"含义"发生了变化，而是文本对作者来说的"意义"发生了变化。[①] "含义存在于作者用一系列符号所要表达的事物中……而意义则是指含义与某个人、某个系统、某个情境或与某个完全任意的事物之间的关系。"[②] "作者对其本文所作的新理解虽然改变了本文的意义，但却并没有改变本文的含义。"[③] 正是由于文本"含义"与文本"意义"的这种区分，才导致了解释和理解的历史性。由此，赫施认为，文本的"意义"处于变动不居的历史演变之中，而文本的"含义"则是确定的、不变的。文本含义的不变性是解释的基础，因为"只有含义本身是不变的，才会有客观性存在。"[④] 但"含义"也不能通过简单的解释获得，因为"含义是意识的而不是文字的事情。"[⑤]

"解释"和"理解"　"理解"是现代解释学的核心概念之一。"理解"和"解释"、"释义"的区分，是解释学由传统的考据学、文献学发展为现代解释学的重要的理论进展。在现代解释学看来，"理解"与"解释"的区分是本质的而不是形式的。狄尔泰认为，"理解"取决于在精神用以表明自己的各式各样符号的基础上，外部主体所表达的认识；"解释"则包含着某种更具体的东西——它只包含有限种类的符号——由书写固定的符号——包括各种文献及类似书写物的文物。[⑥] 从逻辑上说，

① 赫施：《解释的有效性》，王才勇译，三联书店1991年版，第2页。
② 同上书，第2—3页。
③ 赫施：《解释的有效性》，第3页。
④ 转引自［美］D. C. 霍埃《批评的循环》，兰金仁译，辽宁人民出版社1987年版，第15页。
⑤ 同上。
⑥ 参见保罗·利科尔《解释学与人文科学》，第205页。

"一切理解都包含着释义。"① 但是，"显而易见，理解在时间上是先于解释的，而且，是从解释中分辨出来的。……在某种程度上，一个解释有时会深化我们的理解，但是，一个解释有时又会根本地改变我们的理解。……解释所具有的'深化'和'改造'这两种功能是彼此完全相异的，而且这两种功能是与诸解释活动于其中赖以区分开来的两种特点相对应的。"②"理解"和"解释"的区别，根源于"文本"的"意义"和"含义"的二重性。"理解"把握的不是文本的"含义"，而是"意义"。"理解""不仅仅意味着对作者意指含义的把握，而且也意味着对含义是如何与作者的世界或我们自身的世界相吻合的这个事实的把握。"③ 赫施也认为，"理解"包含着认识，而对意义的把握也同样属于真正的认识。"理解"从本质上说是"意义"的赋予。伽达默尔进一步认为，理解不仅先于解释，而且先于判断。④

"自我理解" 利科尔有一个著名的论断："本文是我们通过它来理解我们自己的中介。""理解就是在本文前面理解自我。它不是一个把我们有限的理解能力强加给本文的问题，而是一个把我们自己暴露在本文之上并从它那里得到一个放大了的自我，"所以理解既是失去也是占有。"⑤而占有就是自我理解。从表面上看，每一代人都以各种方式理解历史，并在此基础上形成各种文本，然而，人类的这些理解活动，从根本上说都是由自我理解的要求驱使着，人类总是在理解自己中理解历史。

"偏见"或"先见" 自欧洲文艺复兴以来，海德格尔和伽达默尔是明确提出并着力论证要为"偏见"的合法性作辩护的哲学家。他们认为，"历史中的人和他的理性不可能摆脱'偏见'，因为偏见是人在历史中的存在状态。海德格尔把"理解"当作"个人把握自身存在可能性的能力。"认为任何理解的先决条件都要由三方面的存在状态构成："一是'先有'（Vorhabe）。人必须存在于一个文化中，历史与文化先占有了我们，而不是我们先占有了历史与文化。这种存在上的'先有'使我们有可能理解自己和文化；二是'先见'（Vorsicht）。'先见'是指我们思考

---

① D. C. 霍埃：《批评的循环》，兰金仁译，辽宁人民出版社1987年版，第65页。
② 赫施：《解释的有效性》，第150—151页。
③ 同上书，第164页。
④ 参见《批评的循环》，第78、84、85页。
⑤ 保罗·利科尔：《解释学与人文科学》，第146、147页。

任何问题所要利用的语言、观念及语言的方式；三是'先知'（Vorgriff）。'先知'是指我们在理解前已具有的观念、前提和假定等。"① 这三方面构成人的理解的"前理解"状态。伽达默尔把"先有"、"先知"、"先见"三方面的内容融为一体，统称为"偏见"或"先见"，认为"先见"是历史给予人的，人无法进行选择，每个人都要降生在一个历史文化之中，历史首先占有了他。历史占有个人的方式是通过语言。语言不只是表达的工具，它保存着历史、文化和传统。个人在接受理解语言的同时，接受了历史给予他的"先见"，个人永远无法摆脱这些"先见"，因为这就是它在历史中的存在状态。作为人的存在状态，"先见"既包含着人的过去，又潜在地包含着未来，因而又可称之为"视野"或"境界"。这种视野或境界，既指历史与传统给个人提供的理解的存在背景，也指个人由他在历史的存在中开始理解活动的起点。②

诚然，西方现代解释学流派众多，在许多重大问题上存在着深刻的分歧，这些概念并不是解释学的所有流派都公认的，不过，如果从解释学的现实影响尤其是对中国思想界的现实影响考察，这些概念又确实具有代表性。也许，学者及其研究总是带有某种学派的倾向和特征，但某一思潮对于整个社会的影响特别是对于一般社会大众的实际文化影响却是整体性的。从影响力的深度与广度方面说，学术思潮对社会大众的影响比对学者的影响往往更重要，因为后者更广大，也更具有把思想转变为行动；落实为现实的文化的力量。因此，如果从学术思潮的现实影响方面考察，整体的把握比抽象的分析更有意义。这决不是学术上的粗疏，而是研究视野和研究方法上的具体整合。

根据现代西方解释学理论的以上范畴和方法，在"文本"与"文化"转换的过程中，以下几个问题的澄清具有特别重要的意义。

第一，从解释学的观点看，最重要的并不是文本的字面"含义"，而是隐藏于文字语言背后、作为文本的实质的"意义"。它既是文本的实质所在，也是文本对现实、对现实文化的最为深刻的影响之所在。换句话，在"文本"对现实产生影响的过程中，不仅作为文本形式的话语系统、语言结构，而且包括作者的原初的意图本身，都不是最深刻、最重要的因

① 参见殷鼎《理解的命运》，三联书店 1988 年版，第 254—255 页。
② 同上书，第 257—258 页。

素，最深刻的因素是超出于特殊的话语系统，乃至超出作者的意图和文本之外的、在文本与读者发生关系的过程中产生的"意义"。

第二，"意义"不能通过"解释"获得，只能借助"理解"获得。"解释"只能获得文本的"含义"，"理解"才能把握文本的"意义"。因此，不仅对于解释学的哲学理论，而且对于"文本"向"文化"的转换，"理解"是最重要的概念。

第三，"理解"不是一般的方法，而是主体的存在方式，对于整个人类的"自我理解"来说，它也是历史的存在方式。在对文本进行解释的过程中，作为"理解"前提的，与其说是"文本"，不如说是理解者和历史本身，因而最基本的理解是主体的自我理解，是主体对人生、对自己的历史、对自己生存于其中的文化的自我理解。"自我理解"不是对文化文本的主观理解，而是"自我"在理解中的能动性与主体性。

第四，正因为如此，"先见"或"偏见"，或者说"前理解"对于理解、对于"文本"向"文化"的转换，不仅是不可避免的，而且是必然的和合法的，因为主体不可能也不应当摆脱"先见"的影响。没有"先见"，在某种程度上意味着主体失去自身，或者根本就没有建立起主体的自我。"先见"不仅是理解的前提，是"文本"与主体的契合，也是主体接受、消化文本，转化为思想和行动的主观基础，对社会主体来说，是转化为现实的文化的意识机制和主体形式。

[b."文化文本"的 价值"理解"]　在由"作品文本"向"文化文本"转换的过程中，重要难题之一是对"文化文本"的"意义"的"理解"。显而易见，"文化文本"具有比"作品文本"更大的"意义"特性。在严格的意义上，解释学的"意义"是语言哲学的概念，这一概念向"文化文本"的移植还需要经过文化学的扩展，其移植的合理性基础就是"作品文本"的"意义"和"文化文本"的"意义"的相通性。在广义上，"文化"与"意义"是相通的，人文科学的许多领域就是以"意义"为特质和本质的，文学、艺术、伦理、宗教、美学，都是追求意义的意识形态。文化，建立的是一个超越于人的本能的意义的世界。当然，由于文化功能和文化使命不同，人的意识的诸形态体现出多样的"意义"特性，其中，伦理就是最能体现文化"意义"特质的一种意识形态。

"意义"是什么？刘安刚在诠释西方解释学的"意义"时指出："作

品有它自己的世界，解释者也有他自己的精神世界。这两个世界在解释者的理解中发生接触后，融合为一个新的可能的世界——意义。""意义"是在解释者和"文本"的"理解"中发生的"可能的世界"。"解释者在理解中，不仅重新规定了他的精神世界，也给作品开拓了作品可能造成的意义世界。"① 扩展开来，"意义"是两种文化之间的对话。当然，伦理的"意义"本性和解释学的"意义"是有区别的，前者是文化学的，后者是解释学的；前者是在主体行为与他人和世界的关系中产生的，后者是在解释主体和"文本"的关系中形成的。伦理的"意义"是一个需要通过特殊的文化"理解"才能把握的"意义"。

伦理的判断方式最能体现它的文化特性。与其他意识形式相比，伦理判断是"应然"的判断，而不是"实然"的或事实的判断。"就所有的或大多数的心灵而言，普遍道德判断或慎思判断对意志具有某种——尽管常常是不充分的——影响。不可能合理地把这些判断解释为有关人类目前或将来的情感存在或感觉世界的某些事实的判断；他们所直接或隐含包含的由'应当'或'正当'这个语词表达的基本概念，与表达物理或心理事实的所有概念有着根本的区别。"② 西季威克努力从理性诠释"应当"，认为"应当"是一个可能的认识对象。"就是说，我判断为应当的必然为所有真正在判断问题的有理性者同样判定为应当的，除非我判断错了。"③"应当"是一个体现目的性的概念。"应当"的标准是"善"。西季威克用"欲望"诠释"善"，强调"善"不是"事实"上被欲求的东西，甚至不是"应当"被欲求的东西，而是"值得"被欲求的东西。④当把"善"诠释为"值得欲求的东西"时，它就具有了价值和意义的内涵。

伦理是一种意义，但它不是一般的语言意义，而"精神意义"。伦理的意义与语言意义相关联，又超越于语言，与之有疏离的倾向。然而，无

---

① 刘安刚：《意义哲学纲要》，中央编译出版社 1998 年版，第 72 页。

② 亨利·西季威克：《伦理学方法》，廖申白译，中国社会科学出版社 1993 年版，第 49 页。

③ 同上书，第 57 页。

④ "如果我们借助于与'欲望'的关系来解释'善'概念，我们一定不要把它等同于实际被欲求的东西，而宁把它等同于值得欲求的东西。在这里，'值得欲求的'不一定指'应当被欲求的东西'，而是指可能被欲求的东西，如果它被判断为可以靠意愿行为获得——假定欲求者有对这一获得状态或结果在情感上和理智上的完善预测——的话。"亨利·西季威克：《伦理学方法》，第 132 页。

论是"语言意义"还是"精神意义",都具有内在的一致性,都是"文化意义"。斯蒂文森在《伦理学与语言》中指出,伦理判断是一种意义判断,伦理的语言具有情感语言的特性,因而伦理判断具有"情感意义"的特点。在这里,"意义"具有双重属性。"除非能把'意义'归于某种标示属意义的公认含义,在这种属意义中情感意义是一个意义,而描述意义则是另一个意义,否则使用'意义'这个术语将会使人误入歧途。"在他看来,虽然存在着某种习以为常的含义,"按照这种含义,一个符号的'意义'就是人们使用这个符号时所指的东西(例如,'饼'的意义是食品,'硬'的意义是坚硬物的特征)。"这就是所谓"含义"。然而这种含义对解决问题是无济于事的。另一方面,"某些词(例如'哎呀')并没有指谓什么,但确实具有一种意义,即情感意义。"①由此,语词意义就与"情感情境"、"情感联想"、"感情氛围"等密切相关,从而具有文化的内涵。

伦理是关于"意义"的意识形态,伦理判断是一种特殊的"意义"判断。因此,伦理的"意义"也只能通过特殊的"理解"把握。从以上关于伦理"意义"的特性的分析中可以发现,以下几个因素对于伦理"意义"的理解具有不同于一般的文本"意义"的重要性。

第一,文化本性。现代西方解释学家已经揭示了"前理解"或"先见"、"偏见"对于意义"理解"的合法性和影响,这种"前理解"在某种程度上可以解释为对于"文本"的本能式的反应,由主体的文化积淀和文化特质决定。在意义、价值的接受和理解的过程中,主体的文化本能具有类似于转换器或过滤器的功用,虽然"理解"更深刻地受文化主体的生活需要及其社会实践的影响,然而文本的意义或多或少地要受主体文化特质的影响。文化本能构成主体世界的基本方面,对主体的"理解"活动产生重大影响。正像赫施指出的,"'理解'这个概念人们通常是这样去使用它的,即这个概念不仅仅意味着指对作者含义的把握,而且也意味着,对含义是如何与作者的世界或我们自身的世界相吻合的这个事实的把握。"②

---

① 查尔斯·L. 斯蒂文森:《伦理学与语言》,姚新中、秦志华等译,中国社会科学出版社1992年版,第50页。

② 同上书,第164页。

第二，创造性与创造力。伦理"意义"的理解，事实上是以文本为载体，根据主体的社会实践、人生经验、价值偏好和情感特质进行创造的过程，在这个过程中，主体的人生经验和创造性具有比一般的文本理解更为重要的意义。

第三，道德能力。西季威克指出，"在最狭窄的伦理学意义上，我们总是把我们判断为'应当的'行为，看做是任何作此判断者能够出于意志而做出的行为。我不可能认为，我'应当'去做某件我同时断定我自己无力去做的事。"① 伦理意义的把握，不仅与人们的道德认识相关，也与人们的道德能力相关。

第四，"理解"主体的欲求、需要、情感状况。概而言之，主体的历史境遇和文化品质，它们对于价值理解和价值接受具有深刻的影响。

虽然许多西方解释学家和伦理学家一再强调理性对"意义"把握的重要性，然而，在"意义"以及对"意义"的把握中，非理性仍然是重要的因素，因而意义的理解和把握必定依循某个特殊的规律。伦理"意义"的理解方式与伦理道德的本性密切相关。伦理道德是一种"实践理性"，既具有"理性"的特性，又具有"实践"的本质。从"理性"的角度考察，它具有知识的属性，可以通过认识达到道德的真理。然而，正如人们所发现的那样，道德知识具有很大的相对性和不确定性，杜威就指出过"道德知识"和"关于道德的知识"的分辨的重要性。如果从"实践"的意义上，把伦理道德作为"实践的理性"，非理性因素的重要性就更加凸显。在伦理"意义"的"理解"中，"理解"的成果往往不是一般的知识和认识，而是指导主体行为的理念和规范主体行为的原则。与"理解"相伴随的是主体的价值选择和道德行为，一旦与价值选择和道德行为相脱离，就会失去伦理的属性，而成为抽象的意义"理解"。因此，西方伦理的"文本"在中国被"解读"的过程，不只是一般引进、介绍、解释和再解释的过程，更是一个选择、创造、接受的特殊的"理解"过程。伦理的理解不是一般的认识，而是价值的认同。"认同"之于"认识"的最重要的区别，在于其具有更多的非理性的内涵。也就是说，主体在内化和接受某种伦理价值的同时，具有转化为行为和现实的内在要求

---

① 亨利·西季威克：《伦理学方法》，廖申白译，中国社会科学出版社 1993 年版，第 56 页。

和可能性。在这个意义上，伦理价值的理解，不是解释学上的"意义认识"，而是"意义认同"。

[c. 伦理"文本""理解"方式的实证考察]　"文化文本"的概念以及西方现代解释学关于"意义"和"理解"的理念，可以对二十多年来中国伦理的价值冲突提供一种学理性的诠释。

当代西方哲学文化思潮学派林立，但最核心的、对中国文化影响最大的思潮之一就是"自我"问题。在开放过程中，"自我"一直扮演着先锋的角色。然而，仔细考察就会发现，"自我"在不同文化中具有不同特点，西方文化生态中的"自我"，与整合到中国文化生态中的"自我"大不相同。美国学者 A. 马塞勒早就指出，佛教影响下印度人的自我概念，儒家思想影响下的中国人的自我概念，外来文化和固有文化典型地混杂起来而形成的日本人的自我概念，三者具有不同的特点。① 印度人是在"永恒"的意义上理解自我；中国人是在"关系"的意义上理解自我；而西方人则是在个体的意义上理解自我。由于在个体的意义上理解自我，自我就是权利、义务、尊严、心理、生理等诸要素的实体；由于在关系的意义上理解自我，自我就是各种关系、各种角色的复合；由于在永恒的意义上理解自我，自我就是摆脱尘世之累的如来境界。正因为如此，经过文化的转译后，西方价值观中的"自我"概念在中国文化中的"意义"就发生了变异与偏差。中国市场经济发展的内在要求与西方文化的伦理资源的结合，使"自我"成为改革开放以来中国文化受西方冲击最为猛烈的价值观念之一。80 年代以来，中国先后出现过各种以"自我"为核心的文化思潮，造成广泛的影响。首先是萨特热，提倡自我完善、自我设计、自我奋斗、自我选择。其次是弗洛伊德热，提倡个性理论，崇尚本能，肯定本我、自我、超我，反对社会对自我的任何约束与支配。再次是尼采热，提倡自我实现，自我管理，自我表现，追求自我价值的实现。这些思潮，层出不穷，给中国人的价值观念产生了巨大的震撼。这些思潮表面看来十分西方化，仔细分析，会发现它们既非西方，亦非中国，而是代表了"文化理解"中的一种变异。

西方人的自我观念，在文化底蕴上是一种以个体主体性为核心的权利义务观念，但在文化的嫁接中，中国人必然以自己的文化本能为"先见"

---

① 见 A. 马塞勒等《文化与自我》，任鹰等译，浙江人民出版社 1988 年版，第 3—4 页。

理解西方人的自我。然而当中国人从"关系本位"的"先见"理解"个人本位"的西方人的自我观时，以个体主体性为核心的西方个人主义，就潜在着蜕变为利己主义，最后甚至沦为自私自利的危险性。当把"自我"解释为个人主义时，还能保留西方文化的基本精神，然而当把"自我"解释为利己主义时，就把西方文化的糟粕当作了精华，事实上也歪曲了西方文化的精神。在对"自我"的引进过程，中国人从自己的"前理解"对"自我"的价值进行了再创造。因此，在对现代中国文化思潮中"自我"的理解，既要对西方文化中的"自我"理念有深刻的认知，又要对中国文化中"自我"的本质有真切的把握。

虽然个人主义作为一种理论形态是近代西方社会经济发展的产物，然而不可否认，西方文化从古希腊开始就致力于建立一套"自我"的价值系统。古希腊神话虽然使人匍匐于命运的统治之下，但重视命运的意向本身就体现了对个体自我的关注，在不可抗拒的命运面前，个体虽然受外在必然性的支配，但命运的观念同时又为自己的行为开脱，从而不必负任何的道德责任。中世纪的西方虽然是一个"无人称"的世纪，但个体在直接面对上帝的此岸与彼岸世界的沟通中，又在精神上肯定了自我的独立存在，宗教的忏悔从根本上说是为了自我得救，由此培育出一种自我负责的精神。在现实的或世俗的自我中，人身依附关系使自我不能确立甚至完全丧失，而在精神自我与宗教生活中，个体又独立地与上帝发生精神往来，产生宗教性的精神上的独立与自由，在信仰与忏悔中建立起"自我"的基地，使个体精神在宗教的领地上天马行空，独往独来，追求最终的自我拯救。从文化原理方面考察，在上帝面前，人一方面丧失了自我，沦为上帝的奴仆，但同时又是上帝的摹本，而上帝本身只是一个虚幻的精神实体与文化预设，因而另一方面，在上帝面前，人与人之间不仅获得了精神上的平等与独立，而且，只要这个虚幻的实体一旦抽去，个体自我就获得了精神现实性。以人道主义、人本主义为核心的文艺复兴思潮正是宗教"自我"的一种解放。人本主义作为一种哲学思潮，其实质是把个人实体（肉体或精神）置于比物质、意识、自然、社会更具有本体论意义的位置上，反对一切超越个人实体的本位存在，强调人的个体与个性。发展到现代，这种个体本位的思想进一步发展成个人主义的思想形态。当然，西方的个人主义从一开始就内在着利己主义的危险，在世俗生活中，它很容易流于利己主义，但即使是在西方，利己主义也不是一种具有现代合理性的价值观，作为个人主义的负面，它已经成为现代西方思想家批判的对象。

在中国文化中，"自我"则有另一番韵味。中国文化对"人"有特殊的认同与定义方式。根深蒂固的血缘纽带，使得中国人相信，个体、自我只有在相互关系中才能确立，"中国人认为，'人'是只有在社会关系中才能体现的——他是所有社会角色的总和，如果将这些关系都抽空了，'人'就被蒸发掉了。因此，中国人不倾向于认为在一些具体的人际关系背后，还有一个抽象的'人格'。"① 在这种设计中，"他人"（尤其是有意义的"他人"）成为"自我"确立、自我实现的决定性环节，个体人格的建立，个人需要的满足，都必须通过他人实现。在社会关系中，西方文化中的自我是通过自己的努力"成为"某种人，而中国文化中的自我则是由社会关系规定而"做"某种人。"做某一个人"是根据社会要求扮演某种角色，它是由某种角色或期望角色形成的"人格"性的实体，它不是自我本性的显现，而是"做"出的自我，此之谓"做人"。在这里，伦理的要求，道德的约束，社会的监督，对自我的确立具有至关重要的意义。

由上可见，西方的自我传统引进到中国，就经过了一个文化"理解"的过程。当在关系的意义上，而不是像西方文化那样，在主体性的意义理解个人时，个人主义就蜕变为利己主义。利己主义当然是社会价值的反面。就这样，一种在西方具有活力或者说曾经具有活力的文化要素与文化精神，在中国文化的特殊生态中却走向了反面。可见，由于文化理解上的偏差，如果孤立地引进西方文化的某个精神要素，如果仅仅以自己的文化本能对它进行诠释与解释，极易产生价值观的混乱，导致许多负面的结果。

[d. "文化理解"的理念] 从现代西方解释学的理论出发，可以作出这样的演绎：西方文化、传统文化对于现代中国文化影响的最重要的机制之一，是文化主体对于"文化文本"的"文化理解"。因此，对于"文化理解"的反思和"文化理解力"的批判，就成为现代文化建设必须进行的努力。

对"文化理解"的反思和"文化理解力"的批判，至少应当包括以下几方面：

---

① 刘志琴编：《文化危机与展望》，中国青年出版社 1989 年版，第 454—455 页。

第一，文化目的性的理念。对于冲突中的文化建构与文化建设来说，最重要的是对传统文化、西方文化的"文化意义"的把握，而不只是对"文化含义"的认知，虽然后者是前者的基础。"意义"存在于主体与"理解"对象的关系之中，本质上是基于自我理解的文化赋予，它与主体的需要和目的性密切相关。主体对西方文化与传统文化如何"理解"，在相当程度上取决于自身的文化目的。"意义"和"含义"、"理解"和"解释"的辩证结合，就是毛泽东所说的"古为今用"，"洋为中用"。"古"和"洋"不同性质的"用"，服务于"今"和"中"的不同目的。在古—今、中—西冲突的过程中，表面上，"今"与"中"是冲击的对象，实质上，真正决定"今"与"中"的文化前途和"古"与"洋"在"今"与"中"的命运的，恰恰取决于"今"与"中"的实践需要和主体目的。依据"文化理解"的理念，文化目的性决定"文化文本"的"文化意义"，因而对文化目的性的反思就是"文化理解"的反思的基本内涵。

第二，"先见"或"前理解"的反思。根据解释学的理论，"前理解"在相当程度上决定人们的"理解"，构成"理解"的前提和基础，是文本意义的重要来源。在"文化理解"中，"前理解"实际上是主体的文化本能。于是，在文化冲突中就会出现这样的情况：既有的文化尤其是个体的与民族的文化积淀，既受异质文化的冲击，同时又是消化异质文化并掌握异质文化的主体。文化冲突的结果，事实上主要地不是由"洋"或"古"的文化决定，而是由文化主体当下的文化积累、文化本性和社会实践决定。由此，文化主体的"自我理解"，即依据文化目的性对"前理解"的反思，以及在此基础上形成合理的文化"先见"或"前理解"，就具有十分重要的意义。

第三，创造力的培育。西方现代解释学认为，"意义"是在"文本"与理解主体的关系中的创造，是主体的创造力的体现。在文化冲突中，理解主体的创造力的大小以及表现出什么样的创造力，在相当程度上决定文化意义的发现和造就。创造力批判的任务在于，培育积极的、建设性的、合理的文化理解力，在文化冲突中不断发现和揭示新的文化意义，在文化冲突中不断进行新文化的造就和文化创造。

综观近二十年来的文化引进，中国人对西方文化的认同、接收一般采取三种方式。第一种就是所谓"了解模式"。这种模式集中表现为对西方文化中的某些概念、理念、思想、思潮的介绍和解释，试图让中国"了解"西方。它以大量的西方论著的翻译出版为表征，这是最初步的文化引进方式。在这个模式中，几个难题往往难以解决。首先，这种介绍是否完整？是否介绍了某个思想的完整内涵？是否同时介绍了这些文化要素运作的文化生态？如果没有，便可能歪曲原有的文化精神，引进的文化要素便无法移植、嫁接到中国文化的生态中。其次，这种介绍是否客观？再次，所引进的西方文化是否体现了西方文化的现代精神与根本精神？在这里，最容易出的问题有二：一是把西方文化的浮面的东西，甚至在西方也被认为是腐朽的思想和思潮作为西方文化的代表引进到中国；二是把在西方早已是过时的东西作为现代思想介绍。

第二种引进方式，是以自己的文化本性认同、消化西方文化。这是一种"前理解"的文化引进方式。无论人们怎样向往西方文化，都不能回避这样一个现实：自己首先是一个中国人，是作为"中国人"在消化着西方文化。因此，在对西方文化的吸收中，文化本性总是前提性的存在，但由于文化知识背景不同，文化本性的底蕴也不同，就会出现两种情况：一些有着深厚文化积淀的中国人，可以借着自己的文化内力包容西方文化。但是即使在这部分人中，也容易出现这样的倾向，或是对西方文化本能式地排斥，或是一旦接受，就使之"中国化"；一些并无深厚的文化积淀、同时受现代开放式教育的年轻人，也以自己的文化本能吸收西方文化，但在相当多的情况下，主观的甚至任意的情绪往往成为决定取舍的重要标准。文化本性对于消化异质文化，就好比人的肠胃，任何被摄取的食物都必须经过它的加工才能提取出可吸收的营养。可以说，在文化引进中，文化本性既难以超越，又必须超越，这又是文化的一个二律背反。

第三种是"转述"式的引进方式。它力图解释西方文化，以达到自觉的把握，但在这种解释中，同样存在两种偏向：或者以中国文化的概念诠释西方文化，或者以传统文化的概念诠释现代文化。在这方面，人们似乎又陷入了文化诠释的二律背反中：如果以中国文化的概念诠释西方文化，虽然能使中国人"理解"，但难以真正触摸到西方文化的脉动；如果以西方文化的概念解释西方文化，虽然能保持西方文化的"原汁原味"，但又难以使中国人"理解"，因为它不能实现文化的转译。任何一种文化，都有一套独特的表达系统与诠释系统，以中国文化的概念解释西方文化，或者以现代文化的概念解释传统文化，都不可避免地把原有的概念系统搞得支离破碎，很难做到准确和全面的把握。

文化引进的过程，是异质文化介绍、认知、诠释、摄收的过程。引进的成功，两种精神或两种品质必不可少：忠实的理解和创造性的转化。

"忠实理解"的根本在"忠实"，它要求在体现"文化理解"的本质特征的过程中，达到对西方文化的真切、贯通的把握。文化心态、文化生态、文化转译，构成"文化理解"的"忠实"性的三个不可缺少的要素。所谓"文化心态"，就是要以健康、健全的文化心态对待文化冲突，其中最重要的是要以一种理性的精神对待外来文化及其所产生的文化撞击，努力克服情绪化的倾向对文化引进的影响；同时，以建设性的心态进行自身的文化反思与文化批判。惟有保持健全的文化心态，才能保证文化理解的忠实。"文化生态"是指要把引进的文化要素放到其赖以运作的生态中进行整合的理解，以求贯通而不是知性的把握，这是"文化理解"的关键。"文化转译"是一项容易被忽视的工作，人们往往把文化的引进等同于文字的翻译，这恰恰是一种"了解"而非"理解"。"文化转译"就是要把异质的文化符号翻译成自己的文化主体能够接受和理解的文化信息和文化原理，它不是文字翻译而是文化翻译，其中包含了理解与消化。

"创造性的转化"是文化引进的重要的目标。文化引进从根本上说，是给自身的文化注入新的活力，文化撞击与文化融合的过程，就是创造性转化的过程。创造性转化的过程，也是建立新的文化特色的过程，因为"转化"既是一种兼容，也是一种包容，体现文化主体在文化胸怀上的宽容品质。这种创造性转化，在理论上包括三个方面：文化要素的耦合；文化力的定位；文化体系的再创造。文化要素的耦合，是把异质文化的要素整合到自身的文化机体中，耦合不是对异质文化的简单摄纳，而是把新的文化要素与文化精神在自身的文化生态中加以整合，形成新的文化机体与文化生态，使原有的文化生态发生总的量变中的部分质变。"耦合"是一种"匹合"，而不是组合。文化力的定位，是指新的文化要素在新的文化体系中，确立自己的作用方向，并寻找到对经济、社会的作用点。在此基础上，经过理论上的自觉努力，便可以获得文化体系的再创造，形成新的文化机体与文化精神。在中国传统的文化吸收方法中，历来有所谓的"六经注我"与"我注六经"之争。其实，这两个方面并不绝对对立。如果说"六经注我"是"忠实理解"的话，"我注六经"便是"创造性的转化"。只有经过这两个过程，只有这两个过程的统一，才能真正实现合理的文化引进，也才能在融合中西方文化的基础上建立新的"中国特色"，并实现现代化。

（二）关于"传统"的"文化理解"

根据 20 世纪人们所形成的关于传统的基本价值理念，解决传统与现代伦理精神的生态合理性建构之间关系的难题，必须作出以下两个理论追诘：在现代文明中，传统到底具有怎样的文化功能和多大的文化力量？传统在现代伦理精神的价值合理性建构中到底具有怎样的意义？

［a. 传统的文化功能与文化力量］　传统的价值问题是传统研究的核心。对于传统价值问题研究的推进，必须从抽象的形上思辨进入文化功能的具体分析。反思关于传统问题的研究历程，以往对于传统价值的批评与否定集中在三个方面：以"过去"的甚至是过时的某些范型、规范约束人们的思想和行为，具有保守性；在努力保持自我文化的历史一致性，强化文化个性的同时，具有封闭性；传统深入到主体情感意识的深层，形成保守封闭的品质结构。如果换一个视角仔细考察就会发现，对传统价值的这些批评实际上都与一个课题紧密关联：传统的文化功能。因为价值不是抽象的形上存在，判断传统价值的依据应当是其现实的文化功能，价值最终只有通过文化功能才能落实。

传统之成为传统的根本文化功能是什么？我认为就是"一致性"。

所谓一致性，是传统内在的使文化主体在思想、观念、行为等方面，具有与历史上已经形成或当下正形成的某些既定范型努力保持一致或基本一致的特性和力量。传统的一致性文化功能具体表现在三个方面：思想、观念、行为的一致性；文化演进的一致性；心理—意识的一致性。作为特定历史时期联结"过去"与"现在"，使"现在"与"过去"相一致的文化存在，一致性既是传统的本质所在，也是传统体现自身本质的最重要的文化功能，还是传统实现自己本质的文化力量。历史上出现的某种文化现象在日后的文明演进中之所以成为传统，就是因为它具有成为范型从而统一文化主体的意识、观念和价值的力量；一种文化之所以具有区别于另一种文化的特性，就是因为某种前后一致的范型保持了它的个性；一种文化中的个体之所以有不同于其他文化个体的价值原理、生活方式、性格特征，也是由于在长期的文化积累中形成了特殊的心理—意识结构和文化品

质。没有一致性的功能，传统就难以成为传统，也难以发挥被称之为
"传统"的价值和力量。传统对于文化与社会发展的作用，就是透过这种
一致性的力量，使传统价值的复杂性蕴涵于其一致性的文化之中。从价值
的否定方面考察，正因为有思想、观念、行为中的一致性，传统才在社会
发展中具有保守的性质；正因为有文化的一致性，具有悠久传统的文化才
具有封闭性和排他性；正因为有心理—意识的一致性，传统才成为一种根
深蒂固的力量。从肯定的方面考察，传统的一致性力量，既表现为对人的
思想、观念、行为的规范力，又表现为对多样性的融摄力、托载力，还表
现为心理—意识深层的"传统感"和"历史意识"。

　　美国著名社会学家 E. 希尔斯曾对传统的文化本性作过揭示，认为传
统之成为传统，必须具有三个特性：第一个特性是："代代相传的事物。"
"就其最明显、最基本的意义来看，它的涵义仅只是世代相传的东西，即
任何从过去延传至今或相传至今的东西。" "传统——代代相传的事
物——包括物质实体，包括人们对各种事物的信仰，关于人和事件的形
象，也包括惯例和制度。"传统"可能成为人们热烈依恋过去的对象，因
为在传统中可以找到过去。人们会把传统当作理所当然的东西加以接受，
并认为去实行或去相信传统是人们该做的惟一合理之事。"① 第二个特性
是："相传事物的同一性。"传统是一条世代相传的事物之变体链，就是
说，是围绕一个或几个被接受和延传的主题而形成的不同变体的一条时间
链。传统使代与代之间、一个历史阶段与另一个历史阶段之间保持了某种
连续性和一致性，构成了一个社会创造与再创造自己的文化密码，并且给
人类生存带来了秩序和意义。"传统可能经历极大的变化，但它的接受者
却会认为重要的方面都未改变。他们所体验到的毋宁说是与传统的先前继
承者之间的沿袭关系，而在相继的两代人中，传统的变化小得无法察觉，
因而没有能引起重视。"第三个特性是："传统的持续性。" "如果一种信
仰或惯例'流行'了起来，然而仅存活了很短的时间，那么，它也不能
成为传统，虽然在其核心部分包含了作为传统本质的范型，即从倡导者到
接受者这样的过程。它至少要持续三代人——无论长短——才能成为传
统。"② 一致性包含延续与变异两个结构，只是在"传统"的视域下，延

---

① E. 希尔斯：《论传统》，上海人民出版社 1991 年版，第 15、16、17 页。
② 同上书，第 17、20 页。

续成为基本的方面。

人们的思想、观念、行为能否摆脱传统？是否应该摆脱传统？传统到底具有怎样的文化力量？这是关于传统的合理性必须探讨的另一些问题。

在人们的潜意识中，传统似乎象征着过去与保守，在社会进步的过程中必然江河日下。希尔斯饶有意味地给传统的命运作了这样的概括——"声名日下的传统"。① 马克斯·韦伯从理论上对此作了论证。他认为，社会可分为两种：一种是陷在传统的罗网之中的社会，另一种社会以理性的计算为行为选择的标准，以达到最大限度的"利益"满足的社会。现代社会正走向无传统状态，在这种状态中，行动的主要根据是借助理性来追逐利益，而传统则是与这种现代社会格格不入的剩余之物。于是，传统在无形的理性化过程中必然被消灭；人们保持传统只是出于非理性的畏惧，否则人们就会偏离正确的行为。② 然而，无论传统的现代命运是多么不幸，无论传统如何"声名日下"，在现实生活——物质的和精神的生活中——人们根本逃不出"传统的掌心"。

希尔斯作过这样的推论：假如人们要摆脱传统，就要设想这样一个社会，在这个社会中，每一代人都创造出自己所用、所想、所爱的一切，它是一个根据自然状态塑造的、完全不依靠过去来指导现实行为的社会。然而，这只是在想象中才存在的社会。事实上，人们都"生活在来自过去的事物之中"。③ 在行为的范型上，人们会发现信守传统的"庸人"与有意反叛传统的"天才"之间惊人的相似之处。④ 在文明演进和世代更替中，每一代人都以一种新精神对待他们的任务，试图不受前一代人既定信仰和依属感的束缚，尤其在现代，每一代人似乎都有其特有的出发点，每一代人似乎都有机会重起炉灶，阻止过去的事物进入现代，并且使他们的社会面貌一新。然而，就在一部分人与旧事物"决裂"而追求新事物的同时，许多人已经落入过去即"传统的掌心"中。于是，这些"决裂"者便要饱尝虚弱、孤立和无援之苦。正如希尔斯所指出的新一代接受的过

---

① E. 希尔斯：《论传统》，第 1 页。

② 参见韦伯《世界经济通史》，第 29—39 页。转引 E. 希尔斯《论传统》，第 12—13 页。

③ 同上书，第 45 页。

④ 希尔斯认为，二者之间的相似之处在于："他们事实上都信奉某种混合范型，即得之于过去的范型与近期出现的范型的混合，以及既认同于从古到今世代相传的范型，又背离这一范型。虽然他们愿望各异，但是，他们的信仰和行为中都包含着许多过去的成分，在这一点上他们颇为相似。"E. 希尔斯：《论传统》，第 45—46 页。

去的东西不多，所以他们有可能逃脱过去的掌心，他们内在着的创造性冲动和创新能力往往迫使历史遗留物处于一个更小的空间内。然而，由于需要更换的事物太多，任何有作为的一代人都无力取代大多数已有的东西。尽管每一代人之间，尽管现代社会与传统社会之间存在着无可置疑的区别，却没有哪一代人能独立创造出他们自己的信仰、行为范型乃至各种制度所需要的一切，即使生活在今天这个传统空前分崩离析的时代里的人也是如此。①

传统的一致性力量是客观的和巨大的，然而"没有一个社会中人们可以完全受传统支配而生活；社会得以存在下去，也不仅仅是因为它有物体、信仰和范型的积存。人类在生活中有许多亟待处理的事情；每一个人都面临着一些任务，但没有现成的对付之策，即使有解决方法，也总不能尽如人意。对大多数人来说，尊重传统并非是他们主要的关心对象；在任何社会中，只有很少数的人——大约只有宫廷和外交部的礼宾司官员，以及一些守旧者——才会把遵循传统视为主要任务。"②"即使在最为'传统的社会'里，传统范型也不可能是构成所有行为的惟一成分。"③虽然在不同的社会、不同的文明中，传统的含量是不同的，然而无论如何人们不能完全按照传统生活，在许多情况下，传统的约束力只具有某种象征意义。

［b. 传统的逻辑］ 综合以上希尔斯关于传统的文化功能与文化力量的探讨，可以作出的进一步推论是：一致性与创造性的结合，才是传统的辩证本性。如果说一致性是传统之成为传统的肯定性本质，那么，创造性就是传统之成为传统的否定性本质。

由此可以演绎出关于传统与现代关系的比是有纪念意义的观点。既然传统是任何文化主体都不能摆脱的存在，无论如何会影响人们的思想、观念和行为，人们总是处于"传统的掌心"之中，那么，与其说把自己的智慧和努力用于关于传统价值、关于传统与现代关系的形上思辨，不如面对传统存在的客观事实，探讨传统的现代转化，在实践上对传统进行合理

---

① 希尔斯认为，"无论一代人多么有才干，多么富有想象力和创造力，无论他们在相当大的规模上表现得多么轻率冒失和反社会道德，他们也只是创造了他们所使用的和构成这一代的很小一部分东西。"见 E. 希尔斯：《论传统》，第 50 页。

② E. 希尔斯：《论传统》，第 35—36 页。

③ 同上书，第 39 页。

有效的开发利用。包括传统文化在内的任何文化对经济、社会以及人的主体的作用都是一个生态，任何文化要素只有在一定的生态中才能发挥自身的功能，因此，传统及其文化要素总具有两面性，很难进行决然的优劣判断，也很难作决然的肯定或否定，关键在于如何根据现实的需要及文化运行的新的生态实现传统的现代转化，达到"古为今用"。对于传统的有效的开发和利用，就在于创造一种环境，一种生态，使其合理内核得到充分的发挥，同时限制其负面影响的作用。关于传统文化的研究和探讨的着力点应当是建设性的转化，应当是具体的、务实的、实践性的古为今"用"。传统的价值判断之于主体的文化选择和文化决策当然是一个有意义的努力，但传统之所以成为传统，传统的研究之所以有意义，就是因为它在现实中发挥重要的作用，因而形而下的"用"才是它的实践目的所在。这就要求人们走出对传统、对传统文化中的一切作善恶判断的非此即彼、非好即坏的伦理型的文化态度，具体问题具体对待，在传统面前既不要做与风车搏斗的唐·吉诃德，也不要奉行传统虚无主义，而要培育一种务实的态度，着力于传统转换的建设性努力。

传统的生命力，传统的活力，就在于蕴涵于自身并作为其内在否定的创造性。创造性，才是传统之成为传统的真谛。传统之所以能"传"下来，成为某种"道统"，本质上不是因为它不变，恰恰是因为它顺应和适应了历史发展的变化，从而获得新的内涵和新的活力。在这个意义上，与其说"不变"是传统的本质，不如说"变"更能体现传统的本质。任何传统，即使最深层的传统，一旦失去自我变革的能力也就失去了生命力。所以，在关于传统本性的理解中，进行文化形式和文化实质的区分是有意义的。

孔子"温故而知新"的教诲，或许可以帮助我们理解关于传统中的文化形式和文化实质的区分。在这里，"温故"可以理解为传统的延续和传统得以延续的形式，凡事皆须"温故"，"历史的经验值得注意"，合理性之中内在的保守性是显而易见的。但值得注意的是，"温故"不是目的，只是途径，"知新"才是目的所在，"温故"的目的是为了"知新"，"知新"体现着创造性。"温故"为了"知新"，"知新"必须"温故"，在保守的形式的背后，跃动的是创新的生命活力。"温故而知新"既体现了对传统资源的尊重和利用，更体现了创造性寓于保守性之中，创造性的本质透过某种具有一定保守性的形式发挥作用的辩证法，这是典型的文明古国的文化运作逻辑和文化发展的规律。在文明演进的过程中，人们既不可能事事从头开始，创造出自己所需要的一切，也不可能完全按照传统行事，最有效的途径是在改造传统中创造传统。改造传统即是"温故"，是对传统的回归和继承，是站在既有文明顶峰对传统资源的利用和开发；创造传统则是在解决文明发展的新课题的过程中对既有传统的再创新。"温故而知新"的特色在于，创新采取了继承传统的形式。

[c. 多样性传统中普遍价值的积淀]　在全盘否定传统的思维方式中，传统建立的似乎是文化壁垒。依照这种思维逻辑，传统在塑造与巩固民族文化个性的同时，也使一种文化与另一种文化、一个民族与另一个民族相区分，区分的结果，使文化之间的沟通与对话变得愈益困难。然而，人们事实上恰恰是在各自殊异的传统而不是最新的概念中，发现了异质文化之间的共通性。作为文化精华的结晶体，传统积淀的结果是共通性变得越来越多，而不是相反。这是一个关于传统的逻辑与历史的悖论，正是这个悖论，造就了文化的多样性与同一性。对于民族个体和人类文明来说，多样性具有至关重要的意义，因为个性、特色是一种文明、一种文化持存的理由，但对于文明的整体发展，对于文化沟通与文化对话来说，一致性、共同性又是必要的基础。20 世纪下半叶以后，世界文化发展的重要趋势之一，是在不断确立和强化民族特色的同时，着力寻找并弘扬具有世界意义的"全球文化"。正是这种"全球文化"，使异质文化之间的沟通与对话成为可能。多样性之中有一致性，一致性统摄、托载多样性，这就是文化发展的多样性与一致性的辩证法。有趣的是，异质文化之间的一致性，恰恰存在于作为多样性表征的传统之中。多样性之中的一致性，不仅在多样性的传统中获得确证，而且正是多样性传统发展的结果。

传统的形成，是选择—继承—创新的辩证过程。人们总是面对某种既定的传统，但传统的继承与发展本质上是主体能动选择的结果。在一个分化的社会中，普遍存在着性质各异的传统。对这些传统，人们有选择地作出反应，即便有些传统在表面看来是一个单一的连续体，也还必须根据人们面临的新课题对它们进行选择。虽然每一传统都是既定的，但它们为多种不同的反应提供了许多潜在的可能性。历史上出现的各种文化现象，之所以有的成为传统，有的被舍弃，就是人们选择的结果。"即使那些自认为正在接受或抵制'全部内容'的人，也是有选择地接受或进行抵制的；即使当他们看来在进行抵制时，他们仍然保留相当一部分传统。显然，即使那些宣称要与自己社会的过去做彻底决裂的革命者，也难逃过去的掌心。""即使人们认为传统神圣不可侵犯，即使创新者问心无愧地说，他遵循的是保持原貌的传统，对继承物进行修改仍然是不可避免的。"① 完全"严格"的继承是不可能的，任何传统，一旦它赖以存活的生态环境发生了变化，由传统所规定的行为就会变得不合时宜，就需要创新，即使这种传统十分深入人心。对创新者来说，"传统不仅仅是沿袭物，而且是新行为的出发点，是这些新行为的组成部分。"②

在"选择—继承—创新"的辩证过程中，风格各异的传统中的普遍性得到积淀。显然，被大多数人选择并成为传统内涵的那些因子，必定体现着文化主体发展的内在需要，这种需要，相当程度上是对发展条件的适应，体现着一定的时代要求和时代精神。选择—继承—创新的过程，是普遍性积聚的过程。由此，传统便具有造就多样性与一致性的双重功能与双重本质。

将"一致性"的理论运用于传统伦理的考察，探讨的问题分为两方面：在多样性的伦理传统中是否存在某些"普遍伦理"？"普遍伦理"的形成与传统是否存在内在的关联？

"普遍伦理"的研究，是现代世界伦理学发展的新趋向和新前沿。1993年8月28日世界宗教组织在美国芝加哥召开了由"几乎来自每一种宗教"的6500人参加的世界宗教大会，在宗教史上第一次制定并提出了一份《走向全球伦理宣言》。它宣布："我们确认，在各种宗教之间已经有一种共同之处，它可以成为一种全球伦理的基础——这是关于一些有约束力的价值观、不可或缺的标准以及根本的道德态度的一种最低限度的基本共识。"③ 它提出的口号是："没有道德便没有人权！"④《宣言》不仅在宗教界，而且在全球引起强烈反响。时隔不久，联合国教科文组织也提出

① E. 希尔斯：《论传统》，第59—60页。
② 同上书，第62页。
③ ［德］孔汉思、库舍尔编：《全球伦理》，四川人民出版社1997年版，第8—9页。大会所提出的基本道德共识是："一、没有新的全球伦理，便没有新的全球秩序"；"二、基本要求：每一个人都应该得到人道的对待"；"三、四项不可取消的规则"，这就是："坚持一种非暴力与尊重生命的文化"，"坚持一种团结的文化和一种公正的经济秩序"，"坚持一种宽容的文化和一种诚信的生活"，"坚持一种男女之间的权利平等与伙伴关系的文化"。见孔汉思、库舍尔编：《全球伦理》，第168页。
④ 孔汉思、库舍尔编：《全球伦理》，第168页。

了类似的课题。在《中期战略：1996—2002》这份反映联合国教科文组织的总体行动方向的文件中指出，现代影响人类未来的问题越来越广泛，应对这些问题有最基本的共同理解，在个人主义增强和多极化的世界中，对于共同价值基础的寻求比以往更加必要，因为这种价值基础使得在世界范围内经济的、生态的、社会的和文化的共存成为可能。基于这样的认识，联合国教科文组织于 1997 年初启动了"普遍伦理"研究项目，"该项目的宗旨是基于文化多元性的背景，推进对于普遍性本身的新的理解，并且通过集中一组可能帮助人类解决全球化进程所带来的各种挑战的观念、价值与规范，确定出正在出现的 21 世纪全球社会的基本的伦理原则。"[①] 围绕这一主题，1997 年 3 月在巴黎召开了第一次国际会议，1997 年 12 月 1 日在意大利那不勒斯举行第二次会议。1998 年 6 月，教科文组织又在中国社会科学院召开主题为"从中国伦理传统看普遍伦理"的第三次学术讨论会，专题研讨传统与"普遍伦理"的关系。这些动态说明："普遍伦理"日益成为全球关注的热点。

那么，到哪里寻找和确立"普遍伦理"？或者说"普遍伦理"在哪里？显然，普遍伦理存在于各民族现实的伦理生活之中，但同样不证自明的是，作为共通性和普遍性的伦理，最深刻的基础不是某个特殊时期的伦理生活的表象，而是沉淀于这些表象的背后，各个民族在相互交往的实践中形成的伦理需要，以及表现于各个时期伦理生活中的一以贯之的文化传统和伦理传统。

在"全球伦理"的原则中，《宣言》提出的基本要求是："每一个人都应该得到人道的对待！"[②] 这一基本要求的原则是：己所不欲，勿施于人！数千年以来，人类许多宗教和伦理传统都具有并一直维系着这样一条原则：己所不欲，勿施于人！这既是宗教的传统，也是伦理的传统，还是不同的宗教与伦理共有的传统，这就是它的作为普遍伦理的根据。如果对此进行方法论上的提升，结论就是："普遍伦理"应当也必须是各种宗教和伦理的共同的传统，或者说，"普遍伦理"存在于各种宗教和伦理的共同传统之中。共同传统，是"普遍伦理"的最为重要的根据。"普遍伦理"的另一重要内容是"诚实"，"在人类伟大而古老的宗教与伦理传统

---

① 《中国社会科学院应用伦理学研究中心通讯》，第 1 卷第 1 期，第 7 页。
② 孔汉思、库舍尔编：《全球伦理》，第 12 页。

中，我们可以看到这样一条规则：不要撒谎！或者换用肯定的措辞，即：言行应该诚实！让我们重新思考一下这条古老规则的推论：没有任何人，没有任何机构，没有任何国家，没有任何教会和宗教团体，有权对别人说谎。"①

诚然，在不同的文化中，在民族发展的不同历史时期，在同一历史的不同主体之间，同样的伦理准则的具体内容是不同的，因而伦理的"普遍性"本身必须以具体性为本质，更不用说同一伦理要求在不同文化体系中有不同的要求了。但无论如何，由此所体现的价值基础与价值取向是共通的，它是人类生活也是伦理的人类性的共同基础。不能用普遍性消解具体性，否则就会陷入伦理的抽象；也不能以具体性否定普遍性，否则就会消解伦理生活的客观基础。传统所创造和积淀的，不仅是同一民族在不同历史时期的时间之流中的普遍性，也积累和沉淀着不同民族、不同文化之间的普遍性。正是这种积累，使古—今、中—西文化之间的对话、交流、沟通、融合成为可能，造就出时间之流和空间之维中文化的多样性与一致性。

在人类生活越来越走向信息化、全球化的时代，文化的共通性比以往任何时候都具有更为迫切的价值意义。信息化与全球化不仅使共同价值的寻求成为必要，也使之成为可能。在这样的时代，主体的品质构造中仅有容忍差异的结构已显得不够，还必须有发现与造就共通和普遍的能力。由差异、对立向沟通、融合的转换，不仅仅是思维方式的变革，更重要的是我们完成这个时代的文化使命所必须的品质。

（三）"新儒学理性"与"新儒学情结"

在近现代中国的社会转型和文化冲突中，新儒学是一个特别值得注意的现象。从伦理发展以及现代中国伦理精神的合理建构的角度透视，我认为值得深思的是这样几个问题：作为一种具有深厚传统底蕴的学术思潮，新儒学是否在新的背景下真正完成了对传统伦理的继承和发展？新儒学半个多世纪的薪火相传，三代杰出学者的"返本开新"，是否实现了中国伦理的转换与建构？学术精英的艰苦探求、几代人的不懈努力，为何最终没

---

① 孔汉思、库舍尔编：《全球伦理》，第 22 页。

有形成一种具有广泛影响的现实伦理运动，而是一朵"不结果实的花"？这些对我们今天的伦理转换与伦理建构，都具有十分重要的警醒和启发意义。

关于新儒学的伦理思想和伦理体系的系统分析是一个巨大的工程，对于文化冲突中伦理精神的生态合理性建构具有直接资源意义和借鉴意义的方面，是新儒学在哲学层面提供的文化理性及其体现的特殊文化情结，即所谓"新儒学理性"与"新儒学情结"。

[a. 20 世纪思潮的学术潜流]　学术定性是现代新儒学研究遇到的基本难题。早在 80 年代，方克立教授就对新儒学作过这样的定性："现代新儒家是产生于 20 世纪 20 年代，至今仍有一定生命力的，以接续儒家'道统'、复兴儒学为己任，以服膺宋明理学（特别是儒家心性之学）为主要特征，力图以儒家学说为主体为本位，来吸纳、融合、会通西学，以寻求中国现代化道路的一个学术思想流派，也可以说是一种文化思潮。"① 10 年以后，方克立对它的学术倾向作了进一步的定性："所谓现代新儒学，简单地说，就是中国历史进入现代阶段以后，一般指'五四'以后，主张保存和发扬中国传统，重新确立儒学的本体和主导地位，既有选择地学习西方又反对全盘西化和马克思主义化的一种文化保守主义思潮。它主要是一种哲学文化思潮，同时也包含着社会政治的内容。"② 这些论述强调，新儒学主要是一种文化思潮、哲学思潮、哲学流派，一句话，是一种学术思潮和学术流派，后一个定义只是强调它包含着社会政治的内容，但并没有把它仅仅归结为社会思潮和政治思潮。这种区分十分重要，因为对待学术流派和政治流派，研究的态度和方法会迥然不同，虽然学术思潮和政治思潮之间具有不可分离的内在关联。由此，我们可以对新儒学的属性作这样的归纳：一个包含着社会政治内容的学术思潮和学术流派。

新儒学在现代中国现代化进程尤其是伦理转换中的地位问题，更是一个容易引起异议的敏感话题。我认为，要对其进行客观准确的认定，在方法论上必须解决两个问题。其一，必须把它放到现代中国文化、学术思潮的总体格局及其变化发展中把握；其二，必须解放思想，走出泛意识形态的思维框架，从思想、学术、意识形态诸方面进行综合分析。西方学术界

---

① 方克立：《现代新儒学与中国现代化》，天津人民出版社 1997 年版，第 19 页。

② 同上书，第 246—247 页。

一般把 20 世纪中国的学术思潮概括为三大流派，即激进主义、自由主义、保守主义，新儒学便是其中之一即"文化保守主义"。① 方克立教授对此也有同样的看法，认为"在'五四'以来的中国现代思想史上，现代新儒家无疑是最具有影响力和生命活力的思想派别之一。它和马克思主义以及自由主义的西化派可谓鼎足而三，是在反对'全盘西化'、抵制马克思主义在中国的胜利行进中产生和发展起来的一个思想派别。"② 不同的是，方克立特别强调，新儒学是"产生于 20 世纪 20 年代，至今仍有一定生命力的""学术思想流派"。"经过半个多世纪的努力，现代新儒学不仅已经成为中国现代思潮的三大主流之一，而且面向 21 世纪，它依然表现出不衰的生命力。"③ 这样，新儒学就不只是 20 世纪 20 年代产生并存在于中国社会的学术思潮，也是一个在现代仍有影响和生命力的学术流派。至于新儒学在未来的地位及前途，第三代新儒学的代表人物杜维明、刘述先自1989 年以后多次提出这样的观点："中国未来的希望乃在于马列、西化和传统儒家人文思想三者健康的互动，三项资源形成良性循环。"④ 以上三种观点，将新儒学在 20 世纪中国社会发展中的地位表述为以下三个依次推进的层面：新儒学是产生于中国 20 世纪 20 年代的三大学术思潮之一；新儒学是在现代仍有生命力和影响力的学术思潮；新儒学还将是影响中国未来发展的重要的思想文化结构。这些见解虽然很难说已被国内学术界广泛接受，但并不能由此否认它内在着某些真理性，提出这些观点的学者，都是学术渊博、治学严谨、在学术界受到普遍尊敬的本领域中的权威，他们的观点不会不产生一定的影响。

与以上见解不同的是，我认为新儒学在 20 年代以后虽然仍有相当的影响，但它并不能成为学术的主流，尤其是在 50 年代以后。产生于 20 年代的三大思潮，随着马克思主义在中国的胜利，虽然仍以不同的形式存在

---

① "西方资产阶级学者通常把中国近现代思想概括为激进主义、自由主义、保守主义三大流派。激进主义是对马克思主义的攻击，通常提到的有李大钊、陈独秀等人。自由主义是指以胡适、吴稚晖等人为代表的西化派。现代新儒家则被归属于保守主义，并且提出一个新名词，叫做'文化的保守主义'，以区别于所谓'社会政治的保守主义'。保守主义除了现代新儒家之外，还包括孔教派、国粹派以至国民党戴季陶、陈立夫的哲学。"见方克立：《现代新儒学与中国现代化》，第 23—24 页。

② 方克立：《现代新儒学与中国现代化》，第 46 页。

③ 同上书，第 223 页。

④ 《当代》第 39 期，1989 年 7 月；《明报》1990 年 6 月 4 日。

并发挥着作用，但其地位也发生了根本的变化，从而形成了新的格局。这种变化和格局可以表述为：马克思主义是主流；新儒学是潜流和支流；西化派是暗流。

三者之中，最为特殊的是新儒学。一方面，50年代以后，随着马克思主义在中国大陆的胜利，它的主力移居海外，主要是港台，从思想到队伍，仍得到进一步的发展，在这个意义上它成为马克思主义主流之外的支流；另一方面，在大陆，虽然新儒学一度失去存在的合法性，但它事实上总是以各种潜在的和显在的形式发挥着影响，这种影响既表现在学者们的文化学术主张中，也表现为80年代以后在部分学者中重新揭起的新儒学的学术旗帜。新儒学作为支流和潜流地位的形成和保持，最主要的是两个原因：首先，从自身品质上说，新儒学代表和体现着中国人在特定背景下的特殊的文化情结和民族情感，具有深层的文化基础和历史基础。其次，从学派自身的发展看，20年代以来，新儒学薪火相传，自力更生，不断扩大自己的影响，乃至演绎出"儒学的第三期发展"的概念。值得重视的是它所代表的学术理性和文化情结，这紧密关联着我们对中国现代化的反思，关联着实现中国文化尤其是中国伦理的现代转换思路的确立。

我认为新儒学有四个方面的学术特征：中西文化冲突中的民族主义；古今文化冲突中的传统主义；中国现代化思路上的文化本位主义；文化主张上的泛道德主义。新儒学具有文化保守主义的倾向，但又不能说是完全的保守派。"现代新儒家决不是顽固的守旧派，也不是某种只知'发思古之幽情'的迂腐之辈。他们把自己关联于过去的历史，不仅是出自情感的依恋，同时也是出自理智的抉择。因为在他们看来，历史上的儒学传统不仅代表着中国的过去，而且也预示着中国的未来，这并不是说儒家思想将作为社会意识形态延续下去，而是说儒家思想所代表的意义结构在民族精神的重建方面将仍然发挥作用，从而也将最终制约着我们民族对于未来道路的选择。现代新儒家所采取的进路是传统的，也是现代的；是个体的，也是民族的。"[1]

从20世纪20年代至今，现代新儒学已经经过了三代人、七十余年的发展历程。从三代新儒家发展过程看，第一代较强调转换过程中中西文化的对立，强调民族性，其贡献在于确立文化转型、伦理转换的民族性的原

---

[1]　郑家栋：《现代新儒学概论》，广西人民出版社1990年版，第10页。

则和民族化的大方向；第二代在强调对立中比较突出中西文化与伦理的融合，致力寻找融合点与转换点；第三代则比较具体的探讨如何在中西融合的基础上如何实现传统文化、传统伦理的创造性转化的问题，并致力于新的道德哲学体系的建构。三个阶段形成"正——反——合"的否定之否定的辩证过程。

　　[b. 回应冲突的"新儒学理性"]　　新儒学对 20 世纪以来中国面临的文化挑战作出的回应分别是："同情"、"敬意"的"理解"；"返本开新"；"内圣开出新外王"。三者构成新儒学文化理性的基本内涵，也是解决文化冲突的基本思路。这些命题的内容，现代新儒学的研究已经基本完成了对它们的揭示和阐发，对现代伦理转换具有启发意义因而有待进一步深入思考的问题是：这些明确的、极富挑战性的思路，为何难以在现实中落实？它对我们今天的伦理转换有哪些启发？

　　"同情"、"敬意"的"理解"是新儒学关于传统的理念。这种理念的要义是：要把传统当作生命机体，对其现实境遇给予深切的同情和关怀；要深入它的历史和机体，满怀敬意，给予肯定，而不是否定；对传统伦理精神，必须理性的"理解"，而不是知性的"了解"。它们着力反对的是那种把传统当作丧失生命的死亡文明的汉学家的研究方式。新儒家认为，中国文化是"病人"而不是"死人"，近代以来的中国文化虽然已呈病态，但病人仍有生命。当西方人把中国传统文化当作"文化遗产"时，就是把它与已经死亡的古埃及、古希腊的文化相提并论，而不是作为活的生命。与此相应，新儒家反对用客观冷静的科学研究的态度和方法对待传统文化，认为那样是把文化等同于某种自然物，或者是"死的化石"、没有生命的材料，忘记了中国文化乃是一生命体。① 他们强调对传统文化的研究必须抱有"同情"和"敬意"，"敬意向前伸展增加一分，智慧的运用亦随之增加一分，了解亦随之增加一分。"② 传统不是僵死的材料，而是活的精神，因而必须"把文化收进来，落于生命上，落于生活上，看历史文化是圣贤豪杰精神之表现，是他们的精神之所贯注；看圣贤豪杰是当作一个道德智慧的精神人格来看。"③ 对这样的活的精神和人格的把握，

----

① 见郑家栋《现代新儒学概论》，广西人民出版社 1990 年版，第 116—118 页。
② 《宣言》第三节，转引郑家栋《现代新儒学概论》，第 118 页。
③ 牟宗三：《道德的理想主义》，第 227 页；转引郑家栋《现代新儒学概论》，第 118 页。

局限于"了解"的理智分析显然是不行的,必须透过心灵去领悟理解其文化生命,因而是一种"智的直觉"。

新儒学对待传统的这种态度,提出的问题也许比态度本身更为重要。从现代人们对传统的态度观照,它提出了以下几个值得深思的问题:

第一,在对待传统的方法上,到底是采用主客二分的科学方法,还是主客一体的人文方法。科学方法强调主客对立,主体以冷静的、客观的其核心是排斥任何主体参与的态度对待传统,而人文的方法则强调主体的参与和投入。应该说,这两种方法各有其合理性,也各有其局限性。主客二分的科学方法,在对待自然,认识自然中当然是适用的,但一旦进入人文的领域,其局限性就比较明显,表现得无能为力。因为当涉及人、涉及人的文化时,认识在相当程度上确实是一种沟通、对话、倾听、理解。这就是科学的局限之所在。科学是真理,但科学不是万能的,一旦走出它的范围,真理就会变为谬误。新儒学所处的时代,正是高扬科学的时代,也是科学主义开始在中国盛行的时代,"科玄论战"就体现了文化的这一时代特征。在此背景下,新儒学提出以"同情"、"敬意"、"理解"为内涵的对待传统的方法,凸显人文主义精神,具有合理的内核。传统文化与自然对象不同,它是民族生命的血缘,也是民族生命的体现,对传统的同情在相当程度上是对自身生命的尊重,而对传统的否定,在一定意义上也就意味着对自己历史的否定,对自身生命的否定。在这个意义上,纯粹"科学"的方法是不合理的。事实上,西方人也早就揭示了科学主义方法的缺陷。既然传统文化是人文精神的积淀,当然应当用人文的方法把握。

第二,与此相联系,科学与人文的区别,从认识主体与认识机制上说,突出体现为情感与理性的区分。新儒学的方法事实上提出了情感在传统把握中的合理性问题。一般认为,完全科学的方法是排斥情感的,它要求冷静、客观;纯粹的理性也是排斥情感的,它提倡冷冰冰的抽象思维,康德"纯粹理性"所要扬弃的,主要也就是这种情感。然而,在人文的领域,人们事实上无法也不应当排斥情感的作用,西方现代心理学的研究已经表明,越是重要的事情,越是与自己有着密切关系的事情,情感的作用就越大。"同情"、"敬意"显然都是人的情感的体现,而"理解"在某种意义上可以看作是情感和理性的统一,因为它所要求的不是分析,而是直觉,直觉作为一种"悟性"的体现,则是理智和心灵的统一。认识的真理性事实上并不等于理性或理智性,情感并不一定具有天生的非真理性与反真理性。真理表现为认识与对象之间的一致，而在人文的领域，真理事实上被赋予"意义"的内涵，就是说，真理不仅体现为正确，而且体现为对推动人类进步有"意义"。

第三，主体与传统的关系问题。新儒学在对于传统问题上的贡献，在于提出了要用人文的体现、人文精神的方法去把握传统，强调主体的投入，从而把传统当作有机的生命，当作文化精神的体现。从而深入传统，"理解"传统。新儒学的缺陷与悲剧在于不能"出入传统"。所谓不能"出入传统"，其意一指它走进了传统，但迷恋于传统，倾心并乐道于传统，从而不能走出传统。而对于伦理转换与传统研究来说，"入"传统的目的恰恰在于"出"传统，深入的目的在于超越，当迷恋于传统，陷于传统而不能自拔时，就变成了传统的俘虏。二是指在处理主体与传统的关系时，"出"和"入"是一对矛盾体，矛盾的主要方面应当是"出"传统，首先必须"出"传统，怀着"出"传统的理念与理想"入"传统，由此才能真正使传统变成活的资源。这就是马克思主义对待传统强调"批判继承"的原因，"批判继承"，应当"批判"在先，以批判的眼光和精神对待传统，然后再加以继承，由此才能古为今用。西方哲学家哈贝马斯指出，"理解"本身就应当包含批判。新儒学的思路相反，先是"入"传统，而当以"同情"、"敬意"的方式"理解"传统，当面对博大精深的中国文化传统时，自然就"乐不思蜀"，难以"出"传统。于是"同情"成为辩护，"敬意"变为欣赏，"理解"就是认同。这是新儒学对待传统的方法论上的误区之所在。

"返本开新"是新儒学解决古今冲突的思路。他们认为民族的命运与民族文化的命运息息相关，把近代以来的民族危机看成是由西方文化冲击和"民族文化失调"导致的文化危机。"民族文化失调"的原因可以归结为两方面：一是民族文化的生命不畅，由此导致伦理精神的失落；一是民族文化生命的不圆满，没有能发展出近代意义的科学与民主。前者需要疏导的工作，称之为"返本"；后者需要转化的工作，称之为"开新"。"现代新儒家的思想纲领是'返本开新'。'返本'即返传统儒学之本，'开新'即开科学民主之新。所谓传统儒学之'本'，也就是指他们所理解的传统儒学的基本义理和基本精神。"① "返本开新"既是传统与现代的关

---

① 牟宗三：《道德的理想主义》，第227页；转引郑家栋《现代新儒学概论》，第158页。

联，也是寻找传统的现代价值与现实活力的努力，是一种由传统中引发出现代的伦理转换的思路。这种思路，被第三代新儒家解释为"寻找根源动力和源头活水"，"实现传统的创造性转化"。应该说，新儒学提出的这一明确的思路是对实现传统伦理的现代转换的一个贡献，也是一种建设性的努力。但是，这一思路本身仍然包含着许多难以解决的问题，存在着许多理论上的误区。

（1）"返本"能否"开新"。如果从社会转型、文化冲突的角度考虑，时代的课题首先要解决的不是传统的延续，而是在新的社会政治经济条件下建立新的文化精神和伦理精神的问题。本来"返本"是为了"开新"，结果由于主体与传统的这种情感上和认识上的同一，新儒家总是难以与传统保持距离，忘记自己"开新"的使命，从而喧宾夺主，在情感上皈依传统，一去不复"返"，当然难以达到"开新"的目的。这里涉及到"开新"到底以什么为本位的重要问题。在理论上，"开新"当然应当立足于"新"，即以新的社会政治经济条件为基础，建立起适应并有效合理地引导新的社会生活和经济生活的文化精神与伦理精神。传统价值的评判，新的精神的确立，都必须建立在这个坐标点上。传统无疑是"开新"的背景和资源，但不可忽视，在文化冲突中，传统首先是批判的对象，然后才是继承的对象。如果立足于继承，而不是立足于批判，就很难完成传统转化，解决文化冲突的任务，更难以建立起体现新的时代要求的文化精神与伦理精神。在伦理转换中，"批判"与"继承"是统一的，但由于它们都必须服务于解决文化冲突，完成新的理论建构的目标，"批判"就是第一位的，基础性的。"继承"只能是在"批判"的基础上的继承。这就决定了新儒家"返本开新"只能是一种理想化的努力，体现出其传统本位的文化保守主义的思想特质。

（2）返什么"本"？新儒家一般认为，传统儒家的人文主义精神，是儒家思想之"本"。"现代新儒家大多以'人文精神'来标识儒学传统，这一认识不可谓无见。尽管作为现实社会中的一定的思想文化，儒学总是有其特定的意识形态性，但它同时也有着超越的一面。在一定意义上，可以将儒学的超越面界定为以'生生而和谐'为标的的人文主义。"① 在这个意义上，"返本"可以理解为"返"归儒家的人文主义。

---

①　方克立：《现代新儒学与中国现代化》，第 224 页。

　　（3）儒家传统中是否存在某种一成不变之"本"？即使认定人文主义是儒家传统之本，在不同的时代，这种人文主义精神事实上也有不同的内涵和表述。正因为如此，当谈到"返"什么"本"时，现代新儒学的代表人物就有不同的观点。"事实上，现代新儒家的代表人物们对传统儒学之基本精神的理解、把握并不完全相同。"① 梁漱溟认为是良知良能的"善的本能"或善的直觉；冯友兰认为是"极高明而道中庸"的"天地境界"；熊十力认为是积极入世的修养功夫；而 50 年代以后的新儒家则认为在于心性之学，尤其是宋明理学的"形上智慧"。总之，并没有形成统一的看法。因而"返本"的内涵有着很大的差异。诚然，如果把"返本开新"作为一种哲学思路，具体内容上的差异也可以用多样性和发展变化来解释，但作为新儒学的最为重要的观点之一，内涵的不确定，同样也说明理论自身的不成熟。

　　"返本开新"的思路如何具体落实？新儒学的回答是："内圣开出新外王。"② "返本"是继承儒家的内圣之学，重建儒家的"伦理精神象征"；"开新"则旨在把儒家的伦理精神落实到"外王"的事业上，开出"新外王"，即科学与民主。由"内圣"到"新外王"必须经过一个"主体的转化与创造"过程，这种创造必须从儒家的"内圣"之学出发，因而必须以儒家道德精神作为形上根据。牟宗三把新儒学的使命归结为三个方面："（1）道统之肯定，即肯定道德宗教之价值，护住孔孟所开辟之人生宇宙之本源。（2）学统之开出，此即转出'知性主体'以容纳希腊传统，开出学术之独立性。（3）政统之继续，此即由认识政体之发展而肯定民主政治为必然。"③ 这就是"内圣开出新外王"的"返本开新"。然而，无论现代新儒家如何具有思辨的天才，"内圣开出新外王"的思路仍然面临许多理论上的困境。最大的难题就是如何令人信服地说明道德的心性如何开出现实生活中的科学与民主。虽然新儒学竭力试图在传统儒学中找到民主和科学的根据，但正如方克立教授所说，道德理性与理智理性之间的关系问题，一直是现代新儒学共同面临的难题。理论上的思辨总是难

---

　　① 方克立：《现代新儒学与中国现代化》第 158 页。
　　② 方克立认为，"承继传统儒学'内圣外王'的思维模式，现代新儒家提出了'内圣开出新外王'的思想纲领。这里所谓'内圣'就是作为价值之源的仁心或仁性，所谓'外王'则是以民主、科学为代表的现代文明。"方克立：《现代新儒学与中国现代化》，第 225 页。
　　③ 牟宗三：《道德理想主义》序，转引自《现代新儒学概论》，第 25—26 页。

以在现实中得到落实。这是新儒学的理论之所以难以走出精英们的书斋的重要原因。其次，"内圣开出新外王"的实质是从道德精神、伦理精神中引发出科学精神、民主精神。新儒学看到了三者间的一致性，但他们没有发现三者之间的矛盾甚至对立。应当说，道德精神、伦理精神与科学精神、民主精神之间不只是统一，更重要的还有冲突的一面，尤其是传统的道德精神和伦理精神，与现代科学精神、民主精神之间的矛盾往往是难以调和的，忽视这种对立，企图从传统的内圣之学中直接开出"外王"的科学与民主，最多只能代表着某种美好的理想，很难在现实中得到贯彻。

[c."新儒学情结"的自在与潜在]　新儒学理论是精致的，但也是晦涩的。它的代表人物虽然都是一些文化精英，甚至是学术大师，但也许正因为如此，他们与广大的民众相脱离，与现实的社会运动相脱离，缺乏广泛和现实的基础。最终，新儒学的理论与它的理论创造者一样，"曲高和寡"，落得"寂寞孤怀"的命运。不过，这并不意味着新儒学理论，尤其是新儒学提出的伦理转换的思路，对中国 20 世纪思想学术及社会发展没有发生影响。事实上，这种影响是潜在的和深刻的。首先，新儒学代表着解决 20 世纪以来中国社会转型、文化冲突、民族现代化等重大课题的一种努力，这些课题不完成，在思想学术的发展中就有可能出现新儒学式的思路，新儒学的思考和提出的思路是严肃的，因而必定是有一定生命力的，它存在的理由也许就像 20 世纪初成为三大思潮之一一样有内在的根据。其次，新儒学代表着 20 世纪以来中国人尤其是一部分高层知识分子在民族发展的特定境遇面前所产生的特殊的情结，只要类似的境遇再现，这种情结就有再生的可能，人们就有与新儒家产生情感上的共鸣与共振的可能。第三，新儒学的思考和提出的解决文化冲突、实现伦理转换的思路本身就包含了一些合理的内核，这些内核在与马克思主义的交流和交锋中也应当被继承和接受。

"新儒学情结"是新儒学思想在现代中国尤其是中国大陆的存在方式及其影响的最好的诠释。50 年代以后的中国大陆，真正理解并接受新儒学思想的人即使在学者群中也是极少数，这不仅因为其晦涩的理论难觅知音，而且存在本身在相当时期就是不合法的，但它事实上并没有真正消失，80 年代以后的新儒学复兴再次证明它的生命力。复兴的基础与其说是伴随东亚的经济奇迹而出现的"儒家资本主义"的概念，不如说是根深蒂固的"新儒学情结"。"新儒学情结"在某种意义上代表了中国人尤其是中国知识分子的传统情结，只是由于特殊的历史条件，这种情结在新儒家身上得到了集中的和典型的体现。

"新儒学情结"随着第一代新儒家的出现而得到自觉的表现。这种情结产生的理性根源是："现代新儒家的思想理论，一方面是产生于对近代以来中西文化冲突的反省，另一方面又是这一文化冲突本身的产物。在他们的有关思想中贯穿了一个基本的认识，这就是：他们认为近代以来的民族危机乃是一场深刻的文化危机，所以必须从文化上着手谋求摆脱危机的出路。如此说来，新儒家这种貌似迂阔的理论同样紧扣着'中国向何处去'这一历史主题。"① "新儒学情结"首先是一种民族情结，它既表现为对民族发展的前途和命运的密切关注，更表现为在中西冲突中以民族为本位的情愫。② "新儒学情结"是一种回归传统的情结，它认为摆脱危机的出路在于"从我们民族自身的历史文化传统中发掘出仍然具有生命活力的'源头活水'，以作为吸收外来文化和实现民族文化之重建的基础和动源。"③ "新儒学情结"也是一种文化情结，它把民族危机归结为文化危机，又把文化危机抬高到民族危机的高度。④ "他们认为民族命运与民族文化之命运是息息相关的，近代以来的民族危机本质上是一场文化危机。"⑤ "新儒学情结"还是一种道德情结，它认为文化的危机从根本上说是道德的危机，是道德决定论者。⑥ 他们认为解救危机的根本就是重建儒家"伦理精神象征"。中西冲突中的民族本位，古今冲突中的传统本位，民族危机中的文化本位，文化危机中的道德本位，构成"新儒学情结"的基本特色。

对文化在社会变革与社会发展中地位的特殊确认，是新儒学的重要标识。作为一种情结，它被表述为"文化救国论"或"文化本位论"。这种

---

①　郑家栋：《现代新儒学概论》，广西人民出版社 1990 年版，第 3 页。

②　"现代新儒家企图通过发动一场儒学复兴运动来使我们民族摆脱近代以来所遭遇的文化危机……表现出强烈的民族意识、历史意识、道德意识、宗教意识和'为往圣继绝学，为万世开太平'的使命感。"同上书，第 16 页。

③　同上书，第 17 页。

④　"按照新儒家的理解，民族救亡必然伴随着一场民族文化的自救运动。"第 6 页。

⑤　同上书，第 34 页。

⑥　"新儒家可以说是一些文化救国论者，他们习惯于把一切问题都归结于文化的层次上加以讨论，并企图由此出发谋求一个根本的解决。他们的文化救国论本质上是一种道德救国论。他们把道德理想的确立和道德理性的高扬看做是高于一切、重于一切的。"同上书，第 35 页。

文化本位论情结在近现代中国社会的变革和发展中是一脉相承的，这可以从愈演愈烈的"文化热"中窥见一斑。"文化热"当然可以解释为重大社会变革时期的文化启蒙，但其背后潜藏的却是"文化救国"、"文化本位"的传统情结。文化热是中国近现代中国社会发展的特殊现象。每当发展的最重要的时刻，都会爆发巨大的文化热。在近代以来的三次大的文化热中，如果说，鸦片战争以后、五四运动时期的文化热有第一代、第二代现代新儒家的直接参加，是新儒学思潮影响的结果，那么发生在80年代中国大陆的文化热就必须另作解释。这次在中国改革开放，加速现代化进程的转折关头爆发的文化热，无论在广度深度，还是在对现实社会政治的影响力方面，都比前两次文化热要巨大、猛烈得多。解释这一现象的另一种视角是，它代表了中国人起码是一部分中国人的特殊的思维定势与文化情结。文化热的诱发当然导源于中西方文化的冲突，代表着人们对文化在社会、经济发展中的极其重要的认识，体现了在社会发展的转折关头文化启蒙的某种必要，因为文化变革毕竟是社会变革的先导。但在潜意识中，无可否认地也存在着夸大文化在社会变革中的作用，把文化问题的解决当作社会政治经济问题的基本的也是根本的方面的倾向。一百多年来，中国人对文化问题，不是文化建设问题，而是以传统为对象的文化反思与文化批判表现出一如既往的热忱。80年代第三次文化热在中国的发生，同样与部分知识分子把民族危机归结为文化危机的思维模式直接相关，表现出与现代新儒学的某种契合，说明对文化在社会变革中地位的定位上没有走出新儒学的思维框架。文化讨论当然在社会变革中具有启蒙的意义，这是五四新文化运动的价值之所在。但如果把文化的地位抬到不适当的高度，就会陷入文化决定论和文化救国论，而文化救国论与科学救国论一样，都只能是一种不切实际的空想。更值得注意的是，文化本位和文化救国情结的运作，会把文化精英乃至社会大众的注意力集中到形而上的文化问题上，分散、淡化对现实政治、社会、经济问题的注意力，精英的智慧、大众的努力，不是集中于现实社会政治经济的改革，而是永远难以完成的对于传统的批判。文化热中的代表人物，虽然壮怀激烈，对民族的前途忧心忡忡，最后却无力把自己的理想变为现实。文化热中的精神之花，总是难以结出经济政治之果。现代中国知识分子，必须走出文化本位、文化救国的传统情结，把精英的智慧，民众的努力，凝聚于现实的社会政治变革，聚焦于当下的经济建设。在文化问题上，应当尽快走出关于传统的形上围城，把注意力转移到文化建设的现实努力中。

泛道德主义是中国文化精神的传统特征，现代新儒学继承了这一传统，把道德作为解决中国社会发展尤其是转型时期社会发展的核心问题。从孔子开始，儒家就把对社会的批评，特别是对变革时期的社会的批评，集中于道德的批评，把解决社会问题的出路，寄托予伦理秩序的建立和道德自我的建构。从"世风日下，人心不古"的感叹，"克己复礼"的对策，到"内圣开出新外王"的思路，并没有走出泛道德主义的思想模式。回顾 80 年代以来的改革历程，面对新的经济关系和经济生活，中国人首先表现出的是道德上的恐慌；面对古今、中西的文化冲突，首先表现出的也是道德上的冲突。当然，社会生活中的各种问题，表现得最突出的也是伦理问题、道德问题。这也许是中国特殊的伦理型文化与社会机制所致。因为在伦理型的文化中，伦理道德不仅是核心的价值观念，也是社会控制的最重要的机制，因而伦理道德的变化，必将导致观念上的巨大冲突和现实社会生活的巨大震荡。于是，人们自然就会把一切问题都归结为道德问题、伦理问题，倾向于对一切社会生活，对社会生活的一切方面，都进行道德的评价。于是，对伦理道德建设的强调，在深层上就潜在着文化上的道德本位和社会生活中的泛道德主义的本能。在这样的思维定势中，伦理道德被赋予特别沉重的社会使命。诚然，伦理道德在中国社会具有特殊的社会功能，伦理道德建设也具有特别重要的意义，但伦理道德现象只是丰富多样的社会现象中的一个方面，并不是一切现象、一切行为都具有道德的属性，都可以进行道德评价；道德的社会功能是重要的，但不是无限的；道德的努力并不能解决社会的根本问题，更不能解决一切问题。否则，就会落入道德理想主义的套路。而且，对伦理道德地位的不恰当的强调，也会分散人们对法制、民主、公正、效率等重大社会问题的注意力，道德评价也会成为人们接受新观念，进行新的社会开拓的羁绊。现代新儒学的教训向我们警示：道德救国论、道德理想主义是一条诱人的路，然而却是走不通的路。

对待传统的态度，也许是新儒学在部分学人中最容易引起契合和共鸣的方面。如前所述，新儒学反对西化，但又不是国粹论者，它主张融合中西，中体西用。这些都极易与对待传统的"辩证"态度相混同。应该说，对待传统的态度及其进行的融合中西方文化的努力，是新儒学学说中合理性最多的方面，由于它代表着一种民族感情和民族情结，很容易得到认同，因而造成的误区也会更多。在实现现代化，建设具有中国特色的现代文化与现代文明的过程中，传统当然要继承和弘扬，但必须注意反思：我们是否会走进"返本开新"的误区？这里，我们只要把中西方社会在近代转型中提出的两个相近思路加以比较就会发现其特质。西方文艺复兴时期提出了一个著名的口号：回到古希腊！表面看来，"返本开新"与"回到古希腊"极为相似，二者都是为实现文化上的转换，提出的对策都是回归传统。但仔细分析就会发现，彼此存在原则分歧。首先，回归的传统不一样，文艺复兴要回归的是作为西方文化源头的古希腊，而新儒学虽然强调孔孟的人文智慧，但直接承继的是宋明理学的心性之学。古希腊文化与先秦文化有着许多相似之处，最明显的就是在相对自由的氛围中形成的民主性和文化初年所特有的人民性，以及由此产生的文化上的丰富多样，而宋明理学则是"官儒"，是异化了的"古儒"。提供的文化根源不同，所建构的新文化的性质当然不同。其次，"回到古希腊"，是为了告别中世纪，开拓近代文明，而"返本开新"本质上是要凸显传统的现代价值，重心不是"新"而是"本"。现代化的根本动力在于社会发展的需要，而不是传统的"根源动力"。传统当然具有根源动力，但对社会变革来说，它不是第一位的。对于传统意义的不恰当强调，会钝化人们指向现实的触角，把人们的注意力引向对传统的怀念和"理解"，而不是对现实的批判与建设。

二　人文力

在开放—冲突的文明体系中,伦理与经济、社会之间的价值冲突是现代伦理精神的合理性建构必须解决的第二个课题。这一课题需要探讨的问题是:伦理如何与经济、社会形成合理的、有机的生态?面对经济、社会的巨大变革,现代伦理精神如何通过建设性、创造性的转换,建构和确证自己的价值合理性?

历史唯物主义已经说明,伦理转换的最深刻的根据、伦理建构的合理性基础,存在于社会经济发展的要求之中,存在于伦理与社会经济的关系之中。这不仅因为作为一种意识形态,伦理必然随着社会经济的发展而发展,更重要的是,特定的社会经济形态之所以要求一定的伦理道德与之相匹配,就是因为它是一个必须的和有意义的结构。伦理与经济、社会关系的形上本质、伦理对于经济、社会发展的能动作用,是哲学已经完成的任务,传统伦理的现代转换,现代伦理精神的合理建构必须作出的突破,不是在哲学的层面一般地指出伦理对于社会经济的反作用,以说明"必然转换"和"必须转换"的问题,而是具体地分析伦理对于社会经济的作用形态及其品质结构,具体地和历史地解决"如何转换"和"如何建构"的问题。一旦走出伦理与社会经济之间关系的形上思辨,关于伦理对社会经济作用的功能形态及其品质结构的说明,就成为解决伦理建构难题的关键之一。

(一) 世界性的经济—文化难题与"人文力"的诠释

当走出抽象的学科樊篱,在经济—文化一体化的视野中审视世界范围内的现代化进程时,人们会发现一种奇特而又值得注意的现象:近一个多世纪以来,文明古国的社会经济发展一般都比较缓慢,而一些年轻的文化国家则在经济上表现出强劲的势头。四大文明古国在历史上的辉煌不仅在教科书中无可争辩地占据着显赫的位置，而且在现代文明的演进中仍然作为世界的文化家园。然而，发展经济学的统计向人们揭示着一个无情的事实：在世界经济发展体系中，中国、印度属于低收入即所谓欠发达国家或发展中国家；希腊虽然位居中等，但也只是与亚非一些国家并列，在欧洲工业国中，它显然处于很靠后的位置。相反，在文明的另一端，一些年轻的文化国家却在经济上出现了快速增长的势头。美国文化史最为短暂，从《独立宣言》（1776 年）到现在才两百多年，但其经济发展却超出了作为文化上的家园国的英国，率领着世界的潮流。

这是一个世界性的经济—文化悖论，更是一道世纪性的难题。

面对世界性的经济—文化难题，中西方民族进行了世纪性的思考。于是，对这一难题的破译，便成为现代学术研究的世界性前沿。

西方民族的百年思考总体上是在肯定的意义上展开的。它思考的触角似乎是：我们为什么成功？如果对西方民族的百年思考作整体的把握，那么，三位学者的著作具有里程碑式的意义。1920 年，德国著名的社会学家、经济学家马克斯·韦伯出版了他的名著《新教伦理与资本主义精神》，它透过"资本主义精神"的中介，以马丁·路德宗教改革以后的新教伦理诠释西方资本主义经济的发展，开拓了经济—文化关系研究的新视野，形成韦伯式的命题，后来的"儒家资本主义"就是他的"新教资本主义"的反证。时过半个世纪的 1976 年，美国著名的思想家丹尼尔·贝尔的《资本主义文化矛盾》出版，它揭示了韦伯所称道的新教资本主义内部孕生并日益激化着的经济—文化之间的深刻矛盾。贝尔认为，深藏于资本主义发展中的矛盾是文化矛盾，其根本的表现就是经济冲动力与宗教冲动力，或经济冲动力与道德冲动力的矛盾。这部书无异给沾沾自喜的西方世界注入了一针清醒剂，以至成为美国总统的案头必备书。此后不到二十年，1993 年，英国与荷兰的两位学者查尔斯·汉普登—特纳、阿尔方斯·特龙佩纳斯联袂完成《国家竞争力——创造财富的价值体系》，它透过对西方七个老牌的资本主义工业国的一百个最著名企业的实证考察，认为文化价值体系是经济发展的最深层的力量。在西方世界的百年思考中，如果把《新教伦理与资本主义精神》当作西方世界对经济—文化关系思考的正命题，那么，《资本主义文化矛盾》就是反命题，而《国家竞争力》则是这些思考的合命题。韦伯向人们揭示：资本主义在西方世界的成功，根本得力于新教伦理的人文推动；贝尔警示世人：经过一百多年的发展，"资本主义精神"内部已经形成了深刻的矛盾，这种矛盾从根本上说是经济冲动力与道德冲动力的矛盾；查尔斯则最后告诫人们：国家经济的竞争力，归根到底来源于创造财富的价值体系。三者代表着西方世界对经济—文化关系所进行的世纪性思考的否定之否定的辩证过程。

与西方不同，中华民族的世纪性思考的主题是："悠久的传统为什么会伴随落后的经济？"由于特殊的社会、政治、经济背景，中华民族的世纪性思考采取了特殊的形式——"文化热"；特殊的心态——反传统。

如果从经济—文化悖论的视野上考察，20世纪的中国，有两个值得注意的特点。一是社会变化剧烈，社会转型迅速；二是经济—文化悖论中落差的巨大。这两大特点构成中国民族世纪性思考和世纪性选择的整体背景。纵观近代以来的中国历史，大致每半个世纪就会发生一次社会转型。1840年的鸦片战争是中国近代史的开端，标志着中国由传统社会向近代社会的转型；79年后，1919年的五四运动，是中国现代史的开端，标志着中国由近代向现代的转变；再过59年，在1978年，中国开始了改革开放和建设现代化强国的历史目标，标志着中国向现代化社会迈进。每半个世纪左右就发生一次社会转型，这在世界民族史上实为罕见，可以说绝无仅有。更值得注意的是：每当历史进展到重大的转型关头，都会出现激烈的文化论争，形成巨大的"文化热"。与近代以来发生的三次大的社会转型相联系，先后出现三次大的"文化热"，反传统便是"文化热"的重要主题。

三次文化热中出现的反传统思潮，都根源于对经济落后、社会落伍的沉痛反思，其潜在的理念是把文化特别是传统文化作为经济落后、社会落伍的根源。鸦片战争一声炮响，把国人从"泱泱大国"的美梦中惊醒，在惊叹英国人船坚炮利，痛感自己科技落后的同时，中国人又对英国人表现出了深深的道德上的不耻。道理很简单：他们不是把先进的技术用于造福人类，而是欺辱他国。由此提出"师夷之长技以制夷"的"中体西用"的文化主张，发生所谓的"西方物质文明"与"东方精神文明"的文化争论，形成第一次"文化热"。如果说，"中体西用"的文化主张符合鸦片战争时期中国人的民族心态，五四时期的"文化热"就完全不同了。第一次世界大战中，中国虽然是战胜国却丧权辱国，人们在激愤中反思，把贫弱落后的根源归之于文化，出现激烈的文化论争，形成第二次"文化热"。在这次文化热中提出了一个著名的口号——"打倒孔家店",和一个极端的文化主张——"全盘西化"。不管对这次文化热中的口号和主张如何评价,有一点是肯定的:它实际上已经把经济与文化放在一个统一体中加以思考,从文化的角度诠释社会经济发展,发现了文化对社会经济发展的意义,本质上是从文化角度寻找社会经济发展出路的一种努力。第二次文化热可以视为对经济—文化关系思考的否定阶段。20 世纪 70 年代以后,与中国的现代化进程相伴随,中国出现了近代以来的第三次文化热。这次文化热在完成以前的民族思考没有完成的任务的同时,又在一定程度上进行了对这种思考的批判性总结,从而开启了否定之否定阶段。

反思近代以来中国社会发生的三次大的文化热可以发现,反传统是中国人在经济—文化悖论中深层的文化情结和文化选择。由于三次社会转型的特殊境遇,在解释经济与文化上的巨大反差的时候,中国人很自然地想到传统,因为形成强烈比照的发生在世界范围内的经济—文化悖论给人们的感觉是:在经济发展的道路上,文明古国背着沉重的历史包袱蹒跚而行,新兴的文化国家则在轻装前进。于是,人们在理性与情感上就陷入二律背反:一方面追求文化上的悠久传统,并以民族文化的悠久传统为自豪;另一方面,又认为传统是巨大的历史包袱,传统越悠久,背负的历史的包袱越重。这种理性与情感的纠结,最后不仅在中国而且在世界范围内导致了反传统思潮。放眼当今的世界文化潮流,反传统可以说是一种世界性的文化现象,不同的是,东西方民族对传统的反动提出了不同的文化指向,中国提倡"西化",西方人却高唱"回归东方"。

中西方民族的世纪性思考,虽然体现了迥异的民族个性,却有着根本的相通之处:在经济—文化悖论面前,中西方民族都不约而同地把思维的触角指向文化,把文化作为导致这一世界性难题的最为重要的乃至根本的原因。这是中西方民族的一种世纪性发现,代表着中西方民族的一种世纪性觉悟。这是对文化力量的世纪性发现和世纪性觉悟。更为值得注意的特点是:在发现文化力量的过程中,中西方民族都把伦理道德当作影响经济发展的最为深刻的因素,也是最为重要的文化力量。20 世纪西方学术界研究经济—文化难题的三部代表作,从《新教伦理与资本主义精神》到《资本主义文化矛盾》,再到《国家竞争力——创造财富的价值体系》,无一不是以伦理道德为切入点,分析文化对经济发展的深刻影响。中国三次大的"文化热"中最为集中的主题就是对传统伦理的批判。这种状况当然首先因为中国传统文化是一种伦理型文化，同时也不可否认，对传统伦理倾注巨大的注意力的根本原因，是因为发现了伦理尤其是传统伦理对中国社会经济发展的巨大影响。在这个意义上可以说，中西方民族对于经济—文化发展不平衡的世纪性思考的突出成果就是发现了"文化的力量"，而对"文化的力量"发现的核心是发现了"伦理的力量"或"价值的力量"。

任何一个思考只有当形成概念时，才能积淀为理论的成果。那么，如何概括世纪性思考所发现的"文化的力量"呢？有两个相近的概念：文化力或人文力。显然，"文化力"既可以理解为某种文化内蕴着的力量，也可以理解为文化对社会经济的作用力。在完整的意义上，它应当被理解为以上两个方面的有机统一，因为文化之所以对社会经济具有特殊的作用力，根本的原因就是自身具有这样的力量。不过，由于文化具有广义和狭义之分，因而"文化力"也有不同的规定。在广义上，有的学者把"文化力"理解为知识力（包括科技力）、精神价值、文化设施、传统文化四个方面。但如果在严格的意义上，从中西方民族进行的世纪性思考的意义上，"文化"应当主要指精神文化，"文化力"的核心应当是某种特定的文化价值体系具有的内在力量。无论是中国的文化热，还是韦伯、贝尔、查尔斯理解的都是这个意义上的文化。然而，"文化力"的作用，必须透过人的主体性的努力。文化对于社会经济的作用形式，是通过作为社会活动和经济活动的主体的人的认同与接受，转化为人的努力与行为，最后形成对社会经济的作用力。因此，文化的力量，归根到底表现为人的力量，只不过这种人的力量的源泉和根源是特殊的文化，尤其是这个文化的价值体系。在这个意义上，"文化力"的最准确的表述就是"人文力"，即"人的文化力量"。如果说，"文化力"是潜在的、内在的文化力量，"人文力"就是自在的、主体性的文化力量。

需要特别强调的是，中西方民族世纪性思考的突出成果不是发现了文化，而是发现了"文化力"或"人文力"，是对"力"的发现。应该说，这种"力"的发现与牛顿万有引力的发现具有同等重要的意义。

（二）"人文力"的形上基础

当对"人文力"进行哲学思考时，事实上同时也就在一般意义上为伦理的人文力提供了一个形而上的基础。它所隐含的前提是人文力,就是伦理对社会经济作用的主体形态和功能机制。

［a. 黑格尔"力"的概念］　人文"力"的存在,在经验世界中容易被感知和把握,但在理性世界中又难以或很少被论述。不过,黑格尔还是通过他天才的思辨智慧,雄辩地向人们确证了人文"力"的存在。

在《精神现象学》中,黑格尔把"力"作为意识由现象世界达到超感官世界,由知性达到理性的自我生长、自我运动的内在原因。他认为,意识由知性达到理性,由殊相达到共相,由复多达到统一的过程,就是"力"。"那被设定为独立的成分直接地过渡到它们的统一性,而它们的统一性直接地过渡到展开为复多,而复多又被归结为统一。但是这种运动过程就叫做力:力的一个环节,即力之分散为各自具有独立存在的质料,就是力的表现;但是当力的这些各自独立存在的质料消失其存在时,便是力本身,或没有表现的和被迫返回自身的力。但是第一,那被迫返回自身的力必然要表现其自身;第二,在表现时力同样是存在于自身内的力,正如当存在于自身内时力也是表现一样。"①

显而易见,"力"是黑格尔哲学体系尤其是绝对精神自我生长、自我运动的强制性的概念,但不可否认,黑格尔深刻地揭示了"力"的存在及其作用。在他看来,不仅意识的自我运动是"力"的作用的结果,而且多样性的客观世界以及人们在意识中对多样性的扬弃而达到的对共相的把握也是"力"的体现。就是说,当意识的"力"分散时,就形成世界的多样性,或多样化地存在于世界上的万事万物,现象世界的各种"质料",都是"力"分散的结果;而当人们在意识中扬弃了现象世界的复多性,达到共相的或本质的认识时,"力"又"返回"自身。不过,他同时又强调,"返回自身"必须要"表现自身",就是说,这种"力"必然要外化为现实的复多的事物,而当"表现自身"时,"力"仍然是"自身内的"力,即是"自身"固有的力。显然,这个意义上的"力",不仅是意识的"力"或在意识中存在的"力",而且在主观意识和客观世界的关系上,它是被颠倒地理解的——意识的"力"创造了现实的世界,现实世界是意识的"力"的外化和表现。

---

① 黑格尔:《精神现象学》上卷,商务印书馆 1996 年版,第 90 页。

　　难能可贵的是，黑格尔对"力"的概念和"力"的现实作了区分。①概念的"力"只是在思想中存在的"力"，现实的"力"则是外化为诸多差别的实体的"力"，换句话说，现实中存在着的差异性的事物，都是"力"的作用的结果，也是"力"的外化或确证。但当他把这些实体当作"力"的实体时，事实上也就把概念的"力"和现实的"力"相等同。他认为，"力"有两种存在形式，即"力自身"和作为"力"的外化和对象化的具有诸多差别的实体。"力"自身或者返回到自身的力是"力"的概念性的一面，而实体化的"力"则是"力"的现实性的一面。"而力这一概念只有在它自己的现实性（或外在化）本身中才保持其自身作为本质；那作为现实的力只存在于表现之中，而力的表现不是别的，只是自身的扬弃。"② 在此基础上，黑格尔揭示了"规律"与"力"的内在联系。"由此规律就表现为两重的方式：一方面表现为法则，在其中诸差别被表明为独立的环节；另一方面表现为单纯的回返到自身的存在，这种存在又可以叫做力，不过这并不是那被迫返回到自身的力，而是一般的力，或者力的概念，一种引力——一种把能吸引和被吸引的东西的差别都消融在自身内的力。"③ 规律的作用，就是"力"的确证。

　　黑格尔发现，在人的意识中存在着一种"力"，它使意识由知性向理性、由现象向本质发展；人的意识同样具有"力"的属性和"力"的功能，现实世界中实存的事物，不仅打上了意识"力"的印记，而且就是意识"力"作用的结果。但是，当他把具有诸多差异的"质料"当作"力"的外化和"力"的实体时，也就陷入了唯心主义。无论如何，发现了人的意识的"力"的本性和"力"的功能，通过思辨的方式确证了人的意识的"力"的存在，是黑格尔的理论贡献。黑格尔关于"力"的晦涩而深刻的论述，经过唯物主义的改造，可以作为"人文力"概念确立的理论资源之一。

　　[b. 人—文化—人文力]　　黑格尔用晦涩的语言所揭示和表述的

---

　　① 黑格尔指出，"真正的力必须完全从思想中解放出来，并被建立为诸多差别的实体，这就是说，首先必须把实体设定为本质上自在自为地持存着的整个力，其次必须把力的诸多差别设定为实质性的或者为自身持存着的诸环节。"他把这种运动称之为"知觉的过程"。见黑格尔：《精神现象学》上卷，第91页。

　　② 黑格尔：《精神现象学》上卷，第95页。

　　③ 同上书，第102页。

"力"，用马克思主义哲学的原理表述，就是意识转化为物质的能力和力量。在《精神现象学》中，黑格尔虽然十分强调"力"的概念和"力"的现实的区别，强调要把"力"从人的思想中解放出来，但他的"力"最终还是停留于概念和思辨之中，原因很简单，他没有把"力"与人相结合，更没有把"力"与人的实践活动相结合。探讨"力"的现实的作用形态或功能形态，必须解决的问题是：

在现实的社会生活中，意识是如何表现自己的？意识的"力"透过什么中介获得现实性？这种具有现实性的"力"的形态是什么？

美国文化人类学家怀特在《文化科学》一书中，用一章的篇幅论述"文化对个体意识的决定作用"。他指出，"人类行为是两种独立的、本质不同的要素的复合物：机体的要素和文化的要素。因此，人类行为既受文化因素的制约，也受到生物机制本身的影响。"① 在这两个方面中，文化可能处于更为重要的地位。"在人类意识活动内的'意识'范畴中，我们发现了文化决定因素和生理—心理因素。我们还进一步认识到，在诸如爱斯基摩人、祖尼人或英国人中所表现出来的人类意识不同类型间的差异，取决于文化因素而不是身—心因素。"② 作为文化和心理因素的复合体的"良心"及伦理道德标准也是如此。"良心并不是生理—心理结构中的不变之物，而是随着文化的变化而变化的，……是社会和文化的因素，而不是个人和心理的因素决定着是非善恶的标准。"③ 因为"每个人都降生于先他而存在的文化环境中。当他一来到世界，文化就统治了他，随着他的成长，文化赋予他语言、习俗、信仰、工具等等。总之，是文化向他提供作为人类一员的行为方式和内容。"④

"力"存在于"意识"之中，"意识"表现为各种形态，意识受文化因素决定，而意识的诸种形态就表现为文化的各种形式，因此，归根到底"力"一旦走出概念的抽象，成为现实，就内在于社会的文化而不是个体的意识之中。意识必然要表现自己，在表现中它外化为文化的各种形式，这些文化形式就是意识的诸形态，如伦理、道德等等。于是，意识的诸形态，文化的诸形式，就不仅具有了意识的"力"，而且，意识的"力"也

---

① 怀特：《文化科学》，曹锦清等译，浙江人民出版社1988年版，第139—140页。
② 同上书，第142页。
③ 同上书，第150页。
④ 同上书，第158—159页。

只有透过文化或意识的诸形态，才具有社会性和现实性。

"意识力"、"文化力"，只有与人相结合，与人的活动相结合时，才能成为真正的和现实的"力"。

于是，"人文力"就可能被理解为具有三个层次：第一层次是意识的"力"或"意识力"，即人的意识所潜在着的转化的物质的力量；第二层次是文化的"力"或"文化力"，意识一旦外化为文化，就具有形态的意义，文化一旦被人所接受，意识就上升为精神，具有精神的意义,① "意识"和"精神"的区别，就在于它具有更直接的主体性和行为的意义；第三层次是"人文力"，它是"文化力"与人及人的行为的结合。而当"文化力"上升为"人文力"时，意识、文化，以及意识的诸形态，文化的诸形式，便透过人的实践活动，作用于社会经济发展，实现与社会经济的整合互动。于是，"人文力"便成为意识、精神、文化与经济、社会，以及经济—社会整合互动的概念。"意识力"可以说是以概念方式存在的具有形上意义的抽象的"力"；"文化力"是精神的"力"，即深入到主体的精神层面的"力"；而"人文力"则是人与文化结合所形成的，通过人的实践活动作用于社会经济发展并与之一体化的具体现实的"力"。"人文力"不仅是人的"力"，人的文化的"力"，而且是作用于社会经济发展，使文化与社会经济整合互动的"力"。

（三）"人文力"的品质结构

探讨人文力的功能品质及其结构，首先必须确证对文化进行功能考察的合理性。

对于文化，人们可以有多种理解，从不同角度透视，可以得出不同的结论，这是目前关于揭示文化本质的文化概念难以统一的根本原因。对文化的理解，我认为基本的有两种：形而上的理解与功能性的理解。形而上的理解是从哲学上对文化本质的理解；功能性的理解则侧重于文化对经济社会的作用。功能就是作用，文化的功能就是文化对经济社会的作用，虽然作用的大小与性质有所不同，"作用"则是共同的。在这个意义上可以

---

① 在黑格尔《精神现象学》中，精神是比意识更高的发展阶段，同时它也更多地指某些普遍精神或"客观精神"，如社会意识、民族精神、时代精神等。见《精神现象学》，第16页。

说，文化是一种力量，这种力量体现为文化对于经济社会的作用力，文化是一种力量的存在。

荷兰著名的哲学家 C. A. 冯·皮尔森在《文化战略》一书中指出，文化不是名词，而是动词。① 文化是人类生存的一种战略。文化战略的变迁经过了三个阶段。第一，神话的（或原始的）阶段；第二，本体论的（或科学和技术的）阶段；第三，功能的阶段。② 对文化的功能性理解，或功能思维中理解的文化，特别强调文化的实践的和工具的特征。"它们一方面涉及科学和技术的关系；另一方面涉及社会责任感。"③

如果文化的功能本性得到了确证，那么，人文力就是文化对社会经济发挥作用的功能形态。以此立论为基础，作为一种特殊的作用"力"，从根本上说，人文"力"也遵循"力"的一般原理。可以假定，文化力学与物理力学的原理是相通的。根据物理学的原理，力的作用有三要素：大小、方向、作用点。人文力的作用同样遵循着大小、方向、作用点的三要素原理，只是这些要素的内涵及其作用原理有着不同的特点。

［A. 大小］ "大小"，是关于某一特定文化形式或某一特定的意识形态内蕴着的文化能量及其这些能量的释放度的概念。从理论上说，每一种文化形式作用于人的主体，都会产生特殊性质的文化能量。贝尔在《资本主义文化矛盾》中揭示的经济冲动力、宗教冲动力、道德冲动力、艺术冲动力，就是经济、宗教、道德、艺术这些文化形式所固有的人文力。每一种文化形式都具有特殊的文化力量，但只有与人、与人的活动相结合时，才能形成人文力。道德的价值力量只有与人结合才能形成人的"道德冲动力"，宗教的超越力量只有与人结合才能形成"宗教冲动力"。

---

① 这一观点恰好与我的研究不谋而合。我在《中国伦理精神的历史建构》、《文化撞击与文化》等书中，同样提出了对文化进行动词化理解的观点。这两本书分别出版于 1992 年和 1994 年，而我接触《文化战略》一书则是 1998 年。

② 皮尔森论述道："神话阶段的特征是人持有这样的一种立场或态度：他感到自己完全被周围力量所控制着。他此时还没有能力把自己同环绕和包围他的东西区别开来。""第二阶段十分明确地提出了'周围环境是什么'的问题：严格地说，本体论是系统地研究一切存在的。在这里，人不再直接地参与到包围他的力量之中，而是拉开了自己与它们的距离，从而与它们处在一种相对的状态中。""第三阶段——即功能的阶段——带来了这样一种行动和思维的方式，它的焦点可以说既不在于人与其环境的分离，也不在于那种直接被环境完全控制的感觉。这更多地是一种构成关联的思维，它的中心特点不是参与和距离，而是关系。"见 C. A. 冯·皮尔森：《文化战略》，中国社会科学出版社 1992 年版，第 6—7 页。

③ C. A. 冯·皮尔森：《文化战略》，第 103 页。

然而，这些还都只是文化力或人文力的概念或抽象，每一种文化形式所具有的文化力所形成的人文力的大小及其向现实的人文力的转化，与两个因素有关。一是这一文化要素特定的文化结构；二是这一特定结构的文化要素的社会政治背景。同样的文化形式，如伦理、道德、宗教、经济等，在不同的民族中，在民族的不同的历史时期，具有不同的结构，因而文化能量的性质和大小也就不同。中国伦理以人伦为本位，形成家—国一体的目的伦理模式。西方伦理以个人为本位，形成以契约为基础的责任伦理模式。这两种伦理模式内蕴的价值力量显然不同。由于文化功能本质上是一个关系的概念，只能在关系中才能发挥其功能，人文力的大小直接地受社会政治环境的制约。经济冲动力是最为明显的例证。在不同的政治、伦理背景下，人们谋利的合理、合法性程度迥然不同，于是主体所具有的经济冲动力的大小也就有巨大的差异。封建社会和资本主义社会中经济冲动力的差异，以及中国"文革"时期和改革开放以后经济冲动力差异，就是最直观的证明。

　　[B. 方向]　　在人文力的三要素中，由文化形式、文化结构及其运作环境所决定的"大小"，可以看做是人文力力量的概念，其他两个要素即"方向"和"作用点"，则是体现人文力品质的概念。"大小"在一定程度上决定人文力的强度，但具有一定强度的人文力的功能效果及其作用性质，则由"方向"和"作用点"两个要素决定。从力学的一般原理方面考察，力的作用方向不同，作用的结果很不相同。从"方向"与"大小"的关系上说，"方向"具有引导性，它可以把"力"的作用导向于一定的目标，体现"力"的作用的目的性；在"力"的作用过程中，由于作用的方向不同，能量消耗的有效性的程度也不同。可以说，"力"的"大小"只是一个中性的概念，只有与"方向"结合，才具有目的性和有效性。人文力更是如此。无论是对文化作本体的还是功能的理解，有一点是肯定的：文化代表并体现着人类的目的性，是人类实现自己目的的一种战略，是对人的本性的提升和超越。人类文化的任务就是调节固有性和超越性之间的紧张关系，或者说是调节这种关系的一种具体战略。① 文化在履行自己的功能的过程中，具有明确的目的性和导向性。这就是文化的力量具有方向性的内在原因。每一种文化，都对人的行为从而也对人的行为

---

① 参见 C. A. 冯·皮尔森《文化战略》，第 18 页。

对象实施价值上的导向，这些价值导向一般体现为一定的行为规则和社会秩序。哲学与科学令人求真，伦理与宗教教人向善，文学艺术使人达美，这些都是文化力量的方向性的体现。当然，在同一文化形式之中，不同的民族同样具有不同的作用方向。中国传统伦理的文化力导向整体主义，西方传统伦理的文化力导向个人主义；中国艺术追求和谐，西方艺术追求崇高；中国传统哲学高扬人文精神，西方传统哲学提倡科学精神，在真、善、美的追求中，中西方文化的作用方向大相异趣。

某种文化形式对社会经济发展的最后作用力、诸多文化形式对社会经济发展的作用力由什么决定？人文力作用的规律如何？我认为，人文力的作用遵循平行四边形的原理，平行四边形原理的基本内容是：在多种要素共同作用的状态下，力的作用所产生的效果取决于两个方面，一是各要素的活力，二是诸多要素形成的合力。每一种文化要素对社会经济发展的作用力的大小和方向都是不同的，但最后的力量，并不取决于任何一个要素的大小和方向，而是具有不同大小和方向的力所形成的平行四边形的合力。"大小"可以表现为平行四边形的两条边的长度，"方向"可以表现为两条边的夹角。显然，要素的力量越大，表示平行四边形的合力的夹角线越长；方向越一致，两个力之间的夹角越小，合力越大。

[C. 作用点]　"作用点"是影响人文力的有效性与合理性的另一要素。"作用点"在力学中叫做"支点"，其重要性在阿基米德的一句名言中得到充分体现："给我一个支点，我可以撬动地球！"用社会科学的术语表述，"作用点"是"着力点"、"切入点"。作用点既存在于每一种文化要素内部，也存在于各种文化要素对社会经济发展的关系之中。按照文化功能论的观点，文化对人类生活的总体功能应当是相同或大致相同的，但在不同的民族中，在不同历史阶段，文化战略①也不同。各种文化之间的差异，最根本的不在于文化要素，而在于各种文化要素的结构形式与文化作用点的选择。在现代伦理学中，与"作用点"含义最近的是"本位"，中国伦理的作用点是家族人伦关系，以家族人伦关系为基础建立整个社会的伦理关系；西方伦理以个人为本位，意味着其作用点或着力

---

① 皮尔森将"文化战略"又称之为"文化规划"，我认为，"文化规划"一词表述不够准确，在以前的研究中，我以"文化设计"的概念表述，凸显文化的主体性和总体性，其意与之大体相同。

点是个人。与此相关联，中国传统道德以仁义为核心或着力点，西方传统道德以理智与正义为核心或着力点，由此形成中西方道德的不同精神。如果这些作用点改变，中西方伦理的体系与精神都会发生巨大的变化。文化形式与社会经济发展之间的关系更是如此。韦伯曾经把儒教伦理与新教伦理作过比较，指出二者之间最大的差异在于：儒教把伦理引向人际关系，新教把伦理引向工作关系，由此导致了两种伦理对社会经济发展的不同作用。儒教伦理的作用点是人际关系，于是成为社会稳定与政治稳定的人文力量；新教伦理的作用点是工作关系，于是成为推动资本主义经济发展的人文动力。如果以"作用点"的视角观照，儒教伦理与新教伦理对中西方社会的不同作用及其不同命运，不只是由于它自身的品质，而是由它们对社会经济不同的作用点决定的。"作用点"的不同，往往也使同一种文化要素具有不同的作用效果和作用性质。中国文化和日本文化都十分强调家族的地位，然而，中国将家族模式运用社会关系，如伦理关系、政治关系乃至法律关系，努力建构"天下一家"的社会；日本将它运用于企业运营，实行扩大的家族化，建立虚拟家庭，最后形成具有很强凝聚力的"家族式企业"，成为日本式"儒家资本主义"的重要特征。可见，文化及其功能的差异，不只在于文化要素本身，更重要的还在于文化作用点的选择。

（四）"人文力"的调理与传统的生态转换

在日常生活中，人们一般不怀疑物理力或自然力的客观性，对物理力与自然力的认识和探讨，成为科学研究的核心内容。至于人文力，则因其表现形式的主观性而在相当程度上被漠视。其实，人文力与物理力一样都是客观的存在，人们在文化作用下所发生的一切变化，包括情感、意志、认知方面的"感动"、"感化"、"服从"、"认同"等等都是人文力的显现，只不过它只能被感受，却难以直接地把握。文化的设计、运作、建设，在相当意义上就是对这种人文力的设计、贮存、积蓄和激发。不同的文化，对人的内在潜能的设计与激发机制不同，这便是文化的民族性，它与民族的文化传统有着直接的联系。文化建设的任务，就是如何培育和发现这种人文力，并使之向着预期的方向努力，形成预期的人文力。由此，人文力就成为"综合国力"的有机构成。人文力的蕴藏、激发、表达与引导的可能性，与文化成熟程度、与文化传统的悠久程度呈正相关。

文化不仅是人的本性的体现，而且也是人的力量的显现；文化在价值与精神的层面上调节着人的力量，形成社会发展的合力。由于人在自然与社会中的主体性地位，人文力对社会生活乃至对人类文明的进步发挥着巨大的影响，表现为多样性的形态。首先是内发力与激发力。文化可以培育、造就、积蓄人的文化能量和文化力量，个体心理结构和价值结构中所具有的知、情、意、真、善、美的要素，在相当程度上都是文化塑造的结果，这些要素不仅是人的内在人文能量的存在形式，而且可以透过人的行为转化为现实的人文力量。同样，借助文化的机制，可以激发和调动人所固有的文化能量和文化力量，使之服务于社会的目的。其次是感通力。文化是对人的社会生活的设计，它在同质文化中形成人们大致相同的文化—心理结构、价值取向、生活原理。文化的作用，就在于使各个行为个体在心理与精神上得到沟通与感通，从而使人的社会化成为可能。再次是和谐力。它通过感通机制使个体生命秩序和社会生活秩序得以和谐。这种和谐力不仅是形成文化合力的关键，而且是社会组织的重要基础。最后是驱动力。文化不仅能释放人的内在能量，而且由于它具有培育人的信念、情感、理性的功能，因而又不断培育和创造人的能量，使人的行为获得源源不断的力量源泉。个体的活力，群体的凝聚力，社会的组织力，行为的驱动力，在某种意义上都可以看做是人文力的具体形态。

长期以来，在对待传统的态度问题上，人们事实上很难走出"西化"或"国粹"的怪圈，即便主张"扬弃"，事实上也没有具体解决如何"辩证"的问题。"人文力"的理念，为对传统的辩证否定提供了一种具体的、既具有批判性又具有建设性的思路和方法，这种思路和方法用一句话概括就是：进行人文力的调理。这种调理包含三个方面的努力：一是扬弃文化要素。摒弃丧失现实性与合理性的文化要素，引进、培植新的体现时代精神的文化要素与文化精神，并使之与原有的文化要素形成有机的结构生态。二是调理人文力作用的方向，使之与经济社会发展的方向一致，从而产生最大也是最合理的合力。三是调整文化的作用点，提高人文力作用的有效性与合理性。文化的主体是人，文化透过人的努力对经济社会发挥作用并最终改变和提升人的价值。文化要素的扬弃，在于赋予文化传统以时代精神的活力；文化方向的调理，在于建立能够获得最大、也是最合理

能量的人文力的"平行四边形模式";而文化作用点的调整,则是在文化
—经济—社会一体化的生态中,确立文化对社会经济作用的切入点、作用
点和整合点,形成人文力作用的合理性与有效性。"调理"的意义,不仅
把文化作为一种客体的存在,而且当作有机的生命机体。

三　伦理生态

"伦理生态"的理念是"文化理解"和"人文力"理念的逻辑归属，是关于伦理精神的价值现实性与价值合理性的基本理念。"文化理解"、"人文力"、"伦理生态"三大理念贯穿着这样的思想，在开放—冲突的文明体系中，伦理精神的价值合理性，归根到底是"人"的合理性；伦理精神通过"人"对古—今、中—西的"文化理解"，通过"人"与伦理的有机结合而形成的"人文力"，通过"人"所建构的"伦理生态"，实现现代中国伦理精神的价值合理性。

（一）"伦理精神"——"合理性"——"伦理生态"

伦理道德本质上是一种实践理性。既然是"实践理性"，就必须具有"理性"和"实践"两方面的品质，既受理性指导并得到理性确证，又具有转化为现实的能力，因而应当是"伦理精神"的建构。

理解"伦理精神"这一概念的关键是对"精神"的诠释。"精神"不同于一般意义上的理性。按照黑格尔的观点，最能体现理性和实践结合的概念是"精神"。"精神"既具有理性的普遍性品质，又具有内在现实性的能力。[①]"精神"就是那种"自在而又自为地存在着的本质。"[②]"活的伦理世界就是在其真理性中的精神。"[③] 在意识由理性向精神复归的过程中，伦理是"真实的精神"，教化是"自身异化了的精神"，道德则是

[①]　黑格尔认为，"当理性之确信其自身即是一切实在这一确定性已上升为真理性，亦即理性已意识到它的自身即是它的世界、它的世界即是它的自身时，理性就变成了精神。"见黑格尔：《精神现象学》下卷，商务印书馆1996年版，第1页。

[②]　黑格尔：《精神现象学》下卷，第2页。

[③]　同上书，第4页。

"对其自身具有确定性的精神"。黑格尔把精神当作理性和现实的统一，揭示出伦理的精神本质。

我认为"伦理精神"是指构成社会的伦理生活、个体的道德品质自觉的伦理理论的精神性、体系性的元素，以及由这些元素所形成的完整形态。它不仅具有具体、完整的内涵，也与伦理思想、伦理体系、道德精神、道德生活等概念相区分。①

"合理性"是一个极为复杂的概念，麦金太尔"何种合理性"的追问已经暗示了这一概念的多样的和不确定的内涵。根据历史唯物主义理论，社会存在决定社会意识，伦理精神归根到底随着物质生活方式的变化而变革。然而，必须提醒的是，这一原理只是在本体论的意义上揭示了伦理精神的存在本质，并没有涉及在此基础上形成的伦理精神的价值合理性问题。伦理道德作为文化体系的价值构成，具有超越的本性，它以"应然"的判断引导主体追求价值理想，因而"合理性"可以视为伦理精神的文化本性。"决定性"是一个自然的过程，"合理性"才是体现主体能动性的努力。"合理性"以"决定性"为基础，又超越"决定性"。对伦理精神的价值合理性追究的现实意义在于：伦理精神建构的价值目标，不是对社会存在的被动适应，而是对物质生活方式和社会文明的积极推动。伦理精神的价值合理性，是对"现存"的超越和提升，也是对"现实"的复归与创造。正是在这个意义上，开放—冲突的文明体系中伦理精神的现代建构，才被诠释和设定为伦理精神的价值合理性的建构，即"伦理生态"的建构。

（二）伦理精神的生态本性及其合理性根据

"生态"能否成为伦理精神的价值合理性的理念？生态合理性的"伦理学方法"的真理性，取决于"生态"是否体现了伦理精神和伦理价值的本质。这一问题被分解为两个方面：伦理精神、伦理价值是否具有"生态"的本性？"生态"是否体现了伦理精神、伦理价值的本质特性？

第一方面的确证需要解决的难题是：伦理精神、伦理价值是否具有生命的和有机性的本性？

---

① 关于"伦理精神"的概念，参见樊浩《中国伦理精神的现代建构》，第29—32页。

从古典生态学到现代生态学，无论是以生物为核心还是以人为核心，都有一个共同的主体，这就是生命。正如现代生物学所揭示的那样，生态本质上是"生命的存在状态"，① 生态的主体是生命。当以"生命状态"诠释"生态"时，"生态"的两个特性尤为值得注意。首先，它是"生命"状态，而不是"生存"状态。"生命"与"生存"的区别，就在于它生生不息，自我否定，具有不断发展的活力与内在可能性。其次，它是一种"状态"，是有机联系所形成的主体的生命力的外在表现，凸显的是主体内部以及主体与环境要素之间的有机联系对主体生命的意义。不过，一旦"生态"的理念被运用于研究人，它就不只是也不可能仅仅局限于人的生理意义上的生命，必然也必须深入到生命的更深层，即人的精神生命。伦理、伦理精神，就是人的生命的最深刻的表现，是由人类文化所创造的意义世界。生理意义上的生命只是人的初级本质，人的更深刻更高级的生命本质是人的意义追求以及为此所进行的物质的和精神的实践活动，其中，融人的理性与意志于一体的、作为意义世界的核心构成的伦理精神和伦理价值，就是人的更深刻的生命本质，即在文化意义上体现人与动物的本质区分的生命本质。像人的生理生命一样，伦理精神所体现的生命也是一个有机体。无论是社会伦理精神还是个体伦理精神，在历史发展中都是人类文明和人类文化的有机体，都处于与历史上的和当下存在的各种文明和文化的有机关联中，在现实性上，也都是人的现实生活的一个有机构成，是与经济、社会的现实发展和价值形式构成的活的机体。有机性既是伦理精神、伦理价值的生命本性的表现形式，也是它的根源。也许，随着文明推进和学术发展，人们还会发现伦理精神、伦理价值的更深层次的本质，但是比起 19 世纪在"自我"中的本质追究，20 世纪在"关系"中的本质追究，"生态"的追究对伦理精神的价值合理性，尤其是开放—冲突的文明体系中伦理精神的价值合理性具有更大的解释力和真理性，也更能体现伦理精神的现实性和合理性。

伦理精神的生态本性在黑格尔的研究中曾经被揭示。贺麟先生在《黑格尔〈法哲学原理〉一书述评》中指出，黑格尔把伦理当作一个精神

---

① 参见徐嵩龄《论理性生态人：一种生态伦理学意义上的人类行为模式》；参见徐嵩龄主编：《环境伦理学进展：评论与阐释》，第 409 页。

性、活生生、有机的世界。① 黑格尔认为，道德与伦理之间存在着原则区分，它们构成法哲学的两个环节。抽象法是客观的，道德是主观的，只有伦理才是主观和客观的统一。个人的权利和道德自由都以社会性的伦理实体为归宿和真理。"主观的善和客观的、自在自为地存在着的善的统一就是伦理。"② 在他看来，伦理具有以下诸多特性：

第一，伦理是具有生命意义的善。"伦理是自由的理念。它是活的善，这活的善在自我意识中具有它的知识和意志，通过自我意识的行动而达到它的现实性；另一方面自我意识在伦理性的存在中具有它的绝对基础和起推动作用的目的。因此，伦理就是成为现存世界和自我意识本性的那种自由的概念。"③

第二，伦理是有机的，这种有机性构成它的合理性根据。"伦理性的东西就是理念的这些规定的体系，这一点构成了伦理性的东西的合理性。因此，伦理性的东西就是自由，或自在自为地存在的意志，并且表现为客观的东西，必然性的圆圈。这个必然性的圆圈的各个环节就是调整个人生活的那些伦理力量。"④ 正由于这些力量的存在，伦理的合理性才成为现实的合理性。

第三，伦理是具体的和现实的。"伦理性的东西不像善那样是抽象的，而是强烈地现实的。"⑤

第四，伦理的现实形态是精神，伦理的精神表现为一个自我运动的有机生长过程。"这一理念的概念只能作为精神，作为认识自己的东西和现实的东西而存在，因为它是它本身的客观化、和通过它各个环节的形式的一种运动。"⑥ 伦理精神的有机体系和生长过程分为三个阶段。"第一，直接的或自然的伦理精神——家庭。"⑦ 家庭是自然的伦理精神和伦理实体，这种伦理精神和伦理实体向前推移，丧失了统一，进行了分化，达到了相对性的观点，便演化为："第二，市民社会，这是各个成员作为独立的单

---

① 黑格尔：《法哲学原理》，商务印书馆1996年版；贺麟：《黑格尔著〈法哲学原理〉一书评述》，第16页。

② 黑格尔：《法哲学原理》，第162页。

③ 同上书，第164页。

④ 同上书，第165页。

⑤ 同上书，第173页。

⑥ 同上。

⑦ 同上。

个人的联合，因而也就是在形式普遍性中的联合，这种联合是通过成员的需要，通过保障人身和财产的法律制度，和通过维护他们的特殊利益和公共利益的外部秩序而建立起来的。"① 伦理精神通过分化、中介而完成的统一就是：国家。"第三，在实体性的普遍物中，在致力于这种普遍物的公共生活所具有的目的和现实中，即在国家制度中，返回于自身，并在其中统一起来。"② 国家是伦理精神或伦理实体的充分实现，是完成并回复到它自身的辩证统一。黑格尔对伦理的精神、有机性、生命性本性的揭示闪烁着辩证法的卓见。如果对黑格尔关于伦理的精神性、有机性、生命性和现实合理性的观点加以引申，得出的逻辑命题就是：伦理、伦理精神是一个生态的存在。当然，这种关于伦理的生态本性的主观辩证法的思想必须经过实践唯物主义的改造。

伦理的价值合理性，是生态合理性。准确地说，伦理的生态合理性，是整合的生态合理性。这种合理性并不仅仅取决于伦理，甚至主要不取决于伦理，但无论如何，人们可以通过对某一特定文明生态相对合理性价值判断，通过伦理在生态合理性建构过程中所作的文化贡献来判断其价值合理性。文明生态的合理性是相对的，伦理价值的合理性也是相对的。虽然文明生态是一个整合的机体，但并不排除可以在具体的伦理—经济、伦理—社会、伦理—文化生态的分析中把握伦理的价值合理性，韦伯、罗尔斯、贝尔已经分别从伦理与经济、社会、文化的生态关系中揭示和确证了伦理的价值合理性。生态的合理性当然不止取决于伦理，但伦理能否在生态中发挥其特有的和应有的价值功能，伦理的价值功能发挥的程度以及由此所形成的生态的合理性程度，是判断伦理的价值现实性与价值合理性的重要依据。新教伦理与天主教伦理之所以具有不同的价值合理性，就是因为它对"资本主义精神"、对资本主义经济发展具有不同的价值功能，形成不同的伦理—经济生态，赋予资本主义发展尤其是资本主义经济的发展以不同的生态合理性。同样是儒家伦理，在中国是扬弃的对象，而在"儒家资本主义"的生态中则被认为是最为重要的人文力。这只能说明，伦理的价值合理性，是生态的合理性，生态的合理性，是具体的合理性、相对的合理性。某种伦理，当在一定的经济、社会生活中不能发挥其价值

---

① 黑格尔：《法哲学原理》，第 174 页。
② 同上。

功能时，就说明它不具有价值现实性，至少没实现其价值现实性；当不能为造就合理的生态作出自己独特的价值贡献时，就说明不具有价值合理性，至少没有体现或实现自己的价值合理性。

在这里，我们还不能具体地说明伦理如何在整合的生态中如何实现价值合理性，然而关键在于确立这样的理念：应当在生态中尤其在伦理与经济、社会、文化的整合生态中，建构、确证、把握伦理的价值合理性。

（三）价值引进的生态现实性

麦金太尔已经证明，伦理价值及其合理性只能是一定的文化传统和文化情境中的历史合理性。在不同的文化传统中，在同一文化传统演进的不同阶段，存在不同的伦理价值，同一伦理价值也具有不同的合理性。沿着麦金太尔的思路，要进一步研究的课题是：在开放—冲突的文化本系中，来自异质文化的伦理价值，尤其是那些体现时代精神在理论上具有逻辑合理性的伦理因子，如何建构自己的价值现实性？对于中国伦理精神的现代性建构具有重要意义的课题是，西方伦理的价值因子如何在冲突中与中国伦理实现有机的融合？引进与融合的西方伦理的价值因子如何对中国人的伦理生活、中国现代伦理的价值建构发挥现实性与合理性？

为了探讨的方便，这里首先必须把冲突中的价值融合区分为两个层面。第一层面是价值的引进和认同，第二层面是引进和认同的价值因子如何获得和确证自己现实性与合理性。从逻辑和历史的结合方面考察，价值引进与价值认同是一回事，它的前提是引进与认同主体所处的特殊历史境遇以及由此产生的特殊文化心态；引进后的价值因子是否具有现实性与合理性则是另一回事，它的前提是新的价值因子与既有的伦理精神能否形成有机的生态，能否在新的生态中有效运作以及如何获得合理性。

杜维明教授在反思文化比较的方法时，曾提醒人们警惕一种文化比较策略——"强人政策"。这种策略的特点是："为了加强我们对自己文化的信念，加强我们自己的文化意识，乃至对自己文化的感受，我们就用我们文化中的精英来同其他文化（特别是敌对文化）中的侏儒相比。这是很不公平的事，也是在比较文化中经常出现的事。"① 他认为，五四以来以鲁迅、胡适、陈独秀为代表的先进的中国知识分子在进行文化比较时，恰好反用了这种强人政策，即为了对付那些保守的顽固派，为了证明中国文化不行，就特别把中国文化中糟粕的一面凸显出来，并且与西方文化的精华的一面如民主科学等相比较。② 强人政策的结果必然导致文化认同的危机。

事实上，在价值冲突与价值融合中，还存在另一种更为普遍的现象，这种现象我则称之为"强势文化认同"。其特点是：在文化冲突中，由于各民族在经济与社会发展方面存在的明显反差甚至巨大落差，相对落后的民族，往往把经济社会方面更为发达的民族的文化价值的一切方面视为先进，进而产生否定自己的文化尤其是自己的文化传统的倾向。于是，在文化冲突中，经济社会方面发达的民族的文化价值常常是相对落后的民族引进效法的对象。这种由经济社会发展的落差而导致的特殊的文化心态在价值冲突中很容易导致"文化帝国主义"（对相对发达民族而言）和"传统虚无主义"（对相对落后的民族而言）。因此，在价值冲突中，价值引进和价值选择首先是受主体的文化心态影响并受主体对本民族发展的紧迫课题的认知左右的具有很大的相对性的问题。

由于文化比较是文化引进与文化选择的前提，由于文化比较总是完成一定的文化批判和社会批判的任务，因而在价值冲突中人们所作的价值引进和价值选择，在相当程度上具有相对性与偶然性。因为既然经济社会发展的现实状况只是当下的存在，并不能代表至少不完全代表这个民族的历史，用当下的经济社会存在诠释历史性的、不断演进的传统，当然缺乏真理性和说服力，现代落伍的民族在历史上也许曾经充当过第一小提琴手，以中国为代表的四大文明古国就是如此，与它们历史上的辉煌相对应的文化，也曾在"强势文化认同"的逻辑下成为其他民族效法的对象。文化冲突中的价值引进如果只注重"时代精神"，过于忽视本民族的历史传统，就会在"强势文化认同"心态的支配下，受主体的文化情绪与文化情结所左右。价值冲突，首先是文化心态的冲突。冲突中的价值引进与价

① 杜维明：《儒家传统的现代转化——杜维明新儒学论著辑要》，中国广播电视出版社1992年版，第85页。
② 同上。

值选择并不具有不证自明的合理性。可以说，缺乏"文化理解"和"生态把握"的价值引进，无论表面上多么体现"时代精神",① 总难具有真正的合理性。

在以前的研究中，我曾提出过任何文化都是一个有机的生态，任何文化要素都是一定文化生态中的有机因子。② 作为文化的核心构成，价值因子也是一种生态性的存在，离开赖以生成的生态，就难以获得现实性。所以，价值、价值因子只有通过"文化理解"才能把握。"文化理解"就是文化生态的把握。在这个意义上，任何价值冲突，本质上都是价值生态的冲突。因为任何价值因子，哪怕是最重要的价值因子都是特定生态中的某个构成，即使它重要得足以代表这个生态的特质，也只能在这个生态中才具有完整的和现实的价值意义。正因为如此，在价值冲突中，即使在字面上最为接近的两种价值要素之间也没有直接的和完全的可比性，因为它们都是各自生态中的功能性的存在。"博爱"与"仁爱"都贯彻了爱人的伦理价值，然而由于它们分别代表中西方伦理精神的价值因子，其内在的原理和体现的精神本质存在原则区分。就像"博爱"在中国伦理中难以诠释和运作一样，"仁爱"在西方伦理中也难以获得现实性。"博爱"和"仁爱"的冲突，是中西方伦理精神的冲突。于是，文化冲突中的价值引进就必须以对文化生态、价值生态的理解为前提，因为在冲突的初期，价值引进只能是价值生态的引进，只有当人们理解了该价值因子运作的生态，并通过创造性的转化实现与本民族的价值生态的融合后，引进后的价值因子才能够获得"真实的"现实性与"真实的"合理性。

引进的价值因子的"真实的"合理性的获得必须具备一个条件，就是与该民族既有的价值因子相整合，成为该民族价值生态的有机构成，最后形成新的有机的价值生态，这就是价值融合的过程。

（四）　现代中国伦理发展的问题是"伦理生态"的问题

如何诠释 70 年代以后中国社会的伦理问题，如何寻找解决这些伦理

---

① 我认为，在相当多的情况下，被当作"时代精神"的文化实质上只是在经济、社会以及文化上处于强势地位的民族的文化精神。

② 参见樊浩《文化理念与文化难题的突破》，载《复旦大学学报》1996 年第 3 期。

问题的对策，是现代中国伦理学研究的重大课题。"伦理生态"的理念，可以为这一难题的解释和解决提供新的视角。

[a. "生态失衡"] 现代中国社会的伦理处于特殊的历史发展时期，人们每每以社会失序、行为失范、价值失衡概括面临的伦理困境和伦理危机，并努力从 70 年代以来的中国经济社会变革中作出理论上的诠释。这种方法当然符合历史唯物主义，但我认为仅仅停留于此是不够的，因为变革时期伦理发展的复杂局面，与经济社会变革之间决不可能只是简单的一一对应的关系，必须对历史唯物主义的方法进行创造性的运用。如果把现代中国的伦理状况放到经济—社会—文化的立体坐标中进行生态的把握，我认为现代中国伦理问题的根源，在于伦理生态的失衡。

经济转轨、社会转型、文化冲突，是 70 年代以来中国在经济、社会、文化领域中发生的深刻变革，是中国伦理发展面临的基本背景。从这三个基本事实出发对现代中国的伦理状况作出解释，当然是一种正确的方法，需要作出的突破在于：第一，必须首先把伦理与社会存在的这三大领域当作一个有机联系的生态，并考察它们之间的关联。人们之所以在社会存在的这三大领域中寻找伦理发展的根源，是因为伦理与它们本来就是有机地关联在一起的，或者说在现实中，它们本来就是一体的，只是为了说明和解释的方便，才作为理论的抽象，把伦理从这些关系中抽取出来。理论探讨的目的，不是为获得主体需要的某个结论，也不是为了验证某种方法，而是为了求得关于伦理问题真理。真理最深刻的根据存在于现实之中，存在于主观与客观的一致性之中，而不是存在于某种先验的方法之中，方法的真理性必须透过主体的创造性运用。因此，必须在伦理与经济、社会、文化的具体复归的过程中，即在伦理—经济、伦理—社会、伦理—文化的有机生态关系中，才能对现代中国的伦理问题作出准确的解释和把握。第二，严格地说，对于伦理—经济、伦理—社会、伦理—文化关系的分别考察，同样只是一种抽象，因为在广义的和现实的社会发展中，不仅这三对关系分别处于某种生态中，而且所有这些方面都处于一个有机的生态之中，它们彼此相互依存，辩证互动。因此，只有在伦理—经济—社会—文化的生态关系中，才能对伦理发展与经济转轨、社会转型、文化冲突之间的关系作出令人信服的诠释。诚然，在这个生态中，有的因子，如经济，是最重要、最根本的因子，伦理—经济关系是最基本、最深刻的关系，但最终造就目前中国的伦理现状的，却是这一生态整体运作的结果。因此，必须从"生态"的视角，在"生态"的意义上，观照伦理发展与 70 年代以来中国的社会变革之间的关系。生态的方法，既坚持"决定论"的历史观，更坚持内在联系和自我发展的辩证法，凸显二者的有机结合。

现代中国伦理最深刻的震荡来自伦理—经济生态的失衡。严格意义上的传统伦理（即 20 世纪以前的中国伦理）赖以建立和维系的最重要的基础有二：一是自给自足的自然经济；二是家国一体的社会结构。传统伦理可以说是自然经济的价值原理，而自然经济从文化形态上可以说就是伦理经济。自然经济的运行以家族伦理关系的存在为前提，家族伦理关系对于经济运行具有前提性的意义。在这种生产方式下，人们不仅在经济上自给自足，而且在情感上、在伦理上自给自足。自给自足的经济形态、自给自足的伦理实体、自给自足的伦理精神形态，相互耦合，形成有机的伦理—经济生态。传统伦理的基本有效性和合理性就存在于这种生态之中。建国以来，经济形态和伦理精神形态都发生了深刻的变化，然而，如果从文化意义而不是从政治意义上考察，伦理—经济关系仍在文化原理的延续中具有基本的生态特性。建国以后，我国实行计划经济体制，这种经济模式从文化原理上考察，实际上仍然具有传统的自然经济中的伦理经济的特质。伦理经济的根本特点是以关系、尤其以伦理关系为本位，伦理关系的存在是建立经济关系的前提。计划经济实行条块所属模式，隶属关系的存在是在"计划"中获得资源的首要前提，是资源配置的基本原则，它与传统经济中先认定血缘关系，再确认经济行为的原则的原理有着一脉相承的联系。在这个意义上，计划经济实际上是一种放大了的、或者具有新的政治社会内涵和新的文化形式的伦理经济。① 这种经济所要求的，必然是伦理与道德的至上性，它不仅要求主管部门的干部具有家长式的伦理情怀、圣王式的道德修养，而且要求这个经济系统中的个体也要遵循伦理的与道德的准则，否则经济体制、经济活动就难以正常和健康地维系下去。计划经济时代的伦理和经济同样处于一种生态关系之中。这种生态关系不仅与传统的伦理—经济生态具有深层原理上的延续性，而且也正是这种生态的存在，支持和推动了这个时代经济和伦理的发展。

伦理的基本的合理性和有效性同样存在于伦理—经济生态之中。市场经济是迄今为止对中国传统经济形式最为深刻的冲击，它从根本上动摇了

---

① 关于计划经济与伦理经济的关系，将在第三篇中详论。

伦理经济的价值原则和价值原理。市场经济的根本原理，是通过市场这个被亚当·斯密称之为"看不见的手"的机制来进行资源配置，个体本位、市场竞争、等价交换等"纯经济"的原则，极大地冲击了在伦理经济的基础上形成和运作的伦理法则。在伦理的意义上，市场经济的变革不只是作为伦理的基础的变革，而且也是伦理—经济生态的变革。作为生态的最根本因子的经济形式的根本变化，必然导致和要求与之匹配的伦理精神的变革。然而，由于这一变革的深刻性，新的经济体制还处于探索和形成之中，由于在伦理—经济关系中伦理天生的滞后性，新的伦理精神一时还难以确立。于是，伦理与经济在一定时期还处于非生态的状态之中，其表现不只是价值失衡和行为失序，更重要的还表现为经济生活、经济发展缺乏伦理的规范和支持，从而缺乏健全发展的导向力和持续发展的后劲。"伦理—经济生态"的视角，凸显的不只是经济转轨所提出的伦理变革的要求，也不只是转轨时期伦理生活中出现的过渡时期的诸多特征，而且还有伦理对经济的规范与支持功能。或者说，不只是经济对伦理的决定作用，而且凸显出伦理对经济发展的巨大意义，一句话，是二者之间的依存互动关系。因此，伦理—经济生态视野下的伦理问题，不只是伦理的问题，而是伦理—经济生态的问题。

自文明诞生起，中国传统社会结构的基本特征和基本原理就是家国一体，由家及国，中国传统伦理尤其是儒家伦理的生命力，在于成功地解决了家国一体社会结构下中国伦理的基本问题，形成"大学之道"中所揭示的身、家、国、天下四位一体，递次贯通的目的性的德性伦理精神，伦理政治的文化原理、人情主义的伦理精神形态与家国一体的社会结构，形成浑然一体的伦理—社会生态。传统伦理的有效性与合理性，传统社会的超稳定特性，就存在于伦理—社会生态之中。近代以来，中国传统的伦理制度、伦理道德传统一直处于激烈的冲击之下，但一直未被彻底破除，人们一直试图建立起新的伦理秩序，但像传统社会那样稳定的伦理秩序一直又难以建立。在鸦片战争以来的三次大的社会转型中，由于近现代转型的不充分，中国人不断地批判自己的传统，给人的感觉似乎近代转型与现代转型的起点都是明清以前的传统社会。20 世纪 70 年代以来，中国的社会结构及其文化原理发生了许多重大变化，其中对于伦理精神产生深刻影响的起码有两个方面：一是市场经济滋生的个人本位的价值观念；二是独生子女政策导致的核心型家庭的出现，以及家庭在个体道德社会化过程中范型功能的退隐。由此产生的更为深层的问题是伦理—社会生态的紊乱。一方面，现代化的社会结构还未定型；另一方面，人们难以找到建立新的伦理秩序的价值原理，于是，和谐匹配的伦理—社会生态总是难以建构。经过对传统的多次激烈批判和冲击，传统的建构伦理秩序的原理已经生疏，或者难以运作；60 年代以前的军事共产主义的模式不适应新的社会结构与社会生活；"文革"的模式具有反人性的性质；剩下的就是引进西方的伦理原理与伦理精神。然而，西方伦理本质上是西方特殊的伦理—社会生态的产物，经济全球化和文化融合的趋势并不能从根本上改变社会结构的民族特性。在特定的法律体系和宗教传统支撑下形成的与个人本位的社会结构相匹配的伦理精神，总是难以与以家国一体传统为背景的社会结构形成有机的生态。于是，不仅伦理失去了对社会的调节力与提升社会生活品质的功能，而且由于社会的不定型，伦理也很容易的丧失自身，在文化体系中将伦理的文化功能退隐于法律与宗教之中。可见，社会转型中的伦理问题，同样是伦理—社会生态的问题。

伦理生态的失衡，最直接的表现就是伦理—文化生态的失衡。当伦理—经济生态的失衡、伦理—社会生态的失衡，与伦理—文化生态的失衡交织在一起时，伦理发展的情势就显得更加严峻。伦理—文化生态失衡的直接根源是文化冲突。文化冲突包括古—今文化冲突和中—西文化冲突。严格说来，近代以来，中国就不断地处于文化冲突之中。由于 20 世纪 70年代以后中国经济社会的深刻变化，也由于中国社会开放度的加大，现代文化冲突表现出不同于以前的广度和深度。文化冲突导致伦理—文化生态的失衡。在广义上，文化与伦理具有包容关系，伦理构成文化价值体系的核心。然而，任何伦理精神都有一定的文化要素构成，任何伦理生活也都在深层上体现一定的文化原理，伦理在相当程度上体现文化的特色，也只能在一定的文化环境中运作，因此，伦理与文化之间事实上存在一种生态关系。现代伦理的困境在相当程度上导源于伦理—文化生态的失调。文化冲突使人们在经济转轨与社会转型时期失去了文化上自我控制和自我调适的能力，造成文化原理与价值观上的混乱。面对中西方巨大的经济与社会发展的反差，人们尤其是年轻人很容易失去自持的能力，表现出激烈的反传统倾向。而对西方文化的引进，又难以获得预想的效果。一方面，人们一时还很难全面地理解西方文化，在开放之初，难免泥沙混杂，引进西方的一些腐朽的价值观念；另一方面，由于文化规律特别是文化引进规律的作用，引进的西方文化的个别的精神要素也很难与中国文化相耦合，很难整合到中国文化的有机体系中，形成新的伦理—文化生态，极易形成文化上的变态，西方个人主义在中国向利己主义的蜕变就是证明。最明显的事实是，西方伦理的许多价值观念，如理性主义、功利主义等，只有当与西方文化的体系相整合时，才具有有效的文化功能和合理的价值意义，它们只是西方文化生态中的一个因子，离开了这个生态，就会丧失其原有的合理性，就像黑格尔所说的离开了人体的手就不再是手的道理一样。还有一些重要的文化观念和文化概念，本质上体现的是西方后现代社会的要求，是后现代主义文化的产物，如非理性主义、反科学主义等，把它们简单嫁接到中国文化的机体中，不仅不适应中国社会现代化的要求，而且也难以具有成活的生命力，其结果只能是产生伦理变态、文化变态。

[b. "副作用"] 如何诠释和理解由经济转轨、社会转型、文化冲突产生的伦理困境？学术界有"滑坡论"与"爬坡论"之争，亦有"代价论"之说，这些解释往往都难以摆脱某种理论的或现实的悖论，最多只能在一定程度上缓解心理上的某种忧患而聊以自慰。如果从"伦理生态"的视角透视，就会发现一种新的解释：副作用。

什么是"副作用"？德国伦理学家彼得·科斯洛夫斯基认为，"副作用就是行为人在行为前视其为目的的主作用以外的可以容忍的作用。"①科斯洛夫斯基在经济与伦理的关系中论述"副作用"的问题，认为任何经济体制和经济行为，都有一定的"副作用"，伦理的功能和价值，就是最大限度地扬弃克服"副作用"的发挥。从以上定义中可以发现，"副作用"具有以下几个方面的特性。第一，"副作用"是与"主作用"共生共存的，是实现"主作用"所必须付出的代价，在这个意义上可以说，没有"副作用"，就没有"主作用"；不能接受"副作用"，就不能获得"主作用"。这是对"副作用"的质的规定。第二，"副作用"是"可以忍受"的作用，这是对"副作用"的量的规定性。只有当限制在"可以忍受"的范围内时，"副作用"才成其为副作用，一旦不可忍受，就成为"主作用"，从而就改变了性质。第三，"副作用"包含于行为的目的性之中，是可以预料的作用。

"副作用"的视角，不仅把行为主体、行为过程本身当作一个有机

---

① 彼得·科斯洛夫斯基：《伦理经济学原理》，中国社会科学出版社 1997 年版，第 6 页。

体，更把行为的作用对象作为有机体，作为有机的生态。以"副作用"的观点观照改革开放以来中国的伦理状况与道德生活，一定程度上的道德困境既不是"代价"，也不能简单地说成是"滑坡"或"爬坡"，而是经济转轨、社会转型、文化冲突所必然产生的也是能够"忍受"的副作用。这种诠释的意义在于：首先，它是必然产生的。改革好比治病，从病理学上说，任何疾病，都是生理上的不平衡所致，而吃药治病，就是重建生理平衡。然而，严格说来，任何药物都有副作用。改革也是如此，没有副作用的改革只是一种理想。其次，它只能是副作用。对治病来说，药物的副作用必须严格限制在极小的、对机体健康不致造成很大影响的范围内，同时必须服从于治病的需要，并且是主体所能忍受的。如果改革的副作用对社会生态造成太大太多的消极影响，如果这种副作用超出社会能够忍受和接受的范围，就必须对改革本身进行反思和完善。最后，更重要的是，承认副作用，并不意味着放任副作用，恰恰是要通过努力，抑制副作用所产生的消极效果的发生。科斯洛夫斯基指出，副作用给人们提出了两项任务：一是从伦理学和经济学的角度分析行为人所产生的副作用的原因；二是从伦理学和经济学的角度预测和评价因决策所产生的副作用。①

（五）"伦理生态"的辩证结构

作为有机性的存在，"伦理生态"的辩证结构和内在生长过程是什么？这一课题的探讨可以从历史、现实和逻辑三个纬度展开。

在历史纬度上，罗尔斯、麦金太尔的论述已经提供了直接的思想资源。麦金太尔把伦理的合理性区分为理论合理性与实践合理性，并且在伦理精神的历史传统和文化情境中寻找和确证伦理的价值合理性；罗尔斯侧重于在现实的经济、社会、政治关系中确证作为伦理准则的"正义"的价值普遍性和价值合理性。伦理与文化、经济、社会的关系是他们探讨伦理的价值合理性的三个基本结构。如果对罗尔斯、麦金太尔的观点加以综合，得到的启发是：伦理的价值合理性，存在于伦理与经济、社会、文化的关系之中，"伦理生态"的基本结构，就是伦理—经济生态、伦理—社会生态、伦理—文化生态。

---

① 参见彼得·科斯洛夫斯基《伦理经济学原理》，第6页。

在现实的纬度上，中国伦理精神现代建构的历史背景和现实难题是：文化冲突、经济转轨、社会转型。面对巨大的变革，在空前开放和激烈冲突的文明体系中，现代中国伦理精神的价值合理性建构要解决的现实难题，就是合理的伦理生态或伦理精神的合理价值生态的建构。根据以上历史背景和现实难题，现代中国"伦理生态"建构的现实内涵就是：伦理—文化生态、伦理—经济生态、伦理—社会生态。

有待论证的是：在逻辑的或理论的纬度，"伦理生态"的结构是什么？如果确认它由伦理—经济生态、伦理—社会生态、伦理—文化生态构成，那么，有必要论证的是为什么"伦理生态"是由这三大生态构成的体系？这三大生态之间的内在联系是什么？

"伦理生态"的主体是一定民族在一定历史时期的伦理精神。作为价值的存在和人类智慧的体现，伦理精神直接的胚胎就是这个民族的文化及其传统。民族文化及其传统对于该民族的伦理精神来说具有血缘的意义，可以说民族的文化传统构成它的伦理精神的血缘。因此，伦理—文化生态是伦理生态生长的第一阶段。诚然，在广义上，伦理、伦理精神可以视为文化体系的有机因子，同时又是文化的创造物。但在不同的文化体系中，每个民族都有特殊的伦理理念，并赋予伦理以特殊的文化功能和文化使命，于是伦理在文化体系和文明发展中就具有不同的地位。伦理，从存在方式、结构功能到价值原理，都体现着文化设计的特殊原理。在世界文明体系中，事实上并不存在超越于具体的民族文化之上的伦理，伦理必定具有深刻的民族文化传统的规定性。文化传统造就和规定了伦理，伦理是文化及其传统的有机构成。任何民族的伦理精神，都有其自身的逻辑结构，这个逻辑结构正是由其特殊的文化及其传统赋予的，伦理精神的逻辑结构的具体表现形式就是也只能是伦理—文化生态。用黑格尔在《法哲学原理》中的术语表达，伦理—文化生态是"直接的"和"自然的"伦理生态。伦理—文化生态是伦理精神的价值合理性的自我确证。

不过，伦理—文化生态在本质上还只是伦理精神的潜在状态，是伦理精神的抽象的具体。伦理精神一旦从特定的文化体系中脱胎出来，一旦作为文化的生态因子在现实生活中运作，就会遇到伦理—经济的现实矛盾与现实冲突，形成自我对立、自我分裂。一定的物质生活条件和经济关系，扬弃了伦理—文化生态中形成的伦理精神的预定性和抽象性，要求伦理精神必须与一定的物质生活条件和经济关系相适应，成为调节利益关系的价值因子，成为推动经济发展的有意义的结构。虽然伦理从诞生起就披戴着文化的铠甲，但归根结底必须由物质生活条件决定，根据经济发展的要求不断地调适和改变自己，否则，伦理就失去存在的现实性，沦为抽象的理念。只有在一定的经济发展水平和经济关系中，伦理精神才成为真实的存在，也只有在伦理—经济的生态互动中，伦理精神才能在自我否定中确证和建构自己的价值合理性。于是，伦理生态生长的第二阶段和现实形式就是伦理—经济生态。伦理—经济生态是伦理精神的价值合理性的自我否定。

在经济生活和经济关系中，文化体系中形成的伦理精神丧失了直接的和自然的统一，进行了分化，伦理精神丧失了自我统一性，必须在与社会的有机关联和健康互动中重新确证自己的现实性和合理性。伦理与经济的对立，在伦理与社会的关系中被扬弃。经济生活是社会生活的基础，经济活动是社会性的活动。在现实的社会生活中，人们一方面不断创造新的生产力，推动经济发展，提出伦理变革和伦理精神发展的要求，另一方面不断能动地调整自己的伦理观念和伦理生活原理，创造推动经济发展和文明全面进步的新的伦理原理和伦理精神，从而造就既合理地体现民族文化精神，又赋予经济发展以价值动力的伦理理念。于是，伦理—社会生态，就是伦理生态生长的第三阶段。在伦理—社会生态中，伦理—文化生态与伦理—经济生态达到了具体的历史的统一，即抽象与具体的统一。在这个意义上，伦理—社会生态是伦理生态发展的辩证综合和自我复归。

在伦理生态的自我生长中，如果说伦理—文化生态是伦理生态的潜在，伦理—经济生态是伦理生态的自在，那么，伦理—社会生态就是伦理生态的自为。在伦理—社会生态中，伦理、伦理精神不但获得了主体性，而且也获得了历史性和现实性。正像米尔恩所指出的那样，"社会共同体应该建立和维持一种内外部条件，使所有共同体成员能够基于那些确定他的成员身份的条件，尽可能好地生活，这是社会共同体的利益所在，也是伙伴关系原则所要求的。"[1] 在追求合理的社会生活的过程中，通过伦理—社会的价值互动，伦理—文化生态获得了现实性，伦理—经济生态中的对立被扬弃，伦理精神实现了自己真实的价值合理性。伦理—社会生态，

---

[1]   A. J. M. 米尔恩：《人的权利与人的多样性》，中国大百科全书出版社 1996 年版，第 47 页。

就是伦理生态的复归形态或现实形态。

伦理精神合理性建构的标准是什么？显然，伦理精神的建构是一个不断调适的过程，因为"第二性"的本质决定了它永远不能一劳永逸地完成自己的建构，建构的完成，就存在于不断建构的过程之中，终极的建构是不存在的。即使在同一个社会形态中，伦理精神也表现为不断更新的历史过程，中国封建伦理从"五伦四德"到"三纲五常"，再到"天理人欲"的几次大的历史转换，就是证明。面对日新月异的现代社会，伦理精神更不可轻言完成建构。但是，伦理发展是过程性和阶段性的统一。伦理发展的每一个阶段，都有自己特殊的历史任务，当完成了这些任务时，一般就可以说基本完成了这一特定时期的历史建构。不过，即便是如此，伦理建构决不是伦理理论、伦理体系自身的完成，至少不只是如此，甚至也不只是伦理精神的逻辑生态的建构。确切地说，建构决不是伦理精神的自我建构，虽然伦理变革，伦理建构的内部原因是伦理发展的内在要求，然而，伦理变革和伦理建构的更深刻的根源是与经济社会发展要求的"不适应"，因而"建构"的标准只能存在于"适应"之中。人类文明进展中建构的伦理体系和伦理精神是多样的，"建构"的根据就是它们所对应的社会存在。新教伦理之所以被称之为一种建构，就是因为经过宗教改革以后由天主教伦理向新教伦理的转换所确立的新的伦理精神，与现代资本主义经济社会的发展形成了新的"适应"，形成了"新教资本主义"的伦理生态，并成功地推动了资本主义经济社会的发展。儒教伦理在近现代的日本社会发展中之所以被称之为一种建构，就是因为它成功地与日本的经济社会发展相匹合，从而形成"儒家资本主义"的伦理—经济、伦理—社会、伦理—文化生态。[①] 伦理的功能，伦理对于经济社会发展的作用及其性质，都存在于伦理的历史生态之中。作为第二性的存在，伦理只有当与经济、社会、文化相结合，并形成有机、合理的生态时，才能成为现实的力量，也才可以说是基本完成了在特定时期的历史建构。

①　有学者认为，构成日本人伦理精神主体的不是儒家伦理，更不是儒教伦理。这里先对这方面的学术分歧存而不论，只是指出一个事实，日本人的伦理精神与日本的经济、社会和文化形成了一个有机的生态。这种伦理生态既是日本伦理精神的历史形态，也是日本的经济社会发展的重要人文原因。

第二篇

伦理精神的文化生态

伦理精神的文化生态，是在文化意义上、在伦理与文化的关系中理解和把握的伦理精神生态。"文化生态"的底蕴，是把伦理首先作为一种文化生态的存在。

四 伦理—文化生态的价值结构

（一）文化生态中的伦理精神

在文化设计与文明体系中，伦理处于什么地位？伦理的文化本性与文化原理如何？这似乎是在常识中早已被认知但事实上却没有理性把握的问题。伦理的文化本性与文化定位，不仅是伦理精神的理论合理性的前提，也是实践合理性的基础。

文化的真谛是什么？文化创造的是一个意义的世界。人从动物进化而来，这就注定了人具有动物性的本性。但是，人的生活与动物的生存有着本质区别。人一方面必须满足自己的本能，另一方面又必须超越自己的本能，在此过程中显示人的尊严与价值。如何在社会生活与个体生命中安顿自己，是人必须解决的基本课题。于是，人在世俗的世界之外，又创造出一个意义的世界，以此达到生物性本能的超越，并在此过程中赋予生活与生命以普遍的和永恒的价值，从而建立安身立命的基地。文化就是人类在长期的进化发展中独特的创造物，是人的意义和智慧的结晶。从这样一个角度上说，文化就是"人化"。文化是"人"的自我造就、自我提升、自我追求。

文化精神的体系是什么？我在拙著《文化撞击与文化战略》中指出，依据"人"的特性与"人化"的过程，文化精神的体系可以被理解为六个要素三个结构：人性论、自我论；价值论、性格论；实体论、模式论。人性论、自我论，是"人"的潜在状态。"人性论"是"人"在自然界、尤其是动物世界中确立自己的"类"本性，是"人"的"类"本性的确立；"自我论"是"人"在"类"中确立自己作为"这一个"的本性，是"人"的个体性的确立。价值论、性格论是"人"的自在状态，是

"人"对自己的精神世界的建构。"价值论"确立"人"的价值世界，是内在自我的建构；"性格论"确立"人"的性格特征，是精神世界的表现与表达。实体论、模式论是"人"的自为状态。在第二阶段，即自我论与性格论时期，"人"还只是一个抽象意义上的存在物。抽象必须复归于具体，"人"必须"还原"到一定的社会关系即社会实体中，才能成为一个具体的也才能成为一个真正意义上的"人"。作为文化的创造物，"人"当然具有文化的本性，是一定文化模式中的"人"。在这里，"实体"是社会关系的实体，"文化"是民族文化的模式。由此，文化所创造的"人"，就这样具体地历史地诞生了。这六个要素三个结构，形成在"人化"意义上理解的相对完整的文化体系与文化生态。①

在这样的"人化"过程与"文化"生态中，伦理处于什么地位？伦理的功能是什么？很显然，伦理贯穿全部"人化"过程。"人性"以道德性为统摄；"自我"以道德自我为主体；"价值"以伦理价值为核心；"性格"以伦理性格为深层结构；"实体"以伦理实体为基础；而"模式"则首先是伦理的文化模式。在这个意义上可以说，"人化"过程，同时也是伦理化的过程，是通过伦理化对人的自然本性和世俗生活进行引导、提升的过程，也是人的社会生活秩序和个体生命秩序建构的过程。如果说，现实的物质生活及其矛盾构成文化生态的基础，那么，伦理就构成了文化生态的灵魂。不仅如此，它还是文化生态的核心，因为价值体系是文化体系的核心，而价值体系的核心，又是伦理的价值。于是，文化生态与伦理生态的关系就是：伦理是文化的生态因子，伦理生态是文化生态的一部分，伦理精神的价值合理性，变革方面是一定文化生态中的合理性，是伦理—文化生态的合理性。

一般说来，在文化生态中，伦理或者说伦理的子生态是最深层也是最重要的因素。价值系统是文化系统的核心，在真、善、美的价值系统中，在个体真、善、美的价值取向中，善的判断与取向在相当程度上影响人们对真与美的把握。这种状况决不能简单归之于主观任意，而是人的主体性、人对价值追求的必然。文化的变革，最后必然要求伦理的变革。反过来说，只有伦理精神发生了重大变革，才是深刻意义上的文化变革。每一次的伦理变革，不仅意味着对人性的新认同，对价值的新追求，更意味着

---

① 参见樊浩《文化撞击与文化战略》，河北人民出版社 1994 年版，第 7—8 页。

对"人"的新发现，对社会伦理的新建构。也许正因为如此，像康德这样的"纯粹理性"的哲学家，虽然可以道破"真"的纯粹性，批判"美"的判断力，但对"头顶上的星空"和"内心的道德律"却充满"敬畏"。

中国文化的价值生态更为特殊。中国文化是一种伦理型文化，在伦理型文化中，伦理不仅是文化体系的核心，更是文化的特性，甚至是文化本身。于是，文化的变革与伦理的变革在相当程度上便融为一体。伦理转换的任务不完成，文化转型的任务就不可能完成，伦理精神的价值合理性的建构，在一定意义上也就是文化精神的价值合理性的建构。所以，每一次社会变革，每一次"文化热"，都以对传统伦理、对"孔孟之道"的批判性反思为突破，这更反证了伦理转换对现代中国所具有的至关重要的意义。

从文化生态的历史构成方面考察，文化的生态要素大致有以下三个方面：

一是传统的文化生态因素。对现代生活发生影响的传统的文化生态及其要素，决不是僵死的过去，也不是过时的传统，而是文化生态中的活的因子。"文化传统"与"传统文化"的区分在于，后者在文化演进与历史发展中只是偶然的存在，而前者则贯穿文化过程，与民族发展相伴随，在历史的变迁中不仅被"传"下来，而且形成以一贯之的文化法统或文化道统，在相当程度上，它们积淀为民族的文化本能，具有民族生命的意义。无论人们认同或反对，它们都潜在着并发挥作用。

二是文化开放中引进的异质文化。由于文化引进规律的作用，异质文化的辐射力往往取决于经济社会发展水平上的势差，经济社会发展势差的大小，影响人们对异质文化的接纳与选择程度。但是，无论如何，人们总是首先从自己的文化本能出发，理解和消化异质文化。由于异质文化的辐射一开始总表现为文化要素的渗透，而不可能是文化生态的移植，于是，当人们从自己的文化本能理解、消化异质文化时，形成的新文化，就可能兼具本土文化与外来文化的两种文化特征，在文化本性上可能都不能准确体现本土文化和外来文化的本质。中国文化对西方文化的引进也具有这样的特点。由于中国文化源远流长，积淀深厚，对西方文化具有更强的"同化"功能，中西文化要素融合的结果，很可能形成"不中不西"的文化混合体。

　　三是由新的社会存在而形成的新的文化要素与文化精神。文化发展的过程，同时也是文化创造的过程，在社会发展的过程中，人们根据时代精神的变化，不断进行文化创造，形成新文化要素，造就新的文化精神。然而，作为对"社会存在"的反映，新的文化要素与文化精神也有必然与偶然、合理与不合理的区分，真正具有生命力的成为日后文化传统新因子的文化要素，需要经过价值选择与历史检验的过程。现代市场经济条件下形成的新的文化更是如此。

　　传统文化的因子——外来文化的因素——现实社会的文化创造，构成开放—冲突的文化体系中的混合的、也是具体的文化形态。这种文化形态具有某种过渡的性质，需要经过撞击——选择——融会的过程，才能最后铸成新的文化生态。这种过渡性质的文化形态给伦理的文化定位产生一定困难。伦理精神的价值合理性建构，必须在新文化生态中找到并确立自己的坐标，文化生态的游离，必然导致伦理坐标的漂浮。于是，在伦理建构中，主体的能动作用就显得尤为重要。这种能动作用突出体现为：对民族伦理传统的反思，对外来伦理精神的生态理解，对时代精神本质的捕捉，而理论上最重要的是在形上层面对伦理道德的文化原理与文化本性的把握。

（二）　伦理精神的文化要素与文化原理

　　从文化设计的意义上考察，作为文化生态的有机构成，伦理既是普遍的，又是具体的。在任何文化生态的设计中，总有一种以善的价值对人的行为进行导向的文化结构，也总有一种对社会生活秩序与个体生命秩序进行自我组织、自我调节的文化结构，这样的结构就是伦理。但是，在任何具体的文化即特定的民族的文化中，伦理总是具体的，不仅履行伦理功能的那个文化结构是具体的，而且伦理的本性、伦理的原理、伦理在文化生态中的地位、包括人们对伦理的理解都是不同的。某种文化，不管在它的文化生态中是否被称作"伦理"，只要它履行着伦理的文化功能，就是伦理。在这个意义上，只有具体的"中国伦理"、"希腊伦理"、"印度伦理"，没有一般意义上的超越于一切文化、一切民族之上的所谓"一般伦理"。人文科学与自然科学的真理性，具有不同的文化品质和存在方式，伦理与数学、物理等自然科学的真理性不同，它们在文化品质与存在方式上的重大差异在于：后者的真理性和存在方式是普遍的，不存在东西方的区别，没有所谓"中国数学"、"西方物理"。

伦理的具体性，由文化设计、文化生态的民族性所决定。在上述文化生态的六要素三结构中，"人"的潜在状态即人性论和自我论，直接由文化的本性所决定。从何种角度认同人性，是把动物性作为人性的基础，还是把伦理性作为人性的特征，如何处理动物性与伦理性的关系，根本上由文化体系中关于"人"的基本理念决定。对于个体性的认定也是如此。在文化的价值结构中，伦理是"善"的结构，但什么是善，什么是不善，善与真、善与美的关系如何，也是历史地由整个文化精神的品性决定。文化的价值结构，最能体现伦理的具体性。知、情、意体现个体与文化的精神品质。在文化性格的造就和表现中，不同学科承担着不同功能。哲学、科学体现"知"；政治、法律表现"意"；文学、艺术表达"情"。然而，文学、艺术只是涵育"情"、宣泄"情"，除此以外，还必须有对"情"加以规范和引导的文化力量，于是便有伦理与宗教的文化设计。从社会学的角度考察，伦理与宗教有相似的文化特性或文化功能。它们都是一种超越性的引导力量；在人的精神结构中的重要作用点之一都是"情"，都是透过人的"情"发挥作用，或者说，"情"是宗教与伦理的作用机制；更重要的是，它们都为人的行为提供规范，提供伦理价值的根据。由于功能上的相似，我们发现，对一个特定民族来说，在一个特定文化生态中，可以没有伦理，也可以没有宗教，但决不可能同时既没有伦理，也没有宗教，否则便会造成行为失范、价值失衡、情感失调、社会失序，因为它意味着社会失去规范性和引导性的文化力量。另一方面，我们也发现，在同一文化生态中，也不可能使伦理与宗教两种文化结构同样处于特别重要的地位，因为文化设计尤其是具有悠久历史的文化设计，在功能结构方面一定是优化的。作为独立的文化形式，宗教强大，伦理就不可能、也不必要同样强大，因为宗教与伦理具有相近的文化功能，宗教的教条事实上大多是伦理。反过来，如果没有强大的宗教，伦理就可能作为准宗教，履行着宗教的功能。中国传统文化是伦理型文化，因而没有发育出像西方社会那样强大的宗教；西方文化是以宗教为基础的"罪感文化"，同样没有发育出像中国传统社会那样强大的、以"耻感文化"为特征的伦理。在文化生态的设计中，构成生态有机体的具体的文化要素可以不同，文化的生态结构可以不同，但"人化"所必须的基本功能结构必须具备，特别是价值性的功能结构必须完备。这就注定了伦理作为文化结构的核心构成的必要性和具体性。

在中国文化生态中，伦理作为一种核心因子和基本结构，具体性如何表现？我认为，就表现在"伦理""道德"概念的内在文化原理与"伦—理—道—德"的文化运作过程中。在西方文化中，"伦理"原指社会的风俗习惯，"道德"原指个体的品质气质，以后才具有作为社会价值和个体规范的意义。在西方文化的设计中，对人的行为的调节，形而上的精神层面有宗教，形而下的行为层面有法律；前者进行价值引导，后者进行行为约束，伦理的文化功能在相当程度上被"越俎代庖"。于是，西方并没有形成像中国那样的伦理文化，更没有形成中国式的伦理型文化，就像中国没有形成西方式的法律文化、宗教文化一样，因为在中国，伦理在相当程度上履行着法律、宗教、伦理的三重文化功能。

"伦"是中国文化的特殊概念。"伦"的文化特性在于其结构性、秩序性和血缘性。按照《说文解字》的注释，"伦，辈也。"何为"辈"？"车以列分为辈"。《荀子·富国篇》"人伦并处"注云："伦，类也，其在人之法数，以类群居也。"①《小戴礼记·文王世子》"如其伦之丧"注云："伦谓亲疏之比也。"（郑玄注）②"察于人伦"注云："伦，序，……识人事之序。"（赵歧注）③《荀子·儒效篇》"人伦尽矣"注云："伦，等也，言人道差尽于礼也。"④"曰类、曰比、曰序、曰等，皆由辈之一义直接引申而得；人群类而相比，等而相序，其相待相倚之生活关系已可概见。"⑤ 作为对人的生活秩序和人与人之间相区别的设计，"伦"首先是一个血缘的概念，意指在血缘关系即族谱家谱中处于什么样的地位，属于哪一"辈"。但这只是纵向的血缘关系的理解。在横向的血缘关系中，"辈"同样代表了在这个关系网络中的地位。"辈"与"分"相连，形成所谓"辈分"。"辈"不同，即在人伦关系中所处的地位不同，"分"即权利义务也不同。于是便有所谓"伦分"、"分位"的概念，也有"安伦尽分"、"安分守己"的要求。所谓"安伦尽分"就是要在自己的分位上，恪尽伦

---

① 转引黄建中《比较伦理学》，山东人民出版社1998年版，第21页。
② 同上。
③ 同上。
④ 同上。
⑤ 同上书，第21—22页。

理本务，不可逾越伦理分位，也不可疏怠伦理义务。

"伦"的概念，根本上是伦理秩序的概念。中国式的"人伦"、"人伦关系"与一般意义上的"人际关系"不同，最大的区别就是结构性和自组织性。孟子就认为，伦理的产生，是因为"圣人"忧于秩序的紊乱和行为的堕落，于是"教人以伦"，其内容就是"父子有亲"，"君臣有义"。"伦"出自社会需要并内在于社会。在中国文化中，"伦"建立的原理是："人伦本于天伦而立。""人伦"即社会的伦理关系由"天伦"即家族血缘关系引申出来。"天伦"之所以被冠以"天"，是因为它出自人的血缘本能。当这种天然形成的先天的关系模式，被当作后天的社会关系范型的时候，便使之具有了社会关系的结构性和自组织性。"伦"的自组织性所形成的不是西方式的以社会公民组成的平面的"人际关系"，而是具有上下亲疏性质的先验的、立体的"人伦关系"。人伦关系的特点是先有一个基本的关系模式，即血缘关系模式，然后再把这种关系外"推"出去，"老吾老以及人之老，幼吾幼以及人之幼"，形成社会的伦理关系。自组织性、结构性、立体性，构成"伦"，从而也构成中国伦理的文化特性，赋予中国伦理以特殊的文化韵味。

"理"同样是很能体现中国伦理的文化设计原理的概念。《说文解字》曰："理，治玉也。"以"治玉"释"理"，含义深刻。首先，"治"的对象必须是"玉"。"朽木不可雕也"，并不是任何东西都可以雕琢的，伦理的对象必须也应当是"玉"。这种理念，先验地包含着对人性的预设，内蕴着中国伦理以性善论为基础的特征。在伦理生活中，人性本善是一种必不可少的文化预设，因为没有善的人性就没有伦理的可能，也没有道德的可能，当然也就没有"治"的可能。所以，中国伦理首先必须讨论人性问题。性善论在中国伦理发展史上是被论述得最充分的一个问题，它构成中国伦理的理论元点与逻辑起点。其次，"玉"要雕琢出来，必须经过"治"的功夫，而"治玉"必循其理。"玉"在从玉石中分离出来之前，只是"璞"，经过"治"的功夫，才成为"玉"。要把玉石造就成玉，必须遵循其内在的原理和内在的规律，故"治"的过程，也是探索其内在原理和内在规律的过程。所以，当"理"与"伦"结合，构成"伦理"的时候，就意味着是人伦的原理、为人的原理、人之所以为人的原理。它建立在对人性的肯定基础之上，同时又是对人性的造就与提升。"伦理"是"伦"之"理"，而"伦"具有先验性，故"伦理"又是"天理"。由

"伦"到"理"的过程,是一个抽象,它从客观具体的人伦关系中抽象出主观普遍的"人伦之理",从而形成从特殊到一般,从具体到抽象的提升。如果说,"伦"是客观伦理,"理"是主观伦理,那么,"伦理"便是客观伦理与主观伦理的统一。

由具体上升为抽象,并没有完成伦理精神的全过程,抽象还必须复归于具体。客观形态的人伦关系固然只是伦理的潜在状态,是人伦的呈现,但主观形态的人伦之理也只是对内在的人伦之理的揭示或建构,伦理的特点在于社会的成员主观能动地维系或调节这种关系。于是,抽象向具体的回归,第一步就是"理"向"道"的转换。"理"与"道",表面上合一,所谓"道理"。实际上在实践的层面二者存在原则区分。"道"比"理"更具体,更富有落实性。"理"是内在的一般的原理和原则,"道"则是体现这种"理"的特殊的道路和途径。"理"只解决必然和应然的问题,而"道"则是使这种必然和应然落到实处。因此,"理"是人伦的抽象,"道"是德性的起点。如果说,"理"的内容是人伦原理和人伦原则,那么"道"的内容便是人德规范和行为法则。"理"和"道"的转换,就是社会伦理向个体道德的转换。

在中国文化中,"道"的含义比较丰富,既有具体的道路、途径的"道",又有在此基础之上抽象而形成的作为"Logs"的"道"。所谓"道可道,非常道","道"既具体又抽象。但无论如何,作为"道德"的"道",是人之为人之"道",因而是道德规范的总和。"理"向"道"的转换,就是人伦原理向行为规范的转换,也是社会伦理向个体道德的转换。通过这个转换,人们不但知道和把握人伦之理,而且知道如何实践和体现这个"理",所以,"理"向"道"的转换,是伦理道德的文化设计中抽象向具体复归的第一步。由于"理"是"伦"的抽象,"道"是"理"的外化,而"伦"有"人伦"与"天伦"之分,"理"有"人理"与"天理"之殊,故"道"自然也就有"人道"与"天道"之别。然而,殊异并不是"理"与"道"的关系的真理,其真理在于"天"与"人"之间的不可分离的内在联系。在理论上,"人伦"本于"天伦",故"人理"本于"天理","人道"本于"天道";在现实中,"人伦"是"天伦"的前提,"天理"是"人理"的凝结,"天道"是"人道"的外化。在中国伦理的体系中,"人"与"天"不仅构成概念体系的两极,而且正是通过"伦"、"理"、"道"、"德"这四个环节,才达到"天"与

"人"的合一，最后形成"天人合一"的德性伦理精神体系。

但是，"理"转换为"道"，还不能算是伦理最后的落实，伦理的要求、伦理的秩序，最终要透过个体的努力发挥作用。于是，作为伦理规范和伦理原则的"道"，最后还有待于落实为个体的"德"。何为"德"？"道"和"德"的关系如何？"德者，得也。"从伦理道德的内在原理与"德"的基本文化意义来说，"德"的基本内涵就是"内得于己，外施于人"。作为行为规范的"道"只有被个体认同，内化为个体的德性，才具有现实性。如果说，"道"具有普遍性，"德"便具有个别性；"道"是高高在上、供个体效法的行为准则和行为规范，"德"则是"道"在个体身上的凝结和体现。"道"和"德"的关系套用柏拉图的话说是"分享"的关系。个体分享，获得了"道"，便凝结为内在的德性，并外化为具体的道德行为。"德"是行为的"道"，通过个体的行为，"道"被外化，获得了现实性。用佛教哲学的术语表达，"道"与"德"的这种普遍与特殊、一般与个别、内在与外在的关系，就是所谓的"月映万川"，"一月映一切水月，一切水月一月摄"。"道"是统一的因而也是惟一的，而"德"却是个别的、分殊的。"德"的多样性，是"道"的惟一性的体现；"德"的分殊性，是"道"的统一性的体现。在这种统一性与多样性、惟一性与分殊性的矛盾与统一中，"道"才得到外化，也才得到落实。朱熹将"道"与"德"的关系表述为"理一分殊"。然而，"道"如何向"德"落实？个体如何认同社会的"道"并凝结为自己的"德"？这就与文化的理念、文化的品性有直接联系。在相当程度上，文化的性格决定由"道"向"德"的落实方式，即个体认同"道"的方式。必须提醒的是，完成了"道"向"德"的转换，还不能说伦理精神自我运动的全过程已经结束。因为"德"是行为的理性，必须见诸个体行为，并依此建构或调节社会的伦理关系与伦理秩序，才能最终完成自己的使命，也才能履行自己的文化功能。在这个意义上，"德"是内在与外在、道德理性与道德行为转换的枢纽，是德性与行为、实践与理性的统一体。

至此，可以对"伦理道德"的概念以及"伦理"与"道德"之间的关系进行贯通的把握。如果说，伦理是"人理"，那么，"道德"就是"得道"；如果说，"伦"即客观的人伦关系是客观伦理，那么"理"与

"道"，即抽象的人伦之理与普遍的人生之道就可称之为主观伦理，[①] 而个体之"德"便是现实伦理。客观伦理——主观伦理——现实伦理，形成社会伦理向个体道德转换，并最后复归于社会伦理的具体——抽象——具体的辩证发展环节。"伦理道德"就是这样"一步一步向社会生活落实，形成一个由社会的人伦关系出发，最后又回归到社会生活的辩证结构。"[②]

（三）伦理精神的文化意义与文化功能

综上所述，伦—理—道—德，即：人伦—人理—人道—人德，构成伦理道德运作的内在文化原理与文化过程，也可以说，它们是社会伦理与个体道德、社会生活秩序与个体生命秩序建构的文化过程。由此，伦理精神的价值合理性建构，在逻辑上被分解为三个过程。

（1）社会的人伦关系与人伦结构认知与把握的过程。这一过程的核心是通过对现实的社会关系、伦理生活以及伦理传统的把握，寻找社会的基本伦理关系，建立伦理坐标，形成伦理范型。

（2）形而上的人伦原理与行为的规范体系形成的过程。这一过程的关键在于确立合理的处理和调节各种人伦关系的原理。在中国历史上，这种人伦原理从孔孟的相对伦理到董仲舒的绝对伦理再到程、朱的专制伦理，经过了一个演变过程。[③] 在社会人伦之理形成的基础上，再确立个体行为的规范体系。如果说，"人德"是规范体系，那么，"人理"就应当是价值体系，规范应当在价值的引导下建立并得到落实。"理"与"道"之间的关联和转换，构成这一过程的核心。

（3）个体德性建立的过程。这一过程包括两个环节，一是内在道德自我的建立；二是内在德性向外在行为的转化。由此，个体德性又向社会伦理复归。

根据对伦理精神的内在原理与运行过程的这种揭示和把握，"伦理道

---

① 在伦理精神的生长和"伦理道德"的概念运动中，我把"理"与"道"都作为一种主观形态的伦理，处于伦理精神抽象发展的阶段。把"伦"作为客观伦理，把"德"作为现实伦理。

② 见樊浩《中国伦理精神的历史建构》，江苏人民出版社1992年版，第26页。

③ 关于中国传统伦理精神由相对伦理到绝对伦理，再到专制伦理演变的历史过程，详见樊浩著《中国伦理精神的现代建构》之第一篇，江苏人民出版社1997年版。

德"就不只是一种行为规范，也不只是一种规范体系或价值体系，而是具有完整有机结构的文化生态。这种文化生态，由人伦原理、人德规范、人生智慧、人文力等四个因子构成。

"人伦原理"是伦理精神的基本构成。构成这一本性的文化要素一是"人伦"，二是"原理"。"伦"之本义为人与人之间的关系，尤其是人群之关系。黄建中先生把"伦"所涵盖的"人群之关系"区分为三方面：（1）"集合关系之义"，即传统伦理中的所谓家、国、天下；（2）"对偶关系之义"，即父子、兄弟、夫妇、朋友等；（3）联属关系之义，即所谓集体与集体之间如邦与邦、国与国之间的关系。"集合联属即相倚之关系，对偶即相待之关系。故曰：伦谓人群相待相倚之生活关系也。"①"伦"所表现的关系是否只有以上三种有待进一步研究，但它以"关系"尤其以"人群之关系"为基本特质则是确定的。作为伦理的基础，"人伦"的要求，首先必须认同社会的基本伦理关系，然后建立人伦关系的坐标，形成人伦关系的范型；其次必须赋予"人伦"以自我结构性和内在机制的伦理性。人们也许怀疑现代社会中人伦坐标建立的可能性、必要性和合理性，但是，伦理如果不能找到基本的人伦关系，不能找到作为伦理基础的"伦"，"理"也只能是空中楼阁。基本伦理关系的寻找与人伦坐标的确立，无论如何是伦理的前提。在中国伦理中，"人伦"之"伦"的基础是"天伦"，"人伦"不仅在一般意义上包括自然形成的伦理关系即家族血缘关系，而且这种自然形成的伦理关系往往是整个人伦的基础。"人伦"的概念，突出的是伦理关系的自然基础，特别是家族血缘的基础。现代社会虽然是公民社会，不是原有意义上的家族社会，但伦理如果丧失家族血缘的基础，便难以找到深厚的源泉。"原理"的真谛是互动性与价值性。"原理"不能简单等同于"道理"，"道理"只是道德行为、道德自我建构的理性，而"原理"则是人伦关系建构的理性，是人与人之间的伦理互动。"原理"突出互动的机制，并借此建立一定的伦理秩序。"人伦原理"是在价值的引导下，社会生活秩序的自我组织、自我建构的原理。它不仅是为人的道理，而且是人与人相处的原理。

"人德规范"是体现德性的根本要求、对人的行为进行价值引导、价值提升的规范体系。伦理道德对人的行为的规范功能不可否认，也难以否

---

① 黄建中：《比较伦理学》，第 24 页。

认，"伦理谓人群生活关系中规定行为之道德法则"。① 然而关键在于如何理解这种功能，在于如何建立规范体系。"人德规范"的本质是什么？它不像人们熟知的那样，是对人的行为的消极约束，而是对人的行为的积极引导，是对人性、对人的德性的积极造就。日本伦理学家小仓志祥认为，伦理"与其说它是'存在'的法则，莫如说它是'应当'的法则。"② 道德规范的真谛，不是与人性相悖，相反，是对人性加以肯定和提升，由此把人造就成德性的主体。道德规范的约束，本质上是对动物性的扬弃，是对人性尊严的肯定。规范约束的过程，是主体性发挥和生长的过程。伦理规范与法律规范的根本区别，在于它是主体的自我约束，虽然伦理约束有他律与自律之分，但他律最终要通过自律起作用，因而主体性才是伦理规范约束的本质。规范约束的过程，是主体对规范的认同和内化的过程；规范约束的结果，是主体的自我超越与自我提升。所以，伦理规范的约束，不是对个体性、对人性的消极否定，而是积极肯定。规范约束的过程，是扬弃动物性，扬弃个体性，达到普遍性，最后与"道"合一的过程。规范体系是文化的派生物，是文化理念与文化精神的凝结。实践性、明晰性、价值性、完整性、有机性，是规范体系建立的基本要求。没有规范，伦理道德将失去其功能。"人德规范"是"人德"确立和维系的基础，是个体生命秩序建立的依据，是伦理道德体系的核心构成。

人伦原理与人德规范，内含着伦理作为"人生智慧"的文化本性。如果仅仅把伦理理解为原理与规范，还不能体现它作为一种文化设计的真义。伦理作为文化设计的有机构成，作为人类把握世界，超越自身，建立生活秩序与生命秩序的特殊方式，是人类智慧的最高体现，其中贯穿并洋溢着人文的智慧。包尔生认为，"伦理学的职能是双重的：一是决定人生的目的或至善；一是指出实现这一目的的方式或手段"。③ "所以，道德生活中的一切也既是手段，又是目的的一部分，是既为自身又为整体而存在的东西。德性在完善的个人那里有其绝对的价值，但就完善的生活是通过它们实现而言，它们又具有作为手段的价值"。④ 目的与手段在实践理性

---

① 黄建中：《比较伦理学》，第24页。
② 小仓志祥：《伦理学概论》，中国社会科学出版社1992年版，第6页。
③ 弗里德里斯·包尔生：《伦理学体系》，何怀宏、廖申白译，中国社会科学出版社1988年版，第10页。
④ 同上书，第11页。

中的内在统一，就是所谓"道德智慧"。伦理作为"人生智慧"的形上原理是什么？用中国传统伦理的两个术语表达，我认为就是："入世中的出世"和"无为而无不为"。伦理解决现世的问题，解决现世生活中非常世俗的利益关系问题，其面临的课题和价值指向都是入世的。伦理不是要人们抛弃现世利益的出世，而是要在芸芸众生之间，茫茫欲求之中，以"理"导欲，实现生命的超越和人性的升华，最后达到"出世"，即身在欲海而不为人欲所累的境界。与宗教智慧相比，伦理智慧更现实、更崇高，也更深邃。与此相比，宗教则是一种"出世中入世"的智慧。它在超人生的境界中解决人生矛盾，以虚幻的形式达到虚幻的人生超越，这恰恰体现出它对现世人生矛盾的无奈与无力。伦理不同，它在人生之内解决人生的矛盾，达到现实的超越。"无为而无不为"是道家哲学的精髓，也是中国伦理智慧的底蕴。作为一种人伦原理，伦理不是要人们通过放弃个体利益去维护抽象的整体，也不是要人们永远牺牲自我去成全他人，而是要在人我互动、个体与整体的互济中，实现个体利益的合理化与整体利益的最大化。伦理之"理"，既是互动之理，也是互惠之理。表面上，它失去了自我，实际上，是在"失去自我中获得自我"，获得的是"真我"、"大我"。因此，作为一种人文设计，伦理既具有目的价值，也具有工具价值。

"人文力"是伦理作为工具理性的集中显现，也是其工具价值的体现。作为人的社会生活的要求，伦理既不是文化上的奢侈品，也不是物质世界的精神装饰，而是文化生态的必须。作为文化生态的必要结构，它必须也必然要发挥一定的功能作用，于是必定具备一定的"力"。但是，伦理所内含的不是一般的"力"，而是"人文"的"力"，即透过人的精神，通过文化的机制发挥作用的"力"。这种"力"，即伦理的文化力或人文力。没有这种力，伦理就不可能有效地干预人的生活，发挥其特有的文化功能。不过，由于伦理规范并不是对人、对人性的消极约束，而是积极的推动，因而，伦理的人文力不只是对人的行为的规范力、调节力，更重要的是行为的推动力。它为人的行为提供导向力，同时又为人的行为提供精神动力，并由此为整个社会提供人文的动力。在《〈伦理学的形而上学要素〉序言》中，康德用一个专门的概念表示这种人文力：道德力。他认为，德性本质上是一种道德力。"伦理学中的德性不应依据人履行法则的能力来衡量；相反，其道德力必须根据作为绝对命令的法则来衡量；

因此，不是根据经验知识，即不应根据我们认为'人现在是怎样的'来衡量，而应按照理性知识，即按照人性的理念，按照'人应当成为怎样的人'来衡量"。① 德性就是一种道德力量。"德性指的是意志的道德力量"。② 对个体来说，这种"力"表现为德性的活力和行为的动力；对整体来说，这种"力"表现为组织的凝聚力和合力。于是，伦理及其传统便积淀而为一种人文资源。资源的意义就在于人们由此能获得根源动力与源头活水，因而具有极大的开发价值。"人文力"是内在于伦理而又容易被人们忽视的一种文化本性。"人文力"的视角，从根本上说，就是要使伦理实践从消极的约束，转换为积极的开发；使伦理从外在于人性的异在，转换为内在于人的资源；从游离于经济社会生活的精神装饰，跃升为与整个经济社会一体化的有机构成与人文动力。

可见，人伦原理、人德规范、人生智慧、人文力四个方面的统一，构成伦理的文化本性。它的文化本性的特质是：以人为主体，人伦为基础，价值为取向，规范为核心，智慧为真谛，人文力为本质。伦理的文化本性与伦理的文化原理一体，构成伦理作为文化生态的有机构成的特殊韵味与特殊品性。

（四）伦理精神生态的"文化理解"

伦理精神的文化要素与文化原理、伦理精神的文化意义与文化功能，实际上就是"文化理解"下的伦理精神的逻辑生态，或者说是对伦理精神的逻辑生态的文化诠释。这种"文化理解"或"文化诠释"的意蕴表现在三个方面：第一，它是"文化"的，是从文化的角度对伦理精神的文化原理、文化过程、文化意义和文化功能进行的理解和诠释，或者说是对伦理精神的要素原理和文化功能进行的文化透视。第二，它是民族的。第三，它是生态的。它把文化和伦理作为一个有机的生态，从"文化生态"的视角对伦理精神，进行生态的透视，从而探讨伦理精神的逻辑生态。三方面综合起来，就是从文化生态的视角，对伦理精神进行的生态把握。在这个意义上说，伦理精神的逻辑生态就是文化生态，准确地说是伦

---

① 《康德文集》，改革出版社 1997 年版，第 371—372 页。
② 同上书，第 372 页。

理—文化生态。

"伦理—文化生态"的内涵不仅指伦理精神的文化生态，也不仅指一定文化生态中的伦理精神生态，而是处于一定文化体系中、体现一定的文化精神、遵循一定的文化原理、伦理精神与文化精神相匹配、相耦合的伦理—文化生态。伦理—文化生态包括要素结构生态和功能意义生态。二者的关系，是体与用、结构与功能、过程与意义的关系。伦理精神生态应当包括人的伦理生活、道德生活以及形成主体的人伦精神和道德精神的基本要素和基本结构，同时体现人伦精神、道德精神和人的伦理生活、道德生活的基本原理。由此才能形成有机的生态。"伦—理—道—德"就具备这样的品质。

"伦"即客观的人伦关系，是伦理精神的基础和直接的源头。"理"是主观的人伦关系之理，是从客观的人伦关系中抽绎出来的调节人伦关系的价值原理，它既是道理，又是原理，既与"伦"紧密关联并相互匹配，又不只是消极的和纯客观的反映，而是体现实践理性的"应然"的文化本性。"道"是在一定的人伦之理的基础上形成的道德法则或道德律。"理"和"道"的关系比较复杂。如前所述，从逻辑上说，"道"比"理"更具体，更具有落实性。但也有学者认为，"道"与"理"一体，在相分的情况下，"道"大于"理"。① 我认为，"理"与"道"，是伦理与道德相互关联的环节。它们体现的都是实践理性的价值原理，二者的区分，体现着社会伦理向个体道德的转换。"理"向"道"的转换，表现着形而上的伦理原理、伦理理念向个体的道德法则和道德行为的过渡。在实践理性中，"道"即是道德法则，是伦理精神生态中至为重要的一个要素，在相当程度上决定伦理精神的品质。道德律以"应当"为依据。"道德哲学的首要目的并不是规定人们应当做什么和人们应当根据什么原则来判断，而是描述和理解人们实际上的行为和生活方式。而要理解这些就意味着要理解他们的风俗、法律和制度的目的论需要"。② "道"是一个具有文化生态特性的要素。"德"即个体的德性是伦理精神的直接指向和着力点，在某种意义上可以说，伦理精神的重要目标，就是要培养人们的德性。然而德性还不只是"德"的惟一内涵和惟一表现，"德"性的重要，

① 黄建中：《比较伦理学》，第24页。
② 弗里德里希·包尔生：《伦理学体系》，第20页。

就在于它具有外化为主体的道德行为的能力，是道德行为的概念。在德性形成的过程中，在见诸行为的过程中，"德"与"得"相关联。"德"不仅是价值性的"得""道"，而且也包含着世俗性的"获得"。这两个方面，就是西方伦理学家所指出的道德的目的价值与工具价值。需要特别指出的是，"德"的这两方面的属性，一方面把人伦精神落实为德性精神，在客观的人伦关系中进行行为选择，表现为一定的道德行为，从而使伦理精神生态成为一个圆满的体系；另一方面，它又把伦理与社会紧密关联，在这种关联中，个体不只是一般地依社会伦理而行动，达到个体的至善，而且同时向社会提出要求，追求社会至善。由此伦理精神生态又成为一个开放的体系。

这样，伦理精神的要素和结构生态，就既是一个圆满的体系，又是一个开放的体系。事实上，在这个圆满开放的体系中，"伦—理—道—德"并不是彼此独立的四个要素，而是这四个要素的组合所形成的"伦理—道德"的体系，即社会伦理与个体道德的结构。于是，伦理精神在总体上就区分为伦理和道德两个结构，它们同样内在着社会伦理与个体道德的矛盾。这样，伦理精神所要处理的基本问题，就不只是个体与他人、与整体的关系，而且还有个体至善与社会至善的关系。惟有对"德"作这样的诠释，个体道德与社会伦理才能形成相互推动、良性循环的精神生态。如果说"伦—理—道—德"是伦理精神的要素生态，"伦理—道德"就是伦理精神的结构生态，它们的现实演进构成伦理精神的过程生态。

伦理精神的意义生态、功能生态与它的要素生态、结构生态相匹合。"伦"与"理"二要素的结合，其功能就是为社会、为人们的伦理生活提供"人伦原理"；"道"向"理"的转换，"人伦原理"向个体德性的落实，人伦精神向德性精神的转化，形成社会的道德律，其表现形式就是"人德规范"，即造就和提升人的德性的价值规范；"道"与"德"、价值规范与个体德性的结合，所体现的人的道德行为与道德生活原理的真谛就是"人生智慧"，换句话说，"道—德"所造就的，是具有深邃人文内涵的"人生智慧"；而"伦—理—道—德"四位一体所形成的整体功能和整体意义，就是"人文力"——既是提升人的品质、人的生活的人文力，也是提升社会品质、社会生活的人文力；既是建立和提升个体生命秩序的人文力（即康德所说的"道德力"），也是建立和提升社会生活秩序的人文力（即伦理力）。人伦原理、人德规范、人生智慧、人文力，就是

"伦—理—道—德"的四要素的递次结合所形成的伦理精神的文化生态。

为什么这四方面构成伦理精神的意义生态和功能生态？这既与伦理精神的目的有关，也与伦理精神的结构生态有关。在文化体系中，伦理精神的目的，一是建立合理的社会生活秩序；二是建立合理的个体生命秩序，使人与动物彻底分道扬镳。于是，在伦理精神体系中，就有社会伦理与个体道德两个结构。社会伦理建立的是社会生活秩序，个体道德建立的是个体生命秩序。伦理所建立的秩序的最大特点，就是赋予社会生活与个体生命以"意义"，从而使人的生产活动、经济活动与动物的谋生行为具有本质的区别，也使人的生命与动物的生存具有本质的区别。因此，伦理精神的文化功能、作用对象就有鲁迅先生所说的"用世"和"用生"两个方面。如果说，社会伦理是用世的，主要作用点是社会的生活秩序，赋予社会生活以价值和意义；那么，个体道德就是用生的，主要作用点是个体的人生，赋予人生以价值和意义。这就是"伦理"和"道德"的不同文化功能。人伦原理、人德规范、人生智慧、人文力，就体现着伦理精神的"用世"和"用生"两种意义功能。其中，"人伦原理"是用世的，"人德规范"和"人生智慧"显然是用生的，而"人文力"既用世又用生，既是"用世"的人文力，又是"用生"的人文力，是"用世"和"用生"的统一。四者构成中国文化背景下伦理精神的特殊的意义功能生态，充分体现出中国伦理精神的文化特色和民族特色。

如果把"伦—理—道—德"作为中国伦理精神的要素结构生态，人伦原理、人德规范、人生智慧、人文力作为中国伦理精神的意义功能生态，那么，这两种生态之间的关系就是潜与显、体与用的关系。前者是伦理精神生态的"体"，潜在于人的伦理精神中；后者是伦理精神生态的"用"，在人的伦理精神和现实的伦理生活中得到显性的体现。二者形成中国伦理精神的逻辑生态、文化生态，准确地说，是中国伦理精神的伦理—文化生态，因为它是文化理解下的中国伦理精神的逻辑生态，是中国文化体系中的伦理精神生态。

由此出发，我们可以为伦理精神价值合理性的建构以及伦理—文化生态的建构确立以下基本理念和基本方法：第一，必须对伦理精神进行生态的把握；第二，必须对伦理精神与伦理生活的新的文化要素及其运作，进行生态的分析和把握；第三，必须在"文化理解"的理念下，在伦理—文化生态中，对伦理精神的价值合理性建构进行透视和把握。

五　人伦原理—伦理实体

在伦理—文化生态中，"人伦原理"具有两方面的生态意义：一是作为伦理精神的文化生态的基本因子；二是作为一个有机的文化因子，自身也是一个有机的价值生态。"人伦原理"的文化生态的辩证结构由三个要素构成：（1）作为此岸世界的伦理关系的人伦建构原理，核心概念是所谓"人道"；（2）作为彼岸世界的伦理精神的意义追求和终极价值，核心概念是所谓"天道"；（3）"人伦原理"的文化运作所形成的伦理关系和伦理秩序，核心概念是所谓"伦理实体"。人道—天道—伦理实体，三者形成人伦原理的客观—主观—主客观统一的辩证结构和价值生态。

（一）人道

［a. 人伦与天伦］　伦理精神的价值合理性的建构，首先是"人伦原理"的建构。根据伦理—文化生态的原理，"人伦原理"建构的逻辑思路是：第一步，把握和梳理内在于社会生活和社会结构深层的人伦关系；第二步，在繁复的伦理关系中寻找和建立具有范型意义的人伦坐标；第三步，形成合理的和有效的人伦之理。人伦关系—人伦坐标—人伦之理，是一个由"伦"到"理"，由客观到主观的过程。

在春秋之际的社会变革与伦理建构中，孔、孟的思路和努力正是如此。在此以前，西周虽然通过"维新"找到了一条具有中国特色的由原始社会向文明社会过渡的道路，即所谓"家—国一体、由家及国"的文明路径，但它在相当程度上只是政治上的自发过程，理论建构的任务远没有完成。完成这一历史课题的至关重要的努力，就是与"家—国一体，由家及国"的文明路径相匹配的伦理精神的确立。孔、孟出色地为这一历史课题的完成奠定了重要的理论基础。家—国一体，在社会结构上必然是家族本位；家族本位，在文化原理上必然要求伦理本位。孔子揭示了内在于中国社会的各种人伦关系，指明了家—国一体的社会结构下诸种人伦关系的内在关联，把父子关系、君臣关系作为"人伦"的基础，进而把"孝悌"作为"人道"的核心。然而，孔子只是指引了一个理论方向，他对人伦关系的论述还缺乏系统性与结构性。对这一课题的突破作出重大贡献的是孟子。孟子明确提出"五伦"说，建立了中国传统伦理的人伦范型。"五伦"的"人伦"意义有三个方面。首先，找到了中国传统社会的基本的人伦关系。在思维方法上，它与古希腊人在关于宇宙的思考中寻找万物的"始基"的方法是一致的；其次，建立了人伦关系的结构坐标。"五伦"的伦理意义，最重要的是它内在的结构性及其伦理建构功能，借此可以建立起调节社会的诸多人伦关系，并使之在家—国一体的社会结构中具有文化合理性的坐标系。"五伦"之中，父子、君臣代表纵向的人伦关系，兄弟、朋友代表横向的人伦关系，夫妇则作为一切男女关系的范型，成为人伦坐标的第三维。由此，一切伦理关系都可以在这个坐标系中定位。循着这种寻找本位的伦理思维方式，"五伦"也就隐含着日后演化为"三纲"的逻辑可能性；第三，"五伦"说的建立，标志着中国传统社会的基本伦理课题的解决，也标志着具有中国特色的伦理原理的基本确立。作为一种人伦模式与人伦范型，"五伦"建立的基本原理是：人伦本于天伦而立。在"五伦"坐标中，由父子而君臣，由兄弟而朋友，由夫妇而男女，一句话，社会的伦理关系本于家族血缘伦理关系。这是与家—国一体的社会结构相适应、相匹配的人伦模式，是家—国一体的社会结构的伦理体现。正由于这一奠基性的理论贡献，在日后中国传统社会的发展中，以孔孟为代表的儒家伦理获得了难以动摇的地位，成为中国传统伦理的主流与正宗。因为在传统伦理精神的建构中，它对"中国特色"的体现最准确，对中国社会的基本伦理课题的解决最恰当。

　　"五伦"模式的特殊韵味及其留给现代伦理建构的难题，根本在于一个"伦"字。我们虽然难以判断，以"伦理"对应"Ethics"在文化内涵方面是否完全吻合，但有一点可以肯定，"Ethics"至少不能体现"伦理"的全部文化韵味。在德文中，"Ethics"来源于希腊文"Janok"，这个词的词根为"Eo-os"和"Novs"，前一个字原意为品质、气质，后一个字的原意为风俗习惯。所以，从语意学的渊源看，在西方文化中，伦理原指社会的风俗习惯与个人的品质、气质。"伦理"虽然在以善为价值尺度和文化机制调节相互关系的意义上与"Ethics"相同或相通，但在人伦关系的缔结原理及其善恶价值的具体内涵方面，却体现出浓烈的民族差异。

"伦"之特殊文化韵味的核心就在于它的家族血缘的基础及其所派生的人伦建构意义。任何伦理和伦理精神体系，在理论上与现实中都必须有一个最后的基础，这一基础成为伦理精神的源头。在文化体系与伦理精神体系中，这种最后的或终极的基础往往并不是理性论证的结果，而是文化认同或文化设定。在文化体系中，伦理与哲学一样，其根本的精神是理性的，但理性的最终基础恰恰不是理性，因为理性无法为人、为人的生活提供终极价值和精神家园。"理性建立在非理性的基础之上"，这是文化设计的通则。笛卡尔是近代理性主义的先驱，他把"怀疑"作为理性精神的重要品质，提倡"怀疑一切"。然而，当把这一原则贯彻到底时，"怀疑"者自身，包括怀疑者的怀疑也就被"怀疑"，至此"怀疑"便不能成立。为了扬弃理性的这种有限性，笛卡尔设定，作为"怀疑"主体的"怀疑者"的怀疑最后不能被怀疑，理由是"我思，故我在"。"纯粹理性"的哲学如此，作为"实践理性"的伦理更是如此。伦理所体现的文化精神是理性的，但这种理性的最后基础只能是基于生活经验和道德直觉的设定。于是，中西方伦理便赋予伦理以不同的基础与根源。西方伦理在宗教中寻找，中国伦理在家族血缘中寻找。西方文化假定上帝是伦理的根源，是伦理准则的制定者，也是伦理的归宿与最高的价值取向；中国文化认为，伦理的最深厚的根源存在于家族血缘关系之中，血缘关系既为伦理提供基础和出发点，又为伦理提供范型和最后的价值标准，社会的伦理关系植根于血缘关系即人的自然伦理关系。这样，"伦理"在根源上就具有"只知如此，不可究诘"的性质。

把人伦设定于家族血缘基础上的努力，使中国传统伦理具有两个文化优势：一方面，它使人伦关系与伦理生活具有最深厚的世俗基础；另一方面，使伦理在社会生活中具有与西方宗教伦理相类似的神圣的性质。世俗性与神圣性的结合，使中国传统伦理具有巨大的根源动力与源头活水。

"人伦本于天伦"的人伦原理的基本文化特点是自然性。家族血缘关系是自然形成的兼具生物性和社会性的伦理关系，是社会生活中最基本的伦理关系。在长期的生活积淀中，家庭血缘关系以及处理这一关系的某些价值准则，具有天经地义的性质。由于人种延续的生物属性，由于文明社会的最初基础是氏族部落，血缘的人伦关系与人伦法则具有某种跨文化的世界性意义。家族血缘的人伦关系，既是人的生物性"自然"，又是人的社会性、伦理性的"自然"，是社会的元人伦关系。在家—国一体的社会结构中，"家"是"国"的缩影，血缘人伦是社会伦理的范型。在整个伦理系统中，家族血缘伦理，就是人的"自然"伦理；家族道德，就是人的"自然本德"。与西方伦理把人伦的根源定位于超越性的上帝的文化设计相比，以家族血缘为本位的人伦原理，是与家—国一体的社会结构相匹配的伦理，它使伦理精神具有世俗性，也更具有世俗的文化力量，是入世文化的伦理设计。

与宗教的人伦原理相比，血缘人伦的另一重要特点是自组织性。在中国文化中，"伦"所体现的文化气质就是血缘特性，这种血缘特性因其先天性而被称为"天伦"。但"伦"同时又是一个社会自组织的概念。"伦"的文化真谛，一是强调区分；二是强调秩序。"伦"与"辈"相训，"车以列分为辈"，因而伦理便是伦列之理。但区分不是目的，区分的目的在于建立合理有效的社会伦理秩序。以区分建立秩序，其内在的原理是所谓"惟齐非齐"。在中国文化中，血缘的概念，本身就是一个社会伦理秩序的概念。西周维新的最大的成功，就在于把氏族血缘的原理，上升扩充为文明社会的国家社会的原理，形成血缘—伦理—政治三位一体的社会秩序原理，它使传统伦理有很强的自组织性。这种自组织性，既表现为社会人伦秩序的自然基础，又表现为个体在社会伦理秩序中的自我定位，同时还表现为家族伦理向社会伦理与国家伦理的扩充延伸。由此，家族伦理便成为社会的自组织原理。这种人伦原理的本质，就是所谓"伦理政治"即政治伦理化或伦理政治化。它不仅使自然伦理（即血缘关系中的伦理）自组织，而且由于这种自然伦理的本位意义，社会伦理也具有巨大的自组织功能。

可以肯定，以家族为本位的传统伦理，是与中国家—国一体的社会结构相吻合的一种文化设计，体现着"中国特色"，具有社会的、历史的、文化的必然性与必要性。可以说，它是中国传统社会必然的和必须的伦理基础。站在21世纪的时代转折点上，人们可以对传统社会的伦理文化进行种种指责，但不应忘记，这是在时隔若干世纪后作出的批评，今天的时代背景已经被历史垫得好高，我们的视野也已经被历史拓展得更为开阔，只要联想我们今天遇到的伦理困境以及人们在这种困境面前的种种困惑，就应当为当初历史作出伦理设计的智慧而惊叹！

　　［b. "伦"与"分"］　　人伦的设定，只是对社会的伦理关系、人伦秩序的设定，这些伦理关系、人伦秩序如何获得现实性，还有待伦理主体对人伦关系和人伦秩序的认同。因此，在伦理精神的价值合理性建构中，在客观性、客体性的"伦"之后，还必须有主观性、主体性的"理"。"伦"与"理"的结合，才使"伦理"具有真正的现实性。于是，"人理"就成为"人伦原理"的另一个重要构成。

　　如果说，社会伦理的基本概念是"伦"，那么，个体伦理的基本概念就是所谓的"分"。在社会的伦理网络和伦理秩序中，"伦"不同，"分"也就不同；人伦地位不同，个体的伦理权力与伦理义务也就不同。"分"的概念，是个体的伦理地位的概念，亦即是伦理的权利和义务的概念。在传统伦理的设计中，"伦"与"分"设计的最大的特点就在于二者之间关系的相对性。"分"由"伦"决定，"分"的伦理目的和最高取向是要维护这种"伦"，但同时"分"又构成"伦"的实质性内涵。如果没有"分"，"伦"就只是抽象的"名"。"分"由"伦"决定，同时"分"又维护着"伦"。由此形成一种以区分为中介，秩序为目标的伦理和谐。

　　"伦"与"分"的相对性，伦理生活中"伦分"互动的相互性，在理论上与现实中构成人伦运作的所谓的"理"，即人伦之"理"。伦理作为一种人与人之间的关系，只有在互动中才有人伦的意义。人伦的文化设计，归根到底是一种伦理关系或价值关系的设计，这种设计的目的是如何形成有机的、有效的、合理的伦理秩序。在"人伦"与"人理"的关系方面，中国传统伦理的显著特点，是强调伦理主体之间"伦"与"分"的互动互惠。"五伦"关系，是五种相对应的人伦关系，这五种关系的处理，既遵循某些共同的准则，又体现相对性的要求。孟子在解释伦理起源时，言明"使契为司徒，教以人伦"的内容就是："父子有亲，君臣有义，夫妇有别，长幼有序，朋友有信。"[①] 亲、义、别、序、信，是五伦关系分别应当遵循的共通准则。这些准则落实，必须依各自的"伦""分"而定，其具体的要求是：父慈子孝，君仁臣忠，兄友弟恭，夫义妇顺，朋友有信。"五伦"原理体现了两个明显的特点：一是伦不同，人伦关系不同，伦理的体现也不同，父的伦理是慈，子的伦理是孝，不可

――――――――――

　　① 《孟子·滕文公上》。

"一视同仁"，更不可置换，否则便是"乱伦"；二是伦理关系以相互期待为前提，在相互期待中，又以在上者、位尊者为主动，隐含的逻辑是父慈才能子孝，君仁才能臣忠。伦理的过程，是"将心比心"、"以心换心"的互动互惠过程，它被孟子表述为这样的伦理逻辑："君之视臣如手足，则臣视君如腹心；君之视臣如犬马，则臣之视君如国人；君之视臣如土芥，则臣之视君如寇仇。"① 这些原理，当然体现了古典伦理设计的合理性，但也潜在着在相互期待中陷入伦理恶性循环的危险性，潜伏着日后"五伦"演化为"三纲"的逻辑可能。

"伦"与"分"的关系，逻辑地演绎出"名"与"分"的关系。"分"由"伦"来，以"伦"定"分"，但事实上"分"构成"伦"的实质性内涵。于是，"伦"对"分"来说，只是一种"名"，即所谓"名分"。在中国伦理的发展中，存在着"名""分"关系的两种状况：一是"名""分"相连，有"名"必有"分"，有"分"就必须有"名"；二是"名""分"相离，有"名"未必有"分"，这就是徒有"虚名"，有"分"也未必一定要有"名"，这便是僭越。前一种情况，呈现出伦理的有序状态；后一种情况，则被称之为伦理的失序。伦理的有序与无序与"名""分"的关联状况有着直接的联系。儒家对伦理秩序的设计原理是：首先确定人伦关系与人伦秩序，然后要求伦理关系中的每个个体都恪守本分，由此建立起伦理的秩序。这种设计的前提，是强调人伦秩序的稳定性，强调伦理权力与伦理义务的神圣性。因此，孔子提出的治理春秋时期伦理失序的良方便是所谓"正名"，因为"名不正则言不顺；言不顺则事不成；事不成则礼乐不兴；礼乐不兴则刑罚不中；刑罚不中则民无所措手足。"② 在孔子看来，言、事、礼、乐，都由"名"而来，伦理失序的根源在于"名"与"分"的紊乱，只要"名""分"相符，就可以回复到"礼"的伦理秩序中。当然也存在着另一种情况，由于礼教文化与"面子"观念的根深蒂固的影响，当"名""分"不可兼得时，只要"名"不要"分"的情况是会有的，即所谓"徒有虚名"。"名"与"分"，即使在现代伦理生活中，也是一个事实上发挥很大文化功能的概念。

［c. 安伦尽分］　伦理秩序的建立与维系必须具备两个条件：一是人

---

① 《孟子·离娄下》。
② 《论语·子路》。

伦坐标的建构；二是处于这个坐标系上的每个伦理主体都能"安"于自己的伦理地位，恪尽自己的伦理本务。对这种秩序用一个特殊的概念表达就是"安伦尽分"。"安伦"，是在人伦坐标中寻找自己的伦理位置，确定自己的伦理地位，既不僭越，也不"乱伦"；"尽分"，是在各自的伦理地位上固守本分，履行应尽的伦理义务，当然也包括享有并维护应有的伦理权利。"安伦"是人伦，"尽分"是人道；二者的统一，就是"伦"与"理"的统一，即人伦与人道的统一。应该说，在人伦秩序既定并合理的条件下，"安伦尽分"确实是伦理秩序建立和维护的根本原则。因此，千百年来，中国传统文化无论在伦理体系还是在世俗的伦理生活中，都把"安伦尽分"视为美德，并作为基本要求。所谓"安分守己"、"恪守本分"的观念，都是"安伦尽分"的伦理要求的世俗表述。

对于伦理主体来说，"安伦尽分"与西方文化的"自我实现"有相似之处，所谓"在什么位置干什么事"。如果把这种要求推扩到工作关系中，就是"职分"与"职守"的观念。"职"，即工作关系中的"伦"，"分"即职位上的义务、权利。"职"与"分"圆满结合，职守的履行，就是自我的实现。人伦关系中的"安伦尽分"，工作关系中的"恪尽职守"，便是伦理主体在社会伦理与工作伦理中的自我实现。

但是，这种伦理性的"自我实现"，必须以人伦关系、人伦秩序的确定性与合理性的同时存在为前提。人伦关系不确定或确定了不稳定，便无"伦"可"安"；人伦关系不合理，"安伦尽分"的伦理努力就会成为一种社会发展的保守力量。事实上，这两个前提并不是任何时候都具备，或者并不是任何时候都同时具备，因而人伦原理在其现实运作中必定面临许多文化难题和文化矛盾。

个体本位还是人伦本位，是人伦原理在现实运作中面临的基本难题。个人本位对建立具有活力的个体显然是有利和有效的，但它导致的个人主义，导致的人伦和谐与生活情趣的失落，也是难以克服的缺陷。这种缺陷在相当程度上造成社会与个体的自组织能力的低下，也造成生活意义的失落。在现实运作中，个体本位的文化设计必然要求世俗的法律、终极的上帝作为秩序和价值的支撑，否则，缺乏自组织能力的个体很难形成有效的组织。可以说，个体本位是与法制主义和上帝的终极关怀相匹配的文化设计。

人伦本位的伦理设计同样存在着文化矛盾。一方面，人伦本位要求在人伦秩序的建立和维护中,必须首先放弃自己的独立性和自由,使个体性服从于人伦的整体性的要求,放弃个体的独立性和自由是人伦本位的逻辑要求;另一方面,人伦的自觉建立与维护,个体在人伦秩序中的自觉定位,恰恰需要个体强大的伦理主体性、道德主体性,没有这种主体性,人伦秩序就无法维系。人伦本位所扬弃的,与其说是主体性,不如说是抽象的个体性。这种抽象的个体性是缺乏社会性的个体性。因此,现实的个体性、道德的主体性是人伦本位得以确立的两个基本前提。人伦本位的设计当然容易导致整体至上、秩序至上的文化价值取向,当与封建制度相结合时,极易形成专制主义,在日常生活中也容易导致对个性的抹杀。但也不可否认,整体性、秩序性是任何社会持续存在的前提条件,是民族凝聚力的重要伦理来源。

从社会伦理关系与现实伦理生活的角度考察,个体本位与人伦本位的最大区别在于对伦理主体的双重属性——个体性和群体性——的不同理解。个体本位是对伦理主体的个体性理解,其直接的结果是个体权利的追求和个体义务的履行,但个体本位必须以明确的、普遍的、公认的行为规则为前提,否则就会是盲目涣散的个体,个人主义就会流于利己主义。人伦本位是对伦理主体的关系性、群体性的理解,它从自身与他人的不可分离的"关系"的角度诠释主体,把他人的要求和评价作为行为选择的重要依据,这当然会导致个体自主性与独立性的部分丧失,甚至形成依赖性的个体,但它所造就的整体性和秩序性却是伦理的直接目的。

"伦"与"分"的矛盾,根本上是伦理与道德的矛盾。在人伦原理中,"伦"是人伦关系和人伦秩序,"分"是伦理主体的道德本职与道德本务。"安伦尽分",既是人伦秩序维护的必须,也是对个体道德实现的要求。在这种要求中,人伦关系与人伦秩序被当作当然的前提和认同的对象,于是必然发生伦理与道德的矛盾。当人们在一定的人伦秩序中"安伦尽分"时,如果这种人伦秩序不具有真实的合理性,那么"尽分"的行为即个体道德所造就和维护的,就是一种不合理的伦理;由于伦理的不合理,道德事实上也就无合理性可言。

(二) 天道

中国伦理的基本概念是"人伦",但"人伦"的最后根据却是"天伦"；中国伦理致力于解决的基本问题是"人道"，但最高概念却是"天道"。"人伦"与"天伦"的统一，"人道"与"天道"的合一，才是伦理的最后完成。"天人合一"才是伦理精神的最高境界。"天道"在人伦原理的建构中，不仅是一个有意义的结构，而且是必不可少的文化因子。

　　[a. "文化黑洞"]　　当对中西方文化精神和文化体系进行整体把握时，很容易发现一种有趣的也是值得注意的现象：任何文化，无论是伦理型文化还是科学型文化、耻感文化还是罪感文化，无论有没有像上帝这样的人格神，都同样需要某种终极概念。这种终极概念是文化体系的完整性和文化精神的有机性的必需。

　　在中国文化中，终极概念是"天"！"天"在中国文化中没有西方文化中"上帝"那样的绝对的、客观的性质，但却同样是某种终极的力量和终极的理念；"天"没有像上帝那样主宰一切的地位，但中国文化、中国人的精神结构最后却少不了它。孔子的态度最能说明"天"的文化地位和意义。在典籍记载中，孔子很少讲"天"，但又认为"天"与"天命"具有不可抗拒的力量，因而他对"天"的基本态度是"敬天命而远之"。孔子自称有"三畏"："畏天命，畏大人，畏圣人之言。"[①] 他"远天"，但又"敬天"、"畏天"，在许多情况下又以"天"为自己的精神支柱。当周游列国，到处碰壁时，他大呼："天生德于予，桓魋其如予何！"[②] "圣人"如此，凡夫俗子亦莫不如此。中国人在得意时呼"天助我也"；失意时呼"天丧我，天丧我"；当处于矛盾境地无法选择而极端痛苦时，又以"天"来平衡倾斜的精神——"谋事在人，成事在天"，"听天由命"！更应当注意的是，中国传统伦理精神的历史建构，最后是在把"理"与"天"结合，成为"天理"时，才宣告最后完成。[③] 可见，"天"作为文化体系最高概念之功能，在传统社会存在，在现代社会存在；在自觉的文化体系中存在，在自发的精神结构中同样存在。

　　由此，就提出了一个发人深省的问题：中国文化、中国人的生活，为什么需要"天"？也许，人们会认为，"天"在现代中国人的生活中，只是作为传统概念的形式在发挥作用，事实上它并不具有传统社会中"天"

---

　　① 《论语·季氏》。

　　② 《论语·述而》。

　　③ 关于"天"、"天"与"理"的结合在中国伦理精神的历史建构中的地位和意义，参见樊浩著《中国伦理精神的历史建构》，江苏人民出版社 1992 年版，第 329—330 页。

的那些内涵，更没有发挥那些文化功用。然而，"现代"的人们为什么又要借助这一概念形式？为什么传统文化中的许多概念都消亡了，而作为最传统、最不"理性"、因而最不具有现代性的"天"却依然故我？显然，"天"在中国文化与中国人的生活中只是一个虚设，就像"上帝"是西方文化的虚设一样。问题在于，在文化设计中，为什么需要这样的"虚设"？这里，我提出一个大胆的假设：在文化设计中，"天"、"上帝"的概念，是中西方文化体系与精神体系的"文化黑洞"！

天文学在对宇宙天体的研究中，发现了宇宙的"黑洞"，在文化设计中，我们同样发现存在类似的"文化黑洞"。文化建立的是"意义"的世界，意义世界的建立是为解决世俗生活中各种人生和人伦矛盾。文化体系与人的精神是一个开放的结构，在这个结构中，必然有许多在理论上和现实中难以解决的矛盾，也有许多无法解脱的困惑。这些矛盾和困惑在文化发展与文明发展的历史上长期存在着。如果这些矛盾和困惑不能得到解决，人们事实上难以安身立命，至少安身立命的基地不牢固。文化体系与精神体系应当是完整的体系，无论开放或不开放，"金字塔"也好，"象牙塔"也好，最后总得有一个"塔尖"，由此才能保证自身的完整性与有机性，也才能最后消解文化上与精神上的各种矛盾。牛顿的机械力学最后需要假设一个"上帝"，以解决"第一次推动"的问题；西方文化也需要假设一个"上帝"，以解决价值的根源和人的精神家园的问题。"天"、"上帝"就是文化体系与精神体系中的一个最后的和最高的假设，以此消融人的文化和精神上由于理性的局限未能解决的一切矛盾，达到文化的圆满与精神的圆通。这种最高的设定和最高的概念，就是文化上的"黑洞"。

[b. 宗教情感]　在中国文化中，"天"的观念与"道"的观念、"帝"的观念一道，已经存在两三千年之久了。"天"的观念，一开始与"帝"的观念相联系，它的最初出现是在西周初年，由于统一的封建王朝的建立，"天帝"成为统一的和最高的神，是天地万物的主宰，统摄着万有。春秋时期，由于人文精神的兴起，周初的宗教精神衰退，人们乃将"天"与"帝"相分离，不重视"天"与"帝"结合而产生的神性的意义，而重视其客观的和自然的意义，于是，"天"与"道"结合，形成"天道"的观念。由于"天"的内涵不同，"天道"便具有了不同的意义。在原初的中国文化中，"天"的含义较复杂。基本的含义是自然的

"天"。"天行有常，不为尧存，不为桀亡"。① 但由于中国文化的人文精神和中国哲学的伦理特质，"天"具有人文的属性，既有作为超越神的宗教的意义，又有作为道德根源的伦理本体的意义。在自然与人文结合的基础上，"天"最后成为宇宙的通则，绝对真理的化身。可以说，中国文化中的"天"以自然的"天"为托载，以宗教的"天"为支撑，以道德的"天"为核心。"天"与"道"结合而形成的"天道"，既是自然的天道，又是宗教的天道，更是伦理的天道。在伦理型的中国文化中，伦理性的天道往往是"天道"的实质性内涵。也许正因为如此，杜维明教授才认为，传统中国人，尤其是儒家，具有比较强烈的宗教情操。"儒家基本上是一种哲学的人类学、是一种人文主义，但是，这种人文主义既不排斥超越层面的'天'，也不排斥自然。所以，它是一种涵盖性比较大的人文主义"。②

"上帝"是西方文化的最高概念。"上帝"的品性在文化发展的各个历史时期有所不同。古希腊文化的上帝观由理性思辨推衍出来。这种上帝观从起源上说与早期神话中的宙斯神和宇宙论中的实体观有着直接的联系，但从理性思辨中推出"上帝"，则要到柏拉图、亚里士多德才完成。柏拉图从作为万物摹本的"理型"中推出最高的"众理之理"，亚里士多德从"质料因"与"形式因"的关系中推出了离开"质料"的"纯形式"，这样的"众理之理"、"纯形式"的逻辑结果，就是理性思辨的"上帝"的诞生。希伯来文化造就的不是哲学而是宗教，他们所创造的不是理性思辨的上帝，而是信仰的上帝。文艺复兴以后，随着"上帝退隐"（霍德林）、"上帝死了"（尼采）的口号，出现了理性思辨的上帝与宗教信仰的上帝的离异，哲学从神学中解脱出来，但人们的上帝的观念并未动摇。西方近代文化的特点是对上帝与人的关系的新探求。这种倾向由康德开端。在《实践理性批判》中，康德作出了三个假设：上帝、自由、不朽。他认为，纯粹理性不能证明上帝的存在，而实践理性确立的是人的行为或道德选择的律则，此律则是人的最完全的道德。实践理性的彻底性与合理性，要求肯定"上帝"作为完成最完全道德的保证或依据，故必须

---

① 《荀子·天论》。
② 杜维明：《超越而内在》，转引岳华编《儒家传统的现代转化——杜维明新儒学论著辑要》，中国广播电视出版社 1992 年版，第 207 页。

于实践理性中假设上帝的存在。①

中西方文化中的"天道"观与"上帝"观，对伦理精神的合理建构提出的挑战，是所谓宗教情感的问题。毫无疑问，在人与上帝的关系中培育的主要是宗教情感。中国文化是一种入世的非宗教性文化，在非宗教文化所培育的人的精神结构中，是否也具有某种宗教情感的内涵？在不信宗教、甚至批判宗教的现代人的精神结构中，是否也具有宗教情感的因子？推扩开来，宗教的或准宗教的情感，是否可以成为人的伦理情感的内在构成？

人生的最基本的困扰之一是生命的有限。为了超越这一困扰，人类培育出特殊的文化智慧，这就是宗教与伦理。宗教解决的最大问题是所谓"最后拯救"和"终极关怀"。生命是有限的，也是痛苦的，但只要听从上帝的教导，按上帝的旨意行事，最终会得到拯救，达到永恒与不朽。对永恒的追求，对上帝的崇拜，献身上帝的努力，形成人们的宗教情感。在伦理型文化中，"最后拯救"的情感期待不是完全没有的，而是采取了另一种形式——伦理。伦理建立的是意义和价值的世界。在这种世界中，人们透过对意义和价值的追求，超越有限，达到生命的永恒与不朽。西方人的不朽在宗教中追求，中国人的不朽在伦理中追求。如何达到不朽？中国传统文化中有所谓的"立德、立言、立功"的"三不朽"。德泽天下，著书立说，建功立业，三者都可以达至"永垂不朽"。然而，对于普通老百姓来说，这三个方面几乎都难以达到。"不朽"如何实现？只能在世代繁衍的血脉相通中追求。子孙的传承，是家族生命的延续，也是对个体生命有限性的超越。一个人的生命是有限的，但一个人的有限生命会在自己的子孙身上得到延续，因此，只要家族延传的血脉不断，任何个人的生命就会通过代际相传得到延续，由此，个体生命就突破了有限性，获得永恒与不朽。也许正因为如此，孟子才说"不孝有三，无后为大"。② 正是在这个意义上，以血缘为根基的伦理，才被称之为"准宗教"。中国文化没有西方那样一脉相承的宗教传统，宗教没有成为中国文化精神的主流，并不是因为中国人缺乏智慧，委实是因为在中国文化的设计中，有一种与宗教

---

① 参见李杜著《中国哲学中的天道与上帝》，台湾联经事业出版公司出版。参见樊浩著《文化撞击与文化战略》之《天人合一与神人合一》部分，河北人民出版社1994年版。

② 《孟子·离娄上》。

的文化功能相似而又具有更大世俗性的文化形式，这就是伦理。

　　［c. 天人合一］　　"天人合一"是中国传统文化精神、伦理精神的体系与境界。"天"的内涵不同，"天人合一"表现为不同的境界。把"天"理解为自然的天，就是自然与人为、自然环境与人类社会和谐发展的境界；把"天"理解为人格化的天，就是此岸与彼岸合一的宗教精神与宗教境界；把"天"理解为客观的伦理本体的天，就是个体德性与社会伦理合一的伦理境界。第三种境界是中国传统伦理"天人合一"精神的真谛。"所谓的天人合一，实际上是为人的道德行为，尤其是道德修养设立了一个永远也无法达到的'极高远'的最高境界与最后归宿，它要求人们自强不息，厚德载物，以德性涵育万物，最后与天合一"。① "天人合一"的实质，是人伦与天道的合一，天道与人道的合一。"天人合一的特点是以天道说人道，把人道上升为天道，以天道为人道的最后根据"。它"表面上是以天道说人道，实际上是以人道谈天道，因而在论证方法上，往往是先把人道上升为天道，变为先验神圣的本体，然后再从天道中派生出人道，于是便得出这样的结论：'天不变，道亦不变。'"②

　　在中国传统伦理中，"天人合一"既是一个伦理出发点，又是一种"极高远"的境界，同时还是一种从"天道"推出"人道"、以"天道"说"人道"的伦理思维方法。在传统伦理中，"天人合一"的伦理精神经过一个辩证发展的过程。先是孔孟的古典模式，其特点是立足血缘的"天道"，虚设宗教性的"天"和"天命"。人处天地间，通过道德修养，上求下达，下求诸于性，上达之于天，从而达天齐天。孟子提出"尽心、知性、知天"③ 的模式，到《中庸》形成"尽己之性以尽人之性，尽人之性则能尽物之性"，最后"赞天地之化育"、"与天地参"的具有形上特点的"天人合一"的伦理体系。董仲舒把血缘性的"天"异化为宗教性的天，以宗教的"天"作为人们戒慎恐惧的力量，从信仰的"天"中寻找道德的根源与维系道德的力量，建立起"天人感应"、"天人相通"的宗教性的伦理精神模式。宋儒扬弃了董仲舒"天"的粗糙性，建构了理性思辨的"天人合一"的伦理精神模式。"天理"概念的提出，是传统的

----

① 樊浩：《文化撞击与文化战略》，第 257 页。
② 同上书，第 257 页。
③ 《孟子·尽心上》。

"天人合一"伦理精神体系最后成熟的标志。它"把人理上升为天理，人道上升为天道，使天既具有伦理道德的神圣性，又具有天帝的绝对性，还具有自然的天的至上性，于是，天与人、天理与人理、天道与人道便是先验合一的。"①

"天人合一"的伦理实质，从人伦关系方面考察，是伦理与超伦理的同一，伦理情感与宗教情感的合一。在人伦维系方面，"天道"具有特殊的文化功能和文化意义。

作为一种入世文化，中国伦理的维系机制主要有三：社会舆论、传统习惯、内心信念。它们形成社会伦理与个体道德的保障系统。入世的文化和农业的生产方式，决定了社会舆论对人们的行为有巨大的监督和调节作用。入世文化中的个体确立方式，是在一定的人伦关系中"做人"，个体安身立命的方式是"做一个人"，而不是"是一个人"。"做人"的真义是要做一个他人和社会所期望的人，于是自我在他人心目中的印象，他人对自己的评价，对个体的实现就具有至关重要的意义。社会舆论的评价意味着自我被他人或团体接纳的程度。社会舆论评价的重要标准之一，就是千百年来人们所形成的传统习惯。在社会舆论和传统习惯难以发挥作用的地方，人们的内心信念的作用具有决定性的意义。社会舆论和内心信念，在宏观和微观、外在和内在两方面，对人的行为发挥制约和调节作用。但是，无论如何，社会舆论并不是无所不在。为了解决这一问题，中国伦理一开始就提出了一个特别的要求：慎独。"君子慎其独也。"在个人独处的时候，要戒慎恐惧，洁身自好。然而，这种境界并不是所有的人都能达到的，于是就需要一种无所不在、无所不能的最终的道德制裁机制和伦理制约机制，这就是"天"。如前所述，"天"无所在，因而无所不在；"天"无所能，才无所不能。可见的东西是有限的，只有不可见的东西才是无限的。在"天"的监督下，不仅人的有形之言行，即使一念一思，也"无所逃乎天地之间"，由此，"天"就成为一种戒慎恐惧的强大伦理监督力量，维系着世俗的伦理生活与伦理秩序。

① 樊浩：《中国伦理精神的历史建构》，第258—259页。

（三）伦理实体

中国传统文化，尤其是以孔子为代表的儒家文化，孜孜以求的努力，就是依照其社会理想与伦理理想，把整个社会营造成伦理的实体。从"父慈子孝"、"兄友弟恭"的家族伦理，到"己立立人"，"己达达人"的忠恕体验，再到"老吾老以及人之老"、"幼吾幼以及人之幼"的"天下一家"的情怀，无一不是建立伦理性的社会实体的努力。五四运动是中国社会现代转型的开端，"打倒孔家店"的口号，标志着作为"文化上帝"的孔子的"退隐"。在社会的文化价值体系中，"孔子退隐"的核心是"伦理退隐"。于是，"五四"以来的文化反思，都以对传统伦理的批判为切入点和突破口。"五四"提出的时代要求是民主与科学，20世纪80年代以来代表中国现代化发展要求的重要概念是市场与法制。民主、科学，市场、法制，这不断深入的时代主题，都意味着伦理在社会生活与文化体系中的地位的变化，伦理总是文化转型、社会转型不可否认的转换点。现代中国社会、中国文化能否完成自己的转型，能否建立起一种具有健全生命机能的现代化社会模式与文化模式，直接与伦理在整个社会、文化价值体系中的新定位，与新的伦理精神、伦理秩序的确立密切相关。这一课题的中心任务，就是现代社会的伦理实体的建立。

何为"伦理实体"？从概念上分析，可作客观性与主观性两种理解：客观的伦理实体是人伦关系、人伦秩序的实体化；主观的伦理实体是伦理精神、人伦原理、人伦规范的实体性体现。客观的伦理实体既是各种相对应的具体的伦理关系的实体，又是由这些伦理关系所形成的社会的伦理秩序的复合体。伦理关系、伦理秩序与伦理实体既相联系，又相区分。当人们发生某种伦理关系，并能实现伦理上的互动时，由伦理主体所构成的伦理关系便在社会中建立起一定的伦理实体。伦理实体以伦理关系为内容，但只有这个关系现实有机运作并构成社会伦理生活的单元时，它才具有实体的意义。在社会的伦理生活中，当把伦理关系看作有机运作的个体并作为社会伦理的单元时，伦理关系便具有了伦理实体的意义。伦理实体强调伦理关系的有机运作，强调伦理关系的运作的文化原理、价值取向，及其所实现的伦理主体之间的互动；强调由伦理主体所构成的伦理关系在社会伦理生活中的单元意义。父与子本是一对伦理关系，但当父子间现实地产生伦理行为并达到彼此的互动时,父子便构成了一个伦理的实体。伦理实体也是伦理秩序的实体化,因为所谓伦理秩序就是按照某种伦理原则所建立的伦理关系的网络,当某种伦理秩序建立时,它便是伦理的实体。伦理秩序既是伦理关系建立的原则,又是各种伦理关系即个别的伦理实体的复合与实体化。于是,伦理实体就具有双重的意义:由伦理关系构成的实体;伦理性的实体。伦理实体既是人伦关系的实体,又是人伦秩序的实体。在现实的表现形态上,伦理实体有广义与狭义之分。从广义上说,一切具有伦理内涵并能实行有效的伦理互动的关系都具有伦理实体的意义,它渗透于一切社会关系如经济关系、政治关系之中;从狭义即典型意义上说,家庭、民族都是伦理实体的典型体现,它们是以伦理关系为主体的社会实体。伦理实体与道德实体不同。因为伦理是社会性的,是人与人的关系;而道德是个体性的,是人与理的关系。伦理实体存在于人伦关系之中,而道德实体在一般意义上则指"道德自我"。

黑格尔在《精神现象学》中对"伦理实体"的概念作了精辟的论述,他把"实体"定义为"没有意识到其自身的那种自在而又自为地存在着的精神本质"。① 把"伦理实体"确定为"理性的精神本质"。② 它的核心是伦理的规律。他认为精神本身是"伦理的现实",其外化是一个民族的伦理生活。由此演绎出一个著名的命题:民族是伦理的实体,伦理是民族的精神。在伦理实体的生活中,才产生出个人的人格。他把伦理看作是"真实的精神",把道德看作是"对其自身具有确定性的精神"。③ 应当说,由伦理原理、伦理原则、伦理理想构成的主观伦理,不能形成伦理的实体,只是伦理的理论体系或价值体系,伦理实体应当是客观的,是伦理的现实,或者说是客观伦理。

世纪之交的中国,市场与法制成为时代精神的两个重要内涵。市场规律的运作使人与人的关系现实化和世俗化,使经济关系成为人与人之间的主要社会关系;市场经济必然要求法制,于是法律便成为社会关系与社会秩序的基础。市场化与法制化是现代西方经济社会体系的特征,也是中国社会发展的重要趋势。在这种趋势下,伦理实体的存在与建立还有没有现

---

① 黑格尔:《精神现象学》下卷,商务印书馆1979年版,第2页。
② 同上。
③ 同上书,第1—5页。

实性与必要性？

市场经济对现代中国社会的影响是深刻而全方位的。它不仅是经济生活中资源配置方式、生产、交换、分配形式的变化，而且必然会引起人的价值观念、生活方式、文化原理的深刻革命。但是，这决不意味着整个社会生活将市场化，更不意味着应当市场化。市场经济演绎出现代社会的一个新概念——经济实体，并相应地要求社会的法律秩序的保障，但并不能由此推说伦理实体的概念失去存在的根据。经济实体以利益为杠杆，政治实体以法律为原则，伦理实体则以道德为机制。伦理实体是构成伦理生活、伦理秩序的有机单元，只要社会主体间发生伦理关系，就有伦理实体的存在。伦理关系是以人伦的"情"而不是经济的"理"，以价值性的"义"而不强制性的"法"来建立的关系，当然，这种关系必须以一定的经济关系为基础，并在法律关系的基本约束之下，但它同时也超越于经济的和法律的关系。在现实社会中，伦理实体有两种存在形式。一是与其他社会实体如经济实体、政治实体相同一、相渗透的实体，它既是经济实体、政治实体，同时又是伦理实体；二是以伦理实体为主体的实体，其典型的体现就是家庭与民族。家庭虽然具有经济单元的意义，但从根本上来说，它首先是一个伦理的实体，它遵循的是血缘的规律，依循的是情感的逻辑，因而是基本的伦理实体。在传统社会中，这种伦理实体具有范型的与根源的意义。民族虽然在相当多的情况下与国家相同一，但其文化的意蕴却完全不同。根据经典作家的论述，国家是"从社会中分离出来并日益与社会相分离的力量"，是"阶级统治的工具"；而民族则是"在历史上形成的一个有共同语言、共同地域、共同经济生活以及表现于共同心理素质的稳定的共同体"。① 国家的要素是军队、警察、法庭、监狱，民族的基础则是共同的地域、共同的文化基础上形成的共同的情感，因而具有全然不同的属性。不仅如此，伦理关系现实地渗透于其他经济与政治关系之中，伦理实体是现实的社会实体。在经济走向市场化的社会中，经济实体的观念很容易成为社会的占支配地位的观念，然而，经济实体并不能取代伦理实体。企业是经济实体的典型体现，但作为经济实体运作的条件，它同时必须是个伦理实体。在市场经济时代，社会不只是一个由法律关系构成的僵硬的政治实体，而是受伦理的价值引导和规范约束的富有自身的

---

① 《斯大林全集》第 2 卷，人民出版社 1953 年版，第 294 页。

目的性的能动的社会实体。

从逻辑上说，伦理体系包括社会伦理与个体道德两个基本的方面。中国传统伦理体系以"礼"与"仁"为两个基本概念。"礼"是人伦秩序与人伦之理，是对社会的伦理实体的设计；"仁"是内在德性，是对个体道德实体即道德自我的规定；社会伦理与个体道德的统一就是所谓"安伦尽分"，即道德主体在社会的伦理关系中定位，恪尽自己的伦理本分和道德义务，从而达到伦理的实现与道德的完成。"伦理实体"与"道德自我"可以成为现代伦理体系中关于社会伦理与个体道德的两个基本概念。从某种意义上说，伦理的任务就在于社会的伦理实体的建立。

从文化背景的角度考察，转型时期的中国社会产生了三大基本的变化：社会转型使传统的家族本位的社会向公民社会转化；市场经济使伦理经济时代的人伦本位向个体本位转化；理性主义作为中西方文化撞击的必然结果成为现代中国人的文化精神的重要结构。这些都给原有的人伦关系、人伦原理、人伦秩序即伦理实体的建构方式产生了巨大的冲击。于是，社会面临转型时期的一系列伦理课题。第一，在家族的本位地位动摇的背景下，什么是伦理的最后根据？家族一直是中国伦理的范型，家族伦理的文化地位的动摇是对中国伦理的根本冲击。独生子女与核心型家庭的出现，逐渐使家庭难以担当作为社会伦理根源的角色。在这种背景下，现代社会的公民伦理以什么为标准？现代社会能否寻找到新的伦理根源？第二，什么是伦理精神的内在机制？在走向理性主义的时代，个体是否应当只是一个理性的主体？现代中国在建立伦理实体的过程中，是以人伦即关系为本位，还是以个体为本位？这个问题最终表现为，在个体道德自我的建构中，是以理性为机制，还是以情感为机制，抑或是以二者的统一为机制？第三，现代中国能否建立起伦理的新坐标？伦理即人伦关系的坐标不能建立，伦理秩序就难以形成，伦理的实体也就难以建构。第四，人伦关系、伦理实体的原理，如何与其他社会关系、社会实体的原理相同一，从而形成整个社会关系、社会实体的整合运作，不致使伦理成为游离于经济与社会的一个结构？

从传统意义上考察，东西方伦理都有自己的根源与范型。马克思主义认为，经济生活是伦理的最终根源，然而经济对伦理的最终决定作用必须通过社会与文化的中介环节体现出来。任何伦理，都有其文化上的根源与范型，这就是伦理的民族性之所在，就像杜维明教授所指出的，人们不可能"发展出一种没有文化根的伦理世界语来"。① 现代中国的伦理秩序之所以难以形成，最重要的原因之一，就是未能为现代伦理确立起新的文化根源与文化范型。市场与法制虽然对现代中国伦理具有十分重要的作用，但它们都难以成为中国伦理直接的文化根源，现代中国伦理与西方伦理可能有某些相通，但不可能完全相同。在现代社会，家族虽然不能成为伦理的范型，但至少仍然是也应当是伦理的起点。

伦理实体与其他社会实体，特别是经济实体、政治实体的关系问题，是建立现代伦理实体的另一个重大问题。经济关系、伦理关系、法权关系，是现代社会的三大基本关系。不管在实体性的关系中，还是在个别性的人与人的关系中，这三种关系总是存在的。经济关系是基础，尤其是在市场经济时代更是如此，但不可否认，在相当多的情况下，经济关系与伦理关系应当互为前提。伦理关系与经济关系相互渗透，具有超越经济关系，提升经济生活的价值的意义。法制的建立当然能建立基本的社会秩序，提高社会运行的效率，但法律决不意味着平等，它只是给人们一个评价平等的标准。如果法律本身不公正，法律面前的平等也就不具有公正与合理的性质。而且，单一的法律强制会使社会失去弹性和自我组织的能力。人伦关系与法权关系的结合才能造就一个既有效率又有情趣的社会。因此，只有把伦理实体、经济实体、政治实体相整合，才能形成健全的社会实体。传统伦理的最大特色，也是最成功的地方，就是血缘—伦理—政治三位一体，形成坚韧的伦理实体。现代中国社会能否使经济—伦理—政治三位一体，建立起立体性的社会实体和社会控制体系，提升社会生活的伦理品质与价值品质，是伦理实体的合理建构必须探讨的课题。

---

① 杜维明：《儒家伦理的现代意义》，转引《儒家传统的现代转化——杜维明新儒学论著辑要》，中国广播电视出版社 1992 年版，第 372 页。

六　人德规范—道德自我

在伦理精神的文化生态中，"人伦原理"和"人德规范"分别构成"伦理"和"道德"两个生态因子的核心。"人伦原理"通过人伦的运作建立伦理实体，"人德规范"透过规范的作用提升主体的德性，建立体现伦理理想的"道德自我"。

"道德自我"的建构，逻辑与历史地被分解为三个方面：由人性预设与人性预期在文化上认同的潜在的道德自我；由道德规范调节和提升的自在的道德自我；由内在德性的升华和对规范的认同、践履所造就的自为的道德自我。人性自我——规范自我——道德自我，形成道德自我建构的潜在——自在——自为的辩证结构和道德自我的文化生态。

（一）德性之潜在：性善认同

[a. 伦理的逻辑起点及其把握方式]　伦理—文化生态的合理性建构，首先必须回答一个问题：伦理体系、伦理精神的文化起点是什么？

我认为，伦理体系、伦理精神的文化起点就是：人性理念。

从逻辑方面考察，伦理既然是"人理"，就必须首先对人的本性进行考察。人性考察的真谛是关于人的伦理的可能性、道德的可能性的考察。从历史方面考察，在中外伦理史上，人性是被讨论得最充分的问题之一。几乎每个形成自己的伦理体系的伦理学家，都必须以人性论为立论的基础，从孔夫子到程朱陆王，从苏格拉底、柏拉图、亚里士多德到康德、黑格尔，莫不如此。

在强调"科学"和"理性"的时代，人们自觉不自觉地以"科学"和"理性"的方法建构一切、评判一切。然而，当以"科学"和"理性"对待非"科学"非"理性"的世界时，最后的结果，恰恰是不"科学"和非"理性"的。这就是人们常说的"科学反被科学所误","理性走向非理性"。伦理就是如此。伦理的本性，不是研究"物"的规律的"科学"，而是研究"人"的规律的"人文"；不是对象化思辨的"理性"，而是主体性投入的"情理"。必须依伦理的本性研究伦理，依"人"的本性研究人性。

由此，就可以找到关于人性把握方法的基本答案。这个答案包括两个方面：其一，在伦理理论与伦理精神的体系中，人性是一种设定：既是对伦理的逻辑起点的设定，又是对"人"的设定，对"人"的本性的设定；人性不是一种概念，而是一种理念，是关于"人"的理念；对于人的本性的把握不是一种"知识"，而是一种"信念"，一种关于"人"的信念；其二，对于人性的把握，不是"科学"的"认识"，而是"伦理"的"认同"；不是理性的思辨，而是情感的体验。"设定"的真谛，在于它具有"不证自明"的特性。于是，关于人性的理念，就不是概念的把握，至少不只是对"人性"逻辑内涵、外延的把握，而是关于人的根本特性的理念。

人的本性是多方面的，但到底把"人"设定在哪里，是在人的自然属性上规定"人"，还是在社会属性、道德属性上规定"人"，体现的不是认识方法、认识水平的差异，而是对于"人"的特殊的信念区别。所以，人性观并不是纯粹的知识，虽然人性的把握必须以关于人性的知识为前提。苏格拉底曾提出过一个著名命题："知识就是美德。"这一命题只有有限的真理性。知识可以通向美德，然而绝不能等同于美德。将知识与美德相等同，是西方文化的逻辑，也体现着西方文化的片面，由此向前延伸，就会得出了培根"知识就是力量"的结论。这种逻辑对解决人与自然的关系是有效的，但如果移植到人文的领域，尤其是伦理的领域，就会产生极大的片面性。把知识与力量、知识与美德简单同一，这是西方社会弱肉强食流弊赖以形成的深层文化原因之一。现代西方哲学在反思近代以来的科学精神时惊呼：我们吞下了培根所给的苦果，我们相信"知识就是力量"！因此，关于人性的把握，本质上不是"认识"，而是"认同"。"认识"遵循的是理性的逻辑，而"认同"则是从自己的文化本性和文化理念出发产生的感应，是文化内在的生命本性与观念形态中人性把握的一种契合，其人文机制是民族文化与个体生命的体验，是从文化精神与个体生命精神中体验出的伦理的真谛与真理。也许正因为如此，有的学者把孟子的性善论当作一种"伦理心境"和"生命体验"。①

　　[b. 关于人性的"实践理性"原理]　在文化发展中，存在两种把握人性的方法："纯粹理性"的哲学思辨；"实践理性"的伦理认同。在"纯粹理性"中，人性是对象，是认识的对象；在"实践理性"中，人性是人的生命体现，内在于主体的生命之中。伦理把握的特性，不是揭示人性的概念规定性，而是对人性的价值认同，是主体生命的价值取向和生命意向的表达方式，这就是所谓的"实践精神的把握方式"。人性的认同，很难进行所谓正确与谬误的形上分辨，它的真理性最后必须透过由此形成的伦理精神、民族精神及其对民族发展的意义来判断。用"纯粹理性"的标准衡量"实践理性"，必然南辕北辙，缘木求鱼。

　　实践理性关于人性把握的结果，往往不是形成关于人性的形上概念，而是对人性的善恶属性的价值判断。由于这种价值判断相当程度上是文化本性与文化信念的体现，因而实际上是一种人性认同。中国传统人性论的最明显的特点是以善恶论性，这是典型的"实践精神的把握方式"。关于人性的探讨，必须符合并服务于伦理的本性与目的。中国传统伦理中的人性论，与其说是要揭示人性的"真实"，不如说是要追究人性的"应当"；与其说是揭示人性的"必然"，不如说是揭示人性的"应然"、人性的"当然"。人们每每指责中国传统伦理学没有形成关于人性的完整定义或明确概念，即使像孔孟这样的圣人也是如此，只是到了宋明理学，才有对人性的理论化的阐述。事实上，这只是学者们从"现代"研究方法的角度对传统人性论作出的批评，中国伦理史上的人性论，中国传统社会伦理学家们对人性的讨论，其根本的目的不在于或者主要不在于建立关于人性论的理论体系，也不在于建立伦理学的理论体系，而是要解决时代的伦理课题，要服务于各自的伦理理念，为各自的伦理理念寻找基本的人性前提，因而体现出浓烈的经世致用的实践理性的特点。今人不应当用"纯粹理性"的标准苛求于前人，而应当用"实践理性"的方法进行"文化理解"和文化对话。

　　善恶既然是人性设定，如何造就人，如何依人的本性造就贤人圣人的问题，也就逻辑地内含于其中了。在人性基础上建立伦理原理与伦理秩序，并使个体在一定的伦理秩序中安伦尽分，是人性设定所要解决的第二

---

① 参见杨泽波《孟子性善论研究》，中国社会科学出版社1995年版。

个问题。"尽性合理",是伦理建构的重要思路,伦理的生活、伦理的原理、伦理的秩序,首先要"尽性",即体现并充分发扬人的本性;其次要"合理",但这个"理"不是理性之"理",而是情理之"理"。人们很容易发现中国传统伦理中的一个有趣的现象:伦理学家,不管认为性善还是性恶,最后得出的结论,都是认为每个人都有成圣成贤的可能。孟子主性善,最后的结论是:"人人可以为尧舜";荀子主性恶,最后的结论是:"涂之人可以为禹。"这种状况最能说明人性设定的真正目的。可以说,"人人可以为尧舜",不仅是人性的"应然",而且体现了中国文化的本性,这种本性,无论在儒家、佛家,还是在现代中国人的精神结构中都能发现。两汉以后佛教开始在中国传播,但关于佛的本性,关于是否人人皆具佛性的问题,在佛学史上曾经历过一场大论争。开始,大多数学者认为并不是所有人都具佛性,"一阐提"即不信佛、完全断了"善根"的人没有佛性。应该说这种结论符合逻辑——既然连"佛"都不信,谈何成佛之可能?可是,晋宋之际的高僧竺道生大胆提出:"人人皆具佛性。"这个立论在当时可谓惊世骇俗,石破天惊,但中国人能接受的、最终成为中国佛性论主流的恰是这一理论。后来当人们在印度佛经中找到"一阐提也有佛性"的论证时,道生从一个"异端"一下成为佛学的天才。事实上,与其说道生是佛学的天才,不如说他是从中国文化"人人可以为尧舜"的文化本性中推出的关于佛性的结论。反过来,如果认为,不是人人可以为尧舜,不是每个人都有成德成贤的可能,那么,就必须承认一部分人没有道德的可能、伦理的可能,这在表面上"纯粹"了人性,然而其现实的社会效应却把这部分人推上了反伦理的作乱的绝路。性恶论表面上降低了一部分人的道德人格,实际上恰恰为这部分人的道德提升铺平了道路。因为没有道德提升可能的人,也就没有道德责任能力,因而也就不必负任何道德责任。

中国传统的人性设计,理论上存在一个二律背反:一方面,每个人都可以成圣成贤;另一方面,伦理的现实是非伦理,道德的现实性正在于现实中非道德,正是因为社会中并不是每个人都是圣者、贤者,所以才需要伦理道德。在解决这个难题的过程中,传统伦理体现出了深邃的人文智慧。中国人性设计的基本思路是:一方面,赋予人性以道德上的自足性;另一方面,又认为这些道德上自足的本性只是成圣成贤的内在可能性,这种可能性要转化为现实性,需要经过主体的不断努力。孟子认为,仁、义、礼、智是四种最重要的道德，人性的表现，就是人内在的"四心"。"恻隐之心，仁也；羞恶之心，义也；恭敬之心，礼也；是非之心，智也。仁义礼智，非由外铄我也。我固有之也，弗思耳矣"。① 所以，他得出的结论是："万物皆备于我。反身而诚，乐莫大焉。"道德无需外求，只要反求诸己，反求诸性即可。孔子也是如此，他提出"我欲仁，斯仁至矣"。② 而所以欲仁仁至，就是因为仁这样的德性内在于自己，所以必须"躬自厚而薄责于人"。但是，如果认为个体身上道德的潜在就是道德的自在，道德的可能就是道德的现实，又等于取消了社会的伦理努力与个体的道德努力，同样不能达到预期的目的。于是，中国伦理的人性设计，既赋予人性以道德的自足性，又认为这种自足性仅仅是道德上的可能性，只是善之"端"，而不是善本身。"恻隐之心，仁之端也；羞恶之心，义之端也；辞让之心，礼之端也；是非之心，智之端也"。③ "端"即萌芽，即可能性。"四心"只是成就四种德性的可能，只是四种德性的萌芽，可能性要外化为现实性，德性的萌芽要结成道德的正果，还需要主观能动的努力。这种努力，一方面是社会的伦理教化，另一方面是个体的道德修养。于是，传统伦理的人性设计，一方面给人以成圣成贤的希望与可能，另一方面又为道德教育与道德修养留下地盘。而在这样的设定下，道德教育的任务，就是使内在的道德可能成为道德现实；道德修养和使命就是知性尽性。

"情"，在中国伦理的人性设计中是最复杂的问题之一。这一问题的复杂性，来源于关于"情"的文化理解中"情感"与"情欲"的二重性。毫无疑问，情欲在传统伦理中是道德的对立面，虽不完全是克服的对象，至少也是规范和扬弃的对象，从"导欲"、"节欲"，到宋明理学的"存天理，灭人欲"，体现的都是这样的传统。但传统伦理又十分强调另一种"情"，即"情感"。在伦理设计中，情感不只是伦理的机制，更重要的是道德主体的特征，在伦理生活中是道德活动成为可能的重要的主观基础。传统伦理所认同的人性，主要不是一种理性的主体，而是情感的主体。在中国伦理史上，对人性内涵揭示得最具体的是孟子。孟子把"四

① 《孟子·告子上》。
② 《论语·述而》。
③ 《孟子·公孙丑上》。

心"作为人性的主体。"四心"之中，恻隐之心、羞恶之心、辞让之心"三心"都是"情"，只有是非之心一心是"理"，因而认同的人性实际上是一种以情感为主体的结构，情感化是人性的重要特征。这种"情感＋理性"所形成的情理化的人性结构与西方伦理形成的"理性＋意志"的理性化的人性结构迥然不同。情感化的人性主体，在中国伦理的人性设计中，既是文化的必然，又具有内在的合理性。因为中国文化是一种血缘文化，中国伦理的根基是血缘，而情感的逻辑是血缘的绝对逻辑，因而情感必然是伦理主体的基本构成，也是社会的伦理生活的内在文化原理。而且，从伦理的本性上说，情感在相当程度上更能体现伦理的特征。因为伦理的努力，是在价值的引导下建立起人与人之间相感相通的不可分离的内在联系，以消融人我疆界为特征的情感，就比以人我分离为特性的理性更能体现伦理的本性。"情感＋理性"与"情感＋意志"是中西方伦理的两种不同的人性结构，二者都具有行为理性的特征，但前者与后者相比，往往具有更大的行为上的直接性。情感在现实上体现为"知"与"行"的合一，在相当多的情境下，主体的行为是一种"身不由己"的情感反射，因而更能体现道德作为"实践精神"的特点。

[c. 人性认同的真谛]　中国传统伦理中性善的人性认同，既体现了关于社会伦理与个体德性的基本理念，更透过人性的认同，体现了中国文化的精神原理，是深邃人文智慧的体现。在这种认同中，潜在着中国伦理精神的品质特性。

人格平等是中国传统人性观的显著特点。中国社会、中国伦理建立在家族血缘基础之上，以宗法等级为基本原理。在伦理关系与现实的社会生活中，人与人之间无论在伦理上还是在政治上都是不平等的，中国传统的伦理秩序建构的文化原理就是所谓"惟齐非齐"，正是"非齐"的伦理关系，形成了"齐"的伦理秩序。"伦理"之中，"伦"字的文化底蕴，就是区别与秩序。但是，不平等的伦理政治关系的维护，恰恰需要一种相反的人性前提：人格平等。正如台湾有的学者所指出的，中国伦理中没有政治平等的观念，有的是人格平等的观念。① 作为一种伦理预设，"人格平等"的真谛是说每个人都有相同的道德责任能力，准确地说，是每个都具有在各自的伦理地位上"安伦尽分"的能力。道德主体、伦理个体的

---

① 参见黄奏胜《伦理与政治的整合与运作》，台湾文物供应社出版。

伦理地位，即所谓的"伦"与"分"可以是不同的，但道德主体在起点上，即在性善的基本品性上相等，在最后前途即成圣成贤的可能性上相等，于是人格也就平等。在中国传统伦理中，有一对特殊的文化概念——"大人"与"小人"。这对概念，既是对人的政治地位的区分，也是对人的伦理品位的区分。政治意义上的"大人"和"小人"是一个等级的概念，二者不可置换和僭越；而伦理意义上的"大人"和"小人"却是经常发生变化的，"大人可以为小人而不肯为小人；小人可以为大人而不肯为大人"。政治上的"小人"，只要在自己的伦理地位上恪尽道德本务，就可以成为伦理上的"大人"，反之，政治上的"大人"如果不能履行自己的道德责任，也会蜕变为伦理上的"小人"。但是，人格的平等决不意味着伦理地位上的真正平等，而只是在各自的不平等的伦理地位与伦理关系中"安伦尽分"的平等，每个人的"伦"不同，"分"也就不同，但在"安伦尽分"的德性与德能上却是相同的，这就是孟子所说的人人都具有的"良知良能"。这种"安伦尽分"的德性与德能所建立和实现的，恰恰是伦理上的不平等。人性设计的这种文化原理也可以表述为：伦理人格、伦理关系上的不平等恰恰必须以道德人格、本性良知上的平等为前提。其深层的文化原理与"惟齐非齐"的伦理秩序的原理是一致的。

传统伦理的性善理念有一个重要的立足点，就是人兽之分。从形而上的概念分析，人性应当是人的全部属性，包括人的自然属性和社会属性。但不同的民族、不同的文化，对人的本性有着不同的认同。作为一个现实的人，动物性与道德性都应当是基本的属性。恩格斯就说过，人是从动物演化过来的，这一点决定了人永远不能摆脱动物界，问题在于摆脱得多一些还是少一些。如何处理动物性与道德性的关系，体现各种伦理精神的基本特点，是人性认同的基本出发点。总体说来，西方伦理是在人与动物的联系方面确立人性，认为人的欲望是人性的最生动、最具体的体现，人与动物的最大区别，在于人有理性能够战胜和规范动物性。人是什么？西方文化相信"人是理性的动物"、"人是政治的动物"、"人是社会的动物"，人"一半是天使，一半是野兽"。中国伦理则不同。它在人与动物区别的意义上给人性立论，孟子的性善论就把人之所以"异于"禽兽者作为人的本性，实质上是把人之所以"贵于"禽兽者作为人性认同的对象。孟子在人身上分出"大体"和"小体"，"小体"即人之"类于"禽兽者；"大体"即人之"异于"禽兽者。于是，"养其大者为大人"，"养其小者为小人"。具体的人性，就是所谓的"心之同"，是"见父自然知孝，见兄自然知敬，见孺子入井自然知恻隐"之类的道德本能。这种人性理念，立足于人善之分，凸显人的尊严，体现了道德的根本特性。但是，从根本上说，这种人性论还只是一种抽象的人性论，它认同和努力建构的只是一个抽象的"伦理人"，而不是一个有血有肉的活生生的生命个体。由此，在文化价值取向与现实道德生活中，就潜在着一种倾向：把德性与欲望、道德与生活相区分，使道德成为一种生活方式，尤其是一部分人独有的生活方式。在个体生命中，区分出两种自我——德性自我与欲望自我；在个体生活方式中，区分出两种生活方式——欲望的生活方式与道德的生活方式；在社会生活中，区分出两种人——过道德生活的人与过世俗生活的人。显而易见，中国传统伦理重义轻利、义利分离的倾向，已经潜在于人性的认同之中了。

既然人性是先验的、自足的，人性之中包含了一切道德的可能，于是如何成为一个有道德的人，结论也就不证自明了。性善论特别强调善性的先验性，认为人的伦理行为与道德选择是人的本性的良知良能的显现。孟子在由"孺子入井"论述"恻隐之心"时，就作了明确的推论。他认为："见孺子入井自然知恻隐"，"非要誉于乡党朋友也"，"非内交于孺子之父母也"，"非恶其声也"，而是出自天性的恻隐同情之心。① 顺着这样的思路，得出的结论必然有二：一是道德无须外求，只待内求；二是在个体与群体、个人与社会的矛盾中，自我是矛盾的主要方面。性善论形成的是一种向内探求的伦理性格与精神品质，最后建立的是一种由个体自身的人性出发，通过善性的发扬与良心的发现，最后再向自我复归的伦理精神模式。这种模式，可以称之为"自反"的模式，它后来被陆九渊发挥为"立其大者"的"简易工夫"。"求诸己"，"躬自厚而薄责于人"，是中国伦理精神的性格特征。这种性格特征表现在个体与整体、个体欲望与社会秩序的矛盾中，价值取向就是"宁可改变自己的欲望，而不改变社会的秩序"（笛卡尔语），形成的是整体至上的伦理精神。向内探求的伦理性格与整体至上的伦理精神，是传统人性精神的重要品质，它对传统伦理和中国社会产生了十分复杂的影响。

---

① 《孟子·公孙丑上》。

（二）德性之自在：道德规范

如果说人性是伦理精神、道德精神的潜在状态，德性便是其自在状态。人性认同是重要的，然而更具有实践意义的是在此基础上培育德性品质。人性与德性相联系又相区别，虽然在理论上德性可以视为人性的逻辑结果，但德性比人性更具体，是人性的自在表现，人性只有在实践中落实为主体的德性时，才能成为伦理精神的具体、现实的生态因子。因此，在道德精神的形成中，人性精神必然要向道德精神过渡。

［a. 德性—德目—美德］　什么是德性？德性的特质是什么？这种追问历史上的伦理学家尤其是致力于建立理论体系的西方伦理学家一直没有间断过。美国伦理学家 A. 麦金太尔认为，在荷马史诗时代，"卓越"比"德性"一词更能表现荷马的"aretai"的意义。在西方，至少存在三种德性观。"德性是一种能使个人负起他或她的社会角色的品质（荷马）；德性是一种使个人能够接近实现人的特有目的品质，不论这目的是自然的，还是超自然的（亚里士多德，《新约》和阿奎那）；德性是一种在获得尘世的和天堂的成功方面功用性的品质（富兰克林）"。[①] 英国伦理学家亨利·西季威克指出，应当在德性与义务、与行为的关系中考察德性的特性。[②] 他认为，德性应当包括两种行为，既包括义务的行为，又包括可能被普遍认为是超出了义务范围的任何好的行为。当然，在日常用法中，德性最突出地表现在义务中。[③] 在西方伦理学家的以上规定中，德性包含了义务的、人的目的性的、自我实现的等方面的内涵。在表现方式方面，德性是一种内在的稳定的品质，这种品质通过行为体现，尤其通过义务的行为体现。

德性如何转化为行为？根据麦金太尔和西季威克的观点，德性是灵魂的、内在目的性的、出于义务的和追求自我实现的。这些潜在的品质往往积淀于伦理精神和道德精神的深层，作为德性的本体而存在，只有通过一定的道德规范才能显现。道德规范是一种伦理、一个民族的德性精神的显

---

① A. 麦金太尔：《德性之后》，龚群等译，中国社会科学出版社 1995 年版，第 234 页。

② 西季威克：《伦理学方法》，廖申白译，中国社会科学出版社，第 241 页。

③ 同上书，第 240 页。

性的和自觉的体现。人们可以对德性的本质进行形上思辨，也可以对一个民族的德性品质和德性精神的普遍特征进行抽象，但当论及某个民族、某个伦理的德性特质时，总是首先注意它的行为取向和生活方式，然后追溯到它所遵循的道德规范。在德性与行为之间，道德规范是中介环节。规范是德性的表现，比德性更富于具体性和落实性，但对行为来说，又更具有抽象性和普遍性。在道德精神的形上结构中，如果把德性当作"体"，行为当作"用"，那么，规范既不是"体"，也不是"用"，而是"体"——"用"之间的联系环节。缺乏这个环节，德性无以显现。

在德性——规范——行为的关系中，需要特别指出的是：道德规范不只是对人的行为的限制，它在本质上是对主体德性的造就。限制与造就，是规范本质的一体两面。二者之中，限制只是表象，是道德规范的否定性的本质；造就是实质，是道德规范的肯定性本质；规范限制的是人的动物性，造就的是人性。在这个意义上，伦理精神的规范功能的准确表述应当是"人德规范"，而不是"行为规范"。限制不是道德的目的，更不是道德的最高境界，"规范"的真谛，是对人的德性的培育和造就。"人德规范"比"行为规范"更能体现道德规范的真谛。在一些伦理学家那里，道德规范又被称之为"德目"。"德目"的概念一方面表明德性与规范之间的关系，是德性之目；另一方面也体现德性的本质，是主体进入德性之目。"德目"的概念比"道德规范"更能表现"规范"的本质。明确、完整、有效、合理的规范体系，往往是伦理体系和伦理精神成熟的重要标志之一。

在德性结构中，德性与美德难以区分又必须区分。西季威克认为，德性必须具备这样的条件：当环境为它的实现提供机会时，所有普通人都可以凭意志直接获得，否则德性便不能称之为德性。美德则不同。美德不能简单理解为是意志的禀赋，也不能理解为恩赐或天才。[1] 德性和美德之间的重要区别是"意愿性"。[2] 他认为，德性观念中包含了两个因素："一个是至善的、我们能够为人类生活去构想的道德美德理想，另一个则体现在人们获得这一理想的不完善的努力中。"[3] 美德包含于德性之中，但德性

---

[1]　西季威克：《伦理学方法》，第 239 页。

[2]　同上书，第 246 页。

[3]　同上书，第 244 页。

并不就是美德。德性代表着主体的某种意愿性和实现这一意愿的可能性，而美德代表德性中那些体现道德理想的东西，代表主体为实现道德理想而进行的实践努力。美德存在于德性之中，但并不是所有的德性都可以称之为美德。在德性体系中，美德具有双重特性：既是理想的，也是实践的。

可以这样表述德性、德目、美德之间的关系：德性是本体；德目是德性的体现，更是通向德性之门；美德则是代表主体的道德理想、在伦理生活中得到比较普遍的尊奉、在一定意义上具有普遍和永恒价值的那些德性。

［b. 传统德目与传统美德］　中国传统伦理在漫长的历史发展中，建构了十分成熟的道德价值体系，形成了丰富多彩的个人伦理、家庭伦理、国家伦理、乃至宇宙伦理的道德规范体系，从内在的情感信念到外在的行为方式，都提出了比较完备的德目。一般说来，传统道德规范或德目有两种：一是由伦理学家概括出来的，或者由统治阶级提倡并上升为理论的规范；二是那些虽然未能在理论上体现和表述出来，但在世俗生活中得到广泛认同和奉行的习俗性规范。前者比后者更自觉，后者比前者更纯朴、更直接地体现了某个民族的品格。

在中国伦理史上，《书经·皋陶谟》把人的美德概括为九项：宽而栗，柔而立，愿而恭，乱而敬，扰而毅，直而温，简而廉，刚而塞，强而义。这九德的具体内容用现代的语言表述就是：宽大而有纪律；温和但坚强有力；严谨恭敬却不冷淡；有解决问题的能力但很谨慎；外柔内刚；率直温和；不拘小节但很踏实；外在刚健，内在充实；勇敢而有正义感。在《贞观政要》中，这"九德"与"十思"结合，构成"君人者"所必须具备的"十思九德"。

孔子建构起了第一个比较完整的道德规范体系。他以知、仁、勇为"三达德"，"三达德"展开为孝、礼、悌、忠、恕、恭、宽、信、敏、惠、温、良、俭、让、诚、敬、慈、刚、毅、谦、克己、中庸等德目。孟子以仁、义、礼、智为四基德或四母德，演绎出"五伦十教"，即，君惠臣忠、父慈子孝、兄友弟恭、夫义妇顺、朋友有信。孟子以后，仁、义、礼、智，成为代表传统道德精神的"中国四德"。仁者，"人之安宅也"；义者，"人之正路也"；礼者，"节文斯二者也"；智者，"知其二者弗去是也"。"居仁由义"，"礼门义路"，"必仁且智"，形成完整的德性体系。到两汉，董仲舒在这四德之外又加上"信"一德目，定为"五常"。从此，个体道德的"五常"便与社会伦理的"三纲"结合，成为封建社会在社会伦理与个体道德方面不可更改的"名教"。

　　法家也建立了自己的道德规范体系。管仲学派提出所谓"四维七体"。它把礼、义、廉、耻四德作为"国之四维"，即作为立国的四大纲要。"礼不逾节，义不自进，廉不蔽恶，耻不从枉。故不逾节，则上位安；不自进，则民无巧诈；不蔽恶，则行自全；不从枉，则邪事不生。"①"四维"是伦理原则。在行为规范方面，还有七大准则，所谓"义有七体"。这"七体"是："孝悌慈惠，以养亲戚。恭敬忠信，以事君上。中正比宜，以行礼节。整齐撙诎，以辟刑缪。纤啬省用，以备饥馑。敦蒙纯固，以备祸乱。和协辑睦，以备寇戎。凡此七者，义之体也。"② 由此，形成"八经"之伦理秩序："所谓八经者何？曰：上下有义，贵贱有分，长幼有等，贫富有度。凡此八者，礼之经也。故上下无义则乱，贵贱无分则争，长幼无等则倍，贫富无度则失。上下乱，贵贱争，长幼倍，贫富失，而国不乱者，未之尝闻也。"③

　　显而易见，以上德目不能与传统美德相混同，传统美德只是传统规范体系中的合理内核。但也不可否认，以上德目对中国传统道德精神的培育，对中华民族美德的形成产生了十分重要的影响。所谓"传统美德"，是指在自觉的或习俗的道德规范中，那些为大部分人所接受并实际奉行的、对民族发展起积极作用的、具有必然性、合理性的德目。作为美德之"传统"，它当然具有传统的特性，即不仅是过去发生的，还必须在现代仍发挥着影响的那些德目。我认为，中华民族具有十大传统美德，它们是仁爱孝悌、谦和好礼、诚信报恩、精忠报国、克己奉公、修己慎独、见利思义、勤俭廉正、笃实宽厚、勇毅力行。④

（三）德性之自为：道德自我

　　[a. 道德自我的意义]　　什么是道德自我？在伦理体系中，如果把人

---

　　① 《管子·牧民》。
　　② 《管子·五辅》。
　　③ 同上。
　　④ 以上十大美德，本人在参加张岱年、方克立主编的《中国文化概论》一书中已作具体阐释，详见北京师范大学出版社 1999 年版，第 280—290 页。

伦关系、伦理秩序看作是社会伦理的实体，道德自我便是个体内在德性的实体。道德自我的核心是如何建立自我内在的道德实体。"自我"的内涵丰富，核心是对自己在社会体系中主体性地位的肯定。道德自我的意义，在于建立内在的个体德性的主体性，建立个体道德在完整的"自我"结构中的主体性地位。由此，道德自我不仅应当是健全自我的有机构成，而且由于道德是作为人与动物相区分的重要表征，因而又是这个完整结构中的标志性的构成。

在广义上，"道德自我"包括三层含义：一是道德参与、调节、控制下的自我；二是道德性、道德化的自我，或"道德的"自我；三是在自我结构中与"本我"相对立或对待的自我，即"道德性的自我"，它是在自我中建构的一个道德宇宙。"道德调节下的自我"是就道德的活动方式来说的，强调的是自我的道德性质；"道德化的自我"是就最后结果来说的，是道德调节所达到的完全的程度，或建立的道德人格；"道德的自我"是就过程来说的，是自我中的一部分。从某种意义上说，"道德的自我"是体，"道德调节下的自我"是用，"道德化的自我"是体与用的合一，三者的统一才构成完整的道德自我的含义。

伦理所设计的是社会生活的秩序，道德所调节的是个体内在的生命秩序。人的个体不只是心理性、更不只是生理性的存在，在其现实性上是一个伦理性的存在。现代心理学把人的心理结构和心理过程分为知、情、意，即认识、情感、意志三个部分。实际上，人的心理一旦走出个人的领域，获得社会性，马上就具有了道德的内涵，因为只有道德才赋予知、情、意以人的生命的秩序与意义。知、情、意、德四个方面的有机统一，构成人的特殊的内在素质。四者之中，虽然德性与知、情、意有同一的一面，但从人的现实心理和行为过程来看，它又确实是一个独立的部分。因此，如果把自我分成一般自我与道德自我的话，德性就是内在的道德自我，它对人们的意欲、情感、行为进行调节与导向，以规范生命秩序，实现自我的价值。

从伦理体系方面考察，道德自我也是其必然的内在结构。如果把伦理道德作为一个完整的价值体系，那么，伦理所要完成的任务是致力于建立某种人伦秩序，形成人伦原理，建构伦理实体；而道德所要解决的是个体如何认同、内化这种人伦秩序与人伦原理，形成个体德性，建立道德自我。具体的人生过程，就是伦理与道德的现实历史的统一，即人生的道德实践与人伦实现的统一。在伦理体系中，"道德自我"的概念，是一个把道德心理、道德行为、道德品质统摄起来的综合性的范畴；道德自我的建立是伦理学在理论和实践上都应当致力于完成的任务。

[b. 修养与道德自我]　如何建立个体的道德自我？不同的文化当然有不同的途径。代表中国伦理传统的文化设计，是通过个体的道德修养建立道德自我。

在中国伦理中，修养几乎是一个与道德相始终的范畴。修养的概念不仅意味着道德的自觉性与能动性，而且是道德自我建立的主要的乃至根本的途径。修养的真谛是什么？透过具体的规范，修养的全部真谛都意味着战胜自我，超越自我，建立个体坚定的道德主体性。在文化设计的价值原理方面，中国传统道德修养的基本原理就是所谓的修"身"养"性"。"修身养性"的潜台词是把"身"和"性"，由于"性"与"心"的同一，实际上也是把"身"和"心"看作是二元的。其隐含的意思是说，"心"（"性"）是道德的主体，或者说，具有道德的基础与能力，只需要"养"，即培养、存养；而"身"则是欲望的主体，具有偏离道德的危险性，需要不断地"修"，即修炼、修明。在一个具体的人身上，存在道德与非道德的双重主体。修养的任务，就是以"心"的道德的主体性制约、战胜非道德的"身"，使其纳入道德的轨道。所以，自孔子至朱熹，都把"克己"作为修养的最根本的要求。在精神取向上，"克己"决不只意味着是消极地克制自己，而是积极的自我超越，"克己"者，"胜己"也。"克己"的真义，在于超越自我对欲望的追求，使作为欲望主体的"身"，完全处于作为道德主体的"心"（"性"）的控制之下。

如何进行道德修养？中国伦理提出了十分丰富的修养方法与途径，其中最根本、最能体现修养的民族特色的是道德主体性的凸显。在西方文化中，道德行为的调节靠对上帝的信仰实现，"上帝与你同在"，它一方面监督人的行为，另一方面又赋予人们以道德的力量。上帝作为一种偶像虽然无所在，但也正因为如此，它又无所不在，能洞察人们的一言一行，一思一念，使之"无逃乎天地之间"。这种修炼，归根到底还带有某种外在性的特征。在中国文化中，道德的调节主要通过传统习惯、社会舆论、内心信念实现。传统习惯是外在的规范；社会舆论在入世的文化中虽然能发挥有效的监督作用，然而它并不是无所不在的，在舆论所不及的地方尤其是个人内在的道德生活中就难以发挥作用。于是，中国伦理就提出了一个与入世文化的舆论监督相补充的修养机制：慎独！"君子慎其独也"。在个人独处，为人所不知的地方，也要恪守道德的准则，"莫见乎隐，莫显乎微"，戒慎恐惧，惕砺磨炼。至此，外在的监督便转换为内在修养，内在的、强大的道德的主体性得到确立。慎独，既是修养的最高境界，也是内在道德主体性确立的标志。

［c. 道德自我建构的基本课题］　道德自我的建构，与道德基本问题的解决紧密关联。

道德的基本问题，就是道德和利益的关系问题，道德的基本问题包括两个方面：（1）道德和利益何者放在首位，与此相联系，个人利益和集体利益的关系问题；（2）个体至善与社会至善的关系。

现代道德自我的建构所面临的课题，一是如何安顿自己的生命秩序；二是如何把个体的生命秩序与社会的生活秩序相契合，达到个体道德与社会伦理的合理实现。前一个课题是道德和利益、个人利益和整体利益的关系，后一个问题是个体至善与社会至善的关系。

在个体道德中，道德和利益、个体道德和社会利益的关系，是义利关系的两个方面。这个问题的实质，是要把道德的义放在首位，用道德的主体引导制约自身内在的欲望冲动，以实现道德的价值，实现人的价值，因而义利关系又被诠释为天理与人欲的关系。在天理人欲关系方面，中国伦理的基本精神是以理制欲，以理导欲，由此体现出人、人性的崇高与尊严。应该说，这种精神基本上是合理的。然而，在现实的道德运作中，"义"的标准并不是抽象的，而是具体的。义与利的区别，不只是抽象的道德准则和世俗的物质利益的对立，而是大利与小利、公利与私利的区别。中国伦理不只是抽象地论义利，而是把义利关系落实为人我关系、公私关系。它并不一般地否定个人，否定个体的自我实现，而是要求"己欲立而立人，己欲达而达人"，"己所不欲，勿施于人"；并不把一切欲望都斥之为"人欲"，而只是把"过欲"与"私欲"等不好的欲斥之为"人欲"。依中国传统伦理的观点看，私利是人欲，而公利则是天理；公利是"义"，而私利则是"利"。因此，义利之辨的本质是公私之辨；重义轻利的实质是重公抑私。中国伦理的义利精神，从根本上来说，是一种整体至上主义的精神。这种整体主义精神，是我们的民族的凝聚力之所在，也是中国伦理精神的合理内核。

道德追求善的价值，这种善的价值内在地包含个体的善与社会的善两

个方面。从理论上说，这两种善是可以统一而且应当统一的。因为对个体
行为的善恶判断，取决于社会的伦理秩序的要求，在这个意义上，社会伦
理是个体道德的前提。但是，社会伦理与个体道德又存在着分离甚至对立
的倾向。个体按照伦理秩序的要求修身养性，建立道德自我，实现道德上
的善；然而，如果作为个体道德与道德自我建立前提的伦理秩序不具有善
的性质，甚至相反，那么，个体的善非但不能实现社会的善，反而恰恰维
护着一种不善的甚至恶的社会。由此就形成道德价值的内在分裂。正是社
会伦理与个体道德的这种矛盾冲突，内在地推动了伦理与精神的辩证的发
展。从历史上考察，中国伦理、中国传统道德自我的最深刻、最突出的矛
盾，就是个体至善与社会至善的矛盾。

七　人生智慧—安身立命

　　"人生智慧"，是一个在文化理解中最容易被疏忽然而又最能体现伦理精神的目的性和人文原理的生态因子。对个体来说，伦理是一种生命智慧，是建立合理的生命秩序、赋予生命以自力更生的旺盛生命力的人文智慧；对社会来说，伦理是一种生活智慧，是建立尽性合理的伦理关系、赋予世俗生活以超越性的价值意义的人文智慧；当生命发育与生活发展整合时，伦理又凝结为一种深邃而崇高的人生智慧，它使人生达到合理生命和合理生活的现实历史的统一。生命智慧是个体生命的价值生态，生活智慧是社会生活的价值生态，人生智慧则是在此基础上形成的伦理精神结构的价值生态。生命智慧——生活智慧——人生智慧，是人类在建构自己的安身立命基地的过程中所必需的。

（一）　生命智慧

　　道德是人类的智慧显现，是人类生命的智慧结晶。生命智慧，是道德的文化本性，也是道德作为一种文化结构与文化设计的历史必然性与现实合理性的内在根据。

　　[a. 生命世界]　　当人类逐渐从混沌中分离出来，意识到自己在世界中的主体性地位，从而产生"自我意识"的时候，就建立起了两个相分立的世界：主体世界与客体世界。一旦人类不仅在人与自然的对立中发现自身，也在人与人、人与社会的关系中发现自身的时候，这个二分世界就沿着两个逻辑方向发展：一种是哲学的与科学的逻辑；一种是伦理的与道德的逻辑。

　　哲学的与科学的逻辑把人以外的世界包括自然、社会、精神等对象化，形成主体世界与客体世界的对立。主体世界与客体世界的关系，是认识、改造与被征服的关系。人们认定这两个世界之间存在某种一致或统一，只是由于认识与知识的局限，才难以达到或难以完全达到两个世界的统一，不过无论如何，这种一致与统一是存在的。古典哲学家把这两种世界称之为"此岸世界"与"彼岸世界"。

当处理人与自然、人与人、人与自身的关系时，人们又建立了另一种二分的世界：世俗世界与意义世界。处理人与自然的关系，是为了获得物质生活资料。在获得生活资料过程中，人们必须结成一定的相互关系，这就产生了人与人、人与社会的利益关系，也产生了个人利益与他人利益、个体利益与社会利益的矛盾冲突。现实的利益关系与利益冲突形成世俗化的世界。对这些关系与矛盾的调节，不仅与人类生活相关，而且与人类的生存直接关联。为了人类整体的与长远的生存发展，就要求人们放弃某些个体和眼前的利益要求，追求长远和整体的利益；在个体生命中，也就相应地要求约束甚至放弃某些本能的冲动，服从于整体与长远发展所要求的原则与规则。于是，在世俗的利益世界之上，人类又建立起了一个价值的或意义世界，这是一个既植根于人的需要，特别是人类整体的与长远的发展需要，又体现人的某种具有精神意义追求的世界。整体的利益、长远的利益、人的精神追求，既是人的发展的根本需要，当下又无法以某种实在的利益的形式显现，于是便凝结为"意义"。"意义"之所以被称为意义，"价值"之所以被称为价值，不是说它全无利益的内涵，而是说它是对眼前的与个体的利益的有限性的扬弃和超越，是对无限与永恒的追求。完全没利益的内涵，"意义"最后就会"无意义"，"价值"也就"无价值"；但如果直接等同于当下的、个体的利益的有限，也就不是"意义"与"价值"，而是"现存"与"世俗"。意义的世界，是一个超越性的世界，也是一个理想的精神性的世界。它既具有利益的实在性，又具有精神的理想性与超越性。这样的意义世界与价值的世界，是由伦理与道德为基本原理建构的世界。

由此，就产生对于世界的两种把握方式，即所谓"实然"的把握方式与"应然"的把握方式。对这两种把握方式，经典作家称之为哲学的把握方式与"实践精神"的把握方式。它们遵循不同的原则。"实然"遵循"真理的原则"，其把握模式是"To be"；"应然"遵循"价值的原则"，其把握的模式是"Ought to be"。"所谓真理原则，就是在意识和行为中追求真理、服从真理、坚持和执行真理的原则。这一原则的基本内容，就是人类必须按照世界的本来面目和规律去认识世界和改造世界，包括认识和改造人类自身"。① "所谓价值原则，就是人的意识和行为中包含主体需要，追求价值，注重效益的原则。这一原则的基本内容，就是改造世界使之适合于人类社会进步发展，或按照人的尺度和需要去认识世界改造世界（包括人和社会本身）"。②

值得思考的是，人类为何在对世界作以求"真"为目标的哲学与科学把握的同时，还必须进行以求"善"为目标的伦理与道德的把握？人们可以从各个层面论证"真"与"善"的内在统一性，但无论如何，"真"与"善"不仅存在着统一，更存在着差异与对立，否则，二者都会失去存在的理由。在中西方哲学史与伦理史上，像苏格拉底、孔子这样的伟人，早就指明过"真"与"善"的对立。在通常情况下，善的必须是真的，但真的不一定是善的，因为如果说真是对主观性尤其是主观任意的扬弃，那么，善正是在社会生活中人类主观精神的与主体性的体现，虽然这种主观性与主体性都有其客观基础，但"应当"体现的是人类把握自身的主体性。在相当多的情况下，"真"并不具有"善"的属性，真的不一定就是善的；相反，善的也不一定完全就是真的。苏格拉底曾用他著名的"讽刺法"令人信服地说明，在特殊情况下，"说谎"也具有"善"的属性——如果"说谎"的动机与效果都是为了达到某种善的目的。显然，如果没有价值世界与意义世界，没有关于世界的"应然"的把握方式，人类就只能生活在冷冰冰的、相互对立的对象化的世界中，也就无力解决人与自然、人与人、个体与社会的各种矛盾与冲突。

意义世界的建构，对维持个体与社会的生命机体的平衡，具有至关重要的意义。文化创造的是一个意义世界，这个意义世界的创造，扬弃了现实世界中许多世俗的矛盾冲突，达到生命的平衡。这里，不必进行太多的形而上的逻辑推论，只要从一些日常生活的文化原理中就可以得到启迪。人类总生活在一个特定的时空中，时空是人们面对的一个基本的"真实"。四时更迭，斗转星移。只要留心观察就会发现，在更迭的四时中，人们歌颂的是春天。其实，四季中，春天并不像人们赞美的那样好，也许只有在诗人的眼中才那么美好。对处于农耕时代的农民来说，春天最难

---

① 李德顺：《价值论》，中国人民大学出版社 1987 年版，第 344 页。

② 同上书，第 347 页。

挨。青黄不接，仓储无几。春天的景象也并不是总是那么令人振奋，"春困"就是人们的普遍感受。人们歌颂春天，我想基本的原因有二：一是春天象征着希望。春天虽然青黄不接，但春风解冻，大地回春，万物苏醒，在绽出的新芽与破土的麦苗中，饱含着一年之中全部的希望。春天虽然没有收获，却孕育着收获，寄托着希望。人的精神最亢奋之时，不是收获之际，而是希望的曙光到来之时，是在不息追求希望的过程中。另一个更重要的原因是，春天是一年四季最困难的时期，然而，"年年难过年年过"，无论怎么难过，春天总是要过，如何渡过这最为困难又最有希望的时期，是人类面临的一大难题。在世俗世界中，这一难题难以解决。在价值世界中，人们赋予春天以丰满的文化意义，从而歌颂春天，赞美春天，让春天充满"意义"，使人们在对春天的"意义"领悟与追求中，充实而又愉悦地渡过四季中最难挨的时光。四季之中，秋天应当是最值得歌颂的，大地金黄，硕果累累，秋天是收获的季节，但也正因为它在世俗世界中获得了"真实"，文化智慧总是提醒人们：秋天虽然美好，可是秋天过后是严冬，收获过后是寂寞。这里内含着"坚强者死之徒，柔弱者生之徒"的道家式智慧。这样，一年四季之中，人们以春天为坐标，通过文化的努力，建立起了一个不断追求希望的"意义世界"。春天是美好的，冬天是严酷的，然而雪莱的一首诗给人们以振奋："冬天来了，春天还会远吗?!"而硕果的秋天，由于其世俗的实在性与收获之后的肃杀，在意义世界中却成为"悲秋"，"春天的后面不是秋"，成为对人们的一种劝慰。"意义"之所以成为"意义"，就是因为它所追求的不是收获而是希望，如果希望与收获相等同，也就无"意义"可言了。

人与自然的关系如此，人与人的关系也是如此。在社会生活与社会分工中，总有一些职业是比较辛苦也是比较清苦的，然而在社会分工与社会生活中，这些职业又必不可少。教师、护士、清洁工人都是如此。在西方社会，主要通过市场调节即工资差别实现分工和职业平衡，但在东方社会，尤其像中国这样的具有悠久文化传统的文明古国，除了经济杠杆之外，在相当程度上通过文化的努力，即通过文化建立的"意义世界"来实现这种平衡，于是就产生了对从事这些职业的人们的奉献进行歌颂的文化作品，教师被誉为"人类灵魂的工程师"；护士被称为"白衣天使"；清洁工人则是"城市美容师"。在"意义世界"中，他们拥有崇高的地位，但事实上，在世俗世界中，其经济的乃至社会的地位并不一定比得上其他职业。意义世界的建立在相当程度上维持着世俗世界的平衡，创造出一种人文的力量，是人文智慧的体现。

[b. 生命秩序]　　生存不等于生活，生活不等于生命。求生存是人的本能，是人的其他一切活动的基础，但如果只停留于这一水平，人类的生活与生命与动物的谋生就没有本质区别。人类生活的根本特点，在于他透过文化的努力，有一整套"人"的原理、"人"的逻辑，从而获得"生命"的意义。

"生命"的真谛，首先在于明确的目的性，目的性扬弃了生物本能的冲动，在生存与生活的基础上追求更高层次的"意义"，由此超越有限，趋于永恒。其次，生命的真谛在于秩序性。本能冲动之于人的生命表现，重要的区别在于秩序性。人由动物转化而来，这就决定了不可能完全摆脱动物性的冲动，但人的生命的崇高，在于能够按照一定的价值体系、规范体系，引导和约束自己的本能冲动，使之摆脱个别性与任意性，由此建立生命秩序。再次，生命的真谛在于自我更生、自我实现。在生物学意义上，人和动物都有生命，然而动物的生命主要是一个生理过程，而人的生命除自然的生理过程外，更是一个文化的过程，是一个文化武装、文化引导、文化提升的过程。自然的生命与文化的生命的最大不同，就在于人的生命有伦理道德的参与，进而推动生命不断获得提升。于是，生命的过程，也就是一个自我追求、自我实现的过程。从伦理精神的意义上诠释，生命的过程，在否定性的意义上是自我约束、自我规范，显现人的特点和人的尊严的过程；在肯定性意义上是自我造就、自我提升，实现生命的意义和价值的过程。生存——生活——生命，以生命追求为真义和最高境界。生命的真谛在于"意义"与"价值"，有了意义与价值，"生命"就超越了生物性的有限，达到价值的无限。诗人臧克家的著名诗句，揭示了内蕴于生命的这种真理："有的人活着，他已经死了；有的人死了，他还活着。"

人的生命的基本问题或基本课题就是"理"与"欲"的关系。人身上存在两种生命，一是以"人欲"表现出来的生物性的生命，是初级生命；二是以"天理"呈现的价值的生命，是高级生命。前者是无序，是有限；后者是有序，是无限。生命秩序的建立，就是以道德的生命引导、规范生物性的生命，使生物性的生命表现与生命追求符合人价值的目的与道德规范，从而在个体生命中建立某种秩序，使生命表现与生命追求具有价值合理性。正因为如此，中国伦理历来主张"以理导欲"，"以理节欲"。但是，中国传统伦理中的"人欲"，并不是指人的所有欲望，而是指脱离道德生命引导与规范的"过欲"，即不合理的欲望。强调的仍然是人的内在生命秩序的建立，只不过在这种生命秩序中，道德的要求、道德的生命是主导方面。以道德价值建构生命秩序，是伦理精神作为一种人文智慧的本义。

于是，道德作为一种生命智慧，就不是一个要不要"得"的问题，而是一个"如何得"的问题。"得"即获得一定物质利益的满足，是人的基本需求，是生命的基本冲动，没有这样的需求和冲动，道德就失去了存在的理由。作为生命本性的体现，"德"的参与，"德"的努力，"德"的可贵，就在于赋予作为人的生命的初级表现的"得"以秩序与价值。"德"对于"得"的扬弃，不是要求人们舍弃"得"，而是要求人们"得之有道"，"取之有理"，着力解决的是"如何获得"。从词源学上考察，"德"一开始就与"得"互通，当人们的道德意识觉醒，意识到人类为了"获得"就必须解决"如何获得"的课题时，"德"才与"得"相分离，"德"也就被赋予作为人文智慧的文化本性。从根本上说，"德"的智慧的真谛不是教人们不要"得"，而是追求"真得"、"大得"、"长得"。这种超越了个体与当下的"得"，不是一种虚幻的存在，而是一种真正的现实，是富有道德价值与生命意义的"得"。它透过主体的"善"的理念被实实在在地把握，具有历史的现实性，是理性的真实。"德"与"得"的关系问题，是道德作为生命智慧，尤其是中国道德作为一种生命智慧的基本内涵。

[c. 生命逻辑]　一般认为，在中国传统文化中，儒家是伦理道德的设计者，甚至可以说是伦理道德的代名词。其实，儒家提倡的是一些道德的原则与原理，真正揭示中国文化道德智慧真谛的当推道家。老庄从宇宙论与人生论合一的角度，指明了"道""德"的本性。老子认为，宇宙之间存在一个"道"，人类社会也存在这样的"道"，这个"道"是外在的、客观的，在宇宙为"天道"，在社会为"人道"。"道"是万物的本体，"人法地，地法天，天法道，道法自然"。① "道"的本质是"自然"，

---

①　《老子》二十五章。

即自然而然，其内在的逻辑则是"无为而无不为"。① 这就是所谓的"无为之道"。"道"法自然，"自然"与"人为"、"有为"相对。如果"有为"，就破坏了"道"本身。"大道废，有仁义；慧智出，有大伪；六亲不和，有孝慈；国家昏乱，有忠臣"。② "道"是惟一的、是整全，个体分享了"道"，便凝结为内在的"德"。"道"的本性是"无为"，"德"的本性是"不德"。"上德不德，是以有德；下德不失德，是以无德。上德无为而无以为，下德为之而有以为"。③ 既然"道"与"人为"相对，那么，"德"就不能"为德而德"。"道""无为"，"德""不德"。"道"是"无为而无不为"之道，"德"是"无为而无不为"之德。这就是老子道德智慧的真谛。

在生命世界与生命秩序、本能的生命冲动与道德的生命冲动之间，确实存在着"有为"与"无为"的辩证。"理"对"欲"的节制，"德"对"得"的引导，既是一种"无为"，又是一种"无不为"。道德智慧的运作，道德对于生命秩序的调节，当然要限制本能冲动的某些"有为"，使之在一定程度上"无为"，但本能生命的"无为"，正是道德生命的"有为"。"无为"与"有为"，就是这样辩证地存在于生命秩序之中。但是，从根本上说，"无为"并不是中国道德智慧的真谛，在生命秩序的建立与调节的过程中，"无为"的实质，恰恰是"无不为"。道德生命中的"无为"，不是消极的无为，而是积极的无为，"无为"的结果，在生命逻辑的运作中，是"无不为"。中国人的"谦虚"品质，就是这一原理的典型体现。"谦"即谦让，但谦让是相互的、双方的，只有互动，才构成谦让的伦理原理，否则就无谦让可言；"虚"也不是纯粹的"无"，不是"虚无"，相反，恰恰是真正"有"。主体事实上拥"有"，但又不自以为"有"，以"无"的态度对待他人，立身处世，这叫"生而不有，长而不宰"。老子一段话，点明了"谦虚"的本质："江海所以能为百谷王者，以其善下之，故能为百谷王。是以欲上民，必以言下之，欲先民，必以身后之。""故贵以贱为本，高以下为基。是以侯王自谓孤、寡、不穀，此非以贱为本耶？非乎？"④ "得"是人的天性与本能需求，但如何"得"，

① 《老子》三十七章。
② 《老子》十九章。
③ 《老子》三十八章。
④ 《老子》三十九章。

则体现了文化的智慧，"无为而无不为"正是这种智慧的体现。在这种智慧的运作中，个体既得到利益与德性的双重实现，社会也在这种运作中滋生情趣。当然，这种智慧也有局限性，它是家族社会的产物，只有在一个固定的生活圈中才有现实性。同时它也易于蜕变为谋术与权术，流于虚伪。但虚伪并不是这种智慧的本性，因为这种智慧的运作贵在真诚，"无为"是真诚的，"无不为"只是结果，就像新教伦理教导人们的那样，如果为财富而财富，那是不道德的，但如果把财富当作劳动的结果接受，那便意味着上帝的祝福。如果把"无为"作为手段，以达到"无不为"，是虚伪和权术；但如果把"无不为"作为"无为"的道德原理运作的最后结果，那便是深邃的人文智慧。

（二）　生活智慧

如果说道德是个体的生命智慧，伦理便是社会的生活智慧。伦理作为一种人伦原理的真义，意味着它不是社会的某种精神装饰，而是人类生活遵循的内在原理。正是依着这样的原理，社会才有合理有效的秩序，人类生活才富有尊严和情趣，从而"快乐地度日，幸福地生活"。（丸山敏雄语）生活智慧就是伦理之为"原理"的文化本性。

［a. 伦理互动］　伦理、道德、宗教都追求某种善的价值，都进行行为的规范与调节，但关系模式与作用机制迥异。宗教建立的是人与神的关系，人格化的"神"是行为规范的制定者与行为的调节者；道德建立的是人与"理"的关系，人对于"理"即社会规范的信念及其自觉遵从，是道德发挥作用的主要机制；伦理处理的是人与人的关系，是主体与他人的价值互动。人对神的关系、人对理的关系、人对人的关系，是宗教、道德、伦理面对的三种关系，三者有不同的作用形式与作用领域。伦理是社会的；道德是个体的；宗教是超越的。三者在对人的行为调节，在调节社会关系方面异曲同工，殊途同归。

伦理的作用机制与运作原理是社会互动。伦理的作用，遵循的是社会互动的原理；伦理的智慧，是社会互动或社会交互的智慧。

什么是社会互动？社会学家往往把社会互动与社会过程相同一，认为社会互动（Social Interaction）"是指社会分子间的心理交感作用或行为的

互相影响"。① 也有的学者认为，"社会互动是两个以上的个人或群体交互
与共同进行的感性活动。所谓交互发生的行动，即个人与个人、群体与群
体相互指向的活动"。② 马克思说，"社会——不管其形式如何——究竟是
什么呢？是人们交互作用的产物"。③ 人们之间的交互作用，就是社会互
动。不过，深究下去，"交互作用"似乎还不能完全彰明互动的本性，因
为互动本质上是彼此间的感通，是由行为或言语的交感作用而发生的外在
行为与内在情感上的相互影响，"影响"似乎更能体现或表达互动的文化
本性。互动就是影响，互动力就是影响力。伦理是人们在共同文化信息作
用下，依循某种共认的文化原理，在心理上、文化上发生交感作用，并在
行为中发生交互作用。人与人之间本来是对象化的，人的行为本来自由自
主，不以他人为转移，但在伦理的互动中，主体可以通过自己的情感与行
为影响他人，使之符合自己的意愿。当通过自己的情感行为对他人发生了
"影响"时，实际上作用对象也就在"身不由己"中放弃或部分放弃了自
己行为的自由和自主，从而自觉不自觉地顺从对方的意愿。于是，在这种
互动和"影响"中，主体事实上可以通过自己的情感行为，作出对他人
行为的预期，这行为预期虽然在形式上并没有、至少没有完全要求他人放
弃行为的自由与自主，但事实上他人又部分地放弃了自由与自主，这就是
伦理上的"无为而无不为"，也是伦理所体现的一种人文智慧。

伦理互动是文化原理运作的一部分，在本质上遵循文化的原理。在不
同的文化中，伦理互动的机制不同。中国文化具有特殊的伦理互动模式。
林语堂在《中国人》中，把"面子、命运、恩典"称作统治中国人的三
女神。西方文化人类学家本尼迪克特认为，中国文化是一种耻感文化，
"耻感"是中国文化、中国伦理重要的互动机制。我认为，如果从中国文
化的特性，从伦理运作的基本文化过程考察，中国伦理的互动机制由恩
典、面子、耻感三要素构成，恩典—面子—耻感的整合运作，构成中国伦
理的互动模式。

"恩"或"恩典"的观念，是中国人的基本伦理观念。中国文化由于
以家族为本位，中国人的伦理生活由于以家族生活中的"情"为基本生

---

① 龙冠海：《社会学》，台湾三民书局股份有限公司 1986 年版，第 314 页。
② 宋林飞：《现代社会学》，上海人民出版社 1993 年版，第 193 页。
③ 《马克思恩格斯选集》第 4 卷，人民出版社 1972 年版，第 320 页。

活原理，尤重"恩"的观念。可以说，中国人伦理生活的基本原理，就建立在"恩"与"报恩"的原理基础上。如前所述，伦理的最后基础不是理性的论证，而是生活情理的认定。家族伦理是中国伦理的基础与范型，而家族伦理的基本逻辑就是"返本回报"。孔子所论证的"孝"德的根据，就是"子生三年，然后免于父母之怀"，所以必须报答父母的养育之"恩"。家族伦理的互动模式是：父慈子孝，兄友弟恭，夫义妇顺；由家族伦理的范型扩充而成的社会伦理与政治伦理的互动模式就是：君仁臣忠，朋友有信。"恩"的伦理运作，同样有其文化的模式，这就是所谓"施—受—报"，即"施恩—受恩—报恩"。施恩于人，造福他人，是中国人的美德。但受恩者一定要有"报恩"的意识，"思恩图报"，"滴水之恩，当涌泉相报"，同样是中国人的美德。这里，在伦理上存在着对"施"的主体与"受"的主体的不同要求。对施恩者来说，不能施恩图报，"施恩图报，小人也"；但对"受恩"者来说，则一定要"报恩"，否则便是"忘恩负义"。由此便建立起了一个强制性的"恩"与"报恩"的伦理互动模式。

中国文化认为，自我是各种关系的复合体，因而必须在各种关系中确立。中国伦理的智慧把个体设计成"心"与"身"的二元。在"心""身"两极中，"心"是能动的阳极，"身"是被动的阴极，人们不能以自己的"心"照顾自己的"身"，否则便是"一心替自己打算"。于是，中国伦理智慧的原理就是：以自己的"心"照顾别人的"身"，别人从自己的"身"上感受到对方的"心"，再转过来"回报"对方，照顾别人的"身"。于是便"心心相印"，产生"心意感通"与人际互动。① 但是，这种"心"的互动与回报并不是当下的，否则流于"斤斤计较"，从而失去伦理的意义，陷入功利的泥沼。为了解决这个问题，中国伦理设计了另一个重要的机制——面子。当主体施恩时，对方不是立即加以回报，然而在这种情况下，主体并不是一无所得，他挣得的是"面子"。"面子"在中国人的伦理生活中好像是西方人的信用卡，有了"面子"，就等于有了社会生活中的信用卡，到自己需要的时候，对方便会给自己以"面子"，尽力满足自己的要求。施恩越多，对于特定的对象来说，"面子"当然也就越大。在中国社会与中国文化中，"面子"获得的途径是多方面的，有

---

① 　参见孙隆基《中国文化的深层结构》。

社会的地位，也有自己的伦理努力，但一个人起码的"面子"，则由其道德品质所决定。在中国文化中，与"面子"相连的，还有另一个词："脸"。"脸"与"面"不同，如果说"面"还具有道德上的不完全性，"脸"则完全是一个道德的概念。在社会生活中，一个人可以"没有面子"，"不要面子"，但绝不能"不要脸"，因为"不要脸"意味着是做了某种见不得人的不道德的事。①"面子"有大小之分，而"脸"只是有无之别。"脸面"相连，突出的是德性、德行在伦理生活与伦理互动中的意义。"脸面"的概念，是中国伦理设计的突出概念，也是中国伦理互动的智慧显现。

在伦理互动中，正面的行为会被赋予"面子"，主体也会挣得"脸面"。负面的行为如何制约？对有恩不报、忘恩负义之人如何制裁？中国伦理还有另一种文化机制：耻或耻感。严格说来，中国文化是一种面子与耻的文化。本尼迪克特在对耻感与罪感进行比较时认为，耻感文化依赖外部的制裁，以达至好的行为。耻是对应他人批评的一种反应，它需要至少需要想象的观众的存在，罪则不然。何为"耻"？在中国文字中，"耻""止"于"耳"，有"闻过则改"之意。它通过舆论的评价对人的负面行为进行纠偏，是伦理行为的制裁与督察机制，也是另一种伦理互动机制。

［b．"中德"智慧］　　在中国伦理提出的诸多准则中，有一个既不能说是具体的德目，但却体现伦理境界的范畴，这就是所谓"中"。中国文化、中国伦理特别崇尚这个"中"，从《尚书》"人心惟危，道心惟微，惟精惟一，允执厥中"的告诫开始，儒家讲"中"，道家讲"中"，佛家也讲"中"。不仅把"中"作为人文的智慧，而且要求把它内化为主体的德性，谓之"中德"。"中"是最能体现中国伦理的智慧本性的概念之一。不过，在不同的学派那里，"中"的内容与实质并不同。在儒家那里，"中"是"中庸"，是"极高明"的"中庸之道"；在道家那里，"中"是"无为而无不为"的"中虚之道"；而在佛家那里，"中"则是大彻大悟的"中道"。然而恰恰就是这些形同实异的"中"的精神，形成中国伦理的"中德"智慧，或者说，中国伦理的"中德"智慧，正是这些"中"的多样性的统一。

"中庸"作为儒家伦理的精神体现与性格特征，这一点在学术界似乎

---

① 参见杨国枢主编《中国人的心理》，台湾桂冠图书出版公司1988年版。

已成定论，关键在于，这种精神性格的真谛到底是什么？从经典儒家对中庸的论述中，有几点可以肯定。首先，中庸是一种最高的德性。"不偏不倚谓之中"，"恒常不移谓之庸"，孔子就感叹："中庸之为德也，其至矣乎！民鲜久矣。"① "极高明而道中庸"，中庸既是一种极高明的德性境界，既博且深，又显见于人们的庸言庸行中，具有很强的世俗性和现实性。其次，中庸作为一种境界，就是至善，就是适度。在最充分地体现伦理与道德的要求方面，它是极致；就表现形式看，它是中立不倚。孔子对"文质"、"宽猛""过与不及"关系的论述，就突出体现了中庸的这种品质。孔子曾对与中庸相关的几种德性作过比较和选择。"不得中行而与之，必也狂狷乎！狂者进取，狷者有所不为也"。② "狂狷"是仅次于"中庸"的一种品质。"狂"是道德上的进取，"狷"谓不做不合道德的事，它们都不是中庸，因为离伦理的"中"的要求都有一定的距离，但又都离"中"不远。从社会伦理的角度考察，中庸是处理人与人、人与社会、人与自然关系的一种方法、态度和境界，其根本特征就是和谐、适度与天人合一。作为一种伦理智慧，"中庸"的基本特性是适度，在这方面中西方文化中的"中庸"有着共同的本性。中国传统伦理的"中庸"强调在"礼"的伦理实践中不偏不倚，严格体现"礼"的要求，因为在"礼"的践履中，"过犹不及"。中庸不是折衷，而是和谐，中庸以求和为最高目标，由"中言"、"中行"，"执中"、"时中"，最后达到"中和"。"致中和"则"天地位焉，万物育焉"。中庸之于人与自身的关系而言，就是内与外的合一；之于人与我的关系而言，就是人与我的合一；之于天与人的关系而言，就是天与人的合一。中庸精神生长的进路是："惟天下至诚，为能尽其性；能尽其性，则能尽人之性；能尽人之性，则能尽物之性；能尽物之性，则可以赞天地之化育；可以赞天地之化育，则可以与天地参矣。"③ "与天地参"就是天人合一。中庸是视内外为一体，人我为一体、万物为一体的精神与境界。中庸的智慧，就是内外合一、人我合一、天人合一的智慧。

道家伦理的"中"道智慧，为"中虚之道"。庄子明确以这种"中虚

---

① 《论语·雍也》。

② 《论语·子路》。

③ 《中庸第二十二章》。

之道"为他养生处世的纲领和宗旨。"为善无近名，为恶无近刑，缘督以为经，可以保身，可以全生，可以养亲，可以尽年"。① "缘督以为经"即所谓"中虚之道"。"督"为"中"，有"虚"之意。"缘督以为经"，要旨是要人们在盘根错节、混浊难处的人世间，善于寻找空隙，求得生存，发展自己。他用"庖丁解牛"的故事说明这个道理。"中虚之道"，是道家伦理智慧与人生智慧的集中体现。道家以避世通世为其伦理智慧的核心。老子提出三大处世原理：以柔克刚；知足不争；不为天下先。② 以柔克刚的实质是"柔弱胜刚强"。老子以水为典型阐明这一道理："天下莫弱于水，而攻坚强者莫之能胜，以其无以易之。弱之胜强，柔之胜刚，天下莫不知，莫能行。"③ 他得出的结论是："天下之至柔，驰骋天下之至坚。"④ 这里的所谓柔性，实际上是伦理生活中的韧性，它是针对日常生活中的"自矜"、"自伐"、"自是"而言。如何贵柔处下？就是要知足不争。《老子》四十六章说："祸莫大于不知足，咎莫大于欲得，故知足之足常足矣。"所以他要人们"去甚、去奢、去泰"⑤ "知足"就要"不争"。老子认为，善良的品质如水之下流，有利于万物而不争地位，处理人与人的关系也是这样。"不自见，故明；不自是，故彰；不自伐，故有功；不自矜，故长。夫惟不争，故天下莫能与之争"。⑥ 他的结论是："天之道，不争而善胜。"⑦ 知足不争在人伦关系中的体现是"不为天下先"。老子向人们提供了一套处世的法宝："我有三宝，持而保之：一曰慈，二曰俭，三曰不敢为天下先。"⑧ 因为"不敢为天下先，故能成器长"。⑨ 老子的这三个处世原则，实质就是一个，"无为而无不为"，而遵循的文化原理就是所谓"中虚之道"。老子之后，庄子把这种"中虚之道"发展为"乘物游心"、"不谴是非"、"随遇而安"，形成以逍遥与超脱为特征的人生态度与处世原理。

---

① 《庄子·养生主》。
② 参见拙著《中国伦理精神的历史建构》，江苏人民出版社1992年版，第148—152页。
③ 《老子》七十八章。
④ 《老子》四十三章。
⑤ 《老子》二十九章。
⑥ 《老子》二十二章。
⑦ 《老子》七十三章。
⑧ 《老子》六十七章。
⑨ 同上。

"中"同样是佛教伦理的智慧。佛教伦理的学问智慧有两种：一是禅，这是一种修心见性的宗教修习，亦即"止"、"定"；另一种是般若，亦称"观"、"慧"，指智慧、义理。南方重义理，北方重禅定，由此形成不同的宗教伦理智慧。隋代以后，南北朝统一，天台宗从解脱论的角度，提出止观并重、定慧双修的主张。天台宗的"慧"，即所谓"圆融三谛"。"三谛"，即空、假、中的智慧。它认为，一切事物都是因缘和合而生，既然因缘所生，就没有自性，所以就是"空"。但人们给各种事物以假名，所以一切法也即是"假"。了解到诸法既是空，又是假，这就达到了"中"，即"中道"，达到最高的智慧。"三谛圆融"即指三者并无次第，一念便可同时俱足。以此观之，空、假、中，就能达到佛的智慧，得到解脱。其意是说，认识到现实世界是"空"是"假"，就会懂得对现实世界不必执取的"中道"的正观。由此，"中"也成为佛教伦理的最高智慧。佛教伦理把对人生的认识分为三种：悲观、乐观、中观，只有中观才是正观。佛教"中道"的智慧，实际上就是要人们泯灭现实利害得失，视一切皆"无"的境界。

[c. 伦理智慧的生命力及其合理性基础]　　人伦的互动与人生的中道，只是中国伦理的生活智慧的典型体现，并不是这种智慧的全部。在自觉的伦理体系和世俗的伦理生活原理中，它既体现了伦理作为生活智慧的文化本性，也体现了中国伦理智慧的深邃。伦理的真正生命力，不存在于伦理学家的伦理思想中，而存在于现实的伦理生活中。世俗生活中现实运作的伦理，现实地制约着世俗的伦理生活的伦理原理，是最真实的伦理。在伦理互动与人伦中道两种生活智慧中，伦理的互动机制与互动模式，主要是世俗伦理生活的智慧，它虽然具有伦理理论的基础，但更多代表中国市民社会的伦理生活逻辑与伦理生活方式，是最为朴实，也是最为现实地运作的伦理。"中"的人伦智慧，是儒、道、佛的伦理学家对伦理生活智慧的设计，是伦理智慧的自觉形态，由于它以儒、道、佛的最玄奥的理论形式表现，于是既在某种程度上代表自觉文化的智慧，又在世俗伦理生活中得到隐性的体现。在相当多的情境下，"中"德智慧在世俗伦理生活中的显现，也许不像伦理的互动原理那样直观和朴实，那样得到普遍的体现和运行，但无论如何潜在于人们的伦理生活中，潜在于个体的伦理精神的结构中，构成社会伦理生活与个体伦理精神结构的深层文化原理与文化要素。

　　对传统伦理的现代性考察的依据之一，就是它的运作环境在现代社会是否具有现实性。这些运作环境，包括社会经济条件与人文环境。"恩典—面子—耻感"的伦理互动机制，是一种典型的伦理的运作机制与运作模式，互动既具有他律的强制性，因为在这种运作中，个体事实上"身不由己"；同时又具有自律的主体性，因为行为者确实是自主的，确实具有伦理选择的自由。选择的主观上的自由与行为的事实上的不自由，构成伦理的互动机制与互动模式的内在张力，同时也构成这种机制与模式逻辑上的二律背反。这种互动模式的维持，必须具备两个基本条件：一是血缘的文化根基。如果没有血缘关系为人们的行为提供范型，为人们的伦理情感提供源头活水，那么，恩的观念，回报的原理，都将失去人文的基础。恩的观念的最深厚源泉存在于家族生活的血缘关系之中，报恩原理的基础，是对家族生活中返本回报的血缘逻辑的认定。也许，失去了家族血缘的基础，以"情"为根本的"恩"就难以在伦理生活中存在，甚至会像西方文化那样，主体把自己的施恩理解为一种自我实现，受恩者也很容易把施恩理解为一种对自己的牵制，从而使"恩"失去情与理的内涵；二是相对稳定的生活环境。"面子"的赋予与赢得，"耻感"的感受与调节，主要赖于社会评价，社会评价的作用机制是由团体接纳的要求所产生的主体内在的需要，舆论评价的背后，是一种社会的与物质的力量。一旦失去稳定的生活环境，舆论评价对人们的行为就没有那么大的约束力，甚至就不可能有所谓"面子"的观念与机制。"面子"是一种生活的积累与积淀，作为世俗生活中的一种社会信用，它需要长期的积累，也需要在相对固定的生活环境中得到认可与认同。"耻感"也是如此。耻感是人们在某种生活环境中的否定性感受，如果离开了一定的环境，人们就难以产生强烈的感受，或者说，这种感受对人的生活与行为就不会有那么大的影响力。"中"的生活智慧亦然。作为一种自觉的人文智慧，在现实社会生活与个体精神结构中，行为上确实需要"中"，但事实上人们常常分不清所执的"中"是儒家的、道家的还是佛家的，也没有必要去作这样的分辨。一般情况是：此时此地奉行儒家的"中"，彼时彼地又奉行道家或佛家的"中"；在人生的某一阶段执的是儒家"中"，到另一时期、另一阶段，又执道家或佛家的"中"。不过这就需要一个条件，就是人们在文化本性中必须具有儒、道、佛三位一体的文化本能与文化基因，即使不自觉，也必须潜存于文化本能中。

（三）人生智慧

生命智慧、生活智慧，整合在主体的生命进程中，形成人生智慧。人生智慧，是生命智慧与生活智慧的综合与复归。

人生智慧的内涵十分丰富。在广义上，整个人类文化与人类文明都是人生智慧的显现，而伦理，则是人生智慧的结晶，因为它以价值的机制与原理，处理文明世界中最复杂的人与人、人与自身的关系问题。

如何化解各种人生矛盾与人伦矛盾，是人生智慧面临的基本课题。文化所造就的主体的伦理精神结构，是人生智慧的突出体现。

伦理精神结构，是主体安身立命的人生智慧生态。不同的文化，造就了不同品质的伦理精神结构。中国伦理精神的人生智慧生态，是由儒家伦理精神、道家伦理精神、佛家伦理精神构成的三维结构。儒、道、佛贡献了不同的人生智慧，三者珠联璧合，形成中华民族的人生智慧。

儒家的人生智慧是一种入世的伦理智慧。入世的目的，是按照他们的人生理想与伦理理想改造社会、安顿人生。儒家的人生智慧在生活智慧上贡献了人伦秩序的"礼"；在生命秩序上贡献了道德自我的"仁"；在人生态度上贡献了"明知不可而为之"的自强。"礼"解决的是家—国一体社会结构下伦理实体的建构问题，其智慧表现的是血缘—伦理—政治的三位一体，在文化机制上是情—理—法三位一体。"仁"既是"礼"的内化，也是以血缘情感为根基的德性精神的培育与发扬光大，其智慧表现就是反求诸己的道德修养。但是，"礼"的伦理秩序的实现，"仁"的道德自我的造就，是一个十分艰巨的过程，于是必然要求人生的自强不息，所以，孔子的人生态度，是"明知不可而为之"。

道家的人生智慧是一种避世、隐世的伦理智慧。在中国人的文化本能中，似乎存在着道家精神的某种基因，人们在人生的特定阶段、在特定境遇下，都自觉不自觉地皈依道家。在伦理精神的结构生态中，道家的人生智慧在两个方面值得注意。（1）道家是中国文化、中国伦理的必然结构和必要结构，没有这样的结构，中国文化、中国伦理精神就很难维持自身的生态平衡。因为入世的文化如果没有某种超越或解脱的机制，人的安身立命的基地将失去弹性，最终会发生断裂。道家得以诞生的深刻基础是入世文化中的各种人生矛盾与人伦矛盾。人生的失意，人伦的冲突，是道家产生的深层原因。于是，在人生失意，人伦冲突的境遇下，中国人尤其是中国知识分子就自觉不自觉地具有道家伦理精神的因子。道家代表人物大多都是一些才高之士，他们的才学智慧，决不在儒家之下。道家伦理从另一个角度，揭示了儒家所没有发现的人生的真谛；（2）道家的人生逻辑，是由愤世走向厌世，由厌世走向隐世，由隐世走向玩世，最后又由玩世走向顺世。愤世—厌世—隐世—玩世—顺世，是道家的人生逻辑，"顺世"是人生的最后结局。

佛家的人生智慧，在价值原理方面与儒家有诸多相似之处，儒家要"己立立人"、"己达达人"，佛家要"自度度人"、"普度众生"；儒家伦理的前提是"人人可以为尧舜"，佛家伦理的前提是"人人皆具佛性"。不同的是，儒家以入世建立"大同世界"，佛家以出世求得"普度众生"。佛家的人生智慧与道家不同。道家的隐世、避世，核心是要全生保身，表现出一种消极个人主义的特点。佛家一方面出世，另一方面又表现出一种伦理使命感。在佛家的伦理智慧中，出世，首先就是人生真谛上的"自觉"，人生实践上的"自度"，但这并不是最后的目的，最后的目的，是要在人生的智慧启迪方面"觉他"，在人生的道德实践方面"度人"，最后使众生得到"普度"。与道家相似的是，佛家同样以"无"消解一切现实差异和各种人生、人伦矛盾。在这种智慧中，"四大皆空"，诸法皆"无"。在佛家看来，现实的人生不仅是暂时的、有限的，而且是偶然的，只有彼岸的人生才是真实的、永恒的。

在世俗生活中，中国伦理、中国人的人生智慧到底是什么？事实上，既不是儒家智慧，也不是道家智慧，又不是佛家智慧，而是儒、道、佛融合而形成的伦理精神的三维结构，是"伦理精神生态"意义上的人生智慧。儒、道、佛一体，就是中国伦理、中国人的人生智慧的圆融。这种人生智慧在结构生态方面的特性，就是"自给自足"。可以说，中国伦理精神的人生智慧，就是自给自足的人生智慧——对个体、对社会都是自给自足的人生智慧。对个体来说，它建立了一个富有弹性的安身立命的基地，进退相济，刚柔并用，得意时依儒家，失意时是道家，绝望时皈依佛家，于是中国人在任何境遇下都不会丧失安身立命的基地。儒、道、佛的三维结构，好像是中国文化、中国伦理为中国人的人生准备的"锦囊袋"，在人生的任何阶段、任何境遇都可以贡献人生的"妙计"。既可以"用世"，也可以"用生"，从而在各种人生矛盾与人伦矛盾中应付裕如。应该说，这是一种高度发达、高度成熟的文化贡献的人生智慧。对社会来说，这种人生智慧的真谛，是使人们在任何境遇下，都能够"顺世"。儒—道—佛三位一体的人生智慧的着力点，是通过道德的努力和人生智慧的练达，通过主体自身尤其自身欲望的改变，达到对社会的顺从，是从积极的或消极的不同角度对社会秩序的认同与维护。

八　人文力—实践理性

（一）"人文力"何以成为伦理—文化生态的最后因子？

伦理—文化生态中使伦理精神与经济、社会相关联的因子是人文力。如果说，在以人为核心的伦理精神生态中，"人伦原理"因子的文化功能是建立伦理实体，"人德规范"是建立道德自我，"人生智慧"是确立安身立命的基地，那么，"人文力"则是在前三个因子的基础上形成主体的实践理性。至此，伦理精神才逻辑地形成文化生态，即所谓伦理—文化生态。

按照康德的观点，伦理道德是一种实践理性，因而伦理精神也应当是实践理性的精神。伦理精神生态，伦理—文化生态逻辑地同样应当是实践理性的精神生态。于是，人文力作为伦理—文化生态的最后因子，也就是实践理性的精神生态的最后因子。

伦理与哲学一样，具有"理性"的属性。哲学是纯粹理性，伦理是实践理性。作为"理性"，二者都是"知"，但纯粹理性的"知"是理知，实践理性的"知"是良知。按照王阳明的观点，良知的特点是"知行合一"，是"知"与"行"的辩证统一。因此，在实践理性的结构生态中，必须存在由"知"向"行"过渡的环节，也必定存在"知"外化为"行"的力量。实践理性是人的行为的理性，是在人的具有道德意义的行为中表现的理性，是人透过道德的努力对经济、社会、文化发挥的作用力。由于实践理性的主体是人，人是文化的产物，人的道德行为遵循文化的原理，所以实践理性的作用力在现实形态上具有文化的内涵和形式，其文化生态的最后因子必定是人文力。人文力是体现伦理精神作为实践理性的"实践"本性的概念。或者说，伦理、伦理精神之作为实践理性的重要表征，就是人文力。

"人文力"是伦理—文化生态中相对独立的要素，在狭义上是"德"的体现，但"德"之所以成为"德"，又是"伦"、"理"、"道"运作的结果，因而作为"德"的意义表现与功能表现的"人文力"，就是人伦原理、人德规范、人生智慧的运作所凝结而成并现实地得到表现的价值力量。在这个意义上，人文力是整个伦理—文化生态的人文力。人文力既是一个个别性的概念，又是一个整体性的概念；既是个体的伦理精神及其生态的人文力，也是一定社会、一定文化的伦理精神生态的人文力。

在伦理精神的文化生态中，人文力是把伦理与经济、社会、文化相整合，从而使伦理精神具有现实合理性的生态因子。伦理—文化生态是一个开放的而不是封闭的结构。开放性的要求及其现实运作，使伦理、伦理精神与经济、社会、文化成为有机的生态。因此，在伦理精神的文化生态中，应当存在伦理与经济、社会、文化实行生态互动的机制。这种生态互动的机制就是人文力，具体表现就是前文已经指出的人文力的三要素。

（二）伦理精神的人文力功能

在伦理—文化生态中，人文力的文化功能就具体地表现为建立伦理实体的人文力；建立道德自我的人文力；建立安身立命基地的人文力。把伦—理—道—德的要素结构生态，与人伦原理、人德规范、人生智慧的意义功能生态相整合，伦理精神的人文力就可以被诠释为：社会伦理的人文力、个体道德的人文力，有效合理地调节社会伦理与个体道德之间矛盾的人文力。①

如果把伦理道德理解为尽性合理的社会生活秩序与个体生命秩序的价值建构，那么，伦理道德的人文力，本质上就是一种秩序力，是透过价值的机制建立生活秩序和生命秩序的人文力。伦理是建立社会生活秩序的人文力；道德是建立个体生命秩序的人文力；由于社会伦理与个体道德之间

---

① 现代中国的伦理研究，一般不把伦理与道德相区分，我同意黑格尔的观点，认为二者的特质不同。伦理是社会的，是人与人的关系；道德是个体的，是人与理、人与道的关系。伦理与道德虽然内在关联，浑然一体，但二者之间除了联系之外，也确实存在着矛盾，如何解决社会伦理与个体道德的矛盾，也是伦理精神的价值合理性建构必须完成的任务之一。因此，在伦理精神的人文力结构中，应当逻辑地存在解决社会伦理与个体道德矛盾的人文力。

的矛盾，伦理精神的人文力还是解决社会伦理与个体道德之间的矛盾，在二者之间建构合理性的秩序力。

秩序力是诸多文化形式如法律、政治等都具有的文化力。伦理精神的秩序力的特点在于价值性，它是在一定道德价值指导下，透过人伦关系的调节和个体行为的规范所建立和实现的秩序。伦理精神的秩序力，在社会学的意义上表现为自组织力。伦理是社会生活秩序的自组织，道德是个体生命秩序的自组织。只要存在社会生活，只要存在对合理性价值的追求，就存在秩序及其组织问题，但伦理道德对于秩序的组织与政治法律等形式不同，它是主体性的"自组织"。在这个意义上，伦理精神的人文力就是自组织力。控制力是伦理精神的人文力的另一种表现。社会控制的主要对象是人。人的心理结构有知、情、意，与之相对应的社会控制机制是情、理、法。伦理的控制力，主要通过情和理的努力实现，或者说，伦理的控制力，是情和理的文化力运作的结果。伦理精神的人文力也可以作文化动力学、精神动力学的诠释。伦理的人文力，既为社会主体与文化主体提供生活动力，也提供生命动力，同时又提供人生动力。不过，这些动力都是价值动力，属于"精神"动力的范畴。伦理道德既有目的价值，也有其工具价值；既是目的理性，也是工具理性。因此，伦理道德一方面追求人的目的的实现，追求人的自我实现；另一方面又是社会组织与社会控制体系的一部分，具有文化与意识形态的双重属性和双重功能。

从文化形式方面考察，伦理精神的人文力功能表现为四种"力"：导向力、调节力、规范力、互动力。作为人类真、善、美的价值体系中的重要结构，伦理精神的人文力的基本表现是导向力。伦理精神既是一种现实性的力量，更是一种超越性的力量。它以价值理想引导人们的行为超越当下的本能冲动，超越个体的有限性，建立意义的世界。人们在善的价值理想的指导下建立价值体系，在价值体系的基础上形成道德规范体系。[①] 当依照一定的规范体系现实地调节人的行为时，就形成伦理道德的规范力。道德规范的本质不是行为的消极约束，而是德性积极的造就。道德规范本质上是对价值的认同，没有这种价值认同，伦理要么失去其规范力，要么失去其作为自律的本性。而当完全成为一种强制性的他律时，也就标志着

---

① 在归根结底的意义上，价值体系、规范体系最终由物质生活条件与社会发展水平制约，这里对价值—规范—行为三者间关系的探讨，只是在它们运作的文化过程的意义上所作的诠释。

伦理失去了自身，失去了自身的文化特性。在现实性上，社会之所以需要对人们的行为进行规范，就是调节成员之间关系的需要。规范力存在的现实性，一方面是人自我实现的需要；另一方面是社会成员间利益调节的需要。对个体来说，伦理是一种规范力；对社会来说，伦理是一种调节力。规范力与调节力是同一功能的两个不同表现形式。伦理的另一个、也是最容易被人们忽视的人文力，就是互动力。文化是一种设计，伦理也是一种设计，它透过对共同文化信息的接受与传承，透过价值认同与规范践履，在社会成员中形成具有一定普遍性的文化价值取向与文化心理结构，这是某种文化形式现实运作的必要条件。而当共同的文化—心理结构形成时，人们也就具有了在文化上感通与互动的可能。伦理就是社会成员之间感通互动的最重要的文化形态之一。

（三）传统伦理精神的人文力品质

运用以上关于人文力功能的理论，可以对中国传统伦理的人文力品质进行分析。

中国传统文化是一种以血缘、情理、入世为要素的伦理型文化；中国传统伦理是以家族为本位的血缘—伦理—政治三位一体的伦理。在这个以整体主义为取向的伦理—文化生态中，内蕴着一个深刻的矛盾：社会伦理与个体道德。

从逻辑与历史方面考察，伦理与道德既统一又矛盾。道德不仅造就个体的德性，而且通过个体德性的造就，维护或者创造新的伦理。伦理与道德之间的统一，是维持社会稳定的必须；伦理与道德之间的矛盾，则是推动伦理精神发展并由此推动社会发展的一种自我否定的力量。伦理与道德之间的矛盾具有两种状况：一是道德对伦理的批判。由于新的文化精神的渗入和新的社会存在因素的作用，产生了新的道德观念与道德需要，要求改变既有的伦理秩序与伦理关系，新的道德精神就成为伦理变革的力量；二是在现实的伦理关系变化之后，人们的道德观念与道德生活方式还停留于传统的状态，道德成为维护旧伦理的保守力量。伦理与道德的这种不平衡状态，形成伦理—道德自身的矛盾运动。在社会伦理与个体道德之间，如果没有必要的紧张，就会导致伦理道德与社会发展自身的停滞。而这种张力的缺乏，往往来源于个体道德对社会伦理的绝对的认同，确切地说，是个体道德对既有的社会伦理秩序与伦理关系的绝对认同，在静态的平衡中使社会丧失发展的内在活力。在个体道德对社会伦理的认同中，也会存在着个体道德行为与社会伦理观念相分离的状况：在观念中提倡或追求新伦理，但在行动上却遵从或维护旧道德。这种伦理与道德的分离，是伦理—道德矛盾的特殊表现。

传统儒家伦理精神以"礼"、"仁"、"修养"为人文力的三要素。三者之中，"礼"作为理想的伦理秩序，是当然的前提和目标；"仁"是个体维护"礼"的秩序的能动努力；而修养则是消解"礼"与"仁"之间矛盾的机制。中国传统伦理精神的人文力的局限在于，当社会伦理和个体道德之间出现矛盾时，个体往往通过"求诸己"的德性努力，按照社会伦理秩序的要求，调节个体的生命秩序，无条件地顺从社会伦理秩序要求。这就是笛卡尔所说的，"只求改变自己的欲望，不求改变社会的秩序"。礼、仁、修养的三要素，形成以伦理秩序为目标，以道德主体的能动努力为机制的平衡结构。这种平衡，对社会稳定是有利的，但对社会变革却常常是一种惰性力量。在传统伦理中，由于伦理与经济的分离，伦理的作用力往往严格局限于伦理的范畴，伦理精神的人文力的作用点主要是个体人格与社会人伦，缺乏直接作用于"工作关系"的机制，伦理精神的人文力运作的结果，难以对经济发展形成巨大的推动。相反，在伦理中心主义、泛道德主义的伦理型文化背景中，由于传统伦理没有赋予人们的经济冲动以道德上的合法性与合理性，在相当多的情况下，伦理的运作反而成为经济变革的羁绊。于是，在中国社会发展中，我们见到了这样一种奇特的状况：造就了一代又一代的圣人，也维护了一代又一代的专制制度；创造了一代又一代的伦理辉煌，也导致了长期的经济停滞。

传统伦理的人文力要素及其作用方式，培育了一种特殊的人文力品质。在社会伦理方面，培育的是人伦的凝聚力。传统伦理以血缘为伦理互动的原动力，以情理为伦理互动的内在机制，以"礼"为伦理互动的秩序模式，以血缘—伦理—政治的三位一体为伦理互动的内在张力。互动的结果，形成伦理的凝聚力。这种凝聚力，是中华民族之所以形成坚韧的伦理实体、之所以立于世界民族之林的重要的人文动力。但是，在传统伦理中，凝聚力和人伦秩序的形成，往往以对个体性的过分否定为基础，虽然这种否定透过道德主体的能动努力实现。在一个尽性合理的伦理设计与伦理生活中，整体无疑是重要的，但整体至上主义却由真理向前跨出了一步，导致对个体性和个体活力的扼杀。当整体至上主义的价值观与封建政治相结合时，必然的结果是伦理专制主义、道德专制主义的诞生。不过，同样无疑的是，凝聚力——家族的凝聚力、社会的凝聚力、民族的凝聚力，是中国伦理最为重要、也是对中华民族最为重要的人文力。

与凝聚力的运作相匹合，中国传统伦理培育了向内探求的伦理性格与道德性格。向内探求与向外追索，代表中西方伦理的两种不同文化性格。向外追索的伦理性格的特点，是在社会伦理与个体道德的关系中，以个体的道德理性而不是以对社会伦理秩序的绝对认同为前提。在这里，社会的伦理秩序不是当然合理的前提，而是个体的道德努力运作的结果。个体道德的理性要求，不是对社会伦理的绝对认同，反而是对现有伦理秩序反思性批判。在个体与社会的矛盾中，向外追索的伦理性格的逻辑发展是对社会公正的要求，而不是成圣成贤的努力。整体至上的价值取向，导致以个体修养为着力点的向内探求的伦理性格。这种伦理性格的文化原理是：只要个体至善，最后就能达到社会至善。在伦理精神的现实运作中，其内在的品质缺陷是：只求个体至善，不求社会至善。

九 伦理—文化生态与伦理
精神的价值合理性

以上是对构成伦理精神的文化生态的四个因子的分别考察。在此基础上，需要进一步研究的课题是：在文化冲突尤其是古—今文化冲突中，如何实现伦理精神的生态转换，建构伦理—文化生态的现实合理性？

（一） 中国伦理精神的生态"理解"

文化传统是民族性的自觉体现。对一个民族来说，伦理—文化生态的逻辑结构与历史结构，既与这个民族对伦理生活的理解和这个民族的文化传统有关，也与这个民族赋予伦理的特殊的文化使命及伦理在民族生活中的文化地位紧密相连。伦理精神的民族形态及其价值合理性，只有在一定的伦理—文化生态中才能把握。因此，必须对伦理精神进行文化生态的"理解"。

伦理精神是由人伦原理、人德规范、人生智慧、人文力四大因子构成的文化生态。在中国文化中，这种生态具有深刻的理论合理性和历史合理性。关于它的生态合理性的"理解"，有两个方面需要特别注意：第一，它是以人为核心、为主体、为目的的生态；第二，在这个伦理—文化生态中，虽然每个因子都是伦理精神的有机构成，但其中任何一个因子都不能与一定民族的伦理精神相等同，甚至不能完全代表伦理精神。一定民族的伦理精神的文化生态是"这四者"的有机体。只有这四者构成有机的生态，只有这四者的生态运作，才能准确、全面、有效地体现伦理的文化本性和文化功能。伦理精神的存在方式、运作逻辑和历史结构，都应当从这四个方面把握，舍弃其中任何一方面，都会导致伦理的文化功能的不健全，甚至导致伦理精神的失落。伦理精神在伦理—文化生态中的价值合理性，是这四个因子健全的文化功能及其有机关联、生态运作的合理性。

"人伦原理"既是伦理—文化生态的第一因子，自身又是一个有机的生态。"人道——天道——伦理实体"构成"人伦原理"的逻辑和历史的生态结构，形成中国文化背景下"人伦原理"的生态合理性。"伦理实体"是这一生态的文化形态。"人伦原理"在中国文化中的历史合理性的最重要的根据，是与中国民族"家—国一体"的传统社会结构相吻合，表现出与中国社会、中国民族发展的深刻契合性。"人伦本于天伦"的原理，是"家—国一体"的社会结构中伦理建构的文化原理。它以家族血缘为伦理的基础与最后根据，赋予伦理以"自然"与"必然"的属性，不仅为伦理提供了范型，也为主体的伦理情感与伦理信仰提供了可靠的基础。可以说，"人伦"概念的发现，"人伦"原理的建构，是中国传统伦理最重要的发现和建构。在人类文明体系中，"伦"不仅是一个民族性的，而且也是一个在某种程度上体现人类性的概念。无论在任何社会结构中，家族血缘关系总是"人"的根源，家族伦理在个体伦理和社会伦理生活中，总或多或少具有某些根源的意义，只不过在不同的社会结构中，"人伦原理"的建构方法不同。虽然"人伦"并不总是本于"天伦"，"天伦"并不总是具有作为"人伦"范型的意义，但无论如何，"人伦"总是现实地存在，"人伦"之"理"总是伦理精神的价值原理。经过"文化理解"和生态转换，"人伦原理"可以成为现代伦理精神的文化生态中具有现实合理性的有机因子。

"人德规范"以"性善认同——道德规范——道德自我"为生态结构，"道德自我"是这一生态的文化形态。作为伦理—文化生态中建构道德自我的生态因子，"人德规范"在价值合理性方面必须解决三个问题：其一，"规范"与"德性"的内在统一；其二，个体德性的起点；其三，个体德性的生态体系。个体德性以"仁"为起点。但是"天伦"、宗法的原理，要求扬弃"仁"的抽象性，通过与"义"的结合获得具体性。"居仁由义"在儒家伦理中就是德性建构的基本思路。但是，"仁"与"义"作为内在于人性的存在，并不是人的本性的简单呈现，而是对合理的生命秩序的追求。于是集"善"与"美"于一身的"礼"便成为德性的必然要求。"礼"的伦理功能是对人的行为，准确地说是对人的伦理行为的"节文"。如果把"节"理解为行为上的适度或中庸，那么"文"显然就被赋予求美的文化意义。由于"仁"必须遵循"义"的要求和"礼"的秩序，因而必定需要一个"知其二者弗去是也"，并在行为中实践"仁"，使内外合一、知行合一的"智"。这样，仁、义、礼、智，就是传统文化背景下个体德性的生态体系；"居仁由义"、"礼门义路"、"必仁且智"，就是道德自我建构的基本原理。虽然仁、义、礼、智的"中国四德"具有许多历史的局限性，但由于它形成了个体德性的完整的生态体系，由于它与中国文化的有机匹合，因而具有重要的历史合理性和实践合理性。

"人生智慧"以"生命智慧——生活智慧——人生智慧"为生态结构，三者形成中国文化背景下伦理精神作为一种人文智慧的生态本性。"人生智慧"的价值合理性可以从两个方面理解：理论合理性是伦理精神的"智慧"本性；实践合理性是在伦理—文化生态中所形成的传统伦理精神结构的生态合理性。在"人伦原理"和"人德规范"的基础上，中国伦理精神形成解决社会伦理与个体道德矛盾的"人生智慧"。从人的行为的善的价值追求的角度考察，人生的基本矛盾，在个体生命秩序方面是义与利、理与欲的矛盾，在社会生活秩序和人伦原理方面是自我与他人、个体与整体的矛盾。伦理就是在解决这些人生矛盾过程中所体现的人文智慧。智慧是伦理精神的文化特质之一。在处理这些矛盾的过程中，伦理的本性和道德的本质，决不是要人们放弃利益，摒弃欲望，相反，如果没有欲望的冲动、利益的冲突，伦理道德也就失去存在的根据。伦理精神的价值合理性，就在于它是解决这些矛盾冲突，实现生命秩序与生活秩序合理化的人文智慧。中国传统伦理的人生智慧的突出表现，是儒、道、佛三位一体的伦理精神结构。对这种结构的理解，最重要的是要把它当作一种完整的"生态"。它是一个自给自足的伦理精神的生态结构使中国人在任何境遇下都能找到安身立命的基地。这种生态智慧，是"无为而无不为"智慧，也是"入世中出世"智慧，它使中国伦理精神具有很强的生态合理性和实践合理性。

"人文力"及其在伦理精神的文化生态中的价值合理性，首先表现为伦理精神的"人文力"本性。在文明体系中，伦理既是意义的存在，也是功能的存在。伦理的真义，就在于通过善的价值引导，使个体获得善的文化力量，追求尽性合理的生活。因而必须对伦理精神作"人文力"的理解；其次，在伦理精神的结构生态中，"人文力"的要素，是使伦理精神由内在的价值转化为外在的行为，使伦理成为与现实的经济、社会相关联的重要环节，它使伦理精神不仅是有机的，而且是开放的结构。缺少这一环节，伦理精神就难以成为"实践理性"；第三，伦理精神的"人文力"因子自身也是一个生态，是由伦理要素及其文化力的大小、伦理对经济、社会以及个体行为的作用方向、伦理对经济、社会及个体行为的作用点形成的"力"的生态；第四，根据"人文力"的理念，文化及其传统、伦理及其传统，就是伦理发展和经济社会发展的"人文资源"，因而伦理转换的合理性，现代中国伦理精神的价值合理性的建构，就是要实现人文力的调理和人文资源的开发。中国是一个文明古国，中国传统文化是一种伦理型的文化，"人文力"的理念以及由此派生的"人文力"调理和"人文资源"开发的思路，是现代中国伦理精神的合理性建构的重新视角。

（二）"文化理解"的反思：反传统主义文化的人文品质

20 世纪初以来，中国文化中潜在着反传统主义的倾向，并在一定意义上形成了一种反传统主义文化。反传统主义文化对于现代中国社会发展的复杂影响，不仅在于它是一种文化思潮，更重要的是它透过思维方式、心理结构、价值取向，造就并表现为文化主体的人文品质。新世纪的伦理—文化生态的建构需要新的人文品质，新的人文品质的造就需要对反传统主义文化的人文品质作出深切的反思。如果把道德品质和学术品质作为"文化理解"的两种品质，那么，反传统主义文化就具有两个重要的品质缺陷。

[a. 道德品质：逃避现实责任]   由对待传统的态度而形成的人文品质具有道德的属性和意义，有必要进行道德评价。从理论上考察，对待传统的态度，事实上反映了现代文化主体与历史上的文化或文明创造者之间的一种关系，不仅体现着主体的文化选择，在对传统文化的肯定或否定的评价中也体现了主体的价值意向，体现主体对先前文明及其创造者的尊重。更重要的是，在现实性上，对传统的评价往往总是基于它与自己所生存的社会之间的关系，在对传统的追究或追溯中，潜藏的是主体对现实满意或不满意的价值判断，以及肯定或否定的态度。在纯学术的意义上，人们或许可以对传统采取客观或中立的态度，但由于任何传统只有在成为现实的有意义的结构时，才是人们普遍关注的对象。最广大的社会大众对传统的评价总是基于现实与历史之间的关系，它所提出的问题的实质是：到

底谁应当对我们现在所处的现实负责？在思考传统文化与现实发展之间的关系时，文化主体到底是把那些满意的方面归之于传统，还是把那些不满意的方面归之于传统？追究下去，是把社会发展的责任归之于传统，还是归之于自身？诚然，在对待传统的关系方面，人们首先必须进行事实判断，然而由于传统研究、传统评价本身就是基于现实的需要，价值评价与事实评价总是不可分离地结合在一起，于是对待传统的态度就成为影响评价结果的最为基本的因素。因此，对待传统态度所反映的，或是对现实责任的追究，或是对祖先、对历史上文明创造者的感恩。追究与感恩是关于传统的两种基本的情感，在事实判断的同时也体现着文化主体的两种可能的品质——当形成某种对待传统的社会性态度时，它所体现的就不只是文化个体的品质，而是一代人的品质。因此，对待传统的态度，体现现代文化主体与祖先之间的伦理关系，体现文化主体的道德责任意识，具有深刻的品质意义。

从社会伦理、个体道德以及社会伦理与个体道德的现实效应三个方面考察，反传统主义文化具有以下缺陷。

怨古尤祖　如果不把反传统主义文化只当作一种学术理性，同时也当作一种由对现实社会的价值评判而产生的文化情绪和文化态度，那么，它所涉及的最核心的问题就是：到底谁应当对今天的现实负责？准确地说，到底谁应当对今天不如人意的现实负责？一般说来，反传统主义文化具有一种品质表现：把现实中不合理、不合意的现象归咎于传统文化。反传统的态度和立场本质上是对现实责任的追究，因而反传统的实质是反现实。在文化主体的品质构造中，对现实的批判品质和批判能力无疑是合理的和重要的，尤其在社会的重大变革时期，文化主体的批判品质往往是变革的主观条件。然而，任何文化个体、任何民族，都不可能永远地反现实，批判的品质和反现实品质不能混同。批判的品质追求某种建设性的目标，而极端的反现实品质容易使主体成为某种否定性甚至破坏性的力量，从而失落建设性的目标。对待传统的态度，实际上是对待历史的态度。现代人对待传统文化或传统文明的态度，实际上体现的是自己与作为历史上的文明创造者的祖先的伦理关系。于是，当把对待传统的态度理解为现实责任的追究时，反传统主义文化体现和造就的品质特征就是：怨古尤祖。正像有的学者曾经指出的那样，在思想文化领域内，"可以说世界上还没有哪一个民族像我们这样，对自己的传统文化彻底批判、摧陷廓清、并且反复涤荡"。① 应该说，最值得担忧的还不是反传统倾向，而是由此滋生的怨古尤祖的品质。为此，我们有必要作出这样的反思：现代人是否在以一种不道德的态度对待自己的传统？

知德分离　一般说来，在反传统的过程中，作为"反"的对象的传统大都是活的传统，即对当代人的生活有意义的那些传统。"传统"内容的这种现实性，决定了在反传统的过程中容易出现像希尔斯所指出的那种现象：反传统的人往往会"陷入孤立无援之苦"。在伦理型文化的中国，反传统的主体极易陷入伦理与道德的困境。从理论上考察，在文化冲突中，文化主体可以采取极端反传统主义的态度，然而，在全盘否定传统伦理的同时，人们的行为也必定要遵循一定的道德准则，否则就"无所措手足"。于是在反传统者身上就会出现"新伦理"与"旧道德"的悖论，最典型的就是五四时期作为反传统旗手的胡适。胡适去世后，有人曾对他作这样的评价："新伦理的先驱，旧道德的楷模。"在胡适身上存在的这种伦理—道德的悖论，隐藏的一个文化难题是：如何看待伦理转换中的"道德代价"？应该说，在重大转折时期，确实存在社会的道德代价问题，这种代价可能会使一批人成为新伦理的牺牲者。社会的合理化，伦理的合理化，应当致力于使道德代价最小，因为使无辜者付出太高的道德代价本身就是不道德的。于是总有一个新伦理与旧道德交汇的过渡时期，这一时期的显著特征是在一部分文化精英身上体现出新伦理与旧道德的悖论，悖论所反映的不是道德上的保守，也不能简单地归结为新伦理与旧道德的冲突，恰恰反衬出他们道德品质的崇高。在理论上提倡新伦理的同时，他们也承受了旧道德的代价，李大钊、胡适所终生厮守的"小脚夫人"就是他们所付出的道德代价。这是新伦理的悲剧，然而其中却映现着悲剧的道德崇高。五四以后的反传统主义文化的代表人物很难看到新伦理—旧道德悖论的合理性，在概念上把伦理与道德简单等同的同时，以为一旦有了新的伦理，全社会包括自己就应当立刻除旧布新，于是，新的伦理行为常常造成不道德的客观后果。这是造成转型时期伦理失序、行为失范、价值失衡的重要原因之一。这种误区的直接后果，就是在现代人尤其是青年人的

---

① 胡思庸：《五四的反传统与当代的文化热》，见《五四运动与中国文化建设》，第549页。

品质结构中导致知德分离、知行脱节。在理论上，伦理具有"知"的特性，而"德"则具有"行"的品质。现代反传统主义者拥有新伦理的"知"，但往往缺乏传统美德的深厚底蕴，容易走向道德虚无主义和道德相对主义。这种情况在西方文艺复兴运动中表现得十分突出。培根提出"知识就是力量"的口号，卢梭描绘善良人性，然而他们都可以说是道德上的小人。培根以他渊博的知识和超人的智慧陷他的恩人于死地；卢梭影响了几个世纪的教育学名著《爱弥尔》与他生活上的放荡和对自己行为的不负责任形成讽刺。西方近现代文化建构中的这些教训，对现代中国文化的建设特别值得借鉴。

逃避现实责任　反传统主义文化的人文品质的最深层的本质和最严重的道德后果是逃避现实责任。反传统主义文化的前提和结论都是：传统文化应当对现实负责。应当说，这种立论既不符合道德，也不符合事实。中华民族的传统美德之一就是孔子所提倡的"不怨天，不尤人。""躬自厚而薄责于人。"这是一种强烈的自我道德责任意识。依照这一准则，把现代社会发展的责任归咎于传统是不道德的。任何社会的传统都是人们能动选择的结果，人们虽然不能逃出传统的掌心，但传统及其力量毕竟是有限的。现代西方解释学认为，现实社会中的传统是人们对历史文本进行意义"理解"的结果。据此，传统最多只能对现实社会负有限的责任，最大责任主体是传统的选择者和负荷者自己，当代人应当对现实负最大的社会责任。如果每一代人都把社会的责任归咎于传统，其结果不仅会使文化主体丧失责任意识和责任能力，而且社会将在怨古尤祖的文化中从根本上丧失责任主体和责任能力。这样，每一代人都将既不会对他们所生活的社会负责，也不会对自己的行为负责。只有形成当代人对当代社会负责的文化，才能造就进取的和有责任能力的社会。在对待现实的态度方面，反传统主义文化当把注意力集中于对传统的批判时，另一个后果恰恰是分散了人们对经济社会发展的现实问题的关注，在反思、批判历史上的不合理现象的同时，现实社会的不合理恰恰在眼皮底下逃过。反传统主义文化追究了历史的不合理性，放过了现实的不合理性，最多通过对历史上的不合理性的批判表达对于现实的不合理性的间接批判。它把精英的智慧、大众的努力，导向于对远古的乃至虚幻的传统的批判，造就的是坐而论道的批评家，而不是负责任的建设者。

如果说，五四新文化运动中的反传统是启蒙的必须，体现了当时的文化精英"重估一切价值"的要求的话,那么五四以后形成的反传统主义文化的人文品质的道德合理性就需要深刻反思。

[b. 学术品质:消解现实性] 反传统主义文化对现代文化及其主体的最深刻、最广泛的影响之一,就是逐渐形成一种特殊的学术品质,这种学术品质虽然在特定背景下具有某些合理内涵,但一旦沉淀为一种学术态度和文化价值取向,就有待进一步反思。

反传统主义文化的学术品质,至少在以下三方面应当深刻反省。

文化决定论 反传统主义文化的哲学基础是相信文化(意识、精神)在社会发展中具有巨大的乃至决定性的作用。只有在这一哲学前提下,反传统主义者才认为传统文化应当对现代中国社会的发展负责,也才需要通过反传统寻找民族振兴、社会发展之路。反思一个半世纪以来在中国发生的三次大的文化热,可以发现一个十分鲜明的特点:差不多每半个世纪就爆发一次文化热,而且一次比一次更"热"。鸦片战争时期的文化论争基本上局限于精英阶层,五四时期的文化热已具有一定的民众性,而80年代以后的文化热几乎席卷整个社会。从某种意义上说这当然是社会进步的表现,因为文化参与的程度与民众觉悟的程度有关,但其后可能还有更深层次的原因,起码说明更多的人尤其是知识阶层,认为文化问题是解决中国问题的根本。文化热与社会转型相伴随,固然是启蒙的必须,然而不可否认,它与潜在于主体意识深层的文化决定论的哲学理念密切相关。在五四以来的文化论争中,这种理念采取了否定性的表现形式,这就是反传统。

"虚拟传统" 近代以来的三次大的文化热,表征着中国社会发展的三个不同历史时期,然而值得注意的是,三次文化热反的却是同一个传统,这就是以孔子为代表的源头性文化。鸦片战争时期的文化热反孔教,五四运动时期的文化热高呼"打倒孔家店",80年代以后的文化热还是反孔子。从逻辑与历史两方面考察,这三个重要的历史阶段所反的传统应当有所不同,反传统的目标指向方面的一贯性,或者说明以孔子为代表的传统文化的影响太深,以致形成所谓"劣根性";或者说明中国社会近代、现代转型不充分,没有完成自己的文化任务。如果出于这两方面的原因,反传统主义文化还有某些合理性根据,但这种假设很难解释以下事实:在激烈反传统的青年人的知识结构和品质构造中,传统的含量事实上很小。不懂传统反传统,文化上自觉的程度当然令人怀疑。如果与以上所指出的反传统主义文化的品质缺陷相联系，这一现象就可能比较容易得到解释。既然反传统主义文化在道德上体现为怨古尤祖的品质，在学术上具有文化决定论的哲学基础，那么，作为批判对象的"传统"的确定性就有待追究。西方近代以来曾有两次大的反传统浪潮，一次是近代的文艺复兴，一次是 20 世纪以后出现的后现代主义，它们都有一个共同特点：反的都是现实的或最近的、当下的传统。文艺复兴运动反的是中世纪的传统，为了反中世纪传统，它采取了"复古以求解放"的方式，提出的口号是"回到古希腊"；后现代主义努力解构西方文化的现代传统，而途径同样是向文化的源头复归。在这里，"传统"是现实的、确定的。中国反传统主义文化则不同。它总是把远古的也是源头的传统作为"反"的对象，这就造成两种后果。其一，对于目前的社会来说，这种传统不是真实的或现实的，而是虚拟的；在反传统者的意识中，这种传统不是清晰的和确定的，同样是虚拟的。于是，反传统主义文化所要反的，就不是一个现实的传统，而是"虚拟传统"。或者说，在反传统主义文化的品质构造中，存在一个"虚拟传统"，这个"虚拟传统"是反传统主义文化存在的重要根据。"虚拟传统"曾是传统演变和文化发展中的合理现象，希尔斯曾提出"虚拟传统"的概念，中国传统文化中也确实有这样的传统，但传统文化所建立是肯定性的虚拟传统，作为孔子的理想社会的"三代"，作为老子的理想社会的"洪荒之世"，都是这样的肯定性的虚拟传统，而反传统主义文化解构的是否定性的虚拟传统，其文化性质与价值功能当然很不相同。其二，近代以来的文化热一直把虚拟的、源头性的传统作为反的对象，必然的结果就是一次又一次地动摇中国文化的根本，很容易导致文化上的"失根"现象，使文化主体在精神上丧失家园。

抽象的学术 反传统主义文化对现代学术发展的深刻影响之一，是形成孤立、"纯粹"有学术研究的学术品质。从理论上说，学科及其研究的分类，本质上只是一种抽象，在现实生活中，事实上并不存在任何纯粹的和完全独立的文化形式如伦理、宗教等等，它们总是与其他因子连为一体，处于现实的经济—社会—文化的有机生态中。如果把它们从有机生态中分离出来进行抽象的理解，就会缺乏现实性。反传统主义者夸大了文化的相对独立性，把它作为自足的和有决定意义的存在，不能把文化问题的思考还原到现实的生态中使之具体化，在营造学术上的象牙塔的同时，也囿于自己营造的象牙塔中。学术的形式是抽象的，其本质却是具体的。也许，一旦深入到现实之中，一旦赋予文化以现实性，反传统主义文化就会逐渐失去存在的学术基础。

（三）伦理—文化生态的人文力转换

根据"伦理生态"的理念，伦理精神的价值合理性，是伦理—文化、伦理—经济、伦理—社会关系中的价值生态的合理性。伦理精神的基本现实性与合理性，存在于伦理—文化生态之中。伦理—文化生态的合理性，主要表现在三个方面：伦理精神的文化生态的合理性；伦理—文化生态中各因子的生态合理性；伦理与经济、社会关系的生态合理性。"人文力"是伦理精神作为实践理性的最后的、也是使伦理与经济、社会相关联而形成有机生态的因子。因此，伦理—文化生态中伦理精神的价值合理性建构的基本理念，就是实现伦理精神的人文力的生态转换。

依据"人文力"的结构，伦理精神的人文力的生态转换的思路是：转换伦理生态的文化要素；调整伦理对经济、社会的作用点和作用方向；形成新的合理的伦理—文化生态。

伦理精神要素是伦理—文化生态的基本因子。从伦理生态的文化要素的角度考察，传统与现代的冲突有以下几种情形：一些伦理要素在新的社会历史条件下已经失去其存在的必然性与合理性，需要扬弃；在伦理进步与社会经济发展之间存在某种不适应，但造成这种不适应的原因不是伦理要素的落后，而是伦理要素对经济社会的作用点和作用方向不恰当，需要调整伦理对经济、社会的作用点和作用方向；由于文化冲突，由于伦理与经济社会发展的不平衡，原有的伦理生态失衡，各种伦理要素还未整合为一个有机合理的生态，必须进行新的伦理—文化生态的建构。

在文明体系中，伦理要素是潜在的伦理资源或文化资源。但伦理要素成为现实的人文力，还有待生态整合。"作用点"是影响伦理精神的价值合理性的人文力结构。在价值体系中，伦理的目的在于引导个体与社会向善。然而在求善的价值取向下，不同文化生态中的伦理精神却有着不同的作用点。在伦理精神的文化生态的要素方面，作用点的差别至少表现为：是求个体至善还是求社会至善？与此相连，是以人伦为着力点还是以人格为着力点？是向外追索还是向内探求？在现实的伦理生活中，是把主体的伦理努力引向人际关系还是引向工作关系？诚然，以上矛盾着的两方面都是辩证的统一，但在不同的文化体系中，矛盾的主要方面却迥然不同。应该说，其中任何一个选择都可能具有一定的历史必然性，问题在于如何在生态中建构和把握伦理精神的价值合理性。就像很难抽象地评价伦理实体的建构原理一样，人们也很难抽象地评价道德自我建构的原理。在传统伦理精神中，性善的认定，德性的尊重，修养的要求，总是人的尊严和美德的体现，但是，传统伦理精神的诸多缺陷，似乎也与此存在某种必然的联系。因此，当讲传统道德时，人们每每既讲"桎梏人心"，又讲"传统美德"，"辩证"到最后，似乎"美德"与"桎梏"具有深层的同一性。实际上，这正是传统道德的内在矛盾。在解决个体与整体的矛盾中，中国传统伦理中的合理性要多些，甚至可以说，在这方面传统伦理的基本价值定位并没有根本性的错误。问题在于传统伦理的着力点是按伦理政治的要求建立"圣化"的人格，伦理的性格是"求诸己"的向内探求。于是，当伦理以"善"的价值对人的行为进行导向时，遵循的原则就是只求个体至善，不求社会至善，其逻辑前提是社会被认定为当然至善。由此，当社会不合理，政治不合理时，伦理便走向了自己本性的反面，伦理运作、道德人格建立的结果，恰恰是对不道德的现实的维护。因此，人文力的作用点调理的着力点，应当是如何在社会至善与个体至善统一的基础上，建构伦理精神的生态合理性。

作用方向的调理，是传统伦理现代转换的另一个努力。按照"人文力"的理念，伦理要素的作用力的大小，取决于文化合力的形成，与各种伦理要素在文化方向上的一致程度有着直接的关系。在逻辑上，"作用方向"具有质和量的双重意义。在质的意义上决定伦理要素在哪个方向上发挥作用，将经济社会向哪个方向推动，使人向哪个方向发展；在量的意义上决定伦理的作用力的大小。如前所述，伦理对经济社会、对人的作用形式，恰似一个平行四边形，各种伦理要素共同发挥其功能，但最后形成的人文力，不以其中任何一个要素为转移，而取决于在各个方向上作用的伦理要素最后形成的文化合力。据此，伦理精神的生态转换，一方面要调整伦理的作用性质，使其体现时代精神的要求，价值导向的意义就在于此；另一方面，要对伦理—文化生态中各生态因子的人文力的作用方向进行调理，使之产生更为合理有效的、更为巨大的人文合力。在人文力的作用方向调理的过程中，人文力的质和量往往会产生矛盾，矛盾的突出表现之一，就是价值与效率。中国传统伦理的人生智慧在现代社会生活中面临的困境之一，就是价值与效率的矛盾。应该说，"无为而无不为"、"入世中的出世"，确实是一种富有情趣并体现深邃哲理的人生智慧。但是，这种人生智慧的运作，必须有与其匹配的条件。首先，它只能运作于一个相当稳定和熟悉的环境中，如果超出了这种环境，这些伦理原理就会失去现实性，甚至走向反面；其次，这种智慧具有文化原理上的复杂性，通常只有在伦理型的文化中才能得到完全的落实。"无为而无不为"的人生智慧的运作，使主体的注意力集中于人伦关系、人际关系，而不是工作关系和经济生活。而当伦理成为一种生活方式，当伦理的作用点局限于伦理自身时，伦理就难以成为经济发展的直接推动力量，甚至会成为经济发展的桎梏。至此，伦理智慧所追求的价值，伦理原理所蕴涵的深邃的人文睿智，就在深层上影响社会运行与经济发展的效率。

伦理是人类文明体系的重要构成，但并不是惟一构成；伦理代表着人的生活目的，但伦理并不是人类文明的全部目的，更不是惟一目的。如何通过人文力的调理，建立既体现价值目的性，又富有现实效率的人伦原理与人生智慧，是伦理精神的文化合理性的建构必须完成的重要课题。

第三篇

伦理—经济的人文力生态

伦理—文化生态是伦理精神及其价值合理性的潜在形态，也是抽象形态，它的抽象性必须在伦理—经济生态中，在处理理与欲、义与利的现实关系的过程中得到扬弃。

十 伦理—经济的生态复归

（一） 经济学的伦理回归

在理论研究中，经济与伦理似乎代表物质世界与精神世界、现实世界与超越世界的两个存在，是难以并存和同一的两个文化因子，于是，紧张与游离便成为二者之间的关系的真理。然而，当二者之间由于紧张和游离而缺少和谐与同一时，结果便不得而知：要么是伦理对经济的排斥；要么是经济对伦理的拒绝。事实上，无论从逻辑还是历史的维度透视，伦理与经济都是人类文明的产物。伦理与经济的生态关系及其共生互动的状况，在相当程度上决定人类文明发展的品质与后劲。现代文明进展的重要趋向，是伦理与经济愈益复归于其生态本性，文明困境的超越和学术研究的突破，要求破除抽象的伦理—经济观，在共生互动的生态中把握二者关系的真理。

　　［a. 经济学中伦理理念的演绎］　英国经济学家阿弗里德·马歇尔在《经济学原理》一书中曾作出这样的论断："经济学是一门研究财富的学问，同时也是一门研究人的学问。世界的历史是由宗教和经济的力量所形成的。"[①] 马歇尔强调经济学的人文本性，认为"一方面它是研究财富的学科；另一方面，也是更重要的方面，它是研究人的学科的一个部分"。[②]因为人是历史的主体，而人的性格是由所从事的日常工作，以及由此而获得的物质资源所形成的，任何其他的影响，除了宗教理想之外，都不可能

---

① 马歇尔：《经济学原理》，朱志泰译，商务印书馆 1997 年版，第 23 页。
② 同上书，第 23 页。

影响他的性格。① 显然，当马歇尔把经济当作历史的动力，把经济活动及其对物质资源的获得状况，即物质生活水平当作影响人的性格的决定性因素时，具有一定的真理性。具有挑战性的是，他还把宗教当作历史发展和影响人的性格的另一种力量和因素，在他看来，"经济和宗教"是人类文明或人类历史的两大"构成力量"。这种二元性观点可以进一步演绎为：宗教力量和经济力量的匹合状况及其矛盾运动，是世界历史的构成力量。马歇尔当然没有明确指出这一点，但这一结论可以从他的论述中逻辑地引申出来。在这一结论中，可以找到韦伯"新教资本主义"，贝尔"经济冲动力—宗教冲动力"命题的影子。

　　另一位英国古典经济学家纳骚·威廉·西尼尔，在《政治经济学大纲》中提出的政治经济学的一个重要命题就是：对财富的共同欲求。指出："每个人都希望以尽可能少的牺牲取得更多的财富。"② 从这一前提出发，必须解决的问题就是：社会如何以尽可能少的牺牲取得更多的财富？顺着这个思路，也必然逻辑地演绎出经济与伦理的辩证关系问题。

　　从本质上说，人的经济行为一般都是社会行为。虽然韦伯认为，并非任何方式的行为都是经济行为，"如果它仅仅以期待客观物体的效用性为取向，那么外在的行为就不是社会行为了"。③ 但是，由于人的经济活动只能在一定的生产关系中才能进行，因而其本质是社会行为。社会行为是社会关系中的行为或具有社会性的行为。按照韦伯的观点，社会行为具有四个方面的本性："（1）目的合乎理性的，即通过对外界事物的情况和其他人的举止的期待，并利用这种期待作为条件或者作为手段，以期待实现自己合乎理性所争取和考虑的作为成果的目的；（2）价值合乎理性的，即通过有意识地对一个特定的举止的——伦理的、美学的、宗教的或作任何其他阐释的——无条件的固有价值的纯粹信仰，不管是否取得成就；（3）情绪的，尤其是感情的，即由现时的情绪或感情状况；（4）传统的，由约定俗成的习惯。"④ 韦伯认为，经济行为就是"以经济为取向的行为"，他对经济行为和合理的经济行为加以区分，强调"合理的经济行

---

　　① 马歇尔：《经济学原理》，第 23 页。
　　② 西尼尔：《政治经济学大纲》，商务印书馆 1997 年版，第 46 页。
　　③ 马克斯·韦伯：《经济与社会》上卷，林荣远译，商务印书馆 1997 年版，第 54 页。
　　④ 同上书，第 56 页。

为"，并且把经济行为的合理性区分为"形式上的合理"和"实质上的合理"。① 显然，形式上的合理依赖于技术，实质上的合理取决于价值。实质上的合理性与形式上的合理性的区别在于：它不能满足于技术计算的合理性，"而是要提出伦理的、政治的、功利主义的、享乐主义的、等级的、平均主义的或者某些其他的要求，并以此用价值合乎理性或者在实质上目的合乎理性的观点来衡量——哪怕形式上还是十分合理的即可以计算的——经济行为的结果。"② 形式合理性是计算的合理性，实质合理性是价值合理性。由于经济和经济行为的合理性的根本是实质合理性，因而经济学必然也必须与伦理学、政治学合为一体。正如马歇尔所指出的那样，经济动机不全是利己的，共同活动的动机，对于经济发展和经济学的研究，具有重大的和日益增长的重要性，经济必须首先与伦理建立起有机的生态联系。

[b. "经世"的"人理"] 伦理—经济生态的现实基础是人，是人的行为的合理性价值追求。伦理—经济的生态基础存在于人的行为的自然本性和超越本性的和谐之中。

什么是经济？在现代中国人惯常的潜意识中，经济似乎是一个可以与"物质"等同的概念，似乎经济就是物质资料的生产，就是客观的物质活动。然而，当把"经济"与"物质活动"或"物质生活水平"在理念上混同时，经济与人、经济与社会的内在分裂就不可避免了。造成这种分裂的根源在于，它把过程当作真理，把状态当作现实，把活动当作目的。

经济与伦理是与人类文明发展相始终的两个文化设计与文化因子。人与动物都要解决自己的生存问题，都要追求物质欲望的满足。为什么惟独人类的物质活动被赋予"经济"的意义，或者被称之为"经济"，而动物却完全没有这些概念？回答当然在于人的社会性。人与动物的根本区别就在于人不是自然的存在物，而是社会动物。人具有动物的自然本性，但更深层的本质和更深刻的现实性是社会性的存在。社会性体现在人的物质资料的获得与消费方式中，表现为两个基本的内涵：群体性和历史性。人类无论是物质资料的生产还是对物质财富的消费，都必须在一定的社会关系中才能进行，这是人的生活的根本特点。由此，人创造物质财富的"生

---

① 马克斯·韦伯：《经济与社会》上卷，第106—107页。
② 同上书，第107页。

产"活动与动物的"谋生"活动就有了本质的区别。于是，人与人之间关系的处理，包括人际关系的缔结方式或人的组织形式、物质资料的消费分配形式，就成了与生产活动相同一、相始终的问题，甚至在特定条件下具有某些前提性的意义。当人类必须结成一定的社会关系并在一定的社会关系中才能进行物质资料的生产和物质财富的分配与消费时，伦理、政治以及其他上层建筑也就历史地诞生了。

从文化设计和社会设计的原理把握，伦理的功能，不是消解主体追求财富和物质享受的欲望，而是要合理地调节物质生产和利益分配中的各种关系，使主体的经济行为不仅具有形式上的合理性，而且具有实质上的合理性。伦理作为与人类生活相始终的文明因子，与其说是对人的生命需求和行为冲动的约束，不如说是人类在追求和满足这些需求与冲动过程中的智慧显现，只是在不同的文明发展水平上，由于面临的社会课题不同，伦理才显现出不同的文化智慧。人类的谋生活动只要具有社会性，就必然具有伦理性。物质资料的生产，不仅是一个空间的概念，而且也是一个时间的概念。在处理人与人关系的过程中，人不仅要获得当下的生活资料的满足，还要通过财富的积累，为自己物质生活的长远发展而努力；不仅要考虑一代人的获得，而且还要为子孙后代谋幸福。于是，人与自然之间的关系就同样被赋予伦理的属性。正是在社会性与历史性的意义上，人类的物质资料的生产活动才被赋予"经济"的内涵与意义。

人们可以给经济以各种理解，但无论如何，"经济"之成为经济，必须具有两个基本的要素：一是创造性，它是创造而不只是消费自然资源和物质财富的活动；二是价值性，惟有价值性，才能保证物质资料生产和消费的基本合理性。在中国文化中，"经济"的真谛是"经世"，即经时济世、经邦济国。在西方，"Economy"起源于会计、核算，它表明了对西尼尔所说的形式上的合理性的要求，同时也潜在着实质上的合理性内涵，因为通过会计与核算，从事物质资料生产的主体行为才能处于某种规范的监督与制约之下，以此才能追求和实现价值的合理性。在这个意义上可以说，会计与核算也是伦理性的要求。人类追求物质资料满足的本能冲动首先由于伦理的参与才由"谋生"上升为"经济"，才使动物的自然秩序变为人的社会秩序。

经济即"经世"，伦理即"人理"；伦理是"经世"的"人理"，经济是依循"人理"的"经世"。经济与伦理在人的实践活动和价值追求中达到历史和现实的统一。

[c. 生态的视野]　　伦理是否具有经济意义和经济功能，以及如何体现经济意义和经济功能，也许在学理上是一个很复杂的课题。然而，如果从现代西方经济学的发展趋势考察，问题就会简单得多。

德国伦理学家彼德·科斯洛夫斯基在《伦理经济学原理》一书中，提出了一个很有意思的观点："伦理学是市场失灵的调整措施和补救，宗教是伦理学失灵的调整措施和补救。当经济学失灵的时候，伦理学就会出现，当伦理学失灵的时候，宗教就会出现。"[1] 考察现代西方经济学的发展就会发现，伦理学与经济学的一体化，或者说经济学研究中对伦理—经济关系的生态把握，不是伦理学家的逻辑演绎，而是现代经济学发展的重要趋势。

当代西方经济学的新发展，主要以四种经济理论为代表：交易成本理论、信息经济理论、克服机会主义行为的理论、政府行为理论。这四大经济理论提出的许多重要概念，如交易成本、社会资本、道德风险、"囚徒困境"等，都是伦理—经济生态视域下的最新成果。以科斯为代表的交易成本理论认为，市场交换要付出巨大的交易成本，经济主体之间的信任则可以大大降低交易成本。索尔曼和阿尔齐安等经济学家也持同样的观点。[2] 美国经济学家弗兰西斯·福山，透过"信任"的道德准则对社会道德和社会繁荣的创造之间的关系进行了深入的研究，作出了一个突破性的发现："最高的经济效率不一定能由理性的利己主义行为来达成，反而由个体所组成的群体共同努力才容易达成，原因是这些社会成员之间存在着共同的道德观，使他们合作起来更见效率。"[3] 他认为，不是经济利益和法律，而是伦理道德对经济效率产生最为重大的影响。"虽然契约和自我利益对群体成员的联属相当重要，可是效能最高的组织却是那些享有共通伦理价值观念的社团，这些社团并不需要严谨的契约和法律条文来规范成员之间的关系，原因是先天的道德共识已经赋予社团成员互相信任的基

---

① 彼得·科斯洛夫斯基：《伦理经济学原理》，中国社会科学出版社 1997 年版，第 33 页。

② 参见彼德·科斯洛夫斯基、陈筠泉编《经济秩序理论和伦理学》，中国社会科学出版社 1997 年版，第 12 页。

③ 弗兰西斯·福山：《信任——社会道德和繁荣的创造》，远方出版社 1998 年版，第 30 页。

础"。① 信任不仅提高了组织效率，而且降低了企业的经营成本。"一个社会能够开创什么样的工商经济，和他们的社会资本息息相关，假如同一企业里的员工都因为遵循共通的伦理规范，而对彼此发展出高度的信任，那么企业在此社会中经营的成本就比较低廉，这类社会比较能够井然有序的创新开发，因为高度信任感容许多样化的社会关系产生"。② 克服机会主义行为的经济学理论的代表人物、诺贝尔经济学得主布坎南认为，伦理学有助于解决"大困难"，特别是能够有效地解决经济活动中的"机会主义行为"问题。所谓机会主义行为，是指市场活动中的投机取巧、自私自利的行为。威廉·姆森将机会主义行为区分为事前的机会主义行为和事后的机会主义行为。事前的机会主义行为的典型表现是逆向选择，事后的机会主义行为是"道德风险"。前者依赖市场规范的建设，后者则依赖于道德的建设。这一理论的另一位代表人物、同样是诺贝尔经济学奖得主的诺思明确提出一种命题：财富的创造是一个道德过程。③ 信息经济学的代表人物、诺贝尔经济学奖得主阿罗"在社会行为、包括伦理学行为的准则中，看到社会为了平衡市场失灵所作出的反应，因为伦理学准则的有效性降低了经济协约额外交易成本，因此使所有人的处境都得到改善。"④ 信息经济学发现，在信息不确定的条件下，价格作用的机制无力实现最优化，因此，"非市场控制，不论是道德原则还是外在地强制施行，在某种程度上来说，它对效率来讲都是必需的"。⑤ 特别在克服逆向选择和道德风险的信息不对称方面，伦理的机制具有重要的意义。以政府行为为研究对象的制度经济学提出了市场经济中的政府"寻租行为"问题，认为必须通过制度建设和道德建设加以克服。1998 年的诺贝尔经济学奖得主阿马蒂亚·森研究经济学的特点，就是从道德伦理的层面上关注重大经济问题，其贡献被概括为：呼唤学术良知，关注人类困境。他在经济学的研究中努力寻找经世济民之道，使经济学重新回到伦理道德的轨道。

纵观西方经济学的新进展可以发现：经济学与伦理学的一体化，是现

---

① 弗兰西斯·福山：《信任——社会道德和繁荣的创造》，远方出版社 1998 年版，第 36 页。

② 同上书，第 37 页。

③ 参见彼德·科斯洛夫斯基等编《经济秩序理论和伦理学》，第 12—13 页。

④ 同上书，第 13 页。

⑤ 阿罗：《信息经济学》，北京经济学院出版社 1992 年版，第 163 页。转引自《转向市场经济体制的秩序》，第 76 页。

代市场经济理论发展的大趋势。这一趋势在理论上提出的课题就是：伦理
—经济关系的生态复归。

（二）伦理—经济的生态整合

历史唯物主义阐述的经济决定伦理、伦理对经济具有能动性和反作用
的原理，已经在形而上的意义上揭示了伦理与经济之间的生态关系和生态
本质。在形而下的层面，尤其在伦理实践和经济活动的层面上，伦理之于
经济之间的生态本性的论证，还必须回答以下问题：在现实的经济活动和
经济生活中，伦理—经济如何在意义功能方面互补互动？在伦理—经济互
动中，二者如何形成有机的生态？

[a. 伦理—经济的生态运作]　伦理—经济生态的概念揭示了这样的
思想：在现实的经济生活和社会生活中，伦理具有经济功能和经济意义，
经济同样具有伦理意义和伦理功能。这一思想要获得理性确证，就必须在
作为伦理与经济的理性形态的伦理学和经济学中找到彼此沟通的桥梁。

在理性思辨中，经济的范畴不像社会的范畴那样容易把握，因为它似
乎不是一个实体性的存在，而是一种理念或功能，因而总与一系列其他的
概念相联系，如经济活动、经济发展水平等等。从不同角度考察，经济具
有不同的属性。彼得发现，"在文化和道德哲学概念中，经济属于文化范
畴，在系统理论的术语中，经济属于社会的基本系统"。[①] 经济是文化的
一部分，其价值由文化道德标准赋予；经济是社会的一个系统，具有社会
的意义。经济学研究两个最基本的问题："第一个问题是，如何动用有限
的资金，对确定的目标实现最大的经济效益，即狭义的经济问题；第二个
问题是，在选择经济体制和决策进程时，尽可能地协调行为人追求个人利
益的个人行为。"[②] "这两个问题共有一个道德范围，并指出了伦理学和经
济学、伦理学和经济学的行为方向与行为协调之间的相互关系。"[③] 伦理
行为和经济行为的价值指向及其实践协调之间的关系，见诸于学理，就是
经济学协调行为的规则和伦理学协调行为的规则之间的关系。在经济生活

---

① 彼得·科斯洛夫斯基：《伦理经济学原理》，孙瑜译，中国社会科学出版社 1997 年版，
第 118 页。

② 同上书，第 17 页。

③ 同上。

和社会生活中，社会既不能缺少伦理的协调，也不能缺少经济的协调，但是这种协调之间存在矛盾和冲突，因为无论哪种协调规则都会产生副作用。超越冲突，使经济生活和社会生活最大限度地实现合理化的对策，就是寻找某种最佳的协调体制。这种最佳的体制必须具有这样的特点："当事人最广泛的包容和最大范围地承受作用和副作用。理想的协调体制是包容所有的当事人和承受所有的副作用。"① 显然，这样的体制，既不能在经济学中完成，也不能在伦理学中完成，只能通过经济学和伦理学的匹合建立。伦理学和经济学的互补，对协调分散的市场社会具有特别重要的意义。

比较而言，市场体制是一种能够最广泛地包容经济行为的当事人的体制，但它无力合理地解决市场行为以及行为的市场协调中的副作用问题。因为副作用在更广泛的意义上是一种社会效应，并与文化价值密切相关，在相当多的情况下，它显现出经济的社会意义和道德价值。副作用问题的解决必须透过伦理学与经济学的共同努力。"副作用问题和双重作用行为原则构成了伦理学同经济学之间的桥梁。"② 经济学家们一直试图为市场经济提供一只"无形的手"和"无道德的市场"。然而，"经济失灵"迫使经济学重新回到道德的轨道，伦理学不仅成为经济失灵的调整措施，而且是市场经济的有机构成。人们发现，道德行为、忠诚、信任、可靠性等具有巨大的经济意义。"因为这些道德行为降低了交易支出费用，所以提高了市场的能力，减少了市场失灵的概率，减少了对国家强制合作的刺激。伦理学是对经济失灵和市场失灵的一种调整措施，因为它降低了制裁和监督的费用。因为通过法制机关实施的国家监督也要花费国家大量的费用，所以伦理学也减少了国家行为的费用和'国家失灵'的概率"。③ 伦理的最直接的经济意义就是使人们在市场行为中走出"囚徒困境"。

在伦理和经济之中，经济对人来说是第一性的。经济最深层的根据，潜在于人的自然欲望之中。在欲望的层面，人与动物有着相通的本性。为了生活，人类必须从事满足自身需要的物质资料的生产活动。生产的社会性、资源的有限性，决定了人们在生产过程中必须协调彼此之间的利益关

---

① 彼得·科斯洛夫斯基：《伦理经济学原理》，孙瑜译，中国社会科学出版社 1997 年版，第 17 页。
② 同上书，第 146 页。
③ 同上书，第 25 页。

系，在此过程中就产生了伦理智慧和政治智慧。伦理和政治是协调人们之间利益关系的两个基本的努力。伦理智慧从根本上说是一种义利智慧。"义"代表主体"应然"的价值追求，然而主体（包括社会与个体）之所以产生"应然"的追求，正是由于内在于社会生活和个体生命的"利"的冲突。"义"的对象和本质就是"利"，但是，这决不意味着"义"就是"利"。文化智慧既然把人们的欲望追求与实现的矛盾定性为"义"与"利"，就说明在"义"与"利"之间存在着某种紧张，正是由于这种紧张，伦理才有存在的根据。个体的欲望具有现实性，个体欲望之间的冲突同样具有现实性。为了建立合理的社会生活秩序和个体生命秩序，主体必须约束甚至放弃个别的或当下的欲望，服从于秩序的或合理性的要求。伦理一方面是对生物本能的扬弃和对抽象欲望的否定，同时又是对人的尊严、生命价值和生活意义的肯定。如果没有欲望及其冲突，伦理就失去其存在的根据；如果没有伦理的超越，没有在伦理的运作中对自然本能的超越，经济也就失去其人文意义。"义"来源于"利"，又与"利"相对立，二者的紧张与和谐构成伦理内在的矛盾运动。伦理的辩证法，既是价值的辩证法，也是利益的辩证法。价值的辩证法和利益的辩证法的整合运作，使伦理与经济成为一个现实的文化精神生态。

[b. 道德生活与"道德生活方式"]　正像经济生活的逻辑具有副作用一样，伦理生活的逻辑也内在着副作用，只是在不同的伦理精神体系中，副作用的表现、性质、程度不同而已。在中国伦理传统中，在伦理与经济关系方面，伦理的副作用最为突出的、也是对经济生活和经济发展影响最大的一种表现，就是伦理在对经济生活和经济关系协调过程中存在着的由"道德生活"向"道德生活方式"的蜕变。

伦理与经济的关系，在个体生活与生命结构中表现为道德和欲望的关系。作为生命秩序的建构原理与人文智慧，道德正是在本能冲动与德性追求的冲突中产生，其文化功能和价值目标是要达到人性之中本能与德性的合理实现。所以，道德不只是一种出世的境界，也不只是一种入世的智慧，而是"入世之中出世"的智慧与境界。

如果用一句话概括道德的本性，那就是：不动心。道德的本性，就是在欲望的冲动、利益的诱惑面前，见利思义，以道德的标准和价值的要求决定取舍、选择行为。"不动心"的境界，就是道德的最高境界。"不动心"作为道德境界的可贵之处，既不在于"心死"，也不在于"无心"，而在于"有心"面前的"不动心"，在于"入世中的出世"。由此，道德才能履行自己的文化功能，德性才能显现自己境界的崇高。

道德的生活是崇高的生活，也是追求意义和价值的生活；道德的生活必须修身养性，自我约束，自我超越。但是，如果由此引申出另一个结论，认为"道德就是生活"，那就意味着真理向前迈出了一步，陷入谬误。生活需要道德，但道德并不就是生活。在生活与道德之间，生活是第一位的。道德是生活的需要，也是生命的需要，因为它赋予生活、生命以秩序与价值。然而如果把道德当作生活本身，把道德当作生命的全部内涵，就等于脱离现实的生活和活生生的生命，把具体生动的"现实人"变为孤立抽象的"伦理人"、"道德人"，离开生命冲动与利益冲突的纯粹意义上的"道德人"，只是一个虚幻的存在。把道德等同于生活，生活等同于道德，不是道德的繁荣，而是道德的终结。

道德由于是对人的生物性本能的约束与超越，天生具有超越本能的性质，孟子所以要极力论证人身上天生具仁、义、礼、智四善端，其目的是为道德的可能性提供一种理论预设。也许，人们更有理由说明这些观念不是来自人的天性，而是后天训练的结果，然而，正因为人身上动物性的强大和道德性的弱小，道德的生活、德性的养成，才需要经过刻苦修炼。所以，在文化设计中才特别注重伦理的设计，道德修养才成为贯穿整个人生过程的努力。可是，这决不意味着道德可以成为人的一种生活方式，即"道德生活方式"。所谓"道德生活方式"，是以道德为主要甚至全部内容的生活方式，是脱离现实的经济生活，以道德的修炼为主要内容的生活方式，即以道德为生活方式。僧侣以宗教修行为生活方式，道士以人生修炼为生活方式，虽然佛教、道教在社会生活中曾经具有十分重要的文化意义，但僧侣、道士的生活方式事实上具有寄生的性质。所以，在中国历史上，当佛教高度繁荣之后，便会出现大规模的毁佛灭佛事件，这决不是封建皇帝个人的好恶，深层的原因就在于这种生活方式的普及给社会带来了太多的消极影响。同样，如果道德的修养成为一种生活方式，即使道德的圣贤们不像僧侣道士们那样与社会相脱离，过完全的寄生的生活，只是在"入世"之中"日三省吾身"，但一心专注于道德修炼，把价值目标引向个体圣贤的自我超越，而不是社会财富的创造，必然的结果，只能造就谨小慎微的谦谦君子。他们在一定条件下也许可以成为道德的楷模，然而即便成为楷模，也很少具有可效法性，因为社会的大部分成员既不能过这种生活，也不具备过这种生活的条件。更重要的是，如果社会上大部分人都喜欢这种生活方式，社会发展就会缺少必要的经济冲动力，社会财富就会缺少直接的创造者。

道德是否可以成为一部分人的生活方式？回答也是否定的。生活方式的区分与精神生产、物质生产的区分不同，道德所从事的是精神的生产，但道德的生活方式并不能直接等同于精神生产，虽然当道德生活方式的主体成为楷模时，客观上也会产生精神文明，但从根本上说，精神的生产也不是这种生活方式的目的，个体的完成，个体成圣成贤，才是以道德为生活方式的人的最终目标。因此，当道德成为一部分人的生活方式时，直接的结果，不是精神的生产与再生产，而是道德上的"精神贵族"的造就。

（三）人文力：伦理—经济的生态整合点

伦理—经济生态是以伦理为主体建立的生态。"以伦理为主体"的意蕴在于，伦理如何通过自身的转换与建构，与经济形成有机的生态。伦理与经济的生态整合点是多样的，从伦理对经济的作用方式，从经济发展的主体品质，也从现代中国经济发展的现实要求和伦理—经济矛盾运动的状况考察，我作出这样的设定：人文力是伦理—经济的生态整合点。

作出这种设定的基本逻辑原理是：人既是伦理，也是经济的主体；伦理透过人的主体对经济发生作用；伦理对人的作用过程，本质上是一个文化过程；伦理对人作用的文化过程形成人文力；人文力是经济发展必须的主体力量；透过人文力的运作，伦理与经济实现互动，经济获得价值合理性，伦理获得现实性，伦理—经济在人文力的整合中形成有机的生态。伦理——人——文化——人文力——经济——伦理—经济生态整合的过程，就是人文力整合形成伦理—经济生态的过程。它体现了这样的思想：人是伦理和经济的主体；经济与伦理统一于人；伦理—经济生态的现实根据在于人文力的运作。人文力，虽不能说是伦理—经济的惟一的生态点，但却是最主要的、也是最具有现实性的生态点。以人文力为生态点，既体现伦理的本性，也反映经济的内在要求，以及伦理对经济作用的特殊形式。

德国社会学家韦伯在《经济与社会》一书中，提出了人的经济行为的推动力问题。他认为，"在一种流通经济里，追求收入是一切经济行为的不可避免的最后的推动力"。① "在流通经济中，一切经济行为都是由经济行为者个人为了满足自己思想或物质的利益而采取和进行的。即使经济行为以从事经济行为的团体、经济团体或者经济调节团体的制度为取向，情况自然也是如此，——令人诧异的是，这往往被人们所忽视"。② 从人的利益和利益动机中寻找经济行为的推动力，当然是有说服力的努力。然而，利益的推动力，只是在"归根结底"的意义上才有真理性。在一定意义上，它是人们自然的或本能的推动力，如果仅仅局限于此，人的经济行为的差异就难以获得解释。不仅如此，本能的推动力既不能解释人的经济行为的合理性，也不能赋予人的经济行为以合理性。因此，经济行为在自然的或本能的推动力之外，还必须具有另一种推动力。相对自然的推动力而言，这种推动力是文化的推动力，即在一定的文化引导下，通过一定的文化努力形成的推动力。马歇尔早就发现，"经济动机不全是利己的。对金钱的欲望并不排斥金钱以外的影响，这种欲望本身也许出于高尚的动机。经济衡量的范围可以扩大到包括许多利人的活动在内"。③ 对于人的经济行为来说，最有意义的不是个体行为的动机，而是共同活动的动机。"共同活动的动机对于经济学家具有巨大的和日益增长的重要性"。④ 而当要形成共同活动的动机或对共同活动的动机进行考察时，个人利益的推动力或个人利益的解释反而就显得抽象和不真实了。即使在经济生活中，完全基于利益驱动的"经济人"表面看来是一个最世俗化、最具有现实驱动力的行为主体，但事实上是最不具有现实性的人。"经济学家所研究的是一个实际存在的人，不是一个抽象的或'经济的'人，而是一个血肉之躯的人"。⑤ "经济人"的生活，同样是虚幻的生活。"经济学家主要是研究人的生活的一个方面，但是这种生活是一个真实的人的生活，而不是一个虚构的人的生活"。⑥ 要走出对于人的经济行为的虚幻解释和虚幻理解，就必须考察在个人利益之外的人的行为动力。

彼得在《伦理经济学原理》一书中提出了一个观点：伦理经济学是

---

① 马克斯·韦伯：《经济与社会》上卷，第234页。
② 同上书，第233页。
③ 马歇尔：《经济学原理》，第42页。
④ 同上书，第45页。
⑤ 同上书，第47页。
⑥ 同上书，第46页。

后现代的经济学。他认为，自从经济学与伦理学相脱离以来，在亚当·斯密的引导下，在伦理学和经济学之间存在某种紧张关系。这种紧张关系使经济学越来越流向自然科学，而伦理学则被放到缺乏科学性和准确性的位置上。伦理学与经济学的分离是机械宇宙观的胜利。在这种机械的宇宙观中，经济的任务被规定为只是发展生产力，伦理在经济活动中是一个多余的结构。这样，经济和经济学便失去价值的指引和道德的自律性。彼得提出了关于人的行为动力的两个结构："最强的动力"和"最好的动力"。"人的最强的和最好的动力相互处在一定的关系之中，因为最强的动力不总是最好的，而最好的往往动力不强"。① 由于经济与伦理的分离，在人的行为的动力结构中，最强的动力和最好的动力不但相分离，而且处于对立之中。与此相联系，把最强的动力即自身利益作为主导原则的学科——经济学与想促进和发挥最好的动力的学科——伦理学便处于紧张之中。但是，经济和伦理都植根于人的本质，作为指明人的行为方向和协调人的行为的学科，伦理学和经济学不能长期处于对立之中。人的行为既需要最强的动力，也需要最好的动力，伦理学与经济学的结合，伦理—经济的生态复归，就是把最强的动力和最好的动力结合起来的努力。在这个意义上，可以说伦理经济学是后现代主义的经济学，也可以说经济伦理学是后现代主义的伦理学。这一命题的核心是伦理—经济生态，它是后现代主义伦理学和后现代主义经济学的重要特质。

后现代主义的核心是后现代精神，它与现代主义的现代精神相对应。按照大卫·雷·格里芬的观点，现代性以二分化、分离、机械化和实利主义（经济主义）为基本特征。与此相对应，现代精神的重要特征就是个人主义、二元论、相对主义、工具理性、经济中的非道德主义。后现代主义社会思想的重要特点是强调内在联系、有机性和创造性，力求克服现代社会的个人主义和机械性。后现代精神强调内在联系的实在性，提倡有机主义，主张建立起人与人、人与自然、人与社会、现代与传统、现在与未来之间的有机联系，追求道德价值和宗教价值。② 在以上诸多特征中，精神能量的首要性和有机性可以视为后现代精神的两个最基本的特征。正像

---

① 彼得·科斯洛夫斯基：《伦理经济学原理》，第 14 页。
② 参见大卫·雷·格里芬《后现代精神》，王成兵译，中央编译出版社 1998 年版，第 45—46 页。

乔·霍兰德所指出的那样，在后现代精神中，"精神能量的首要性是第一原则。所有社会能量——经济的、政治的和文化的能量——都是以精神性为基础的。精神能量和社会组织形式构成了一个独立的整体。精神能量是使一个社会合法化或变革一个社会的最深刻的根源"。① 对精神能量的重视，是后现代精神对于现代精神中关于人的自然本能的驱动力的重大转变。它意味着社会在寻找"最大的动力"的同时，寻找和建立"最好的动力"。在文化意识形式中，这种产生"最好的动力"的精神能量的两个最重要的源泉，就是伦理与宗教。生态智慧是后现代主义最重要的智慧之一。这种智慧不仅用来处理人和自然的关系，而且必然要上升为一种世界观和宇宙观，因为生态智慧是强调有机性的后现代精神的逻辑结果。这种有机性必然渗透到人的生活的方方面面，从而把构成人类生活的一切要素看作有机的生态，包括人的行为的"最强的动力"和"最好的动力"都是一个有机的生态。这样，伦理经济学和经济伦理学都是伦理—经济的生态本性的自觉表现，只是在不同学科的研究中，侧重有所不同。

伦理—经济生态，就是"最强的动力"与"最好的动力"有机整合的精神动力论的人文力生态。

---

① 参见大卫·雷·格里芬《后现代精神》，王成兵译，中央编译出版社 1998 年版，第73 页。

十一 伦理—经济的人文力生态及其合理性品质

（一）伦理—经济生态的人文力结构：
伦理冲动力与经济冲动力

什么是"最强的动力"？什么是"最好的动力"？"最强的动力"和"最好的动力"如何结合？在这种结合中，伦理和经济如何获得现实性和合理性？这就必须对伦理—经济生态的人文力结构进行探讨。

[a. 什么是伦理—经济关系的合理状态？] 按照历史唯物主义的基本原理，经济决定伦理，伦理对经济有反作用，然而无论是"决定"还是"反作用"都是一个过程，伦理—经济矛盾运动的价值指向是形成二者之间现实合理的有机关联。如果循此逻辑作进一步的探究，就会提出这样的问题：什么是伦理—经济矛盾运动所形成的合理状态？

依据"伦理生态"的理念，这种合理状态就是生态。

生态是一种自我发展、良性循环的生命状态。在生态中，不仅各因子都能充分发挥功能并得到自身的发展，更重要的是最后导致某种合理的运动发展和持存状态。虽然任何生态的合理性都具有相对性，但就构成它的因子的品质来说，生态状态在整体上确实是某种合理状态。自我生长、健康互动、良性循环的有机关联，是生态关系的最本质特征。在这些特征中，健康互动是关键。可以说，生态主体及其因子之所以能自我生长并导入良性循环，在相当程度上取决于生态因子的健康互动。就伦理—经济关系来说，生态既不是抽象的经济决定性也不是抽象的伦理反作用，而是经济和伦理之间的健康互动。这种"健康互动"的哲学前提是：无论是伦理还是经济，都没有先验的合理性。在现实性上，任何经济体制和经济机制都不能自发地体现人的健全和自觉的目的性，只有经过伦理的价值提升，才能由现存上升为现实，由现实上升为合理。伦理的合理性与现实性固然取决于它与一定的经济体制和经济制度相适应的程度，但作为文化体系中的价值结构，伦理有自己相对独立的价值追求，有自己以一贯之的文化传统，体现人特有的目的和价值性。伦理与派生它的那个经济之间的关系，不仅仅是适应，也必定和应当存在一定程度的紧张。正是适应和紧张的二重性，形成伦理—经济的整合互动。在这种互动关系中，主体努力的能动性，就在于依一定的人文目的，进行自觉的经济变革和伦理建设，从而使二者"健康"互动，进入良性发展的轨道。

这样，在伦理—经济之间就存在两种不同意义的关系：一是决定性—反作用的关系；二是生态关系。前者在本体论和认识的意义上被揭示，是伦理—经济关系的本体状态和自在状态；后者在实践精神的和价值论的意义上被把握，是伦理—经济关系的自为状态和主观能动状态。在本体论和认识论的意义上，伦理—经济关系的本质"是"决定性—反作用；在实践的和价值论的意义上，伦理—经济关系"应当是"、"必须是"生态。实践性、价值性、目的性，是生态关系之于"决定性—反作用"关系的不同品质，其中，实践是由后者向前者推进的决定性环节。"决定性—反作用"的关系是客观存在的关系，而生态关系必须经过主体的能动建设。因为实践，也只有通过实践，认识论的"决定性—反作用"的关系才向价值论"生态"关系推进。

［b. 伦理—经济生态的人文力结构］ 人文力及其互动整合，是伦理—经济生态的动力机制。

从动力学的角度考察，生态是各种力量的平衡与和谐状态。生态系统中各因子的互动，根本上是生态内部诸要素的力量之间的互动。当系统中各要素的力量达到有效平衡和健康互动、从而形成系统自我发展的有机状态时，就可以说这个系统是一个生态。伦理—经济的人文力生态的基本内涵，是伦理力量和经济力量的生态；伦理—经济互动的根本，是伦理力量和经济力量的互动。因此，伦理—经济生态，根本上是伦理—经济的人文力生态。

"人文力"是与"自然力"相对应的概念，其本质特征不仅是人的力量，而且是人在文化的引导下所形成和发挥出来的力量。在人身上，同样存在着自然力，人的本能冲动就是自然力的表现。当本能的力量在文化的指导下发挥，当本能的力量被文化所引导，从而形成人的行为的内在动力时，人的自然力就上升为人文力。自然力虽然强大，但并不代表人的力量的本质，只有人文力才体现它的本质。人文力，既是人的行为力量，更是人的行为动力。

在伦理—经济生态中，人文力的结构就是伦理冲动力和经济冲动力。

人的伦理行为和经济行为不仅受文化支配，而且伦理文化和经济文化本身就是人的行为的重要动力。由于文化是人的第二本性，因而基于文化的行为在某种意义上也具有本能"冲动"的意义，也是一种"冲动力"。当然，无论伦理冲动力还是经济冲动力，都不能完全脱离人的自然本性，文化是对人的自然本性的提升和引导，自然本性和文化本性的结合，才构成真实的"人"的本性。根据孟子"大体"、"小体"的立论，自然本性只是人的动物本性，是"小体"，文化本性才是"人"的本性，是"大体"，但如果脱离了动物本性，人的文化本性就是抽象的和不真实的。正是因为人的行为基于两种本性，即第一性的自然本性和第二性的文化本性，伦理和经济行为的动力才被称之为"冲动力"。伦理冲动力、经济冲动力，本质上都是人文力。

从严格的学科视野上透视，"冲动"（impulssion）本是心理学，具体地说是心理学的行为归因理论探讨的对象。在心理学上，"冲动力"（impulse）指由人的本能所形成的行为动力和行为力量。伦理和经济显然具有文化的属性，伦理和经济是否具有"冲动"的性质，从而形成所谓"伦理冲动力"和"经济冲动力"（the ethic impulse, the economic impulse）？作为体现人的行为的原动力的概念，冲动的最深刻的根源是人的需要。伦理和经济是否可以作为人的"冲动"并形成"冲动力"，逻辑上取决于伦理和经济是否根源于人的需要，是否产生于人的需要。

经济，无论是社会的经济行为，还是个体的经济行为，都根源于人的需要，这不仅在理论上尤其在经济学中得到充分阐释，而且被人们的生活经验反复证明。人要生活就必须生产，因而就有创造生活资料的经济活动。伦理能否成为人的需要？或者说人是否有伦理的需要？考察中西方伦理的发展史就会发现，无论中国伦理还是西方伦理，在论证伦理的必要性和可能性时，最后事实上都把它归结为人的需要。中西方伦理之所以都以人性论为逻辑起点，之所以都努力在人性中确立伦理的根据，在思维方式上就是把伦理归结为人的需要。在文化本性方面，伦理不仅实现人的价值冲动，不仅具有目的价值，而且具有工具价值。工具价值比目的价值更直接、更现实地成为社会与个体的需要，成为主体生命的内在冲动。现代西方经济学中"道德风险"、"社会成本"、"社会资本"、"社会责任"等一系列概念的演绎，在逻辑前提和逻辑结果方面都是把伦理当作主体的需要。因此，"伦理需要"、"伦理冲动"是可以在目的与工具、理性世界与经验世界中获得确证的概念，就像"经济冲动"可以从这两方面获得确证一样。当然，不同的主体、尤其不同文化品质的主体，伦理冲动、经济冲动的"力"不同，伦理冲动力和经济冲动力的结构更不同。但有一点可以肯定：伦理冲动力、经济冲动力是伦理—经济生态的人文力结构。

[c. 伦理冲动力—经济冲动力的生态模式及其价值合理性]　伦理精神的合理性，经济发展的合理性，人的行为的合理性，基本的方面既不取决于伦理冲动力，也不取决于经济冲动力，而取决于这两个冲动力所形成的生态。伦理精神的基本矛盾是道德和利益的矛盾，伦理冲动力和经济冲动力的矛盾状况与矛盾运动，形成不同的伦理智慧和伦理境界。韦伯对于新教伦理与资本主义经济发展之间关系的分析、贝尔对于资本主义文化矛盾的分析已经揭示，人文精神发展的合理性，在于经济冲动力与伦理冲动力的生态状况。作为行为主体的人，既具有"经济人"的本性，又具有"伦理人"的本性，人性的基本矛盾，表现为经济冲动力与伦理冲动力，即义与利、欲与理的矛盾。

在人的行为结构中，尤其在不同的人的行为结构中，经济冲动力和伦理冲动力的大小不同。一般说来，经济冲动力具有原动力的意义，在彼得的伦理经济学中，它被称之为"最强的动力"。然而，伦理冲动力在人的行为结构中不仅存在，而且同样表现出强大的力量。法国伦理学家居友根据行为动力学的观点，认为人遵循义务的道德行为同样是一种冲动力。"无可争辩的是，义务感更多是以一种本能冲动的形式表现出来的，是内在生命力突如其来地流向他人，而不是表现为对抽象的'道德法则'的深思熟虑的尊重，或寻求'快乐'和'功利'。而且，要特别指出的是，随着人类智力和情感的不断发展，不可能在那混有一般的、丰富的、甚至是形而上学的观念的几乎是反射的状态中，发现道德的冲动"。① 由义

---

① 居友：《无义务无制裁的道德概论》，余涌译，中国社会科学出版社 1994 年版，第 105 页。

务感所产生的道德冲动力有时表现为推动力，有时则表现为阻力或抑制力，"它像冲力一样突然和强烈"。① 居友发现，以"应当"为取向的伦理冲动力和道德冲动力，在相当多的情况下虽然没有基于本能的经济冲动力强烈，但却有人文品质方面的优势。他以人的道德情感为例，指出，"如果道德情感的力量不是表现为突然的冲动或抑制，而是表现为内在的压力，一种持续不断的压力，那么，它将获得越来越显著的特征。在大多数情况下，对大多数人来说，必须做什么的情感不怎么强烈，但却延绵不绝。虽说它的强度不够，但却有时间上的优势，这优势仍是最强有力的因素"。② 延绵不绝、坚韧不断，正是伦理冲动力之于自然冲动力的优势。

伦理冲动力和经济冲动力的最重要的特性，是对人的行为的作用方向和作用点的区别。经济冲动力的作用方向和作用点是"利"。作为人文力的一个结构，经济冲动力遵循利益驱动原则，把人的行为引向对"利"的追求，以"利"为着力点对人的行为进行驱动和导向。作为一种人文力结构，"利"不只是客观存在的物质利益，而是由主体对"利"的追求而产生的谋利冲动，以及在谋利冲动过程中所体现的潜在的和现实的力量。在这里，经济冲动力的人文内涵，既有文化价值上对"利"的肯定，更有主观转化为客观，把对"利"的需要转换为谋利冲动、见诸于谋利冲动的意义。伦理冲动力对人的行为的作用方向和作用点是"义"。"义"的实质是追求应然的价值。居友认为，"不管人们用什么方式从形而上学或从道德上来描述义务，说到行为的其他动力或源泉，某种心理机械力是必不可少的。从动力学角度考虑，责任感是一种循着具有一定强度的确定方向而有节奏地起作用的力量。因此，我们必须弄清楚这些行为的力量是如何在我们身上发生的（这些力量同时也是思想和情感）"。③ 居友阐述了以下几个思想。第一，出于义务的道德行为有某种心理机械力的动力或源泉，就是说具有"力"的特质；第二，这种力量有"一定的强度"和"确定的方向"，并有节奏地发挥作用，就是说具有大小和方向的特性；第三，正因为这种动力和力量，道德不是对人的行为的制约或约束，而是行为扩张的结果。这种"扩张"可以理解为伦理对人的行为的作用点。

---

① 居友：《无义务无制裁的道德概论》，余涌译，中国社会科学出版社1994年版，第105页。

② 同上书，第106页。

③ 同上书，第104页。

在个体的行为结构和伦理—经济关系中，伦理冲动力和经济冲动力如何有机匹合，形成合理的行为动力结构和伦理—经济生态？根据对人文力运作的"平行四边形"模式的揭示，如果以伦理冲动力和经济冲动力为人文力的要素，那么，这两个要素最后所形成的人文力及其生态，就是二者所形成的平行四边形的合力。伦理冲动力和经济冲动力分别构成平行四边形的两条边。根据力学的一般原理，平行四边形的合力，首先与组成它的两个分力的大小有关，"力"的大小在平行四边形中表现为两边的长度；其次与两个分力在作用方向上的一致程度有关，它表现为平行四边形两边的夹角；最后在相互作用中，平行四边形两边的长度及其夹角还与这两个分力彼此作用的作用点有关，作用点既影响两边的长度，也影响两边的夹角。作用点是两个分力所形成的合力对个体行为及经济社会发挥作用的着力点。这样，在伦理—经济生态中，伦理冲动力与经济冲动力所形成的人文力生态，就是平行四边形的生态模式。或者说，人文力的生态，就是平行四边形生态。

由伦理冲动力和经济冲动力所形成的人文力的平行四边形生态，只是一种"实然"的揭示，还不是"应然"追求和建构。在伦理冲动力和经济冲动力的人文力结构中，经济冲动力更具有原初的和本位的意义。虽然从文化学和经济学的意义上考察，个体的和社会的经济冲动力直接地受一定的经济体制和经济制度影响，但根据历史唯物主义的原理，经济冲动力是第一性的。然而，无论从人文力合理性方面考察，还是从对人文力探讨的价值指向即伦理精神建构的意义上考察，伦理冲动力在人文力生态结构中都具有十分重要的意义。伦理冲动力是人文力的生态结构中更为主观、更为能动的因子。从理论上说，基于"义"的伦理冲动力比基于"利"的经济冲动具有更多的品质方面的优越性。因为，既然"利"是一个基于本能的存在，个体在"利"的诱惑和需要面前的冲动，相当程度上是基于第一本性即自然本性的冲动；而且，由于"利"的客观性，它所产生的行为动力在特定条件下只能是一个常量（西方现代管理学的行为动力理论对此已经作了深刻的揭示）。"义"的价值追求则不同。价值固然根源于主体对客体的需要，但在实然的存在面前，主体可以通过改变自己的需要结构，赋予对象以不同的价值，并在价值追求中产生基于价值赋予而形成的行为动力。在价值追求中，主体表现出很大的选择性、能动性和超越性。如果说经济冲动力是在世俗世界中产生的人文力，或者说是依世俗世界的原理产生的人文力，那么，伦理冲动力就是在超越性的价值世界中创造的人文力，是依价值世界的原理创造的人文力。

伦理冲动力的合理性同样取决于与经济冲动力之间的关系，就像经济冲动力的合理性有待伦理冲动的整合一样。伦理冲动力、经济冲动力关系的合理性的哲学基础是"义"和"利"的关系。一方面，伦理冲动力和经济冲动力关系的实质是义利关系；另一方面，伦理冲动力和经济冲动力所形成人文力的合理性的本质也是义利关系。在解决这一问题的过程中，必须进行两方面的理论突破：第一，不能把"义""利"只当作伦理学的范畴，必须作为伦理—经济生态的范畴，作为在人文精神的意义把伦理—经济相统摄的范畴；第二，必须走出"义""利"孰重孰轻的围城，回归到现实的社会生活和社会发展中进行具体历史的考察。必须在生态视野下，确立生态的人文动力观和生态的义—利一体观，在伦理—经济生态中建立人文力生态的合理性与现实性。

（二）新教伦理与资本主义伦理—经济的人文力生态

关于伦理与经济发展之间关系的研究，是西方 20 世纪最重要的学术成就之一。三位学者的研究及其成果在这一课题的研究进展中具有里程碑式的意义：1920 年，德国著名社会学家马克斯·韦伯的《新教伦理与资本主义精神》、1976 年美国著名思想家丹尼尔·贝尔的《资本主义文化矛盾》、1993 年英国与荷兰的两位学者查尔斯·汉普登—特纳、阿尔方斯·特龙佩纳斯合作完成的《国家竞争力——创造财富的价值体系》。[①]

［a."新教伦理与资本主义精神"］　韦伯从西方工商界领导人、资本占有者、近代企业中的高级技术工人，尤其是受过高等技术培训的管理人员，绝大多数都是从新教徒这一事实出发，认为，经济理性主义是新教

---

① 20 世纪 70 年代以后，关于经济和以伦理为核心的文化之间的关系的研究成为西方学术研究的重要热点，对于宗教、伦理、文化的关注是后现代主义的重要特征。围绕这一主题，出版了大量的学术著作，提出了许多新的概念命题，其中，我认为《国家竞争力——创造财富的价值体系》一书最有代表性和说服力，因而把它作为西方人对于伦理—经济关系世纪性思考的第三阶段的代表性著作。

徒的重要特征。① 新教徒与天主教徒在经济理性主义方面的差异，根源于宗教信仰方面的不同品质，其内隐藏了现代资本主义发展的秘密。② 由此，韦伯提出了一个著名的观点：西欧和美国的现代资本主义发展的根源是"资本主义精神"！

韦伯指出："一个人对天职负有责任——乃是资产阶级文化的社会伦理中最具有代表性的东西，而且在某种意义上说，它是资产阶级文化的根本基础。"③ 在他看来，"资本主义精神和前资本主义精神之间的区别并不在赚钱欲望的发展程度上"，④ 而在于"一种要求伦理认可的确定生活准则"。⑤ 由此形成现代资本主义的经济理性主义，⑥ 这种理性主义外化为资本主义的经济行为。⑦ 成为作为"资本主义精神"人格化的资本主义企业家的重要品质。韦伯认为，西欧和美国的现代资本主义，是由近代西方社会生活所具有的特殊的社会精神气质造成的。这种社会精神气质由许多因素组成，最直接最重要的就是新教伦理，新教伦理比其他任何因素更能体现资本主义文明的本质。这样，韦伯就把新教伦理作为资本主义经济的文化力量，而所谓"资本主义精神"就是新教伦理的文化力量作用于资本主义经济的中介环节。

在新教伦理与资本主义市场经济所形成的特殊的伦理—经济生态中，新教伦理的人文力主要表现在三个方面："蒙恩"的信念与经济合理主义；"天职"的观念与资本主义的世俗职业伦理；"理性禁欲主义"与资本积累的精神。

从"蒙恩"的信念中派生的经济合理主义，是新教伦理对资本主义经济推动的第一种人文力。新教与天主教的重要区别之一，就是以"蒙恩"诠释现世的谋利活动。新教认为，为财富而追求财富，把追求财富

---

　　① 见韦伯《新教伦理与资本主义精神》，于晓等译，三联书店1992年版，第23页。

　　② 韦伯指出，"必须在其宗教信仰的永恒的内在特征中，而不是在其暂时的外在政治历史处境中，来寻求对这一差异的主要解释"。见韦伯：《新教伦理与资本主义精神》，第26页。

　　③ 韦伯：《新教伦理与资本主义精神》，第38页。

　　④ 同上书，第40页。

　　⑤ 同上书，第41页。

　　⑥ 韦伯用理性主义诠释现代资本主义发展，认为"资本主义精神的发展完全可以理解为理性主义整体发展的一部分，而且可以从理性主义对于生活基本问题的根本立场中演绎出来"。同上书，第56页。

　　⑦ 韦伯对"资本主义经济行为"的理解是："资本主义的经济行为是依赖于利用交换机会来谋取利润的行为，亦即是依赖于（在形式上）和平的获利机会的行为"。同上书，第8页。

本身作为目的是应当谴责的，但若是作为从事一项职业劳动的果实而获得它，那便是象征着上帝的赐福。就履行天职的义务而言，获得财富不仅在道德上是允许的，而且是实现最后拯救的必须。① 由此，新教伦理就为资产阶级从事工商业活动的谋利行为奠定了道德合理性。在这里，追求世俗利益被看作是合乎理性的活动，因为它是履行天职。由此形成一种既有活力又有理性秩序的资本主义精神。

"天职"的观念所形成的神圣劳动价值观，是新教伦理为资本主义经济提供的另一种人文力。宗教的核心问题是灵魂得救。天主教认为，人的拯救要靠祈祷等宗教仪式在天堂获得，而改革后的加尔文教则认为，得救不能靠教会和圣礼，只能取决于宗教徒自己的现世努力和现实表现，这就是：保持纯洁的情操，过勤俭禁欲的生活，勤勉于世俗职业，实现自我确证。由此引申出天职的概念。韦伯认为，新教赋予世俗工作职业以"天职"的宗教意义，要求教徒勤勤恳恳地投身于世俗的活动，完成上帝赋予的世俗责任，从而使资本主义的劳动和经营在宗教伦理中具有了道德必要性。这种天职的观念对资本主义经济的发展具有重要的意义。它把劳动本身当作上帝规定的生活目的，当作赎罪得救的必要条件，即使不必通过劳动满足自己需要的富人，也必须服从上帝关于劳动以尽天职的诫命。韦伯认为，正是新教伦理的这种"天职"的观念，造就了资本主义不可缺少的资本家的经营精神和无产阶级的劳动精神。新教把勤勉于世俗的职业活动看成是获得宗教意义和实现宗教目的的最高手段，不仅为资本主义经济的发展培养与准备了一批兴奋异常的经营者与劳动者，而且也为他们的努力提供了一个永无止境的目标和永不满足的内在驱动力。

---

① "在清教徒的心目中，一切生活现象皆是由上帝设定的，而如果他赐予某位选民获利的机缘，那么他必定抱有某种目的，所以虔信的基督徒理应服膺上帝的召唤，要尽可能地利用这天赐良机。要是上帝为你指明了一条路，沿循它你可以合法地谋取更多的利益（而不会损害你自己的灵魂或者他人），而你却拒绝它并选择不那么容易获利的途径，那末你会背离从事职业的目的之一，也就是拒绝成为上帝的仆人，拒绝接受他的馈赠并遵照他的训令为他而使用它们。他的圣训是：你须为上帝而辛劳致富，但不可为肉体、罪孽而如此。"见韦伯：《新教伦理与资本主义精神》，第127页。

由理性禁欲主义①引申出的资本积累精神，是新教伦理对资本主义经济的第三种人文力。新教伦理把勤与俭作为道德准则，"勤"要求教徒尽可能地把毕生的精力都用在尽天职上，浪费时间是最大的罪孽，因为"时间就是金钱"，浪费每一分光阴，都是为上帝增光的劳动的损失。"俭"要求信徒不要追求肉体的享乐，把财富与金钱投入到劳动和劳动经营中去，投入到工商业活动中去。而一旦限制消费与谋利行为的解放结合起来，不可避免的实际结果便是导致资本的积累和财富的增加。正是这种理性禁欲主义唤起的积累、投资、赚钱的资本主义精神，推动了16、17世纪资本主义的早期积累和日后资本主义经济的发展。在韦伯的思维中，"蒙恩"的观念、"天职"的观念、"节俭"的观念，构成"资本主义精神"特殊的文化气质，也为资本主义经济的发展注入新的人文力。

[b. "资本主义文化矛盾"]　如果说新教伦理的文化品质与文化气质在历史上成功地推动了资本主义经济的发展，那么，时隔半个世纪，二者之间逐渐出现了背离。丹尼尔·贝尔以一个学者的敏锐洞察到这种背离，他未雨绸缪，深刻地揭示了资本主义文化矛盾。贝尔对资本主义文化矛盾的分析，最突出的同样是他使用的方法，这就是他称之为"异体合成"的方法。在思想构造上，他一反传统的"非此即彼"的一元化结构，形成"组合型"的"现代思想模式"："在经济领域是社会主义者，在政治上是自由主义者，在文化方面是保守主义者。"②三者浑然一体，糅合均衡，形成贝尔思想的品质构造。在知识构造上，他致力打通不同学科的壁垒，从文化学、经济学、社会学、伦理学的多维视角，对资本主义的现代发展进行整体化透视。由此，他作出了一个惊人的发现：现代资本主义的根本矛盾是文化矛盾！

贝尔认为，以新教为基础的资本主义，从诞生起就蕴含着难以克服的文化矛盾。贝尔循着韦伯关于新教伦理与资本主义精神的经典研究追踪下

①　世俗禁欲主义是新教伦理的重要特征，"这种世俗的新教禁欲主义与自发的财产享受强烈地对抗着；它束缚着消费，尤其是奢侈品的消费。而另一方面它又有着把获取财产从传统伦理的禁锢中解脱出来的心理效果。它不仅使获利冲动合法化，而且（在我们所讨论的意义上）把它看作上帝的直接意愿。正是在这个意义上，它打破了获利冲动的束缚。这场拒斥肉体诱惑，反对依赖身外之物的运动，……并不是一场反对合理的获取财富的斗争，而是一场反对非理性的使用财产的斗争。"于是禁欲主义就成了"总是在追求善却又是在创造恶的力量"。正是在这个意义上，人们称这种禁欲主义是理性禁欲主义。韦伯：《新教伦理与资本主义精神》，第134页。

②　丹尼尔·贝尔：《资本主义文化矛盾》，赵一凡等译，三联书店1992年版，第21页。

来，发现资本主义精神在其萌生阶段就已经潜伏着病灶。韦伯所说的"禁欲主义"只是它的一面，另一面则是德国哲学家桑巴特在《现代资本主义》中诊断出来的先天性痼疾："贪婪的攫取性。"贝尔将这两项特征分别认定为"宗教冲动力"与"经济冲动力"。① 在资本主义上升时期，"禁欲苦行和贪婪攫取这一对冲动力就被锁合在一起。前者代表了资产阶级精打细算的谨慎持家精神；后者是体现在经济和技术领域的那种浮士德式的骚动激情，它声称'边疆没有边际'，以彻底改造自然为己任。这两种原始冲动的交织混合形成了现代理性观念。而这两者间的紧张关系又产生出一种道德约束，它曾导致早期征服过程中对奢华风气严加镇压的传统。"② 然而，随着资本主义的发展，随着资产阶级企业家与艺术这一对双生子愈益走向敌视，"资本主义精神"发生了内在的裂变，这种裂变的根源就在于宗教冲动力的耗散，宗教伦理丧失了对经济冲动力的有效制衡。随着"宗教冲动力"的耗散，对经济冲动力的约束也就逐渐减弱，资本主义在因其旺盛的生命力获得了它的无限发展性的同时，也开始走向它的尽头。

这样，资本主义精神相互制约的两个基因只剩下了一个，即"经济冲动力"。这种冲动力因缺乏道德力量的支撑而逐渐丧失合理性，因为，另一个至关重要的抑制平衡因素——"宗教冲动力"已被科技和经济的迅速发展耗尽了能量。③

至此，资本主义发展便失去了它在文化上的原动力。"经济冲动力成为社会的前进的惟一主宰后，世上万物都被剥去了神圣色彩。发展与变革即是一切。社会世俗化的副产品是文化上的渎神现象，资本主义便难以为人们的工作和生活提供所谓的终极意义了。"④

[a. "国家竞争力"]　　查尔斯从一个令人深思的问题入手：什么是国家竞争力的来源？他的回答是：文化信念。

查尔斯分析了美国、英国、瑞典、法国、日本、荷兰和德国等资本主

---

① 丹尼尔·贝尔：《资本主义文化矛盾》，赵一凡等译，三联书店1992年版，第13页。

② 同上书，第29页。

③ "回头看经济冲动力，又出现了道德方面的问题。因为，个人同时作为公民和资产者的双重身份必然会引起冲突。个人的第一身份要求他对政治负有成员的责任。而他的第二身份又强调对私有利益的关切。……因此的确有必要平衡个人欲求和公共责任。"见丹尼尔·贝尔：《资本主义文化矛盾》，第66—67页。

④ 丹尼尔·贝尔：《资本主义文化矛盾》，第14页。

义世界中表现卓越的七个资本主义国家，发现它们创造财富的经验有许多相似之处，但彼此之间也存在着相当大的差异，其间最深刻的是文化的差异，由于这些差异，其经济表现也日渐悬殊。

查尔斯认为，社会价值观是经济活动的根本力量和经济力量的根源，"企业文化的来源是该企业的价值观；国家文化的来源则是该社会深层的信念结构，这些信念结构是规范一个社会经济活动的根本力量。社会的文化偏好或价值观，是国家认同的基石，也是一国经济力量或弱点的根源。"[1] 传统经济学与现代经济学的最大缺陷，就是忽视这种文化力量的存在。[2] "经济学者在繁忙的计算与统计过程中，尤其遗漏了一项非常重要的经济要素，一项关系所有经济活动成败的因素——人际关系。其实所有交易活动都决定于经济行动者或决策者的价值观，这些价值观决定经济活动的优先顺序，主导着经济活动。事实上，由经济学所透露的信息可知：如果管理者能够'道德'一点的话，经济活动中的交易成本将可以降低"。价值体系、信念结构，是推动经济发展也是经济竞争力的最根本的来源，因为，"寻求意义，并在任何具体形式中赋予价值意义，是人类内心最深沉的呼唤。"[3]

查尔斯的结论是：经济发展、国家竞争力，最重要的因素就是：创造财富的价值体系。

如果把《新教伦理与资本主义精神》当作西方世界对伦理—经济关系思考的正命题，那么，《资本主义文化矛盾》就是反命题，而《国家竞争力》则是这种思考的合命题。韦伯向人们揭示：资本主义在西方世界的成功，在于建立了新教伦理与资本主义市场经济之间的有机生态，最根本的原因是得力于新教伦理的人文推动；贝尔警示人们：经过一百多年的发展，资本主义精神已经发生了裂变，形成深刻的文化矛盾，这种矛盾从根本上说是伦理—经济的矛盾，确切地说，是经济冲动力和以伦理为核心的宗教冲动力的人文力生态的矛盾；查尔斯则告诫人们：国家经济的竞争力，归根到底根源于创造财富的价值体系，伦理精神的人文力对经济发展

---

[1] 查尔斯·汉普登—特纳、阿尔方斯·特龙佩纳斯：《国家竞争力》，徐联恩译，海南出版社1997年版，第6页。

[2] 查尔斯批评道："从一开始，经济就是一种学术，一门描述不懂经济学的人如何创造财富的学科。"见查尔斯·汉普登—特纳、阿尔方斯·特龙佩纳斯：《国家竞争力》，第7页。

[3] 同上书，第8页。

具有最为深刻的意义，由此复归于韦伯在伦理—经济生态中对伦理精神的人文力的关注。三者形成西方世界关于伦理—经济关系所进行的世纪性反思的否定之否定的辩证过程。

（三）儒家伦理与传统伦理—经济的人文力生态

在世界古代文明史上，中国封建社会和封建经济是最有地位的人类文明之一。中国封建社会之所以创造了人类历史上最为辉煌的封建文明，中国封建社会之所以形成超稳定的结构并在相当程度上延长了走向近代的进程，最重要的原因，不是中国特殊的伦理文化及其在传统经济社会中的地位，而是这种伦理文化与中国传统社会和传统经济所形成的特殊的生态。

在以前的学术研究中，人们已经形成这样的共识，中国传统文化是一种伦理型文化，① 但伦理型文化还不能代表中国传统文明最重要的特质。中国传统文明最重要的特质是把以血缘为基础的伦理与经济、社会成功地结合，形成一个互动循环的生态。

［a. 人伦本位与经济秩序］ 人伦本位作为儒家伦理的基础已经是一个不争的事实，未引起足够注意的是，人伦本位在封建社会中还具有诸多重要的经济意义。这些意义是：经济关系的秩序原理；经济主体的造就方式；经济活动的组织形式。

人伦，在文化意义上可以说是伦理和经济共有的秩序基础，它决不只是孤立的伦理概念，而是伦理—经济生态的概念。在家—国一体的社会结构中，以血缘为根基的人伦关系具有前提性的意义。血缘是伦理的原型，政治是伦理的逻辑延伸，家族血缘成为整个社会具有本位意义的秩序原理。在人伦本位的秩序中，个体必须也只有在一定的人伦关系中才能诞生和造就，也只能在一定的人伦关系中才能被定义和被理解。在伦理型文化中，人伦本位的基本价值目标不是有经济活力的个体，而是自觉遵循伦理

---

① 我认为，伦理型文化和道德型文化是不同的。伦理型文化的意蕴是以伦理作为文化的本位和文化精神、文化原理的范型，或者说文化体现特殊的伦理化的特征。在这个意义上，可以说中国传统社会是一种伦理型社会，中国传统政治是伦理政治。但伦理社会、伦理政治决不能说就是道德社会、道德政治。伦理社会是以血缘为本位和组织结构原理的社会，伦理政治是血缘—伦理—政治三位一体的政治，其实质是政治具有伦理的形式，伦理具有政治的本质。伦理社会、伦理政治，可能是不道德的社会、不道德的政治。伦理社会主要是一种秩序原理，而道德社会则是一种价值判断。二者之间存在原则的区别。

秩序的个体。这一文化特质不仅是伦理在传统文明体系中地位的必需，而且也是中国传统经济的本质使然。以一家一户为单元的自然经济，最基本的冲动是自身的消费需要，在以家族为基本经济主体的经济关系和社会生活中，人伦关系的维系即主体的伦理冲动就逻辑地成为经济冲动的基础。在以家庭为基础的生产方式和农业为基础的自然经济中，在财富的分配和消费方面，人伦本位的文化体系中的伦理秩序与经济秩序在相当程度上是自然合一的，在这个伦理—经济秩序中，个人需要的满足往往并不直接至少不是完全地也不是最后地取决于主体的经济努力，而是他在伦理关系的地位。"名分"就是在分配和消费关系中把伦理秩序—经济秩序一体化、并由前者决定后者的概念。在中国传统社会中，"名分"的实质是按个体的伦理地位，准确地说是在血缘—伦理—政治三位一体的伦理政治关系中的地位，而不是按个人的劳动表现及其创造的价值，确认主体在财富占有和分配关系中的权利，这种权利就是人们在经济关系中的经济利益和经济地位。"名"是秩序化的个体在以伦理为核心的社会关系中的地位，"分"是与之相关联的权利和义务。因此，财富的分配制度和消费方式的最具重要的条件就是"正名"。"正名"的实质就是通过恢复、恪守人们在伦理—政治关系中的地位（这些地位在相当程度上是先天的或世袭的），建立和巩固社会的伦理秩序、政治秩序、经济秩序。"名分"的制度化与观念化便是所谓礼教和礼制，据此形成以伦理政治的超经济的方式进行财富的生产、分配和消费的封建经济秩序。人伦本位的现实要求和价值追求是经济活动中的人际和谐，因而对"礼"的维持既是传统伦理、传统政治也是传统经济的最高价值，竞争必然被当作与伦理秩序和道德价值不相容的因素，于是，经济生活被严格限制在伦理的范围内，人伦关系制约经济关系，形成礼教约束下的封建经济。个体经济冲动力的窒息必然抑制主体从事经济生活的能动性和积极性，然而它恰恰是封建经济维系和运转的必要条件。

诚然，在经济生活与伦理生活中，儒家也渗透出某种理性主义，但正如韦伯所指出的，"儒教的'理性'是秩序的理性主义"。[①] 在儒家伦理的设计下，伦理可以为经济组织提供强大的凝聚力，这种凝聚力虽然理论上具有重要的经济意义，但这种为伦理所局限的凝聚力主要是甚至只是经

---

①　韦伯：《儒教与道教》，洪天富译，江苏人民出版社1993年版，第195页。

济生活（即生产、消费、分配方面）的凝聚力而不是经济发展的凝聚力，因为它同样使经济组织缺乏必要的和强大的经济冲动力。最能体现这种凝聚的源泉和本质的就是所谓的孝道。根据韦伯的观点，"孝"不仅是家族的凝聚力，而且也是经济上协作团体的凝聚力的源泉。

　　[b. 义利原理与经济合理主义]　　义利观是儒家伦理精神中最有代表性的构成。人们对儒家伦理的义利观的评价，每每在道义主义与功利主义两种取向之间争讼不休，也每每由此出发批评儒家的道义论。事实上，在完全的伦理领域内，道义论乃至重义轻利并没有错，无论如何，伦理绝不会也绝不能教导人们重利轻义。因为，一方面，引导人们向义向善是伦理的本务，失去这一基本导向，伦理就失去了自身；另一方面，正如西方伦理学家所指出的，在个体行为和社会生活尤其在利益冲突中，人们的欲望冲动总是本能地大于伦理冲动，因而伦理的侧重点，是要人们超越本能，提升人性。所以，就是在人的经济冲动得到最大释放的市场经济时代，社会面临的最主要的也是最难的任务，仍然是如何引导人们向善向义。伦理学无论是古代还是现代、中国还是西方，都无例外地是对放纵本能的忧患与批评。走出义利观的困境，重要的努力是突破纯伦理学的视野，在生态的尤其伦理—经济视野下确立义利价值的标准。我以为，义利观的实质，在于如何处理个体与他人、个体与社会的利益关系；义利观的合理性，在于伦理与经济发展之间的价值关系，其核心在于，如何形成一种合理的人文力即伦理冲动力和经济冲动力的生态结构。

　　在伦理的范围内，儒家伦理重义轻利的倾向十分明显。儒家伦理把"义"作为人们求"利"行为的道德规范，提倡"以义制利"、"先义后利"，反对惟利是图的不道德行为，主张把经济行为约束在道德的范围之内，在二者矛盾时取义去利，甚至舍身取义，这些观念表面上与新教伦理的经济合理主义有相似之处。但是，儒家并没有由此生长出经济合理主义，重要原因就在于它过多地强调经济的道德价值而轻视其功利价值，最终抑制了经济生长的活力，使经济运行始终服从于伦理的要求。儒家伦理重义轻利价值观的最大局限，在于把伦理生活与经济生活相分离，使伦理成为一种生活方式至少是一部分人的生活方式，于是，个体与社会的经济冲动就难以取得伦理上的合法性，经济生活也就不可避免的缺乏合理性。

　　伦理是经济合理性的必要条件，但在伦理—经济关系中，过度伦理化、过度道德化，同样不可能形成经济合理性，就像过度经济化不能形成经济合理性一样。韦伯发现，中国人在世俗生活中是肯定功利主义的，"但是令人惊讶的是，从这种无休止的、强烈的经济劳碌与经常遭到抱怨的极端的'实利主义'中，并没有发展出伟大的、有条理的、理性的经营观念，而这些观念，至少在经济领域内里，曾是现代资本主义的先决条件。"① 在儒家看来，财富是重要的和美好的，但生产财富的经济活动并不具有伦理的至善性。"对儒教徒而言，财富是最重要的手段，它不仅保证人们能过上一种有道德的（亦即有尊严的）生活，而且使人们有可能献身于自我的完善……但是他觉得财富似乎是不可靠的，而且会扰乱心灵的高贵平衡。因此，所有真正经济的、职业的劳作，都是专家们庸俗求利的活动。"② 所以，这种与经济生活相分离的道德至上的价值观，既不可能为经济冲动提供伦理的合法性的支持，也不可能为经济冲动提供伦理合理性的引导。

　　［c. 人情主义与交换原理］　　人情主义是传统伦理精神的人文形态。③ 在世俗生活中，这种人情主义不仅是一种伦理形态，而且是一种交换方式，是一种伦理性的或以伦理为本位的交换方式。儒家所设计的伦理实体，遵循交互或互动的原则，在人伦本位的伦理设计中，"投之木瓜，报之桃李"的回报是伦理生活的基本原理。在伦理关系中，交换的对象显然不是商品交换，而是人心的交互，是情感的互动。伦理互动和商品交换在文化的深层相关联，都具有人情交换的性质。于是就必须有载体，由此产生各种礼尚往来。这种交换原则扩展到经济生活中，便产生商品交换的特有风格。"换心"交换的文化实质，不是商品的交换，而是人情交换；不是等价交换，而是伦理指导下的等质（即"心意"的等质）交换。它形成很浓的人情味，但却严重妨碍了市场的发育，有限的交换所形成的，与其说是市场，不如说是人情的磁力场。"人情"交换的设计，可以说是一种体现深邃人文智慧的伦理设计。在人情交互中，人们得到利益和价值的双重实现，在相当多的场合下确实能达到"利在义中"、"义中有利"的效果，但这种交换只能局限在有限的范围即"熟人"的圈子里，必须以相对固定的生活环境为条件，在更广阔的流动性的市场中就难以运

---

　　① 韦伯：《儒教与道教》，第 271 页。
　　② 同上书，第 275 页。
　　③ 参见樊浩《中国伦理精神的历史建构》，江苏人民出版社 1992 年版；《中国伦理精神的现代建构》，江苏人民出版社 1997 年版。

作。同时，这种建立在道义认定基础上的交换，也很难形成普遍有效的具有强制性效果的交换法则，因而难以保证交换的经常性和普遍有效性。

（四） 生态合理性所需要的伦理冲动力的人文力品质

无论是韦伯、贝尔、查尔斯的分析，还是中国封建伦理与封建经济关系发展的历史，都揭示了这样的问题：伦理—经济必须、应当处于有机的生态关系中；只有在生态中，伦理和经济才能获得合理性和旺盛的生命力；伦理冲动力和经济冲动力，是伦理—经济的人文力生态。

法国学者巴斯夏提出了"和谐经济论"的著名命题，认为经济追求的价值目标是和谐，为了达到这一目标，必须建立人的行为及其动力的和谐。他从和谐经济论的视野，建立了"需要—努力—满足"的行为动力模式。他认为："从经济学的观点看，需要、努力、满足就是人。"① 三要素之间的关系是："对每个人来说，仍然是需要决定努力，满足回报努力。"② 需要是人的本性和人行为的原动力；③ 然而并不是所有的需要都能得到满足或马上得到满足，在需要和满足之间存在着"障碍"，于是就必须进行努力。④ 努力就是对"障碍"的扬弃，但要真正满足需要，必须形成一定的社会组织，因为，"在孤立状态中，我们的需要大于能力，在社会状态中，我们的能力大于需要"。⑤ "社会的本质就在于：人人彼此为他人劳动。"⑥ 每个人都有自己的需要，但政治经济学并不是为了满足每个人个人的需要，也不能满足个人的需要，而是在满足他人需要的努力中，使自己的需要也得到满足。"政治经济学的范畴应是：以获得对等回报为条件的一切能满足非本人的需要的努力，以及与这种性质的努力相关的需

---

① 弗里德里克·巴斯夏：《和谐经济论》，许明龙译，中国社会科学出版社1995年版，第100页。
② 同上书，第112页。
③ 巴斯夏认为，人的行为的基本动力就是个人利益。"人的基本动力就是个人利益，因为许多事情都是由个人利益引起的。"（同上书，第54页）。
④ "我们可以把介于我们的需要和满足之间的一切促使我们付出努力的东西，都称之为障碍。"同上书，第131页。
⑤ 同上书，第110页。
⑥ 弗里德里克·巴斯夏：《和谐经济论》，第132页。

要和满足。"① 这就是巴斯夏"和谐经济论"的基本框架。

如果把"需要—努力—满足"的和谐经济理论与韦伯、贝尔、查尔斯以及现代的和后现代的经济理论对伦理—经济关系的研究相结合，就可以勾画出合理的伦理—经济生态和经济合理性的建构所需要的人文力的品质结构的大致轮廓。

根据行为动力理论，需要是主体经济活动的原动力。然而，由于人的本性及其经济行为的社会性，个体和社会经济冲动的产生及其释放必须具备两个理论前提：第一，谋利的合法性，即人们的谋利活动必须得到伦理的与道德的承认，否则，经济冲动只能处于伦理的束缚之下，欧洲中世纪与中国封建社会的工商业发展缓慢的重要原因之一，就是传统伦理窒息了人们从事工商活动的谋利冲动；第二，谋利的必要性，就是说，直接的经济活动成为获利的必要的乃至主要的途径，因为，如果直接的经济活动不是人们满足自己利益需要的基本途径，就不可能调动主体从事经济活动的积极性。韦伯曾把西方新教资本主义与东方儒教资本主义作过比较，指出，资本主义因素、资本主义的萌芽，事实在东西方社会都曾产生，东方社会如中国之所以没有产生发达的资本主义，最主要的原因是谋利没有获得道德上的合法性与世俗生活中的必要性，谋利的经济冲动为伦理道德的和政治的因素所窒息。于是，必然的结果是：或是压抑自己发财致富、谋求现世幸福的欲望，或是以超经济的、甚至非理性的手段谋利。新教伦理的重大贡献就在于以"蒙恩"的观念解放了人们的谋利冲动，使之不仅具有宗教伦理的合法性，而且是获得最后拯救的必须。谋利的必要性不仅解放了人们获得财富的欲望，而且也意味着直接的经济活动，如职业劳动和市场交换成为谋利的主要的甚至惟一的手段，由此就可能把社会中的大部分人驱赶到直接创造物质财富与精神财富的工商活动中去，最后的结果必然是经济活力的提高与社会财富的增加。

利益需要必然导致谋利的努力，然而，经济活动决不是主体的谋利本能的简单释放，只有当谋利的努力具有价值的合理性时，经济冲动才能成为造福社会的力量。不过，对于经济社会发展来说，最困难之处还不在于谋利冲动的解放，而在于使社会和个体的谋利冲动在获得道德上的合法性的同时，具有价值上的合理性。不可否认，社会与个体的经济冲动都具有

---

① 弗里德里克·巴斯夏：《和谐经济论》，第74页。

两面性，对谋利冲动的束缚无异于是对经济冲动力的束缚，可是，如果脱离价值，离开人的目的性的引导，放任的经济冲动很难导致经济合理主义，甚至会带来巨大的社会公害。因此，经济冲动力不仅意味着经济冲动的最大限度的释放，更重要的意味着经济冲动的合理释放。新教伦理所创造的"资本主义精神"，就是因为它在把谋利理解为"蒙恩"的同时，更理解为"天职"。在这种理解下，人们的谋利活动是对上帝尽"天职"，不能为谋利而谋利，使谋利处于宗教伦理的严密规范之下。由此，人们满足自身需要的经济努力就获得了价值的合理性。

主体需要的满足方式也是经济冲动力的重要构成。在经济活动中，主体获得满足的基本表现方式是消费。如何消费，即如何满足主体需要以及满足的品性，在相当程度上决定了个体与社会的经济冲动力及其合理性。主体满足程度也直接影响个体经济冲动力的释放。按照巴斯夏的观点，"满足是对努力的回报"。需要一方面体现生产的目的性；另一方面也是对主体经济冲动的激发。需要的满足方式与满足程度，既与经济刺激的灵敏度有关，也与经济冲动力的再生和扩大有关，当然还与人们对满足的态度有关。

这样，谋利的合法性与必要性是需要的品性，谋利的合理性是努力的品性，节俭是满足的品性。这三大品性的结合，在行为动力学意义上，构成生态合理性与经济合理性所需要的伦理冲动力的人文力品质。

十二　伦理—经济的生态转换

在辩证互动中，伦理—经济矛盾运动的规律是：生态转换。

根据对"人文力"的品质结构的分析，市场经济下伦理精神的生态转换的逻辑思路应当是：培育新的伦理精神要素；调整伦理对经济的作用点；调理伦理冲动力与经济冲动力的作用方向。一句话，进行伦理精神的人文力调理。

（一）市场经济的伦理气质与伦理逻辑

［a. 中国社会的人文气质］　"人文气质"可以作为诠释和把握各民族的社会—经济生活及其发展的文化特性的概念。

社会生活与经济生活是每个民族共有的生活，从形而上的层面考察，各民族在这两个方面并没有本质上的差别。民族之间的差异，主要是社会生活与经济生活所表现出的人文气质。"人文气质"是经济—社会生活及其发展的文化气质，是作为经济—社会生活的主体的人的气质。

中国传统社会—经济的人文气质是什么？中西方学者对此早就作了深刻的几乎是共同的揭示，这就是：伦理性。黑格尔指出："中国纯粹建筑在这一种道德的结合上，国家的特性便是客观的'家庭孝敬'。中国人把自己看作是属于他们家庭的，而同时又是国家的儿女。"[①] 梁漱溟先生认为，中国社会是伦本位的社会。"中国文化之特殊，正须从其社会是伦理本位的社会来认识"。[②] 韦伯也发现，伦理在中国传统社会具有极为重

---

① 黑格尔：《历史哲学·东方世界·中国》，三联书店 1956 年版，第 65 页。
② 梁漱溟：《中国文化要义》，引自郑大华、任菁编：《梁漱溟新儒学论著辑要——孔子学说的重光》，中国广播电视出版社 1995 年版，第 313 页。

要的意义，这种伦理性代替了作为西方资本主义社会—经济的重要人文气质特征的理性，因而在中国人的社会生活与经济生活中，缺乏西方式的理性主义，有的只是伦理性。[①] 黑氏、梁氏、韦氏的论述，可以作为关于中国传统社会和传统经济的伦理性人文气质特征的共识见证。

问题在于，中国现代社会，尤其是经过市场经济洗礼的 20 世纪后期的现代中国社会，是否还以伦理性为主要人文气质特征？这一定性紧密关联着这样的重大课题：中国市场经济和现代社会所匹配的人文力到底"是"什么？"应当"是什么？复旦大学谢遐龄教授用社会学的研究方法，提出了一个大胆的独特观点：现代中国社会还是伦理性社会。[②] "伦理法则是中国社会的客观规律。"[③] "中国社会是伦理社会，不可能不是伦理社会，因为我们看不到中国社会理性主义的丝毫可能性。"[④]

"伦理社会"的观点是否能为社会所普遍接受可能一时还难以断言，但对中国现代社会、中国经济的伦理性的揭示确系难得。我认为，姑且不对中国现代社会作"伦理社会"的全称判断，说中国现代社会、现代经济具有明显而又特别重要的伦理性，把这种伦理性作为中国市场经济与西方市场经济、中国现代社会和西方现代社会的重大区别，认为"伦理性"代表中国现代社会、代表中国市场经济的人文气质特征，是一个可以成立的观点。按照韦伯的观点，判定中国市场经济、中国现代社会是否与西方社会相同，是否具有伦理性的最重要的理论根据，是它们是否具有理性主义的特性。但韦伯忽视了，理性主义也有多样的表现形式。不同的民族，不同的文化，有不同的"理"，因而也就是不同的"理性主义"。梁漱溟

---

① "在中国，伦理的作用是非常重要的，它造成了以下结果：维护氏族的束缚，政治与经济组织形式的性质完全依赖于个人的关系，而这些组织形式（相对地）非常突出地缺乏理性的客观化与抽象的超个体的同旨协合会的性质。"见韦伯：《儒教与道教》，洪天富译，江苏人民出版社 1993 年版，第 270—271 页。

② 谢遐龄认为，现代以来，中国社会发生了两件大事。一是 1949 年之后确立了共产党的领导，党的组织整合了整个中国社会；二是 1992 年开始的建立社会主义市场经济体制。"伦理社会"的判断是否成立，关键在于对这两种社会现象和经济现象进行分析。他提出了两个理论根据：（1）中国社会"市场化"之限度；（2）中国社会不是理性主义社会。谢遐龄：《中国社会是伦理社会》，转引中国人民大学报刊复印资料《社会学》，1997 年第 1 期。

③ 谢遐龄：《中国社会是伦理社会》，转引中国人民大学报刊复印资料《社会学》，1997 年第 1 期，第 57 页。

④ 同上。以上观点均参见谢文。

先生就认为，"人类的特征在理性。"① 但"理"有两种：一是用于人的"理"；一是用于"物"的"理"。② 由此形成理性和理智两种认识，理智摒弃情感，理性则是情感积极参与的结果。③ 在梁先生看来，理性必须包含情感，并由此具有高于理智的品质。决定理性高于理智的这种品质的，就是伦理。时人不能发现这一点，惟中国古人之有见于理性也，以为是'是天之所于我者'，人生之意义价值在焉。"④ 这种理性社会的特征是："纳国家于伦理，合法律于道德，而以教化代政治（或政教合一）。"⑤ 按照梁先生的这一观点，西方的所谓理性社会只是"理智"的社会，中国才是真正的"理性"社会，因为它是伦理的社会。像西方那样的"理性"社会，对中国来说，不仅不可能，而且也是不合理即"非理性"的。人们可以从韦伯以后西方后现代主义思潮的反理性主义、非理性主义倾向中发现韦伯所谓"理性社会"的缺陷。

　　根据韦伯的标准，依据梁漱溟的区分，参照后现代主义的观点，中国现代社会和市场经济不应该也不可能是"理性"的。就像谢遐龄先生所断言的那样："不要以为中国社会的现代化就是理性主义化。中国社会的理性主义化只是一部分中国人的'中国梦'。男孩长大了是男人，不会成为女人；女孩长大了是女人，不会长成男人。中国现代化乃是'中国社会（伦理社会）'，不会是'西方社会（理性社会）'。"⑥

　　我不敢断言中国现代社会是伦理社会，但可以肯定：中国现代社会、中国市场经济最重要、最富有个性的人文气质之一是：伦理。

　　[b. 市场原理与伦理原理的"同构异质"]　　留心体察就会发现，在

　　① 梁漱溟：《理性——人类的特性》，转引郑大华等编《梁漱溟新儒学辑要——孔子学说的重光》，中国广播电视出版社 1995 年版，第 326 页。
　　② "所谓理者，即有此不同，似当分别予以不同名称。前者为人情上的理，不妨简称'情理'，后者为物观上的理，不妨简称'物理'。"见梁漱溟：《理性——人类的特性》，转引郑大华等编《梁漱溟新学辑要——孔子学说的重光》，第 328 页。
　　③ "必须屏除感情而后其认识乃锐入者，是之谓理智，其不欺好恶而判别自然明切者，是之谓理性。"见梁漱溟：《理性——人类的特性》，转引郑大华等编《梁漱溟新儒学辑要——孔子学说的重光》，第 328 页。
　　④ 梁漱溟：《理性——人类的特性》，转引郑大华等编《梁漱溟新儒学辑要——孔子学说的重光》，第 338 页。
　　⑤ 同上。
　　⑥ 谢遐龄：《中国社会性是伦理社会》，转引中国人民大学报刊复印资料《社会学》，1997 年第 1 期，第 57 页。

传统伦理精神与现代市场机制之间，存在一种特殊的关系，这就是：同构异质。

学术界一般用"自然经济"的概念概括中国传统的经济形态，这种概括的切入点显然是生产方式。在现代社会，"自然经济"早已成为保守落后的代名词。我们的研究如果继续沿袭这一思路，自然很难发现传统经济的人文气质，也很难挖掘中国伦理的现代价值，因而必须尝试换一个视角寻找突破。我认为，如果从经济运行所依托的文化背景及其所遵循的文化原理的角度探讨，传统经济形态可以表述为"伦理经济"。"伦理经济"体现了传统社会中经济生活、经济运行的特殊文化原理和文化气质，是与家国一体的社会结构、伦理政治的文化原理相匹配的经济形态的概念。"伦理经济"的视角，有利于撇开各种成见的干扰，发现传统经济尤其是伦理—经济生态的人文原理及其开发价值。

家国一体、由家及国是传统中国社会结构的特征。显而易见，在传统社会中，家族既是一个血缘共同体，又是一个经济共同体。经济生活维护、巩固了血缘共同体，血缘共同体构成经济生活的实体。当然，传统社会中的经济生活并不只局限于家族之中，但在家国一体的社会结构中，在伦理型的文化背景下，不仅村落、社区以家族为单元与模式，即便国家，也是一个放大了的"家"。家国一体的文化特质就是把各种层面的社会组织都变成一个或者看成一个以家族为范型的伦理实体。在经济运行中，伦理不仅具有善的目的意义，而且直接具有经济的工具意义，是目的价值与工具价值的统一。由此，伦理法则与经济法则的相通同一便成为传统经济形态的重要内涵。可以说，自然经济是伦理规律与经济规律交互作用的混合型经济，在这个经济中，伦理规律制约甚至在某种程度上决定经济规律。作为自然经济核心概念的"自然"，在文化的意义上说就是伦理的"自然"，核心是家族血缘的"自然"。自然经济是以伦理为杠杆的经济，而农业型的生产方式、大陆型的生活环境，又为这种人文气质提供了必然性。正是在这些意义上，我才说传统的经济是伦理经济或伦理型的经济。

与伦理经济相比，市场经济是一种"纯经济"形式。市场经济的本质特征是通过市场进行资源配置。市场虽然也有关系，甚至可以说它就是各种关系的虚拟实体，但这种关系在理论上不是超经济的、先验的伦理关系，而是纯粹的经济关系。人们为了经济的目的，建立起各种交换关系，并以此调节自己的资源和分配，这些关系的复合，就是市场。市场也要遵循经济规律以外的规则，但这些规则往往只是为了维护这种流动的、开放的、对每个人来说是暂时的某种契约，是契约关系或法权关系，因而法律的健全与运作便成为市场经济的重要保障，在这个意义上，市场经济的人文原理被表述为与伦理经济相对应的法制经济。在自然经济、计划经济中，经济的有序合理的运作相当程度上依赖于伦理的关系以及各个成员的伦理觉悟；而在市场经济中，价值性的伦理似乎显得软弱无力，惟有强制性的法律才能维护市场的有序。从经济活动的主体来说，市场经济以个体为本位而非以家族为本位，个体的社会角色是社会公民而不是家庭成员。在这里，伦理已经不是前提，而只是为了实现经济的健康发展，以及在经济运行过程中建立健全的人格的需要。就是说，伦理规律的主导地位让位于经济规律，因而必然带来经济生活并最终导致整个社会生活中伦理弱化。因此，我们不能只每每叹息市场经济下伦理的失落，而应当看到这种经济形态中伦理在经济生活中的文化地位、运作原理、作用方式的深刻变化，应当看到这种变化的必然性，并据此建立新的伦理观念和价值坐标。

市场经济的转轨是中国经济体制演变中的根本变革，但是并不能由此推断它必然完全改变或者已经完全改变了经济的人文气质。市场经济非但没有根本上改变其伦理性的传统人文气质，而且赋予这种气质以新的内涵和形式，在市场经济与传统伦理的"同构异质"的现象中，可以发现在市场经济的根本转变中伦理性人文气质的延续和运作。

传统伦理经济以伦理为重要的运行机制，其文化原理主要由三个要素构成：家族实体；义利合一；人情交换。进入市场经济时代，经济运行与交换行为有了崭新的内容。从哲学与文化的层面上思辨，市场经济的运行也具有三个要素：市场调节；生存竞争；等价交换。在市场经济与传统伦理之间，我们可以发现一个相似之处：交换。市场经济是商品的交换；传统伦理是伦理性的互动，二者在某种意义上都是交换行为，正因为如此，彼此特别容易混淆。它们在市场经济中的整合运作便产生伦理与经济的"同构"，"同构"的结果便在经济交换行为中产生许多超经济的内涵。很显然，市场经济中的交换与人情主义的伦理精神形态中的交换存在本质的区别，前者是经济行为，遵循经济规律；后者是伦理行为，遵循伦理规律。市场交换是等价交换，人情交换是等质交换；等价交换发生在市"场"这样的经济环境中，而等质交换必须以"人情磁力场"这样的伦理实体为背景；等价交换是资本的投资，等质交换是以某种物品为载体的

"心"与"身"的全方位的投入;市场交换不能超出经济的范畴,而人情交换则是伦理、政治、经济的复合行为。市场经济与传统伦理经济形态的交换表面上"同构",实际上又"异质"。由于"同构",容易导致文化理念甚至价值取向上的混乱;由于"异质",二者又具有相互排斥的特质。

应该说,中国市场经济目前面临的困境与这种"同构异质"现象存在着某种内在的联系,其直接的后果是产生一种不中不西、非古非今的经济文化——人情经济。人情经济有其文化上的必然性与人文精神及其传统方面的合理性,但也有极为严重的缺陷,最突出的表现就是以人情干扰市场,以人情法则影响市场法则,用超经济的形式从事经济活动,形成由于经济与伦理的严重错位而导致的社会现象——腐败,同时也产生一种复杂的文化心态:既对市场经济中的各种负面现象忧心忡忡,又在文化深层与之保持某种形式上的认同,当然也导致了人们在市场经济下对伦理上的纯朴之风的向往。如果这种"同构异质"现象不解决,既影响市场经济的健康发育,又会产生伦理上的变态;既以泛伦理主义、反功利主义抑制市场经济的发展,又会以泛经济主义、金钱万能论败坏社会风气。走出困境的重要途径就是寻找伦理与经济在新的条件下的连接点,实现伦理—经济的生态转换,从而为市场经济提供新的伦理背景与人文动力。

(二) 职业伦理

生产是经济过程的起点。经济过程中伦理的人文力,首先表现为伦理对生产过程的作用。伦理的人文力在生产过程中的运作,从经济主体的意义上把握,就是为生产主体的职业活动提供价值动力。

[a. 人伦本位与职业本位:作用点的调整] 在市场经济条件下,中国伦理的人文力转换的课题,就是使伦理对经济的作用点从传统的单一的人与人的关系,转换为职业关系,包括:人与工作的关系、人与职业的关系、人与人的关系。

毋庸置疑,在"职业关系"的结构中,人与人的关系是伦理调节的基本对象之一,因为职业的关系,最终要以人与人的关系的形式表现出来并以人与人的关系为实质,但无论如何,人与人的关系不可能是脱离经济活动和职业活动的"纯粹"的人伦关系。由人伦关系向职业关系转换的理论根据，是现代社会和市场经济条件下"伦理实体"的演变。经济转轨与社会转型，使"伦理实体"的内涵与建构方式发生了深刻变化，企业在作为经济细胞的同时，也成为基本的社会组织与伦理实体，于是传统社会中那种家族或准家族的伦理实体的模式便失去了至上的和普遍的意义。与此相关联，若干年来一直延续的、作为人的生活结构中相对独立的要素的"专门的"伦理生活，伦理作为一种生活方式至少是一部分人的生活方式的传统，都失去了其存在的基础。就像传统社会中家族伦理构成整个社会伦理的范型一样，职业伦理构成现代社会伦理的重要基础。从经济转轨的内在要求透视，职业伦理地位的提升，也是新的经济秩序、经济体制形成的必要条件，因为如果整个社会伦理仍然以家族生活中的人伦关系，而不是以经济生活中的职业关系为基础，那么，"经济中心"就会因为失去伦理支撑或因为与伦理处于游离状态而难以落实，只有真正确立起以工作关系为指向的职业伦理在整个社会伦理体系中的基础性地位，只有建立起与现代经济发展要求相适应的职业伦理，"经济中心"才能在人文精神中得到落实。所以，职业伦理地位的奠定，职业伦理的建构，既是伦理转换的需要，也是经济转轨的需要。

由于中国社会特殊的文化传统，转换后的现代中国伦理的基础就是人伦关系与职业关系的二位一体。家族生活与职业生活构成现代中国伦理的双重基础，两个基础分别关联着传统与现代、神圣与现实，体现着民族特色与时代精神，它们给现代中国的伦理生活提供不同的养分。据此推论，人伦本位、职业本位，构成现代中国伦理的双重本位，由人伦本位向人伦—职业双重本位的转换，是中国伦理必须实现的转换。

[b. 职业道德与职业伦理：作用方向的调理] 在经济过程中，职业伦理的文化功能，在于造就从事经济活动的伦理主体，造就合理的经济伦理关系，造就经济发展的伦理的人文力。

作为经济过程的始点，物质资料的生产活动需要解决的基本人文课题就是生产的动力问题。人是生产的主体，也是经济的主体，因而生产动力的核心就是经济主体的动力。在经济活动中，经济主体的动力逻辑地区分为个体动力与组织动力。一般认为，生产的动力来自于主体的需要，主体的自然需要构成生产的原动力。然而，只要承认人的社会性，就难以否认人除了自然需要以外，还有其他社会性的需要，社会性的需要同样构成人的活动的原动力。在经济活动中，谋利冲动是人的基本经济冲动。追求自然需要的满足是人的基本特性，然而，不同历史阶段、不同经济体制、不同文化传统、不同民族的经济主体之间的区别，不在于有无谋利的经济冲动，而在于如何对待这种冲动。而如何对待这种冲动，直接地取决于人们对经济冲动的伦理价值判断。

伦理—经济的人文力生态包含三个合理性要素，即谋利的合法性、谋利的必要性、谋利的合理性。其中谋利的合法性与谋利的必要性构成经济活动的道德原动力。谋利的合法性是使人的经济冲动获得道德上的认可，从而在道德上解放人的经济冲动，使主体经济能量的释放成为可能。当主体的经济能量为道德所压抑甚至窒息时，个体和社会都不可能焕发出巨大的经济热情。经济冲动被道德所压抑的经济只能是"自然"状态或"自然"水平的经济，不可能获得发展的巨大冲动力。因此，主体经济冲动的道德解放，对经济发展来说具有原动力的意义。谋利的必要性从另一个意义上开掘经济的原动力。只有当职业活动、当谋利成为人们生活的必须的时候，主体才具有从事经济活动的积极性。在某种经济体制或社会体制中，如果相当多的成员可以不从事创造财富的生产活动同样可以获得财富，那么，经济发展就不可能获得原动力。所以，"不劳动者不得食"，不仅是伦理的要求，也是经济的要求，是基本的职业伦理与劳动伦理。正因为如此，"勤劳"是任何民族、任何时代都必须的具有世界意义的基本道德要求。

（三） 交换伦理

[a. 市场发育的伦理意义]　计划体制向市场体制的转轨，核心是资源配置方式的变革。正如经济学家们所指出的那样，市场和交换是人类步入文明社会以来共有的经济现象，市场经济与其他经济体制的区别，在于市场交换或交换市场在整个经济运行和经济发展中的地位发生了根本的变化，市场成为社会经济的组织机制和生产要素的组织形式，由此必然导致经济运行方式、运行机制乃至经济制度的重大变化。这种变化表现在经济运行的基本原理方面就是：不是生产决定交换，而是交换决定生产，交换价值的实现决定社会的生产——不仅生产多少，而且生产什么，都直接地取决于商品在交换市场中实现的程度。生产和交换在经济体系中地位的这种置换，决定市场经济的转轨不仅具有巨大的经济意义，而且具有巨大的

社会意义尤其是伦理意义。

在人类文明发展史上，市场从来就不只是经济的一个要素，而是更高层次的发展即社会发展的一个要素。马克思曾指出，市场行为"就是这样一种运动，在这一运动中，自己的产品成为交换价值（货币），即社会产品，而社会产品又成为自己的产品（个人的使用价值，个人消费的对象）"。① 在市场中，作为交换形式的"物的关系"的实质是"人的关系"，市场的本质是人的关系的物化。所以正如列宁所发现的那样，"凡是资产阶级经济学家看到物与物之间的关系（商品交换商品）的地方，马克思都揭示了人与人之间的关系"。② 因此，经济转轨总具有深刻的社会本质。市场体制的建立，市场在经济体系中地位根本变化所提出的重大社会课题之一，就是要求新的伦理精神和新的伦理动力与之匹配。因为，当不仅生产多少而且生产什么也取决于交换价值实现时，就意味着经济的运行潜在着不仅脱离行政的控制，而且脱离价值的调节，受市场这只"看不见的手"支配的可能，也潜在着主体沦为"经济动物"的危险。市场的出现和发育潜在着的伦理危机，而伦理课题的解决程度反过来又影响市场经济的发展。市场交换有其价值的和社会的前提，正像美国经济学家查尔斯·林德布洛姆所说："交换只有在一个用道德法规和权威维护着安宁的社会才有可能。"③

交换伦理的变革是市场经济的伦理—经济生态中伦理变革的重要方面。正像交换不是市场经济特有的现象一样，交换伦理也不是市场经济特有的伦理，在自然经济与计划经济体制中都存在交换伦理的问题。人们在研究传统社会的伦理生活时，特别欣赏"童叟无欺"的镜花缘式的人情交换，这种交换伦理着实让人留念，然而值得注意的是，在自给自足的经济形态中，交换只是个别现象，并没有成为经济生活乃至社会生活的主体，交换的目的主要是交换剩余产品，而不是积累财富；即使存在以交换价值实现为目标的专门的职业或部门，交换也被限制在一个十分狭小的范围内。在这个范围内，交换市场虽然客观上存在，但它被局限于相对固定的伦理环境中，因而伦理的监督不仅可能，而且伦理评价的结果，对交换

---

① 《马克思恩格斯全集》第 46 卷下册，人民出版社 1980 年版，第 465 页。

② 《列宁选集》第 2 卷，人民出版社 1995 年版，第 312 页。

③ 查尔斯·林德布洛姆：《政治与市场——世界的政治—经济制度》，王泽舟译，上海三联书店 1996 年版，第 45 页。

价值的实现也具有直接的和长远的经济意义。

计划经济体制下也有广泛的交换市场，但市场中的交换行为，与其说是实现交换价值的经济行为，不如说是体现某种政策的政治行为，交换什么，交换多少，以及商品价格等构成市场和交换行为的要素，都是由"计划"决定。在这里，"价值"——政治的或伦理的价值在交换行为中具有前提性的意义，市场交换的经济行为事实上具有某些超经济的性质。

市场经济下的交换则不同。如果把"市场"作为新的经济体制的标志，那么，交换在市场经济中的地位与以上两种经济形态相比，在质和量两方面都发生了深刻的变化。市场交换不仅是"纯粹"的和"完全"的经济行为，而且成为一种广泛的和普遍的经济行为。市场交换突破了空间的制约，因而也突破了相对稳定的伦理环境的制约，于是，"市场"这个特殊环境中的伦理，就成为市场经济下伦理建构的难题。

[b. 市场交换中的伦理陷阱及其超越]　交换市场是新的经济体制中最重要的要素之一，也是伦理上最为混乱的领域，可以说，市场经济中诸多伦理问题都产生于此。从经济过程考察，交换伦理影响生产伦理，因为交换直接就是生产的实现，也是利益的实现；交换伦理影响消费伦理与分配伦理，分配的不公，消费的奢侈，相当多地发生在交换领域和交换主体中。在经济过程中，交换具有这样的特点：它不创造价值，但实现价值；它不从事生产，但决定生产。如果说在生产过程中伦理价值对生产主体还经常地和有效地具有警示意义，在交换过程中，过于强烈的经济冲动潜在着直接或间接地模糊、甚至摧毁主体伦理价值观和价值体系的现实危险。从经济学的原理上说，交换是价值的实现，但这里的"价值"不是伦理的价值，而是经济的价值，是以"价格"体现出来的经济价值。在本能的经济冲动支配下，人们极有可能以经济的"价值"取代乃至取消伦理的价值。也许正因为如此，传统中国人与中国伦理对交换主体的断语是："无商不奸。"这一断语当然无异于在伦理上给交换行为判了死刑，窒息了交换的广泛发展，但无论如何，它也指出了交换过程中伦理失落的现实危险性。由于交换过程中最易本能式地释放主体的经济冲动，由于这种本能的经济冲动最难以约束，由于广泛存在而又超越空间的交换市场突破了原有的伦理环境，从而使原有的伦理机制无法运作，伦理的空间在广阔的市场中似乎十分窄小，伦理的呼唤在汹涌的欲流中似乎只是微弱的呐喊。这种状况必然导致伦理对经济生活干预的无力。于是，逻辑要求与现实对

策只能以法律规范市场交换行为。法律确实是市场交换乃至市场经济的必须，借此可以建立起基本的经济秩序，然而法律并不能取代伦理，否则，就会导致经济生活与经济运行中意义、价值的失落，缺乏价值支撑的经济，无论如何是没有前途和生命力的经济。

　　由于自给自足的经济传统，交换伦理是中国传统伦理中最为薄弱的环节之一，由此市场经济条件下的交换伦理的转换与建构的任务就特别艰巨。现代中国交换伦理建构的基本任务，就是要建立与广泛的交换市场相适应的、合理、有效、有力地干预市场交换行为的伦理精神和伦理品质。在广泛而普遍的交换市场中，传统的伦理机制，即社会舆论、传统习惯、内心信念，都难以以原有的模式对人们的交换行为发挥督察与仲裁作用。交换市场的广泛性与流动性使稳定的舆论环境难以形成；经济转轨中的文化冲突对传统的经济伦理观念产生巨大的冲击，使传统价值观念动摇；而利益的诱惑，经济与伦理的冲突，又极易使人们的本能冲动失去伦理信念的支撑。一般说来，西方社会对经济秩序与交换行为的规范主要依赖两种机制，即法律与宗教伦理。法律建立强制性的也是基本的经济秩序，宗教伦理在超越性的意义上对人们的行为发挥规范作用。可以说，西方市场经济的规范力，主要依靠法律与宗教伦理的匹合。随着中国经济的发展和市场发育的成熟，交换伦理的建构正酝酿新的进展。稳定的经济需要可靠的市场，可靠的市场必然带来交换关系的稳定，借此交换伦理的普遍原则才有可能得到落实。转换中的中国伦理，既要为普遍的交换行为提供价值引导和行为规范，又要从伦理上提供人文力的支持，从而使市场经济发展不仅获得规范力与秩序力，而且获得人文的推动力。

（四）消费伦理

　　［a. 古老的难题：奢侈、吝啬、节俭］　消费伦理历来是困惑伦理学的难题之一。由于消费与生产和再生产有关，与财富及其积累有关，消费成为关联着经济与伦理的难题。在消费领域，不仅伦理学，包括经济学在内，常常陷入困境。自古以来，就有一些经济学家试图使经济学成为道德中立的领域，让"消费"成为一个纯经济学的概念，"消费拉动市场"、"高消费促进高增长"，就是道德中立的现代经济学命题。然而，当"高消费"不仅导致大量的社会问题和伦理问题，而且也导致经济发展后劲

的缺乏，当"泡沫经济"、"市场疲软"诸类现象大量出现时，消费伦理的意义、消费伦理的巨大经济意义便突现出来。

严格说来，消费本身并不直接构成伦理学的内容，只是人们的消费态度、人们的消费方式才成为伦理评价的对象。肯定人性，就必然肯定人们对利益的追求和对物质财富的消费，而指出人性中的恶，也就是揭示人在利益追求中流于动物本能的危险以及在财富消费中可能出现的道德上的极端。自古以来，消费伦理的存在状态、消费行为的道德性质、人们对消费行为的伦理评价大致有三种：奢侈、节俭与吝啬。由于三者之间界限的模糊，确切说由于这些界限因时而变、因人而变，更由于消费的功能不只满足个体的生物本能，同时也确实是经济尤其是市场经济发展的重要杠杆，致使消费伦理以及人们对消费行为的伦理评价往往陷入某种两难之中。

奢侈在任何时候都意味着过度的消费，意味着在过度的消费中对财富的挥霍与浪费，因此在任何时候都是伦理批评的对象。然而，它却是最容易出现的消费倾向。也许正因为它最易出现，社会才以"奢侈"的伦理评价向人们发出警示。消费伦理中的另一种恶是吝啬。西方伦理学家大多把奢侈和吝啬作为消费伦理中的两个极端，在比较中加以考察。在《尼可马可伦理学》中，亚里士多德把奢侈与浪费并论，认为，"浪费和吝啬就是过度和不及，……一个浪费的人，在给予方面是过度的，在取得方面是不及的；一个吝啬的人则是给予得太少，而取得太多"。[1] "吝啬和浪费截然相反，它比浪费是更大的恶"。[2] 包尔生认为，"这两种恶中，吝啬比较丑恶，挥霍则更为危险"。[3] 他认为，吝啬是人的一种低贱本性的标志，它会窒息人的灵魂，消解一切高尚的志趣，最后对自己和他人的一切美好的东西妒忌吝啬。与此相反，挥霍可能和某种崇高的抱负联系起来。挥霍者总把自己当作自由人，而且被那些由于他的挥霍而受益的人所赞誉。然而，吝啬尽管低劣，其结果却并不是完全有害的，而挥霍的后果对个人的和社会的生活却完全是破坏性的，它不仅造成社会财富的浪费，而且使人

---

[1]　《亚里士多德全集》第 8 卷，中国人民大学出版社 1997 年版，第 73 页。
[2]　同上书，第 75 页。
[3]　弗里德里希·包尔生：《伦理学体系》，何怀宏、廖申白译，中国社会科学出版社 1988 年版，第 460 页。

们丧失获得生活必需品的手段。① 考察历史，奢侈之风，在经济繁荣时期最易出现，在政治昏乱与社会动荡时期也容易形成，中国历史上两汉与魏晋两个时期就出现过浮华奢侈的世风。奢侈的反伦理本质，在于它对财富积累与生产扩大的直接破坏，在于它对人心的腐蚀，在于由此导致的社会不安。消费的奢侈，不是导源于财富的丰盛，大多导源于不劳而获或者消极颓废的精神心态。奢侈的消费者，历来极少在物质资料的直接生产者中发现，更多的是在交换领域或凭借超经济特权获得财富者中滋生。

消费伦理方面最难区分的界限存在于节俭与吝啬之间。节俭不等于吝啬，恰恰相反，在与人相处时表现为合乎中道和慷慨。人们歌颂节俭，因为节俭本身是对劳动及其所创造的社会财富的尊重。然而并不是所有的节俭都是美德，如果节俭过度，便沦为吝啬。财富的积累和积聚是必要的，但如果成为守财奴就沦为吝啬，同样具有反伦理的属性。节俭与吝啬的伦理性质的判断并不是最大的难题，最困难的在于判断"节俭"或"吝啬"的标准。厉以宁先生试图以"社会平均消费水平"为标准区分消费的奢侈、吝啬与节俭。然而由于"社会平均消费水平"的模糊性与流动性，事实上又很难据此进行判断，于是厉先生提出了一个"非单一的"伦理判断标准，这个标准由两项内容构成：一是个人收入或财力与消费支出的适应程度；二是消费所占用或消耗的资源的社会供求状况。过度的就是奢侈，严重不足的就是吝啬。② 由此，消费行为就在伦理上被划分为四种不同性质的行为：奢侈、适中、节俭、吝啬。一、四两种属不合理的消费行为，二、三两种属合理的消费行为。③ 可是，当分期付款也在中国成为一种普遍的消费方式的时候，厉以宁提出的这种基于经济分析的道德标准的客观性与合理性，同样面临巨大的挑战。

[b. 生产—消费的伦理互动] 市场体制的建立，使消费在经济体系中的地位发生了重要变化，也导致社会的消费伦理观念的重大变革。在新的经济体系中，消费不仅具有终极的目的价值，而且具有更直接的工具意义。中国的市场经济是"社会主义市场经济"，生产的目的是为了最大限度地满足广大人民群众的物质文化生活的需要，换句话说，生产是为了满

① 弗里德里希·包尔生：《伦理学体系》，何怀宏、廖申白译，中国社会科学出版社 1988年版，第 460—461 页。

② 参见厉以宁《经济学的伦理问题》三联书店 1996 年版，第 137 页。

③ 同上书，第 144—145 页。

足社会的消费。在任何经济体制或市场体制中，生产都具有满足消费的特性，但社会消费到底是生产的目的还是手段，却体现着不同经济的本质。"社会主义"的市场经济不是把消费作为交换价格实现的手段，相反，它是直接的和根本的生产目的。但是，市场经济的一般规律在社会主义的市场经济中同样得到体现，生产与消费之间同样存在相互促进的作用。如果说在自然经济中由于自给自足的特质，消费对生产的刺激相对微弱，在市场经济中，消费在生产实现的同时，确实也对生产具有巨大的刺激作用。正是发现了生产与消费之间的这种互动关系，在经济学中才有所谓"高工资、高消费、高增长"的对策，也才出现所谓"超前消费"的理论。

　　然而，当把消费作为刺激生产的手段时，便潜在着经济学与伦理学的矛盾。这种矛盾被18世纪英国经济学家孟德维尔在《蜜蜂的寓言》中表述为"个人的劣行"就是"社会的利益"的著名命题。他认为，如果说个人的过度乃至奢侈的消费是劣行，这种出于利己心而追求快乐和享受的个人劣行反而刺激与推动了社会经济的发展，因而就是社会的利益。后来，亚当·斯密在《国富论》中对孟德维尔的论述加以继承和发挥，形成古典政治经济学分工理论的重要组成部分。① 应当承认，孟德维尔和亚当·斯密的经济学具有反禁欲主义的倾向，这种反禁欲主义的倾向在当时的社会背景下，对经济的发展具有一定的进步意义。事实上，不只是经济学家，包括伦理学家，自古希腊以来，在对待消费的伦理态度方面，西方文化的主流就具有反禁欲主义的倾向。当亚里士多德认为吝啬比挥霍更丑恶时，就隐含着这种倾向。经济学中的将消费工具化，把消费的经济效应与社会效应完全同一并以前者同一后者的做法，导致了西方伦理精神中的享乐主义，并导致资本主义市场经济中难以克服的文化矛盾。贝尔就揭示，现代资本主义精神中经济冲动力和宗教冲动力的文化矛盾的重要根源之一，就是资本主义的分期付款制度。当贪婪攫取的经济冲动挣破清教伦理的束缚时，最初的消费受个人经济能力的约束，然而分期付款制度冲破了追求物欲的最后一道防线，形成享乐主义和纵欲主义，享乐主义反过来又进一步摧毁了作为社会道德基础的新教伦理。由此形成经济冲动力与宗教冲动力的深刻矛盾，资本主义经济失去了道德上的聚合力。

　　市场经济下的消费，无论在经济的意义上，还是在伦理的意义上都面

---

① 参见厉以宁《经济学的伦理问题》，第123页。

临两难的选择：一方面要鼓励消费；另一方面又要限制消费。根据韦伯的理论，当对生产的刺激与对消费的限制结合到一起时，不可避免的结果就是财富的积累，这是新教职业伦理与新教禁欲主义结合，形成资本主义经济发展的人文动力的深刻原因。然而，这一逻辑在现实中的运作并不如此简单。没有旺盛的消费，就不可能造就出有活力的经济，因此，市场经济要求消费从伦理的束缚下解放出来，对消费的解放在相当程度上成为市场经济下伦理转换的重要表征。但是，在解放消费欲望的过程中，也很容易出现过度消费形成的奢侈之风。而且，由于市场经济初期在交换领域中出现的暴发户，在造就"泡沫经济"的同时，也极易形成伦理上的腐败之风，最终影响经济发展的后劲。在这种情况下，对消费的伦理导向乃至某种程度上的伦理约束，就不仅具有伦理的根据，也具有经济的必要性。

　　[c. 合理的节制]　　只要存在消费，就需要消费伦理。任何民族、任何时代都需要形成自己的消费伦理精神。只是不同的民族，在经济发展的不同阶段，消费伦理精神的内涵有所不同。任何民族，在经济发展的任何阶段，"节制"总是消费伦理精神中最重要的德性。正如包尔生所说，"节制或中道这种抵制感官享乐的诱惑的能力是人性化的前提"。① 人无法摆脱也不应当完全摆脱自己的本能，但应当对其加以调节使之有利于更高精神生活的发展。放纵是向人的本能的倒退，它使人的精神力量为感觉欲望所支配，因而是道德扬弃的对象。"无节制、放荡、对享乐的过度沉溺首先会摧垮对于更高的事物的感受能力；意志和理智会被过度行为弄得疲惫不堪；然后感觉也会变得迟钝，最后甚至享受的功能也会丧失。"② 在经济发展的初期，由于财富积累的主要的乃至惟一的途径是对消费的约束，因而约束消费成为消费伦理的主流。在古今中外的伦理体系中，欲望总是道德约束的对象，这一方面是伦理的本性及其特殊的文化使命所决定，另一方面也是消费与经济、社会深层的互动关系使然。也许，正由于欲望的存在，道德才具有必要性和现实性。

　　人天生具有追求自然需要满足的本能，伦理使命，就是把人们的这种本能约束在价值的范围内，具有价值合理性。不同的民族，对财富和欲望的伦理态度不同。中国传统伦理以"导欲"、"节欲"、乃至"灭欲"为

---

　　① 　弗里德里希·包尔生：《伦理学体系》，第 414 页。
　　② 　同上。

导向，以至最后发展为"存天理，灭人欲"的禁欲主义。然而，无论如何，节欲对维护人的尊严和经济发展都是必须的。在著名的"希腊四德"中，节制就是最重要的德性之一。包尔生发现，禁欲主义是纵欲主义的对立物，是对纵欲主义的纠偏，它虽然潜在着要人们放弃生活的倾向，"然而，确凿无疑的是，那种纯正的禁欲主义并没有引起蔑视和厌恶，而是引起了尊敬和崇拜，甚至是在那些'人世之子'那里，就是说在那些没有什么原则可守的人们那里，情况也是如此。这种现象可以这样来解释：无节制造成了许多人的毁灭，因而就自然地、普遍地产生出了一种想走到与过度行为相反的另一个极端的意向"。①

在"纵欲"和"禁欲"之间，"导欲"、"节欲"具有更合理的伦理意义与经济意义。现代消费伦理建构，当然要解放人们的消费冲动，使消费获得道德上的合法性，只要消费资料来路正当，只要不是挥霍无度，享受在道德上便无可指摘。伦理的职能，是透过价值引导把消费行为纳入合理主义的轨道。由此，传统消费伦理的现代转换，就是要在伦理体系中培育新的消费伦理精神的合理因子，把消费伦理的作用点与作用方向，从抽象的伦理追求调整为伦理—经济一体化的生态坐标，使消费伦理在促进人的完善的同时，成为经济发展的不可缺少的人文力。

在传统消费伦理的现代转换与现代消费伦理的建构中，有一个特别值得注意研究的对象，即公共消费行为。严格说来，消费行为不仅包括个人消费行为，还应当包括社会的公共消费行为。而且，由于中国社会所有制的主导成分是公有制，由于多种所有制并存的复杂状况，公共消费行为的伦理属性就显得特别重要，是市场经济条件下中国消费伦理的特殊内容。公共消费行为既包括国家、集团、单位等对生活资料的消费，也包括对生产资料、自然资源的消费。由于公有制与集体所有制企业在所有制方面客观上存在的所有权与支配权的分离，管理者的个人消费与集团组织的公共消费往往是混为一体的，正因为如此，公共消费才具有更为重要、更为严肃的伦理性质，消费中的伦理问题才更为严重。奢侈消费是当今中国社会腐败的重要表征之一，这种腐败很大程度上和公共消费与个人消费的混同相联系。因此，个人消费伦理与公共消费伦理的结合，应当是现代中国消费伦理体系的重要特征。

---

① 弗里德里希·包尔生：《伦理学体系》，第 417 页。

（五）分配伦理

[a. 经济活力与伦理目的性]　　计划经济向市场经济的转轨，另一个重大的变革就是分配原则的转变。如果仅从抽象的伦理意义上考察，计划经济"一大二公"的分配形式似乎更符合伦理的本性，然而，由于这种以平均主义为特质的分配不能有效地刺激经济主体的生产积极性，不能有效地促进财富的增加与积累，因而最终束缚了伦理目的性的实现。平均主义历来是中国农民的梦想，可是这一梦想从来就未真正实现过，因为在经济发展的一定阶段上，它缺乏现实性。计划经济时期试图以强有力的政治氛围与伦理努力相辅佐，求得经济上"一大二公"的分配原则与主体生产积极性的协调，从而导致了"意识形态中心"的时代，可是问题并没有获得真正的解决，至少没有取得较长时期的效应。当人们沉醉于政治、伦理的宗教式的人文氛围中时，也许能在短时期内唤起巨大的政治热情与伦理热情，释放出巨大的精神能量，然而热情一过，一旦主体"下放"到世俗世界中，从中产生的能量顷刻便会烟消云散。70 年代以来的经济改革，试图从经济动机中寻找主体的积极性源泉，开掘经济发展的原动力。这种思路体现在分配原则上，便是生产效率与个人利益挂钩。应该说，这种分配原则在整体上与经济伦理的根本原则相符合，至少不具有反伦理的性质，它的伦理基础与遵循的经济原则就是"按劳分配"、"不劳动者不得食"。但这种分配原则也面临经济与伦理之间的深刻矛盾。从社会主义的根本性质与社会经济的根本目的方面分析，"共同富裕"、"缩小差距"，是政治与伦理的基本要求与最终目标；然而从经济发展的规律方面考察，只有"拉开差距"才能刺激经济主体的生产积极性，也才能赋予经济发展以巨大的激发力。

于是，市场经济就面临经济与伦理的两难选择：发展经济必须拉开差距；实现政治的与伦理的终极目的就应当缩小差距。从逻辑上说，只有发展经济，积累财富，才能最终实现共同富裕，否则只能是"原始共产主义"或"军事共产主义"。但在现实运作中，问题并不如此简单。这一经济原理的运作涉及两个方面的问题：（1）能否真正保证财富的获得是正当的或基本正当的？没有这个基本的保证，分配的伦理性就无从谈起，近几年经济发展中的问题已经对这个假设提出了怀疑，经济的发展并未能建立起韦伯所说的"谋利的合理性"的保障机制。（2）差距保持在多大程度上才符合伦理性？经济活力的获得要求分配必须拉开差距，但并不是差距越大就越有活力，超过了一定的界限，便会既失去伦理性，也失去对经济活力的造就与刺激功能，甚至会导致严重的社会问题。经济活力与伦理目的性就是如此纠缠在一起，构成市场经济下分配原则中经济与伦理的两难境地。

　　[b. 分配正义]　　中西方伦理学家在分配伦理的基本原则方面形成的共识之一，就是公正或正义，用经济伦理的概念表述就是分配正义。从伦理—经济生态的视角审视，现代中国的分配伦理必须在质和量两方面建构分配伦理的理念。在质的方面，必须走出纯经济学的范围，在经济—政治—伦理—文化一体化的生态视野中认识和把握分配伦理问题。经济学家们很容易把分配当作一个纯经济学的问题，主张通过市场机制尤其是市场竞争机制解决。其实分配从来就不只是一个单纯的经济问题，而是严肃的政治问题和社会问题。美国社会学家 J. 范伯格发现，"'分配的公正性'这一术语在传统上应用于直接由政治当局加以分配的责任和利益"。[①] 分配正义要求把"基本生活需要"作为一种人权加以确立。两极分化历来是社会不公的表现，平均主义在经济发展的一定阶段代表着人类的伦理理想，具有内在合理性。问题在于，当经济发展到人的基本生活需要得到满足时，像贝尔所说，由追求"需要"发展到追求"欲求"、从分配"基本需要"到分配"剩余产品"时，平均主义就失去了合理性。"严格的平等主义对于一个富裕社会以及满足人们的基本生理需要来说，是一种完全行得通的公正分配的实质性原则。但是，当它运用于分配那些在满足了基本需要之后的'剩余产品'时，它就丧失了合理性"。[②]

　　不过，即使在"分配剩余"时，分配正义也要求建立"适当的标准"。这个标准就是分配正义所具有的量的性质即所谓"比例"。亚里士多德认为，"不公正分为两类，一是违法，一是不均，而公正则是守法和均等"。[③] 他坚持"既然不均的人是不公正的，那么不均的事物也是不平等的。在不均的事物之间存在着一个中点，这个中点就是均等，因为任何

　　① 　J. 范伯格：《自由、权利和社会正义》，王守昌等译，贵州人民出版社 1998 年版，第 156 页。

　　② 　同上书，第 160 页。

　　③ 　《亚里士多德全集》第 8 卷，中国人民大学出版社 1997 年版，第 98 页。

行为中都存在着多或少，所以也就存在着中庸"。① 亚里士多德反复强调，"公正就是比例，不公正就是违反了比例，出现了多或少，这在各种活动中是经常碰到的。"② 我们过去一直批评孔子的"不患寡而患不均"是平均主义，认定平均主义是发展市场经济必须着力破除的小农思想。殊不知，第一，在那个时代，即罗尔斯所说的必须满足人的"基本生活需要"的时代，平均主义的要求有相当的合理性，现代主义和后现代主义的西方学者都不否认这一点；第二，即使在"分配剩余"的时代，"不均"也是"不公"的表现，现代伦理学家同样很"患不均"。所以，孔子对于"不均"的"患"，不仅是可以理解的，也是合理的。应该说，市场经济中出现的严重分配不均现象，与对孔子这一命题的错误理解和错误批判以及在此基础上形成的错误理念有关。

市场体制的建立，给分配伦理提出的最严峻的挑战之一就是如何处理个人与集体的关系。市场经济必须造就独立的、具有活力的个体，也许正因为如此，有人主张市场体制在经济上与伦理上都必须以个体为本位。经济体制的改革，使所有制性质多元化，也使利益单元多元化，市场的一切要素及其运行原理都使个人变得愈益独立，也愈益凸显，个人利益不仅具有经济上的必然性与必要性，而且不断赋予伦理上的合理性。然而，无论如何，集体的存在及其意义是不可抹杀的，它不仅是"社会主义"性质的要求，也是经济发展、社会发展、个体自身发展的要求。由此，个人与集体关系的处理就遇到伦理上的难题：过度地、无条件地强调集体会对个体活力产生某种程度上的抑制，甚至会走上传统的整体至上主义的老路，而且，由于所有制的多样化与利益主体的多元化，绝对的集体主义在逻辑上与现实中都难以彻底落实；然而，在伦理上忽视、冷落、乃至否定集体，会导致个人主义、利己主义，不仅与"社会主义"的性质不相容，而且对社会经济发展极为不利。

这一伦理难题在分配中得到突出体现。分配必须拉开差距，但强调个人分配并不意味着可以不顾集体利益，否则社会财富的增加与集体的财富积累都难以保证，也会引发诸多社会问题。市场经济利用利益杠杆调动经济主体的积极性，然而利益只是重要的机制，并不是惟一的机制，更不是

---

① 《亚里士多德全集》第 8 卷，中国人民大学出版社 1997 年版，第 99 页。
② 同上书，第 101 页。

万能的机制。在分配中确实存在个人分配与集体分配、个人利益与集体利益之间的矛盾。特别值得注意的是，所有制的多元结构导致"集体"的多样化，在许多情况下，个人利益与集体利益之间的关系具有复杂的性质，"集体利益"只是"放大了的个人利益"，一味强调集体利益，事实上只是成全少数人的个人利益。

解决市场条件下分配过程中个人与集体利益的伦理矛盾，应当在贯彻集体主义原则的前提下，以社会公正的伦理原则，扬弃集体主义原则落实过程中可能出现的偏差，以社会公正的要求保证正当合理的个人利益，最大限度地使个人与集体关系的处理体现伦理的价值合理性。集体主义原则与公正原则的整合，是市场体制下分配伦理的基本原则，也是处理个人与集体关系方面应当确立的新的伦理原理与伦理精神。

市场经济条件下的分配伦理如何建构？"分配正义"如何实现？范伯格认为，经济收入的公正分配必须体现五个原则：完全平等的原则、需要的原则、品行和成就的原则、贡献的原则（或应得报酬的原则）和努力的原则（或劳绩的原则）。[①] 分配公正是这五个原则的结合，其中任何一个独立的原则都不能构成完整的公正。我们不对范伯格的这个分配正义的价值体系进行详细介绍和评价，只是提醒，在这个价值体系中，贡献原则与努力原则只是其中的一个原则，而且是位居最后的原则。如果把贡献原则与努力原则当作经济原则，把平等原则、需要原则、品行和成就的原则当作政治—伦理原则，那么，范伯格关于分配正义或公正分配的价值系统就是政治—伦理—经济的三维生态系统。这一生态系统对现代分配伦理的合理建构具有启发意义。

如何实现中国传统分配伦理现代转换？我认为最重要的就是要建立现代分配伦理的价值坐标系统。从经济—社会—伦理一体化的要求、从伦理的经济社会标准与伦理自身的价值标准相统一的原则透视，现代中国分配伦理理念的价值坐标系应当是：经济发展、社会公正、价值实现。这是现代中国分配伦理的三维坐标。经济发展是现代化的中心任务，伦理建设的标准最后也必须落实为生产力标准。有利于经济发展，有利于调动经济主体的生产积极性，有利于激发经济发展的活力，是分配伦理的基本要求。因此，"经济发展"构成现代分配伦理的横坐标。经济发展应当体现人的

---

① J. 范伯格：《自由、权利和社会正义》，第 158 页。

目的与社会的目的，应当有利于社会合理性的形成，有利于经济—社会的协调发展，否则只会导致畸形的经济或缺乏后劲的经济。所以"社会公正"便成为现代分配伦理的纵坐标。缺乏社会公正的机制，分配的合理性就难以保障，经济合理性也难以实现。伦理之所以称为伦理，伦理之所以在社会发展与文化体系中具有独立的地位，就是因为它有自己的标准与价值系统，所以，分配伦理还必须体现伦理自身的价值追求与价值理想，有利于伦理价值的合理实现。在这个意义上，"价值实现"被当作现代分配伦理坐标的第三维。由经济发展、社会公正、价值实现构成的现代分配伦理理念的坐标系，可以期望造就一个既富有经济活力和社会合理性，又体现伦理的价值导向和价值目的的分配伦理理念和分配伦理精神。

十三 伦理—经济的生态合理性之 建构

市场经济作为一种经济体制，在中国的真正运行至今还不到二十年，无论是市场经济，还是由市场经济所导致的伦理精神都还处于转轨和转换之中，因而合理的伦理—经济生态的形成必定还要经过一个漫长的过程。在西方，市场经济与基督教伦理经过了一百多年的磨合，才形成韦伯所揭示的哺育"资本主义精神"的伦理—经济生态。具体地说明市场经济体制下伦理—经济生态的现实建构，具体地描述、即使宏观地描述体现现代性和合理性的中国伦理—经济生态的性状，现在显然还为时过早，因为一切都处于变化和探索之中。但是，这并不意味着一筹莫展，更不意味着一无所获。我们虽然还不能肯定地说明"什么是"或"什么应当是"现代中国的伦理—经济生态，然而我们可以指出在现代中国的市场经济中"什么不是"，或什么东西妨碍合理的伦理精神的建构，可以根据人文力的原理，逻辑和历史地演绎出市场经济的健全发展、伦理精神的健康发育需要实现的人文力的互动，以及如何透过人文力的互动，实现伦理精神和市场经济的合理匹合。这些当然不可能是伦理—经济生态建构的全部，但却是必不可少和至关重要的努力方向。

（一） 市场经济的价值难题

伦理—经济关系的现实难题在于：它们应当、必须是某种生态关系，然而又并不自然就是生态关系，或者并不总是生态关系。造成这种状况的重要原因在于：经济与伦理代表人类的两种不同的价值追求。虽然从根本上说两者"必须"也"应当"一致，但实际上矛盾往往比一致更为现实。任何时代的经济和伦理，在文化的最深层都存在着一定的价值矛盾，它们构成内蕴于一定经济形式中的价值难题。因为矛盾的双方都是人类价值追求的目标，但在经济和文化发展的一定阶段，又确实存在地位的差异，甚至存在二者只能居其一的状况。无论是价值矛盾还是价值难题，都不能在经济或伦理内部得到解决，它们是伦理—经济的价值"围城"，只能在伦理—经济的合理生态中，才能得到合理现实的统一。

从伦理—经济生态的视角考察，现代市场经济条件下尤其是现代中国市场经济条件下伦理—经济生态的价值难题主要有三个，即功利与价值、效率与公平、平等与公平。

[a. 功利与价值]　一般地说，功利与价值的矛盾是任何经济形态与经济体制都存在的矛盾。这一矛盾体现了人作为生物性的存在对物质生活资料的世俗性的需求，与作为社会性的存在对意义世界的价值性的追求的内在矛盾，是人的本性的生物性与社会性、人的行为的经济性与伦理性的二重性的体现。所以，当人一开始走出动物界时，就被功利与价值的矛盾深深地困扰。人们一方面感受到现实生活的功利性的需要及其意义，也感受到功利的追求对物质生活产生的巨大意义和巨大进步，但在日益膨胀的功利世界与功利精神中，人类又痛苦地感受到价值世界与价值领地日益萎缩，于是出现世俗生活与精神生活、物质追求与价值追求的悖论：世俗世界中"向前看"，无止境地追求功利，创造功利；价值世界中"向后看"，孩童般地眷念过去，在遥远的却是虚拟的原初世界中寻找自己的价值梦想。功利与价值的矛盾形成人的世俗生活与道德生活的两种指向。随着社会分工的发展，这两种指向演化为经济学家与伦理学家、物质生活资料的创造者与精神生活资料的创造者的不同心态与不同的价值追求，并最终创造出两种不同的文明形式。从孔子"郁郁乎文哉，吾从周"的感叹，到老子"大道废，有仁义"的"反璞归真"的境界，都代表着功利与价值冲突中的独特选择，以及在功利与价值的二难选择中潜在着的某种极端的可能。在文化发展史上，老子的"抱瓮入井"，代表着为价值固执地拒绝功利的选择。按照老子的逻辑，有"机械"便有"机心"，而一旦有"机心"，放、辟、邪、侈等各种不道德现象就会统治世界。一句话，由"机械"自然派生出的"机心"，是价值世界中的潘多拉魔盒。也许正因为如此，自古以来人类在感受物质世界巨大发展的同时，总是每每发出"世风日下，人心不古"的感叹。于此引出的文明难题是：在"世俗日上"与"世风日下"之间，在"人欲求新"与"人心不古"之间，是否存在

某种必然的联系和不可调和的矛盾？或许，正是因为这种矛盾的存在，人类才需要作出"物质文明"与"精神文明"的划分，也才需要进行"物质生产"与"精神生产"的分工。

无论如何，功利与价值都是人类不可或缺的追求，它们构成"人"的生活和"人"的文明的两翼。由于物质生活是人类的基本生活，物质生活资料的需要是人类的基本需要，无论伦理学家们如何批评甚至诅咒，对功利的追求总代表着人的某种自然的倾向，也正是这种自然倾向的存在，价值的追求、伦理的存在才具有必然性与合理性。换句话说，在迄今为止的整个人类的生活历史中，对功利的追求总是比对价值的追求更"自然"、更真实。市场经济、市场社会把人类对功利的追求推上了一个新的高度，在相当程度上功利追求是这种经济体制的活力之所在。也正因为如此，市场体制下也特别容易造成人的功利化与价值的失落。所以，从古到今，从西方到中国的思想家们，都不断提醒人们注意存在于市场中的价值缺陷，乃至人们对与"市场"相关联的一些词，并没有赋予太多的价值属性，中国文化中的"市侩"、"小市民"，"交易"等词就代表了一种价值批评。西方市场经济发育最成熟，西方人对这些弊端也最有切肤之痛，所作的批判也最激烈、最深刻。耶斯帕克痛心地陈述："现在的人似乎把内心的一切都放弃了。人出现了，可是似乎任何事物对他都没有价值。从这一刹那到另一刹那，他在一个偶然的世界上踌躇彷徨。他对于死亡无动于衷，对于杀戮也无动于衷。他沉醉于物量，喜欢数量多。他似乎拿动物概念来麻醉自己。他对于这样那样的狂热主义都可以盲目信仰。他受最原始的、反理智的、激动的，但一下子就过去的情绪所驱策。到了最后，他受追求当前片刻欢乐的本能所驱策。"[1] 弗洛门也指出："现代人已经把他自己转变为货物了。他将自己的生命视为一项投资。他要借这项投资获得最高的利润。他是在人的市场上考虑自己的身价和行情。他跟自己疏远了，他跟自然界疏远了。他的主要目标是把自己的知识、技能，连同他自己以及自己的性格积累在内，与别人作有利的交换，而别人也打算跟他作一项公平及有利的交换。除了要动之外，生命没有目的；除了公平交易之外，再也没有原则；除了消费之外，也没有满足。"[2] 这些批评，在

---

[1] 转引殷海光《中国文化的展望》，台湾桂冠图书出版公司1988年版，第443—444页。
[2] 同上书，第445页。

某种意义上揭示了逻辑地隐含于一切市场经济中的价值危险。不仅适用于西方市场经济，对中国的市场经济，也有一定的警醒意义。

功利与价值，是内在于一切经济尤其是市场经济的矛盾，二者既不可或缺，又相互冲突，构成一个矛盾体。作为一种制度设计，市场体制本身是一种有缺陷的体制，市场化、功利化的倾向就是可能存在的最基本的缺陷，所以，中国在市场体制建立之初就在"市场经济"前冠以"社会主义"的限定，这种限定，不应该仅看作是政治的要求，而且代表着试图以此克服市场体制固有缺陷的一种努力。中国的市场经济与西方市场经济的不同之处，除了"社会主义"的规定以外，有两点值得注意：一是它的文化背景。中国市场经济以伦理型文化为背景。伦理型文化本质上是重视价值与意义的文化，然而问题在于人们盲目地对传统伦理型文化的激烈批判，很容易从一个极端走向另一个极端，造成伦理价值的失落；二是市场体制由计划经济体制转换而来。计划经济体制本质上是一种重视价值的体制，对"计划"的全盘否定，也很容易造成对价值的否定。由于这两个方面的特点，潜在于经济转轨过程中的直接危险就是伦理价值失落，这种失落造成的直接后果，就是经济发展的人文动力的缺乏。

只要肯定经济的主体是人，就必定要求一定的价值支撑与人文力的推动。经济对伦理的作用是一个客观的和自发的过程，如果单方面地要求伦理对经济的适应，那么，市场体制本身的一些消极方面就会在伦理上获得合法性并反过来强化经济的不合理。市场经济需要建立新的伦理精神与价值体系，但伦理之所以是一种相对独立的文化形式，就在于它有自己的价值标准，如果把市场经济下的伦理或"市场伦理"当作市场原理在伦理上的直接体现，那就意味着把"现存"等同于"现实"。美国学者奥肯以生动的语言揭示了人们对市场经济下功利与价值的这种矛盾的心情："由于这些缘故，我为市场欢呼；但是我的欢呼不会多至两次。金钱尺度这个暴君限制了我的热情。一旦有机会，它会扫尽其他一切价值，并建立起一个自动售货机式的社会。"①

[b. 效率与公平]　效率与公平的关系问题，被公认为是市场经济的价值矛盾。这一矛盾的解决，首先涉及到对效率与公平的概念理解与概念诠释，其难点是"效率"的伦理内涵与"公平"的经济意义。

---

① 阿瑟·奥肯：《平等与效率》，王奔洲等译，华夏出版社 1999 年版，第 116 页。

按照厉以宁的观点，"效率是一个经济学的范畴，这是指资源的有效使用与有效配置。"[①]"效率"的概念所具有的伦理学含义，主要表现在四个方面：有投入就会有产出，但是否意味着不管生产什么样的产品包括生产对社会有害的产品，都等于对社会有效率？投入是由投入者的意愿及其能力决定的，然而产出却决定于社会的需要，如果生产的产品不为社会所需要，就没有效率可言；任何资源都是有限的，但同一种资源可以有不同的产出，投入的结果也可以有不同的效率；由于社会上各种资源的稀缺程度不同，对某种产出所需要的投入社会有不同的评价，人们对资源使用所产生的效率的评价也不同。这四个方面，都涉及到对效率本身的价值判断问题。[②]

"公平并不是纯经济学概念，它从来都含有伦理学的意义。"[③]"公平"的内涵也是有争议的，有的指收入分配的公平；有的指财产分配的公平；有的指获取财产与积累财富的机制的公平。比较容易取得一致意见的是获取财产与积累财富的机会的公平，这就是所谓的"机会平等"。收入分配的均等与财产分配的均等都并不意味着公平，或者说分配均等并不能等同于公平，因为它忽略了"以何种方式获取收入或获得财产"。[④]资源投入不同，分配的结果应该是不同的，否则就会以不公平代替公平，大锅饭、平均主义的分配不公就是如此。

依据这种对"效率"与"公平"的理解，厉以宁提出的分配原则就是所谓"按效益分配"。[⑤]但是，在肯定按效益分配原则有促进效率增长作用的同时，也必须承认这种分配原则本身的局限性，因为它很容易忽视非物质利益因素在人们收入提高中的作用。这里，涉及到对人们从事经济活动，对经济效率增长的动力问题的认识。

人们对经济活动与经济增长的动力提出过各种假设。首先是动力来自于物质利益的假设，这种假设过于简单，只要承认人是一个社会的人，就会发现这种假设的局限。其次是动力并非来自利益的假设。"经济活动的主体从事经济活动的主动性、积极性并非全部来自自身利益的追求。以劳动者个人来说，当他不以个人得到的利益作为动力，而把社会责任感放在

---

①　厉以宁：《经济学的伦理问题》，三联书店 1995 年版，第 2 页。

②　同上书，第 2—4 页。

③　同上书，第 4 页。

④　同上书，第 5 页。

⑤　同上书，第 10 页。

首位时，同样会激发出主动性、积极性的；当他不以个人所得到的利益作为动力，而以个人的兴趣、爱好或其他某种心理因素作为动力时，也会激发出主动性、积极性"。[1] 最后是经济效率不一定来自分配差距的假设，这是以上两个假设的逻辑结果，最明显的是，经济效率与社会安定相联系，收入分配的差距偏大引起的人们的不平等的感觉，反而会影响经济效益的提高。因此，"按效益分配"原则在促使经济效率增长方面的作用会逐渐减少，人的非经济的社会人的属性，在分配原理中发挥着明显的作用。

如何解决经济发展中效率与公平的矛盾？学术界有着"公平优先"、"效率优先"、"效率优先，兼顾公平"三种观点的争论。

持"公平优先"观点的主要理由是：公平主要是机会的均等，而机会均等是神圣的权利，只有把公平放在首位，才能体现对这种权利的尊重；机会不均等是产生财产与分配不均等的重要原因，尽管在均等的机会下由于自身的天赋、自然条件等方面的原因，也不一定造成财产与分配的均等，但机会的不均等造成的不公平是主要的原因，把机会均等放在首位，也就是把公平放在首位；尽管财产与分配的均等是不可能实现的，但无论如何，财产与收入分配的过大差距不能被视为公平，而只能是不公平的体现，而一旦这种不均等直接影响到社会安定时，就必须把公平放在首位，把公平放在优先地位，也就是把反对机会不均等，反对收入分配的过分差距、财产分配的过分差距放在首位。

持"效率优先"的观点则认为，效率是资源配置的效率，自由参与是市场竞争的前提，把效率放在优先的地位，就是把自由参与放在优先地位；在市场竞争中，各生产要素的供给者即便是站在同一起跑线上，由于个人努力程度的不同，效率是不同的，因而所得的分配也应是不同的，把效益放在优先的地位，意味着把个人努力放在优先地位；意味着尊重生产要素供给者的努力与主动性，这种努力是自发性质的。

"效率优先，兼顾公平"的观点，则是在肯定"效率优先"的前提下，要求对"公平"的兼顾，它从收入分配协调的角度来理解"公平"。[2] "在经济生活中，要把增加效率，提高生产力水平放在优先地位，

---

① 厉以宁：《经济学的伦理问题》，第8页。
② 同上书，第12—20页。

同时要注意收入分配的协调，不要造成贫富悬殊，不要使个人之间收入分配差距、财产分配差距大，不要使地区之间收入分配差距过大。""这里所说的'兼顾公平'，显然是指兼顾机会均等条件下收入分配的协调，而决不是指收入分配或财产分配的均等。"① 然而，在实际运作中，如何"兼顾"，二者之间的"度"如何把握，实在是一个难题。

无论如何，效率与公平的矛盾，是内在于市场经济的伦理矛盾。经济追求"效率"，但没有"公平"，"效率"最后也难以保障；伦理追求"公平"，但没有"效率"，"公平"也只是低水平的；经济建设为中心，"效率优先"，实现"公平"是一个过程，是"效率"基础上的"公平"，然而"效率"同样也是无止境的，在这种情况下，"公平"的独立价值又何在？效率与公平的矛盾，事实上是经济与社会、经济与伦理关系的"老大难"问题。如前所述，早在两千多年前，孔子就感叹："不患寡而患不均"，它被定性为平均主义。实际上，这句话可以转译为：不患财富贫乏而患分配不均；不患效率而患公平。而"不均"之所以被患，一方面它与伦理的价值相悖；另一方面由此引起的社会不安着实也是很大的隐"患"。孔子的感叹体现了对这一古老矛盾的同样古老的价值选择。

［c. 公平与平等］　人们每每指出效率与公平的矛盾，却忽视了市场经济下潜在于人们文化意识与伦理精神深层的另一个矛盾：公平与平等的矛盾。

公平与平等的矛盾，既与经济体制的转换相连，又与社会政治的变革相连，同时又是关联着经济、政治与伦理的矛盾。人们往往把"公平"与"平等"相同一，事实上公平与平等恰恰是代表着不同文化理念的两个概念。从文字意义上考察，"公平"相对于"公"而言的"平"，是在整个社会关系体系中的"平"，由于它相应于整个社会秩序的"公"，因而又是相对于由这些社会秩序而提出的伦理要素、伦理规范的"平"。它的实质性内涵往往是指人们在社会关系与社会秩序中取得应有的地位，它是由伦理关系与政治关系规定的地位。而且，更值得注意的是，在中国文化中，"公平"之"平"，往往总是希冀于某个作为或在观念上被当作"公"之化身的人格来实现，是对这种人格或超越性力量的希求。"平等"则不同。"平等"在社会关系中的认定，不是认为社会秩序是由"惟齐非

---

① 厉以宁：《经济学的伦理问题》，第 20 页。

齐"的地位错落的主体组成的，而是由在本性上是相同相等的个体构成的，"平等"是天赋的权利，也是人的本性。人与人之间在基本地位上的无差别是"平等"的根本要求。

可以说，"公平"是中国文化既有的概念，而"平等"则在相当意义上是由西方引进的概念，但在相当程度上它又体现了时代精神，尤其是市场经济所要求的伦理精神。从伦理品性上说，"公平"是整体本位的概念，"平等"是个体本位的概念。"公"不仅意味着社会的秩序，而且意味着既有的社会秩序，意味着人们对这种既有的社会秩序的认同与接受，在"公平"的追求中，人们所要求的，只是与自己的地位（尽管这种地位是不平等的）相对应的待遇，对整体秩序的"公"的维护，在"公"的秩序中的安伦尽分，是其基本的特色。所以，"公平"实际上有两层含义：一是"公"之"平"，即整体秩序的"平"，这种"平"既指整体秩序的安定，也指对整体秩序的维护；二是个体在这种整体秩序中的"平"，即个体在这种秩序中感到"平"，而感到"平"的依据则是人们感觉到在这种秩序中享有与自己"名"相对称的"分"即地位。在中国传统文化对"公平"的要求中，人们很少怀疑在整体秩序中"伦""分"划分的"公"，只要求在既有"伦""分"下的"平"。与此相比照，"平等"则以个体为本位，认为人人具有某些先验的权利，人生来就是相"平"相"等"的，于是对个体权力与个体利益的追求，成为"平等"价值观的重要取向。"公"的存在，并不是平等的前提，"公"乃至他人的存在，只是为个体对"平等"的追求提供某种参照。于是，"公平"与"平等"不仅代表中西方两种传统的价值取向，而且构成伦理价值的两个不同取向。这些价值取向在现实的经济社会生活中运作时，同样会产生深刻的矛盾。

中国市场经济中的公平与平等的伦理矛盾，隐含于伦理与经济、经济与政治，以及伦理自身的不同价值取向中。在市场经济初期，人们相信这样的命题：市场经济是天生的平等派。因为市场是一只"看不见的手"，任何人为的参与都难以发挥作用。然而，人们马上发现，这个"天生的平等派"在本性上却是不平等的，不仅机会难以实现人人的平等，而且人们的自然条件与社会条件的差异在这种平等的表象下造成的恰恰是真正的不平等，于是，人们愈益感到，在市场经济中，机制是"平等"的，但前提和最终的结果却是不平等的，因而总体上说它是"平等"而不

"公平"的。用中国传统的价值尺度考察，"平等"是因为"合理"，"不平等"是因为不"合情"。"合理"是"平等"，而"合情"则是"公平"。于是，即使是在纯粹的经济学领域，似乎也只能是实现"平等的不公平"或"公平的不平等"，或者是"公平"掩盖着不"平等"，或者是"平等"的不"公平"。在市场经济中，"公平"与"平等"确有某种"不可兼得"的特质。

（二）伦理—经济生态的理念辩证

进入市场体制以后，中国人逐步形成了关于市场经济的一些理念，这些理念代表人们对市场经济的某些具有实践意义的根本认识，并现实地指导市场经济的发展，其中一些似是而非的理念极易将中国市场经济导入误区。从伦理—经济生态的角度考察，我认为关于市场经济的理念误区的命题主要有三："市场经济是一只看不见的手"；"企业是一个经济实体"；"市场经济是一个法制经济。"这些理念有一个共同特点，这就是片面夸大市场经济性的一面，使之成为独立的乃至惟一的存在，忽视甚至排斥伦理的意义。

[a. "市场经济是一只看不见的手"？]　"看不见的手"的命题，是西方经济学的奠基人亚当·斯密在《国富论》（全译名为《国民财富的性质和原因之研究》）中提出的著名命题。他在这部书中提出的经济自由的思想和"看不见的手"（Invisible hand）的名言，一直为后来的经济学家所推崇。"看不见的手"的意思是："各个人都不断地努力为他自己所能支配的资本找到最有利的用途。固然，他所考虑的不是社会利益，而是他自身的利益，但他对自身利益的研究自然会或者毋宁说必然会引导他选定最有利于社会的用途。"[①] "在这种场合，像在其他许多场合一样，他受着一只看不见的手的指导，去努力达到一个并非他本人愿意想要达到的目的。"[②] 这思想的哲学基础是："人是理性的，是专为自己打算的，是受自我利益驱使的。如果任凭每个人都追求其自身利益，他同时也就促进了社

---

① 亚当·斯密：《国富论》下卷，郭大力、王亚南译，商务印书馆，第25页。转引杨君昌《看不见的手》，四川人民出版社1983年版，第8页。

② 同上书，第27页。转引同上书，第9页。

会利益。"① 亚当·斯密的结论是：政府应当遵循一种自由放任的经济政策，让市场机制这只"看不见的手"发挥作用。

"看不见的手"的命题，当然对西方经济学和市场经济的发展产生了巨大的影响，然而，无论如何，它只代表古典经济学家对市场经济的认识。经过将近两个世纪的发展以后，这一命题受到严峻的挑战。1977 年，美国著名学者小艾弗雷德·D. 钱德勒出版了被誉为"对经济学与公司历史研究的一个重大贡献"的著作——《看得见的手》（The Visible Hand）。他认为，管理协调的"看得见的手"，比市场协调的"看不见的手"更能有效地促进经济的发展，也更能增强资本家的竞争能力。"在新技术和扩大了的高层经由生产和分配过程能以空前的速度提供产品和劳动时，管理上的有形的手就取代了市场力量的无形的手。"②

完整把握西方经济学中关于"看得见的手"和"看不见的手"的论述，可以得出两个结论：第一，"看不见的手"的命题并不代表亚当·斯密的完整思想。我们在引进古典经济学"看不见的手"的理念的时候，忽视了一个事实：在亚当·斯密思想体系中，他一手写《国富论》，另一手却在写《道德情操论》。前者是经济学的，后者显然是伦理学的。当他向人们描述经济这只"看不见的手"时，又向人们提供了伦理这只"看得见的手"；第二，"看不见的手"的命题，并不代表现代西方经济学关于市场经济研究的新前沿，它所产生的影响是历史的而不是现代的。

令人高兴的是，中国经济学界已经表现出深刻的觉悟。代表这种觉悟的是厉以宁先生的经济伦理观点，他提出道德力量是市场经济发展的第三种力量的观点，认为"习惯和道德调节是市场调节、政府调节以外的第三种调节"。③ 道德调节之所以构成"第三种力量"，厉以宁提出了四条理由：第一，在市场尚未形成与政府尚未出现的漫长岁月里，那时既没有市场调节，也没有政府调节，习惯和道德调节是这一漫长时间内惟一起作用的调节方式。在古代、在现代社会中的某些原始的部落中，情况都是如此。第二，在市场调节和政府调节都能起作用的范围内，由于市场力量和政府力量都有局限性，这两种调节之后留下了空白，尤其在对作为"社

---

① 亚当·斯密：《国富论》下卷，郭大力、王亚南译，商务印书馆，第 25 页。转引杨君昌《看不见的手》，四川人民出版社 1983 年版，第 9 页。

② 钱德勒：《看得见的手》，商务印书馆 1987 年版，第 12 页。

③ 厉以宁：《超越市场与超越政府》，经济科学出版社 1999 年 3 月版。

会人"的一面，市场和政府都难以发挥作用，而习惯和道德调节是超越市场和政府的一种调节。第三，对社会生活中大量存在的非交易活动领域，无论是市场还是政府，都难以发挥作用，而要靠道德力量进行调节。第四，在市场形成和政府出现以后，由于种种原因，市场可能失灵，政府可能瘫痪，但习惯和道德调节依然存在，并发挥重要的作用。

现代经济学理论的发展，已经扬弃了"看不见的手"的理论，西方经济学中的政府干预理论、意识形态理论，都是试图为市场经济提供或培育那只"看得见的手"。当然，从本性方面看，市场经济可能是一只"看不见的手"，但"看不见的手"只是市场规律盲目性的表现。而且，"可能"决不能等同于"就是"，更不能等于"应当"。当把"可能"的或然判断误当成"就是"的实然判断，继而又上升为"应当"的价值判断时，不可避免地使市场经济走进误区，直接的后果，就是在市场经济运行中排斥伦理的运作，从而导致市场生态的失衡，尤其是市场经济的人文力生态的失衡。

[b. "企业是一个经济实体"？] "经济实体"是中国经济改革中形成的最早的关于企业改革的命题之一，它表征着人们对于企业本性的新定位与新认知。在计划经济时代，企业经济运营的机制是计划，在经济体系和社会体系中，企业事实上是一个具有经济内涵的行政实体或准行政单位。经济改革在企业理念方面的重大突破，就在于发现并肯定了企业的经济本性，以"经济实体"的理念取代"行政实体"的理念，肯定在以市场为资源配置方式的新的经济体制中，企业是一个有着独立的经济利益、按照经济逻辑运行并主要完成经济使命的经济实体，是经济的细胞。应该说，这一转变是经济理念的重大突破。但是，当在根本理念上把"经济实体"从企业的重要属性，上升为根本属性甚至绝对化为惟一属性时，当把企业"必须"是经济实体，扩展为企业"只是"经济实体时，关于企业本性的把握就走向了另一个极端。企业必须是经济实体，也应当是经济实体，但决不只是经济实体，也不应当只是经济实体。"经济实体"的定位，在逻辑和现实两方面都存在着严重的片面性。

企业的本性究竟是什么？从不同视角把握，当然会得出不同的结论。在现代企业理论中，有两种影响较大的关于企业性质的定义：一是科斯的定义，即所谓替代理论；二是詹森和麦克林的定义，即所谓契约理论。这两种理论表面上相对立，前者强调"替代"，后者强调"契约"，实际上可以也应当相互补充。我认为，企业的真正本性，不仅表现在经济过程中，而且表现在它与社会相整合的有机运动中。关于企业本性的把握，不能只从经济的视野上定位，而应当从经济、社会、文化一体化和有机体的意义上考察。作为社会的机体，企业不只是经济的存在，最重要的是一个社会的存在，是符合人的目的并服务于人的目的一种存在。在这个意义上的企业本性，可以称之为企业的人文本性。

企业不只是一个经济实体，同时还是一个伦理实体，"经济实体"和"伦理实体"的结合，才是对企业本性的健全的认识，也才是对健全的企业本性的定位。企业伦理实体的本性，既由企业在整个社会体系中的地位决定，也由企业特殊的内在组织原理与组织方式决定。在社会体系中，企业是直接生产、创造社会物质生活资料和物质财富的部门，是现代经济的细胞，因而首先也无疑是一个经济实体。但相对于人来说，它是体现和实现人的目的的工具性存在；相对于社会来说，它是服务于人和社会的"公器"。这就决定了企业对社会负有特殊的道德责任，奠定了它作为"伦理实体"的本性。从企业内部的关系考察，企业必须首先是人际关系的实体，这种人际关系实体的基本内涵就是人与人间的伦理关系。因为，对企业内的人际关系，人们不可能也不应该都以经济的机制与经济杠杆调节，在相当程度上，它借助价值的机制遵循文化的原理调节，作为企业主体的人，不只是"经济人"，同时还是"文化人"、"伦理人"。

二十多年经济改革的实践，已经证明了把企业仅定位于"经济实体"的严重片面性，直接导致了两种后果：在企业内部，以经济利益为经济发展的最重要的乃至惟一的机制，利益驱动成为调动人的积极性的惟一手段；在企业外部，特别是企业与社会的关系方面，导致企业的社会责任的丧失，出现假冒伪劣、坑蒙拐骗等极不正常又难以根治的社会痼疾。

[c. "市场经济是法制经济"？]　"市场经济是法制经济"，这是关于市场经济的经济体制运行的社会支撑环境的命题。我们今天强调它，在相当程度上，它是针对中国经济运行中法制观念与法律机制的缺乏而产生的对法制的呼唤。但是，当这一命题由应然判断、特称判断上升为实然判断、全称判断时，同样潜在着市场经济"就是"法制经济、"只是"法制经济的内在逻辑，于是，法制＋经济规律，就成了人们对市场经济的理想的与现实的要求。顺着这样的逻辑，很容易排斥企业经济运行中其他人文因素与人文力的作用，从而走上泛法制主义的误区。

　　毫无疑问，市场经济应当是法制经济，也必须是法制经济。现代中国企业运行中的许多问题，包括企业内部与企业外部的问题，都与法制的不健全、不完备有着直接的关联。应该说，市场经济对法制的完备有着更为迫切的要求。但是，这决不意味着有了法制，就能解决企业经济运行中的一切问题，法制只能解决企业运行的规则与制度保障问题，而不能解决企业经济增长与经济发展的动力问题。法只能部分地解决经济的规则与强制问题，而不能解决服从问题，更不能解决动力问题。动力问题涉及人们行为动机的复杂过程，与文化，特别是伦理有着深刻的联系。

（三）伦理—经济的人文力生态与市场伦理的价值合理性

　　[a. 个体活力]　　活力问题，是任何经济体制、任何经济模式都致力寻找和解决的问题。反思二十多年的经济发展，中国市场体制对经济活力激发的思路，基本方面是把生产绩效与利益分配挂钩，由此调动经济主体的积极性，建立和依循的是"利益驱动"机制。"大锅饭"的铲除，管理权力的下放，承包制、股份制的建立，都是这种思路的体现。应该说，它极大地解放了生产力，调动了经济主体的内在活力。但是，这种思路如果贯彻到底，如果只局限于经济的意义上使用这种机制，在理论上就必须有两个基本的假设：一是"经济人"的假设。对经济人来说，经济需要是活力的源泉；第二，必须假设人的需要、人的欲望是无限的，只有这样，经济的刺激才可能不断调动人的积极性，经济发展才有持续发展的后劲。

　　人与动物都有本能的冲动，但人的欲望的实现方式、人的经济活动与动物的谋生活动的根本区别，在于它受道德的规范与调节。人性的崇高与伟大，不在于没有动物性，而在于以道德性规范动物性，从而凸显出人性的尊严。人不只是"经济人"，而且也是、并且必须是"伦理人"。人的需要透过动机的机制，成为积极性的源泉。然而人的需要，尤其是人对物欲的追求并不是无限的，对这些需要的满足与刺激所形成的人的积极性更不是无限的。西方的管理理论早就发现，人的需要得不到满足，其积极性便不能充分发挥；相反，如果人的需要完全满足了，同样难以激发其积极性，所谓"吃饱的耗子不想动"。所以，西方的管理理论、经济理论都以各种需要理论为基础，从赫茨伯格的"双因素理论"，到马斯洛的"需要层次理论"，都是西方现代管理学解决"需要"难题的努力。

中国传统文化是一种"伦理人"的假设，这是自给自足的自然经济对经济主体的假设与定位。计划经济对主体的基本定位是"政治人"的假设，在"政治人"的假设中，人的经济行为受政治准则规范，经济活力由政治机制激发。从文化本性上考察，计划经济与自然经济具有某种文化上的同一性。在运行机制方面，"计划"分配的合理性及其落实，必须以资源配置的主体即资源分配者与接受者的人文素质尤其是道德素质为前提。"政治人"、"伦理人"是计划经济的运行体制必须的双重人性特征。市场经济是以"经济人"作为经济主体的基本文化定位与人性假设。这种假设是市场运行的前提，也是其内在局限之所在。在后一方面，它所产生的泛经济主义及其所导致的市场规律的盲目作用，不仅会产生许多社会弊病，而且也必然对经济发展的活力与后劲产生消极的影响。市场经济的变革，不是对传统经济体制的简单否定，而是辩证扬弃。应当吸收传统"伦理人"、"政治人"假设的合理内核，使之与市场体制的"经济人"理念有机整合，形成市场经济下经济主体的健全的人性认同，以伦理精神、伦理机制、伦理激励，培养和开发经济发展的人文活力，推动、保障市场经济健康、有序、持续发展。

［b. 组织合力］　经济活动是社会性活动。当人们形成一定的组织从事经济活动时，立刻就面临组织合力的问题。在经济组织与经济发展中，个体的活力当然是重要的，但经济个体的活力并不一定就能形成经济组织的合力，组织合力与个体活力之间并不就是简单的线性关系。整体可以大于部分之和，也可以小于部分之和，关键在于组织的品质。

在社会学与管理学的意义上，伦理的重要功能是社会关系与社会实体的自组织，伦理具有自组织力。作为人伦关系的原理，伦理不只是一种意识、观念形态的东西，它透过人的情感信念发挥作用，必然对人的行为并由此对社会关系、人伦关系发挥组织、调节作用，最终外化为一定的生活秩序。西方近代社会学与管理学的重大贡献之一，就是发现"非正式组织"对社会和企业发展的影响。"非正式组织"就是社会内部和企业内部的自组织，它遵循的不是经济的逻辑、行政的逻辑，而是伦理的逻辑，情感的逻辑。在中国以血缘为基础的伦理型文化和伦理型社会中，伦理的自组织功能特别明显，自组织力特别巨大。因为，以血缘为范型的"人伦"，本身就是一种自组织模式。无论人们是否意识到，伦理在经济组织中的自组织功能、自组织力总是潜在的，问题在于是否能自觉把握，并合理地引导其作用的方向。

凝聚力是伦理对经济组织作用的另一种重要的人文力。组织的存在及其运作，最重要的因素是凝聚力。凝聚力的有无、大小，在相当程度上决定组织功能的发挥和组织的存亡。如果丧失凝聚力，组织的内在生命便名存实亡。美国管理学家斯蒂芬·P.罗宾斯发现，"群体内聚力即群体成员相互吸引及共同参与群体目标的程度。成员之间的相互吸引力越强，群体目标与成员个人目标越一致，则我们说群体内聚力程度越高"。①

组织目标的认同，组织目的的内化，与组织成员的价值观，与人们对组织秩序的伦理态度直接相关。按照经济学的理论，组织尤其是公有制经济组织形成与维持的价值基础是"共同目的"。"共同目的"的现实必须具备两个基本条件。第一，组织是否具有形成"共同目的"的客观基础？组织是否存在真正的而不是虚幻的"共同目的"？这一问题的实质是，集体是否是"真实"的集体？第二，对"共同目的"的认同。如果客观上存在真实的"共同目的"，或具有"共同目的"形成的基础，但人们在主观上不能真正认识和认同，甚至在行为方面与"共同目的"相背离，组织整体的维系也会发生危机。毫无疑问，无论是"共同目的"的选择和造就，还是对"共同目的"的认同，伦理的导向力、规范力都具有十分重要的人文力意义。

［c. 人文力生态中伦理精神的价值合理性］　经济与伦理、经济冲动力与伦理冲动力具有不同的行为原则。经济合理性的基础是经济理性，其核心原则是"效益原则"，经济理性的目标是效益最大化；伦理合理性的基础是道德理性，其核心原则是"价值原则"，道德理性的目标是价值最大化。经济理性和道德理性、效益原则和价值原则存在矛盾和冲突。

经济行为的逻辑建立在"经济人"的基础上。什么是"经济人"？根据杨春学的观点，"经济人"具有三个特性：第一，"自利"，经济利益是经济行为的根本动机；第二，"理性行为"，"经济人"根据市场状况和自身利益理性地作出判断，使自己的行为追求利益的最大化；第三，"公共

---

① 斯蒂芬·P.罗宾斯：《管理学》，黄卫伟等译，中国人民大学出版社1997年版，第375页。

利益"，只要有良好的法律和制度的保证，经济人追求个人利益最大化的自由行动会无意识地、卓有成效地增进社会的公共利益。①

"经济人"以自利为本性，但"经济人"不是"自然人"，追求利益最大化的经济理性要求经济主体必须是"社会人"。"社会"的内涵是什么？库利认为，"社会"或"社会性"具有三个特性：第一，指人的集体性的一面，个体总是以各种方式与集体发生联系，并且成为集体生活的一部分；第二，人际交往，正是在人际关系中个性才能明显地存在和表现出来；第三，增进集体福利，在这方面它差不多成了道德的代名词。② 组织、关系、道德，构成"社会人"的基本要素。

由于"经济人"与"社会人"的二重性，经济冲动力和伦理冲动力结合为一体的现实逻辑，就是"集体行动的逻辑"。"集体行动的逻辑"所研究和关心的问题是："在集团的大小和其凝聚力、有效性、对潜在成员的吸引力之间是否真的没有什么关系；以及一个集团的大小和它对个人为集团目标出力的激励之间是否有着联系。"③ 奥尔森发现，集团越大，个体的经济冲动力就越小，因为，集团越大，增进集团利益的人获得的份额就越小；集团越大，个人的效益就越小；集团越大，组织成本就越高，创造集体物品的障碍就越大。④ 针对这种情况，必须在经济激励之外同时用社会激励促进主体的理性行为。然而社会激励及其所形成的社会压力，只有在具有面对面关系的小集团中才能有效地发挥作用，所以，奥尔森认为，作为经济组织的行为集体不宜过大，因为小集团比大集团更有效率。事实上，奥尔森并没真正解决集体行动的逻辑问题，他的小集体的结论与社会化大生产的要求相悖。造成这种困境的部分原因，是因为他的探讨只是囿于经济学的框架，是典型的以个人主义为基础的"经济人"的集体行动的逻辑。奥尔森所指出的"集体行动的逻辑"面临的困境，可以通过"伦理人"的整合实现超越。

像"经济人"、"社会人"一样，"伦理人"是真实人性另一个重要构成。伦理人的行为逻辑是道德理性的逻辑。如果说"经济人"内在的

---

① 参见杨春学《经济人与社会秩序分析》，上海三联书店1998年版，第2—13页。
② 参见查尔斯·霍顿·库利《人类本性与社会秩序》，包凡一等译，华夏出版社1989年版，第24—25页。
③ 曼瑟尔·奥尔森：《集体行动的逻辑》，陈郁等译，上海三联书店1995年版，第18页。
④ 同上书，第40页。

经济冲动力容易造成人的谋利本能的放任，那么，"伦理人"内蕴的伦理冲动力就是对人的这种本能的价值导向与合理约束。道德理性以德性为基本概念，德性的根本在于自我控制。正像康德所指出的那样，"德性的首要条件是控制自己"。"就德性是基于人的内在自由这一点而言，它含有积极地对自己加以控制的意思，即：人应该把自己的全部力量和偏好都置于自己（理性的）支配之下；而且，这种支配不仅是消极地制止做某事，而且是积极地督促做某事，他不应该听任自己臣服于情感和偏好（即，他有'无情'的义务），因为理性若不把驾驭的缰绳操纵在自己的手中，情感和偏好这群烈马就会反过来成为人的主宰"。①

这样，在人性结构和主体的健全理性中，一方面存在追求利益最大化的经济冲动力；另一方面存在调节人经济冲动、使之合乎价值要求的伦理要求的伦理冲动力。在经济冲动力和伦理冲动力的矛盾运动中，在经济冲动力与伦理冲动力的健康互动中，形成合理的和现实的人文力生态。

现代经济学理论中引进的一些伦理概念，以及在此基础上形成的经济学的新发展，如"道德风险"理论、"社会资本"理论等等，事实上主要也是发掘了伦理的工具价值。伦理作为一种文化设计和实践智慧，根源于社会生活与人的生命发展的需要，因而不可能只有目的意义而没有功能意义，伦理的功能意义，在一定程度上可以理解为工具意义。伦理要真正深入到经济生活之中，成为具有经济意义的生态因子，就必须在目的价值之外，培育和发展工具价值。在伦理—经济的健康互动中，在经济冲动力—伦理冲动力的人文力生态的建构中，伦理价值的合理性和现实性，一定意义上有赖于目的价值和工具价值的整合运作。

---

① 康德：《〈伦理学的形而上学要素〉序言》，《康德文集》，改革出版社1997年版，第375页。

第四篇

伦理—社会生态整合
的价值原理

伦理精神经过伦理—文化生态中的自我确证，伦理—经济生态中的自我否定，在伦理—社会的生态整合中达到自我复归，获得现实的合理性。

十四 伦理精神的社会合理性的价值生态

在开放—冲突的社会体系中，伦理精神的理论合理性和实践合理性确证的基本课题，是寻找使伦理与社会整合为合理生态的价值原理。

（一）伦理—社会的生态结构

无论人们是否意识到，伦理精神在社会中总是一种生态的存在，问题在于伦理与社会的生态关系是否合理，理论把握是否自觉。

黑格尔关于伦理—社会关系的理论可以提供重要的思想资源。在《法哲学原理》中，黑格尔从意志自由出发，把法哲学和人的精神的发展当作自我生长的辩证过程，这一过程经过三个紧密联系的阶段：抽象法；道德；伦理。在抽象法的阶段只有抽象的和形式的自由；在道德阶段有了主观的自由；伦理阶段是两个环节的真理和统一，意志自由得到充分和具体的实现，因而是最高阶段。在这个辩证过程中，伦理与社会的生态关系表现得最充分的是第三阶段，即"伦理"阶段。黑格尔从实体的而不是从原子的意义上理解伦理，把伦理当作社会生活中的整体和生态的存在。正如贺麟先生所指出的，黑格尔"从客观唯心主义出发，把伦理看成一个精神的、活生生的、有机的世界，认为它有自己生长发展的过程。"[①]黑格尔指出了"社会"的三大领域及其辩证结构：自然社会——家庭、市民社会、政治社会——国家；自然社会（家庭）——市民社会——政治社会（国家）。显而易见，在黑格尔的法哲学体系中，家庭、市民社

---

① 黑格尔：《法哲学原理》，商务印书馆1996年版，贺麟《黑格尔著〈法哲学原理〉一书评述》，第16—17页。

会、国家是伦理精神潜在、自在、自为的三个阶段，是伦理精神的三种社会表现形态，也是伦理——社会的三种生态形式。

家庭是社会的细胞，是伦理精神的自然生态。家庭作为伦理精神的自然社会生态的根据有三。其一，家庭是"直接的或自然的伦理精神"，①具有不证自明的合理性与神圣性。在家庭中，虽然也存在伦理方面的矛盾，但由于它以爱为规定，"爱制造矛盾并解决矛盾。作为矛盾的解决，爱就是伦理性的统一。"②爱的本质是意识到自我与另一个人的统一，使自我不只为个体而孤立，从而抛弃自我的独立存在，在人我关系中获得自我意识。其二，家庭是一种自然的和统一的伦理人格。家庭以婚姻为基础，婚姻扬弃了抽象的个体独立性，"婚姻的客观出发点则是当事人双方自愿同意组成为一个人，同意为那个统一体而抛弃自己自然的和单个的人格。"③家庭、婚姻乃是一种人格，一种统一的人格，在家庭和婚姻中，个体获得了实体性的自我意识。所以，家庭"实质是一种伦理性的关系"，是"具有自然形式的伦理。"其三，家庭是伦理——社会生态的肯定形态。在子女的成长和财产关系的分裂中，家庭走向解体，完成自己的使命，过渡到市民社会。

市民社会"作为特殊性领域的社会"，是自然伦理分化的结果。家庭的伦理同一性的丧失，自然的伦理——社会生态，即家庭伦理精神的解体，扬弃了人们的伦理精神中的那些"最初的、神的和作为义务的渊源的东西"，从而以特殊性和独立性，而不是以同一性为出发点。于是伦理的那些原初统一的规定被扬弃，必须重新规定伦理的普遍性。市民社会的伦理主体具有两个原则：一是特殊性原则，以个体为目的，是各种需要的整体，表现为自然必然性和任性；二是普遍性原则，个体必须通过他人、通过整体，才能得到自己需要的满足。作为社会主体的人已经不是自然社会的伦理实体中的"家庭成员"，而是基于各自特殊需要的市民社会的"市民"。普遍性与特殊性的矛盾，是内在于市民社会的伦理精神的基本矛盾。在市民社会中，伦理精神建立起形式的普遍性，但由于它以特殊性为基础，因而在伦理精神的生长中，市民社会的伦理只是一个中介即否定

---

① 黑格尔：《法哲学原理》，第 173 页。
② 同上书，第 175 页。
③ 同上书，第 177 页。

阶段。

在黑格尔看来，国家是伦理精神的复归形态，是伦理与社会结合的真实状态。国家透过权力的运作解决普遍性与特殊性的矛盾，使个体性、特殊性统一于整体性。"国家的力量在于它的普遍的最终目的和个人的特殊利益的统一，即个人对国家尽多少义务，同时也就享有多少权利。"① 他把国家当作"伦理理念的现实"，认为"个人只有成为国家成员才具有客观性、真理性和伦理性"。黑格尔显然抹杀了国家的阶段实质，但把政治社会（国家）作为伦理与社会结合的现实形式和伦理精神发展的最高阶段，则有一定的合理因素，至少发现了伦理与政治及其制度之间不可分离的内在关联。

有的社会学研究者认为，"市民社会"是一个与"市场经济"和"资本主义"相联系的概念。根据这一论断，黑格尔关于伦理精神辩证运动的观点，只能是现代社会中伦理—社会生态的理论，并不具有历史和现实的普遍性。这一观点显然难以成立。从伦理精神在社会中的自我生长和自我运动辩证过程考察，自然社会——市民社会——政治社会确实是伦理精神生长的一个历时性结构，然而不可否认，它们还是社会中的一个共时性的存在，是社会的辩证结构，也是伦理—社会生态的辩证结构。在黑格尔的体系中，家庭先于市民社会，但市民社会正是家庭伦理实体分化的结果，没有家庭也就不可能有市民社会，同样，家庭的分化必然导致市民社会，家庭与市民社会共存于同一"社会"整体中。市民社会与国家的关系也是如此。在"家庭——市民社会——国家"的结构中，市民社会在逻辑上先于国家。黑格尔把国家作为伦理精神的现实形态，隐含的观点就是国家后于并高于市民社会，但国家同时又是家庭与市民社会存在的基础。"在现实中国家本身倒是最初的东西，在国家内部家庭才发展成为市民社会。"② "家庭——市民社会——国家"的区分，既是逻辑的，也是历史的；既是历史的，也是现实的。在逻辑上和历史上，家庭的解体形成市民社会，市民社会在国家中形成并透过国家获得现实性；在现实中，家庭、市民社会、国家共存于同一个同一体中，在互动整合中形成现实的社会机体。在这个意义上，把家庭、市民社会、国家三者作为社会的共时性

① 黑格尔：《法哲学原理》，第261页。
② 同上书，第252页。

结构，应该是可以成立的观点。

通过以上学术资源的回顾和理论辨析，可以得出两个结论。第一，自然社会（家庭）——市民社会——政治社会（国家），是"社会"的三个具有内在关联的存在形态，或者说，是"社会"的三大领域。第二，由此，伦理—社会生态在现实结构和辩证运动的过程中的两方面，都可以被认定由三个子生态构成：伦理—自然社会（家庭）生态；伦理—市民社会生态；伦理—政治社会（国家）生态。

（二）"市民社会"与现代中国的伦理—社会生态

在伦理—社会生态的辩证结构中，对于现代中国伦理—社会生态的价值合理性建构，最富挑战性也是最有意义的结构是伦理—市民社会生态。理论和现实两方面的地位决定了伦理—市民社会生态，在现代中国伦理精神的价值合理性建构中的重要地位。在理论方面，市民社会是伦理精神表现得最能动，也是最需要进行自觉建构和合理性确证的层面。自然社会（家庭）的伦理精神基于血缘神圣性，政治社会（国家）的伦理精神诉诸政治权力及其意识形态，市民社会的伦理精神所必须透过自觉的道德理性的觉悟和道德价值的认同。在伦理思想史上，黑格尔关于伦理发展的最重要发现之一，就是"市民社会"及其伦理精神的阐述，正如 M. Rieddl 所指出的，"透过市民社会这一术语，黑格尔向其时代观念所提出的问题并不亚于近代革命所导致的结果"。① 市民社会的伦理精神及其合理性价值生态，是现代伦理研究和伦理精神建构中最重要的领域。在现实层面，中国传统社会的结构特质是家—国一体，由家及国，这种社会结构的特点，是自然社会和政治社会直接贯通。现代中国社会转型的重要标志之一，就是市民社会的发展。所以，市民社会的伦理精神，伦理—市民社会生态的合理性建构；伦理—市民社会与伦理—自然社会、伦理—政治社会生态的有机匹合，就是现代中国伦理—社会生态的合理建构的两个重要的课题。

中国社会，尤其现代中国社会，到底是否存在"市民社会"？回答这一问题，首先必须探讨：市民社会的特质有哪些？

综合现代社会学研究者的最新成果，"市民社会"具有以下特性：

---

① 转引邓正来等编《国家与市民社会》，中央编译出版社 1999 年版，第 87 页。

（1）从它存在的社会空间方面考察，"市民社会包括一个公众或公共的、但却不是根据政治予以架构的领域"。[①] 市民社会既不是私人领域，也不是国家领域。它存在于家庭与地域之外，但并未达致国家，"是同时与自然社会（家庭）和政治社会（国家）相对的概念"[②]。

（2）从构成要素方面考察，市民社会具有三个基本要素。第一，由一套经济的、宗教的、知识的、政治的自主性机构组成，是有别于家庭、家族、地域或国家的一部分社会。第二，这一部分社会在它自身与国家之间存在一系列特定关系，以及一套独特的机构或制度，得以保障国家与市民社会的分离并维持二者之间的有效联系。第三，一整套广泛传播的文明的抑或市民的风范（refined or civil manner）。在西方社会学的研究中，"市民社会"的概念在两种意义上被使用，"第一个要素一直被称为市民社会；有时，具有上述特殊品质的整个社会被称为市民社会。"[③]

（3）从社会功能方面考察，"市民社会是这样一个社会，在那里法律既约束国家，也约束公民。"[④]

（4）市民社会与政治社会（即国家）的区别在于："市民社会的所有活动追求的是以个人私欲为目的的特殊利益，是人们依凭契约性规则进行活动的私域，个人于此间的身份乃是市民；而国家关心的则是公共的普遍利益，是人们依凭法律和政策进行活动的公域，个人与其间的身份乃是公民。"[⑤]

（5）从经济基础方面考察，市民社会与市场相关联，"市场经济是市民社会经济生活的适当模式。"[⑥]

综合以上特性，可以对"市民社会"作这样的理解："市民社会"是存在于家庭与国家之间的、以追求特殊利益并凭借契约活动的市民为主体的、既约束国家也约束市民的、包含了一系列自主机构的、在一定意义上与市场经济相联系的社会形式。

显而易见，市民社会是现代社会的必要构成，在相当意义上也是现代

---

① 邓正来等编：《国家与市民社会》，第22页。

② 邓正来：《市民社会与国家》，见邓正来等编：《国家与市民社会》，第88页。

③ 爱德华·希尔斯：《市民社会的美德》，参见邓正来等编《国家与市民社会》，第33页。

④ 同上书，第46页。

⑤ 邓正来：《市民社会与国家——学理上的分野与两种架构》，见邓正来等编：《国家与市民社会》，第90—91页。

⑥ 爱德华·希尔斯。见邓正来等编：《国家与市民社会》，第38页。

社会的重要标志。马克思在他的著作特别是在《论犹太人问题》中曾多次使用过"市民社会"的概念，只是在马克思的理解中，"市民社会"主要指资本主义社会。但马克思也并没有说在其他社会形态中就不存在市民社会，或许这样说更妥切：马克思所讨论的主要是资本主义的市民社会。

　　同样，市民社会也是或者应当是现代中国社会的重要构成。尽管学术界在关于中国近代以来是否存在市民社会、中国市民社会的特质及其对中国社会现代化的影响等方面观点不一，可以肯定的是：市民社会的合理建构是中国社会现代化必须作出的努力；现代中国社会发生的重大变革或社会转型的重要表现之一，就是市民社会的发展。前者是价值判断，后者是事实判断。或许人们可以将存于家庭与国家之间的社会领域不称之为市民社会①，但可以肯定，在市场经济以及上述诸多前提下生长起来的新的社会构成，这些新构成的社会功能总具有与"市民社会"相类似的性质。

　　在家—国一体、由家及国的中国传统社会结构和传统伦理精神的体系中，家—国之间的环节，即一般意义上的所谓"社会"或现代意义的"市民社会"，在范式化的社会结构中并不存在。家庭、家庭伦理在传统社会、传统伦理中的本位的和范型的地位，使西方意义上的市民社会的伦理精神被家庭即自然社会的伦理精神所含摄，所谓"老吾老"便可以"以及人之老"，"幼吾幼"便可以"以及人之幼"。家庭伦理与国家伦理之间的中介不是社会伦理的运作，而是家族伦理的外推和扩充。由于家族体系的巨大和坚韧，在一定意义上可以说，中国传统社会的结构中只有自然社会和政治社会，没有市民社会。于是，伦理与社会的生态，就是伦理与家庭、伦理与国家所形成的自然社会和政治社会直接贯通的伦理生态。对此，黑格尔曾指出："中国纯粹建筑在这一种道德的结合上，国家的特性便是客观的'家庭孝敬'。中国人把自己看作是属于他们家庭的，而同时又是国家的儿女。在家庭之内，他们不是人格，因为他们在里面生活的那个团结的单位，乃是血统关系和天然义务。在国家之内，他们一样缺少独立的人格；因为国家内大家长的关系最为显著，皇帝犹如严父，为政府的基础，治理国家的一切部门。"② 近现代中国社会发生的重大变革以及

---

　　① 注：在某些研究中，市民社会又被称为"民间社会"（台湾学术界）或"公共领域"（哈贝马斯）。

　　② 黑格尔：《历史哲学》，上海书店出版社1999年版，第127页。

由此导致的社会转型的重要表征，就是在家—国之间形成了新的社会领域。我们可以认为黑格尔所说的"自然社会（家庭）——市民社会——政治社会（国家）"的结构不是一种具有普遍真理性的模式，也应当认为中国的社会现代化与伦理现代化不必走西方式的道路，但无论如何，随着民主、法制、市场经济等一系列新的文明因子的成长，已经在家—国的两极之间形成了某种"既约束市民，也约束国家"的力量，已经出现了追求特殊利益并按某些共同规则活动的社会主体即市民，因而与黑格尔所说的"市民社会"相似的社会领域，在现代中国社会事实上已经存在也应当存在。随着社会结构的变化，伦理精神必须在新的社会生态中重新建构和确证自己的价值合理性。于是，就必须进行伦理—社会生态的深刻变革。变革的基本课题，就是市民社会的伦理精神与伦理—市民社会生态的合理建构。

（三）伦理—社会生态合理性的价值原理

伦理精神的社会合理性的核心，是伦理—社会生态合理性的价值原理。伦理—社会的生态合理性的价值原理包括两个方面：第一，使伦理与社会整合为有机生态的价值要素；第二，通过这些价值要素的生态整合和生态运作，达致伦理精神的社会合理性的价值原理。

什么是合理性？根据黑格尔的观点，合理性应当是普遍性与特殊性、客观性和主观性的辩证统一。[①] 伦理精神的社会合理性的价值原理，可以从理论合理性、实践合理性两个纬度考察。理论合理性必须解决两个难题：第一，伦理—社会关系的价值合理性的生态整合点与生态互动点；第二，伦理精神的社会合理性的逻辑法则。实践合理性同样必须解决两个难题：其一，自然社会、市民社会、政治社会中伦理精神的生态整合及其价值合理性的原理；其二，自然社会——市民社会——政治社会的辩证结构中，伦理精神的生态转换的价值合理性原理。由此，才有可能建构伦理—

---

① 黑格尔曾从抽象和具体两方面对合理性作过思辨性的阐述。"抽象地说，合理性一般是普遍性和单一性相互渗透的统一。具体地说，这里合理性按其内容是客观自由（即普遍的实体性意志）与主观自由（即个人知识和他追求特殊目的的意志）两者的统一；因此，合理性按其形式就是根据被思考的即普遍的规律和原则而规定自己的行动。"见黑格尔：《法哲学原理》，第254页。

社会的生态整合和生态合理性的价值原理。

伦理精神的社会合理性的价值生态，首先必须找到伦理—社会的生态整合点与生态互动点。如果把伦理精神的核心概念理解为"德"，把伦理精神的作用对象理解为"得"，那么，我认为，"德"与"得"就是连接伦理与社会以及建构伦理—社会生态的基本概念；"'德'—'得'相通"，就是伦理精神的社会合理性的生态整合点与生态互动点，或者说，是伦理精神的社会合理性的生态原理。"德"是伦理精神的核心概念。在自然社会的伦理实体即家庭中，伦理精神是自然统一的，但到市民社会中，随着家庭的解体，便出现众多个别性的人，"个别性的人，作为这种国家的市民来说，就是私人，他们都把本身利益作为自己的目的。"① 个别性的人的确证便是需要的多样性。市民的"需要"和"利益"在某种意义上可以称之为"得"。然而在市民社会中，个别性的人只是抽象的存在，只有在他人和普遍中才能获得自己的真实。于是，"得"的满足，不仅要透过他人和共同体的中介，而且要透过"德"的努力。② 在自然社会（家庭）中，"德"与"得"是自然相通或被当作自然相通的，但在市民社会中，"'德'—'得'相通"，就是人们努力追求和努力建构的价值原理。作为价值理想，"'德'—'得'相通"的价值原理及其合理性最后必须透过政治的努力，在政治社会才能获得现实性。"德"与"得"是否应该相通，是否能够相通，既是伦理精神的社会合理性的价值原理，也是伦理—社会生态合理性的重要尺度。

合理性在形式上表现为按法则和规律而行动。"'德'—'得'相通"的价值原理，体现为伦理精神的价值合理性的逻辑法则，就是善恶因果律。伦理以善恶评价为机制调节人的行为。善恶因果律建立起行为的善恶和人的需要的实现即"德"与"得"之间的因果链环，由此也建立起伦理价值与社会合理性之间的必然联系。作为伦理精神的社会合理性的逻辑法则，善恶因果律的现实运作，在使行为的善恶与行为主体的现实际

---

① 黑格尔：《法哲学原理》，第 201 页。

② "德"的努力的根据和意义是："由于特殊性必然以普遍性为其条件，所以整个市民社会是中介的基地；在这一基地上，一切癖性、一切禀赋、一切有关出生和幸运的偶然性都自由地活跃着；又在这一基地上一切激情的巨浪，涵涌澎湃，它们仅仅受到向它们放射光芒的理性的节制。受到普遍性限制的特殊性是衡量一切特殊性是否促进它的福利的惟一尺度。"见黑格尔：《法哲学原理》，第 197—198 页。

遇之间建立必然的因果关联的同时，也应当以此作为社会合理性的重要尺度。善恶因果律的道德法则，不仅要求个体在实现自身需要的满足过程中的行为合理性，而且追求社会在"德"的运作中的价值合理性；不仅是市民社会，而且也是政治社会中伦理精神的价值合理的实践法则，是伦理—社会的合理互动，是伦理精神的社会合理性必须努力建构的道德法则。

伦理精神以至善为价值目标。然而，一旦由自然社会进入市民社会，伦理的善就是自我与他人、自我与共同体的关系中的善，是各种需要冲突中的善。因此，至善的追求就有两种价值向度，至善的追求也有两种结果：个体至善和社会至善。两种至善都是伦理精神运作的结果，但其中无论哪一种至善都不能自我确证伦理精神的价值合理性，也不能建构伦理—社会生态的现实合理性。伦理精神的价值合理性、至善的真实合理性，存在于个体至善—社会至善的辩证互动中。个体至善与社会至善的价值互动，既是个体伦理精神，也是自然社会的伦理精神，同时还是自然社会向市民社会生态转换的伦理精神的实践合理性的基本价值原理。

市民社会中的伦理精神及其向政治社会生态转换的价值合理性的现实体现，是人的行为的正当性和社会秩序的合理性。行为正当性和秩序合理性的核心，是法律与伦理的生态整合与生态互动的合理性。在市民社会中，法律是人的需要以及满足这些需要的行为的普遍性形式，也是社会秩序的客观表现，伦理精神必须透过法律和制度、透过法律制度所建构的社会秩序才能获得现实合理性。在伦理—法律的生态互动中，伦理精神的社会合理性，一方面表现为"必须"的秩序效力；另一方面表现为"应当"的价值效力。前者是伦理效力的社会现实性，后者是伦理效力的社会合理性。于是，伦理—法律的生态互动、"必须"与"应当"的辩证整合，便是市民社会中伦理精神的价值合理性建构的基本原理。

市民社会本质上是与政治社会即国家一体化的结构。伦理与法律的生态互动，"必须"与"应当"的辩证整合，已经使市民社会的伦理精神与政治社会的伦理精神相连接。伦理精神的社会合理性，必须透过国家的政治秩序和政治制度才能得到真正实现。政治社会中的伦理精神的价值合理性，表现为政治秩序的伦理合理性与政治制度的伦理合理性。企图只通过伦理的努力实现政治秩序和政治制度的价值合理性，当然是一种乌托邦式的幻想，然而政治秩序和政治制度的合理性，无论如何需要透过伦理的努力，需要透过伦理—政治的整合互动。政治社会中伦理精神的生态合理性的核心，是伦理精神的政治品质。在现代伦理精神的合理性价值建构中，这些合理性品质突出表现为两个方面：合理的秩序理性和合理的民主品质。

这样，"'德'—'得'相通"——善恶因果律——个体至善与社会至善的价值互动——"必须"与"应当"的辩证整合——秩序理性与民主品质，就是伦理精神的社会合理性的价值原理。其中，"'德'与'得'相通"、善恶因果律，是伦理精神的理论合理的价值原理或伦理——社会的合理性价值原理的理论模型；个体至善与社会至善的价值互动、"必须"与"应当"的辩证整合、秩序理性与民主品质，是伦理—社会生态的实践合理性的基本要素。个体至善与社会至善的价值互动，是个体伦理精神、自然社会的伦理精神及其向市民社会的伦理精神生态转换的合理性价值原理；"必须"与"应当"的辩证整合，是市民社会的伦理精神，及其向政治社会的伦理精神生态转换的合理性价值原理；秩序理性与民主品质，是政治社会的伦理精神的合理性价值原理。五方面的辩证整合，既可以当作整体意义上的伦理精神的社会合理性的价值生态，也是在辩证结构意义上，即自然社会—市民社会—政治社会有机统一的意义上，伦理精神的社会合理性的价值生态。

十五 伦理精神社会合理性的生态原理:"'德'—'得'相通"

(一) 文明的难题

人类文明进展到 21 世纪,伦理精神已经发育得相当成熟了,乃至它不仅成为文化体系中的独立结构,也成为人的精神与社会生活中的相对独立的小宇宙。在文明体系中,伦理是独特的分工角色,建构的是独特的精神世界。这种精神世界愈是成熟,似乎就愈是远离尘俗,愈是获得"神圣"的光环。中国传统文化就一直致力于建构这样一个神而圣的伦理世界与道德宇宙。市场经济一声鸣叫,把人们从神圣的道德宇宙驱赶到人欲可见的世俗世界。而当伦理的大厦倾斜,道德的皇冠被打落在地之际,不可避免的局面就是本能的伸展与人欲的扩张。于是,人们在感受到"德"的失落的同时,也产生了对"得"的无奈。

不错,道德建立的是一个神圣的世界。然而,神圣世界的建立是为解决世俗世界的难题。宗教如此,伦理也是如此。当人们热衷于构建伦理精神的大厦时,往往忘记究诘这样的问题:我们为什么需要"德"?文明为什么要造就"德"?伦理的回答是:"德"的建构,就是为了解决"得"的矛盾。

"得"与"德",是内在于人类文明的文化矛盾。要生存就必须生活,要生活就必须具备物质资料。每个人都要获得生活的物质资料,这就是所谓"利"或"得"。不过,一旦人类由"文"而"明",就发现了植根于本能的"得"的局限,于是便产生对于"德"的追求,也就开始了建筑"德"的大厦的历程。由此,在个体精神、文化体系以及社会生活中,人的世界就被一分为二，分解为世俗世界与意义世界，即"德"的世界与"得"的世界。也正是从这里始，如何建立"德"的大厦，如何处理"得"与"德"的关系，就成为人类文明永恒的文化难题。

从抽象的道德观点看，"德"就是"德"，把"德"与"得"相联，会失却"德"的神圣光环，乃至玷污"德"的神圣本性。然而顺此逻辑，道德会偏离自己原初的轨道，也会失去干预社会生活的文化功能。在文化设计中，"德"扬弃"得"，同时又实现"得"。在文化设计的最初原理上，与其说"德"是"得"的限制，倒不如说"德"是"得"的需要。在文明演进的过程中，人类智慧的相当部分被用于建构道德世界，用于处理"得"与"德"的矛盾。

"德"、"得"与"德"的关系，是人类文明的基本难题。

（二）"德"—"得"互动与伦理合理性

[a. "德"的潜在与自在]　　"德"是伦理精神的核心概念之一。作为人的主体性的特殊显现，"德"是个体道德与社会伦理的潜在状态。个体的道德信念、道德选择、道德行为直接依赖于"德"的主体性运作，在这个意义上，"德"被当作个体内在的道德自我的概念。当然，即使在个体内在的道德自我建构过程中，"德"也不是一种前提性的存在，在相当程度上，它只是一种结果，用《大学》中关于道德生长过程的理论，"德"是"格物"、"致知"、"诚意"、"正心"、"修身"的结果。在社会伦理的意义上，"德"同样是伦理的潜在状态。虽然伦理与道德在作用主体与作用对象方面有所区别，但伦理的造就与维系，伦理的运作，不仅以作为伦理关系单元的个体德性为前提，也必须建立在对道德主体的德性期待与德性尊重的基础之上。伦理与道德的出发点是"德"，运作的主体是"德"，致力造就的也是这种"德"。

在文化价值体系中，"德"是一个涵义十分宽泛的概念。最基本的内涵是作为社会伦理与个体道德潜在形态的"德性"；德性显现为个体的行为品质以及社会的文化品质，即所谓"品德"；见诸于个体与社会的行为，构成"德行"。在"德"的概念体系中，"德性"是"德"的潜在状态，即人性本体状态；"品质"是"德"的自在状态，即道德自我状态；"德行"是"德"的自为状态，即"德""得"矛盾的扬弃与复归状态。

"德"是人类文明在处理"得"的矛盾中的一种价值努力,因而从根本上说,"德"内在于"得","得"构成"德"存在的根据。因此,在"德"的价值结构中,"德"的地位如何,"德"对待"得"的文化态度与文化信念如何,直接影响"德"的文化品性。所以,"德"作为伦理道德努力所达到的主观目标,本质与本性不在其抽象的存在中,而在于"德"与"得"的矛盾中。正是"德"与"得"的矛盾,使"德"成为一个开放的、富有活力与张力的文化价值系统。"得"的状态、"得"的水平、内容、形式不同,形成不同的"德"的取向、原理与价值努力。"德"的使命是要透过价值的努力扬弃"得"的矛盾,但这种在文化价值意义上提升"得"、升华"得",以"德"获"得"的努力,最后却以"得"的存在为依据。所以,"德"的本性,既不存在于抽象的"德"中,也不存在于世俗的"得"中,而是存在于"德"与"得"的关系,存在于"德"和"得"的辩证互动中。

[b. 德性与人性]　在中国传统伦理中,德性与人性实在是一个二而一、一而二的问题。中国伦理并不把人作为自然存在的全部属性都认定为人性,而认为只有那些人之所以"异于"即"贵于"禽兽者的特性才有资格称作人性。在人身上,人性是"大体",动物性只是"小体"。在这个意义上,人性就等于德性,当然也就天生是善的。这种思路,与其说是文化的认知,不如说是文化的信念。它把伦理道德建立在对人性的信任、尊重与期待的基础上,在伦理体系与价值体系中,只是解决了德性的可能性问题,并没有解决德性的必要性问题。因为既然人性天生就是善的,人性等同于德性,那么,德性的养成及伦理道德的造就,只须"求诸己",修身养性即可为圣人。于是,在人性与德性、伦理道德的人性假设与现实的伦理道德状况、伦理道德努力之间,就缺少必要的张力。这是隐藏于传统伦理的深刻矛盾。正因为这种文化设计,正因为文化设计原理中这种矛盾的存在,中国传统伦理很难成为一种改造社会的力量,只能是独善其身、造就圣人的"麦加"。传统伦理在其演进的历程中也发现这种显而易见的矛盾,所以,伦理史上有所谓性善与性恶之争。但性恶论并非真的以为人性是完全的恶,完全恶的人性因其不可造就,道德事实上也就不可能。指出性恶旨在说明道德的必要,也说明道德的伟大,它反衬出人的道德的力量所在,因为它能使人"化性起伪",从恶的本性中造就出作为善的人格化身的圣人君子。在这个意义上,性恶的假设比性善的假设赋予伦

理以更大的文化张力。然而，"恶"的假设在逻辑与现实中只是解决了伦理道德的必要性问题，它难以解决另一个对伦理来说更为重要的课题，即伦理道德的可能性问题。虽然荀子以其严密的逻辑论证了"化性起伪"，但在现实中无论如何难以解决在"恶"的现实中到底如何"化性"，如何"起伪"的问题，所以最后只能主张极端的法治。由此就可以理解荀子这样的大儒，自己的得意门生为何最后却是法家。而当伦理的结论最后是主张极端的法治时，实际上就承认了伦理对社会的无力与无奈，也就等于否定了伦理。这就是潜在于性恶论之内的文化矛盾。

这样，性善肯定了人性，但又未能赋予伦理以必要的张力，因为当它赋予人性以完全的德性即完全的道德可能时，留给伦理道德的努力，就是如何使人性中的这种可能性向现实性转化，德性如何由潜在向自在转化。于是，社会伦理与个体道德就不是一种"实现"，而只是一种"呈现"。这种以肯定现存社会为前提，基于对人性的先验至善的本性确认为基础的伦理，最后当然既不能成为一种改造社会的力量，甚至也不能成为改造人性的力量。在这样的伦理预设中，善的人性只是一种潜在，所以要"养"，要"培养"，经过德性的修炼，最后才能至大至刚。

中国传统人性论的最后成熟，是建立起性善性恶的二元人性假设，这就是二程、朱熹的所谓"天命之性"与"气质之性"的二元人性。在善与恶并存的人性预设中，伦理才既有可能，又有必要，同时也具有必要的张力。但是，宋明理学的人性论并未像二程所指出的那样，真的最后解决了历史上横贯几千年的人性争论，因为它归根到底也还只是一种抽象的人性论。

[c. 德性与理性] 当承认"德"与"得"的关系构成德性的内在矛盾与内在张力时，实际上就提出道德和利益、德性和功利的关系问题。人性之中，德性之内，伦理道德的可能性与必要性，德性的张力，并不取决于抽象的"德"，也不取决于本能的"得"，而是取决于"德"与"得"之间的平衡，取决于对二者之间关系的调节与处理。于是，西方伦理在"德"的价值性与"得"的功利性之间，提供一种重要的标准与机制：理性。德性的理性，就是用来处理"德"与"得"之间矛盾的机制。

以理性诠释德性，是西方文化的传统。在《德性之后》一书中，麦金太尔考察了西方伦理史上的三种对德性的理解：一是以荷马史诗为代表的理解，认为德性是一种能使个人负起他或她的社会角色的品质；二是以亚里士多德、《新约》和阿奎那为代表的理解，认为德性是一种使个人能够接近实现人的特有目的的品质，不论这种品质是自然的，还是超自然的；三是以富兰克林为代表的理解，认为德性是一种获得尘世和天堂成功方面功用性的品质。"在荷马的德性观中，德性的概念从属于社会角色的概念，在亚里士多德的德性观中，德性概念从属于内含着人的行为目的的好的（善）生活的概念，在富兰克林的这个较晚出得多的德性观中，德性概念从属于功利概念。"① 麦金太尔认同亚里士多德，不太同意富兰克林的观点。麦金太尔从德性与实践的关系、德性与个人生活整体的关系、德性与传统的关系三方面把握德性的本质，认为，实践是德性的基本要素，人们在德性实践的过程中获得最重要的成果是"内在利益"即行为的卓越和"好的生活"。"德性是一种获得性人类品质，这种德性的拥有和践行，使我们能够获得实践的内在利益，缺乏这种德性，就无从获得这些利益。"② 人的德性，应当在不同的场合中表现出来，但人作为德性的整体，惟有从他的生活整体特征中才可以体现出来。个人与历史的关联是通过传统实现的，而把历史关联条件提供给个体和维持实践传统的是德性，道德存在于持续着的传统中，传统的维持就是德性的维持，同时，德性的维持也维持着传统。麦金太尔认为，在现代社会，德性已沦为实现"外在利益"即功利的工具，而不是追求"内在的利益"。不过，他无论如何难以解释"外在利益"与"内在利益"的根本区别。事实上，"内在利益"与"外在利益"是紧密关联的，二者构成作为"德"的内容与对象的"得"的完整内涵，在中国传统伦理的"内圣外王"、"因果报应"中，我们发现了这两方面的统一。

德性的存在根据当然在于其价值。在《德性之后》中，麦金太尔提出了一个关联着人类生存的严肃问题：如果德性对于人类来说没有价值，那么意味着什么？这只能意味着人类处于"黑暗时期"。他认为，20世纪的西方社会，也正是处于这样的黑暗时期。德性与价值的关系，包含两方面的内容：一是德性是否成为人们的一种需要，就是说，德性对人、对人的生活来说，有没有价值？二是德性对人、对人的生活，具有什么样的价值？前一个方面的问题容易得到解决，后一个方面则体现出各种伦理、各

① A. 麦金太尔：《德性之后》，中国社会科学出版社，1995年版，第236页。
② 同上书，第241页。

种文化的特殊品性。在麦金太尔的理解中，"德性"被分解为两种"得"：对品质的"得"；对"内在利益"的"得"。这种理解事实上与中国传统伦理"德者，得也"的命题中对"德"的诠释相契合。从老子的本意与中国文化中"德"的起源看，"德"同样被分解为两种"得：一是对"道"的"得"，即"得道"，分享、获得社会的伦理的"道"，"内得于己"，"外施于人"，由此产生某些"获得性的品质"；二是"得于人"、"得天下"的"得"，是"实践"中的"得"。当然，这两种"得"也可视为"内在利益"的"得"，因为，"得于人"、"得人"、"得人心"，显然是"内在的得"，而"得天下"如果不是"内在的得"，按照中国文化的解释，当然也无法"真得"、"长得"。于是，在中西方文化的理解中，"德"便同时具有两种价值：目的价值与工具价值。目的价值是基本价值，而工具价值无论如何也难以否认与排除，麦金太尔试图在理论上加以排除，可在最后的结论中事实上又承认了它的存在。

[d. "得"的伦理逻辑] 与"德"相比，"得"具有直接的世俗性。然而，"得"之现实与合理实现，应当也必须遵循伦理的逻辑。

毋庸讳言，伦理作为一种文明要素存在的最有解释力的根据是人的本能冲动。在一定意义上可以说，追求自然需要满足的本能冲动不仅是人生存的必须，也是现有一切成果的根源。正如罗素所指出的，人类要不失本色地生存下去，就必须保持冲动，否则，生命就会枯竭。问题在于，第一，本能冲动往往是盲目的、固执的、甚至是疯狂的，它会给人自身带来痛苦，也会使世界蒙受灾难；第二，在社会生活中，人的本能冲动和对自然需要满足的追求是相互冲突的，激烈的冲突不仅使冲动难以实现，甚至会消灭人自身。解决这些问题的伦理出路在于使冲动符合道德的规则。道德规则既肯定人的自然冲动，又给自然冲动以价值的导向，同时还赋予追求自然需要满足的活动以伦理智慧。"伦理学和道德原则之所以必要就在于理智与冲动之间的冲突。假如人只有理智，或只有冲动，都不会有伦理学的地位。"① 以道德价值与伦理智慧为基本内涵的伦理原理，就是使人

---

① 罗素：《伦理学与政治学中的人类社会》，肖巍译，中国社会科学出版社1992年版，第29页。罗素对道德与人的欲望冲突之间的关系也进行了探讨，指出："道德的实际需要是从欲望的冲突中产生的，不管它们是不同的人之间，还是同一个人在不同时期，甚至在同一时期的欲望。"见罗素：《为什么我不是基督教徒》，商务印书馆1982年版，第57页。转引自《伦理学与政治学中的人类社会》，第6页。

的冲动具有价值合理性与伦理现实性的社会逻辑，这种社会逻辑的核心就是“德”与“得”的辩证互动。伦理的善总与人们的冲动相联系，是人性之中冲动与价值、“德”与“得”的一种平衡。“一种可以使人们幸福生活的伦理学必须在冲动和控制两极之间找到中点。”①

伦理精神必须有其合理性与现实效力。合理性的价值根据是对“德”的追求，现实效力的世俗基础是对“得”的假设与承诺。宗教的权威性，不在于它的神圣性，而在于其世俗的力量。人为什么要遵从上帝的意志？“有一种简单的回答：‘上帝是万能的，如果你不服从他的意志，他将惩罚你。相反，如果你服从了他，你可以进入天堂。’”② 显然，如果没有“天堂”与“地狱”，宗教就难以发挥如此巨大的威力。伦理的权威性也是如此。引导人们成圣与引导成神一样，没有世俗的动力是难以运作的。这种世俗的动力，就是“得”的愿望及其冲动。制裁是伦理获得现实效力的否定性形式。制裁是为了达致更多的善，这种善在罗素那里被理解为满足之间的和谐，③ 其着力点是麦金太尔所说的人的“内在的”或“外在的”利益。所以，无论是伦理权威还是伦理制裁，“德”的追求与维护，都必须透过对“得”的肯定与否定，在这里，“德”与“得”已经很难作目的与手段的分辨。

人们也许会作出这样的批评：“‘德’—‘得’相通”玷污了伦理的神圣性，因为它使“何必曰利，仁义而已”的崇高的“德”，沦落为世俗的充满功利色彩的“得”。这种批评当然有一定根据。从“纯粹伦理”的角度考察，“‘德’—‘得’相通”彰显出伦理的双重价值，即目的价值与工具价值，后者似乎潜在着与西方功利主义伦理学“同流合污”的危险。然而，且不说工具价值是否应当是伦理的本性，也不说从伦理的工具价值中可以找到伦理在市场社会的切入点，可以使伦理更有效有力地干预现实生活，一个显而易见的事实是：“‘德’—‘得’相通”在憧憬一种“镜花缘”式伦理理想的同时，更提出社会合理性或社会公正的要求，二者之中，后一方面更能体现这一伦理原理的实质。

---

① 罗素：《伦理学与政治学中的人类社会》，第30页。
② 同上书，第126页。
③ 罗素认为，“道德学家和政治学家的目的应当是尽可能地带来个人与普遍满足之间的和谐，以便由一个人追求自我满足所促进的行为同样可能是给其他人带来满足的行为。”见罗素：《伦理学与政治学中的人类社会》，第151页。

（三）中国伦理精神的价值原理

　　[a. 传统伦理精神的价值真谛]　中国伦理精神的价值原理是什么？或者说，中国伦理的精神的真谛是什么？就是："'德'—'得'相通"。

　　如果不只把道德作为一种行为规范，同时也作为一种深邃的人文智慧，那么，具有象形和表意功能的中国文字，就可以帮助我们解开"德"的文化设计的最初秘密。根据美国学者唐纳德·J.蒙罗的考察，中国文化中的"德"最初是宗教生活的概念，西周以后随着人们对道德的觉悟，才移植到道德生活中，用以表示君主与人民之间通过精神活动所表现出的某种互动关系。①从词源学上考证，"德"在甲骨文中的最基本的意思是"看"、"直视"（"十"和倒着写的"目"就是"看"的象形）；这种"看"是一种精神活动（"心"）；而"彳"则说明它具有行为的意义。所以，闻一多先生把"德"的"看"的意思解释为"行视"。②但即使在宗教的意义上，"德"在周代已经比在商代具有了不同的意义。在周代，"德"主要是向部落祖先或神讨教该做什么，即所谓"神命准则"，以得到神的庇护。而在周代的宗教活动中，"德"明显地具有要求神对"德"作出回报的内容。与周代的政治生活相联系，"德"便获得了一个引申义。

　　于是，"德"在辞源上就具有两个意思。"一个是取自商代的宗教方面（'请教'、'献祭'），另一个是'德'在周代获得的引申义：施恩于人、得人心与忠诚。"③把西周早期的新的政治内容加到"德"的基本宗教意义上，构成后来《说文解字》对"德"的"外德于人，内德于己"的解释。④唐纳德认为，"强调回报德这一意义的比较简单的解释，也许

---

　　① 唐纳德认为，"'德'这个词表示对天所命令的准则的一贯态度，在理想德的事例中，这一态度在遵从准则的惯常行动中显现自身。这个态度用以建立个人与天的交往；因此，'德'在本质上是宗教性的。最后，在周代，'德'发展出一个引申义，即指君主的恩赐（简单说来即'仁'）。因为据信，这个行为与一个主要的天命相一致。这个意义上的'德'会自行在人民心中产生慈爱与忠诚，并会把人民吸引到实行'德'的人的周围。"见唐纳德·J.蒙罗：《早期中国"人"的观念》，庄国雄等译，上海古籍出版社1994年版，第189页。
　　② 参见唐纳德·J.蒙罗《早期中国"人"的观念》，第191页。
　　③ 唐纳德·J.蒙罗：《早期中国"人"的观念》，第196页。
　　④ "内德于己，谓身心所自得也；外德于人，谓惠泽使人得之也。"见《说文解字》注。

比较准确。德的一个关键含义是要人们形成效忠报恩的品德。"① 从施恩于他人、净化自身的意义上说，"德"可以被看作纯粹的善。然而从获得他人的效忠和回报，有"德"的人必须具有报恩的品质的意义上说，"德"又是"得"。所以，从一开始，"德"就含有"得"之意，即"从某人关爱的对象得到感情与服从的回报，并从天得到恩惠。"② "在这两个字被混同使用的某些例子中，'德'的意思是'得到'自身——防止过分卷入外界事物的危险之中，或保持自身的'善'。另一个例子指的是'得到'人民的忠诚或奉献，同时还有一个例子提到'得到'恰当的统治方法。"③ "德"在源头上含有"得"的意思并与"得"相通的文化基因，在西周以后中国伦理精神的孕育生长中得到展开。

如果走出辞源的考证，进行意义的分析，那么，中国伦理精神关于"德""得"关系的价值原理的最悠远的源头就存在于古神话之中，"'德'—'得'相通"最初的、也是对人的生活影响最深刻、最持久的实践原理，就是所谓"善恶报应"。正如许多学者所发现的，中国文化具有早熟的特点，当其他民族还沉浸于朦胧的想象中的时候，中国人已经在探讨政治与社会行为的因果关系了。与古希腊神话相比，中国古神话有两个重要的特点，一是崇德不崇力；二是信天命而非命运。这两个特点的深层精神取向就是推崇道德的力量、德性的力量，同时也强调行为的道德责任，强调人的行为的道德因果律。善恶报应是中国古神话的主格调，即使最富有浪漫色彩的"嫦娥奔月"也体现了善恶报应的主题。嫦娥本可以得道升天，惟因其出于一念的自私心理，独自饮下西王母赐给的长生不老之药，弃下射九日的丈夫后羿于不顾，升入广寒宫后才由一个美丽的仙子变成一只癞蛤蟆。这种与宗教情感浑然一体的原初的道德信念，成为日后中国文化精神的有机构成，是中国伦理精神最为重要的基因，并在习俗的层面上维系着中国人的道德生活，以后中国伦理精神的生长发育就是它的自觉化与理论化。④

"善恶报应"的文化基因，在中国最初的文化作品《周易》中第一次

---

① 唐纳德·J. 蒙罗：《早期中国"人"的观念》，第197页。

② 同上书，第106页。

③ 同上书，第107页。

④ 关于中国古神话中的善恶报应，详见拙著《中国伦理精神的历史建构》，江苏人民出版社1992年版，第67—68页。

得到理论的表述。坤·象说，"地势坤，君子以厚德载物。"它表面上是说君子的德性，实际上揭示了一个十分重要的文化原理。这里，"厚德载物"有两层意思：一说"载物"必须以"厚德"为前提；二说"厚德"是为了"载物"。前者是德性主义，后者是道德实用主义或道德实效主义。而"厚德载物"主要靠自己的努力，所以要"自强不息"。"天行健，君子以自强不息。"

中国自觉的道德意识萌生于殷周之际。周以前，人们还为天命的朦胧意识所环绕，周以小邦取代商这个大邦的事实，使人们意识到，天命不是恒定不变的，"天命靡常"；分享、获得天命是有条件的，这就是"德"。殷商的统治者没有"德"，失去了"天命"，；周有"德"，获得了"天命"，因而要"以德配天"。可见，周人尚"德"，一方面是对天命的怀疑；另一方面是意识到道德修养的必要性，是对道德力量的认识。这一事实不仅是政治策略的需要，而且也是真正意识到"德"的重要性。在西周的文字中，"德"与"得"是相通的，"德"就是"得人"，就是获得统治，有"德"就能获得统治。

第一个点明"德"的实质的是老子。在《道德经》中，老子从哲学本体论的高度，明确揭示："德者，得也。"虽然他的"道"与"德"的范畴是讲宇宙生成的原理及其最后的本体，然而由于他把人和社会都当成宇宙的摹本，其根本原理是一致的，因而"德者，得也"的命题恰恰给道德以本体论上的诠释。在这里，"得"有两层含义：一是"得道"，它是就"道"与"德"的关系而言的。个体分享、获得了"道"，内得于己，便凝结为自己的德性。二是"得天下"、"得于人"之意。它是"德"在世俗功用层面上的内涵，也是"德"的最现实的本质，这就是后来"德化"、"德治"的本意。两个方面结合，便形成中国"道德"理念的完整内涵。前者是德性主义的，后者是道德实用主义的。由此，"'德'—'得'相通"的伦理精神取向与道德生活原理便被自觉地表述出来。

先秦以后，"'德'—'得'相通"的理论模式被经典儒家表述为"内圣外王"之道。"内圣外王"被称为中国文化、中国伦理的精髓，而"内圣外王"之道，就是"德"—"得"相通之道。"内圣"是"德"；"外王"是"得"。这种"内圣外王"之道内在地包含着以下几方面的原理："外王"必须"内圣"；"内圣"为了"外王"；"外王"是"内圣"

的目标;"内圣"是"外王"的条件。"内圣外王"之道的具体展开,就是"三纲八目"的"大学之道"。在格物、致知、正心、诚意、修身、齐家、治国、平天下的"八条目"中,"修身"以前是内圣的功夫,"修身"以后是"外王"的功效;前者是德性修养,后者是自我的完善与实现。在中国伦理精神的发展中,"内圣外王"之道始终包含了"德"与"得"的矛盾。当这种"外王"是道德上的圣人时,"德"、"得"是一致的;当这种"外王"是政治上的"王"即君王时,"内圣外王"之道就包含了两个完全不同的逻辑路向:一是王者:必须"为圣;二是王者"必然"为圣。前者是以"圣"为"王"的必要条件,强调道德对自我实现的意义,强调政治的道德基础与道德价值;后者便是用道德作为政治的粉饰与装饰,为政治统治的神圣性作论证。在这里,"德"既是手段,又是目的。作为手段,它是为了实现"得";作为目的,它与"得"殊途同归,融为一体。两方面就这样既统一又矛盾地相互融摄着,构成中国伦理精神的特殊旨趣。

在中国伦理学说的发展史上,"德"、"得"关系的学理表述就是"义""利"关系。"德"者"义"也,"得"者"利"也。义利关系体现了中国伦理特殊的价值取向。学术界一般认为,中国伦理的基本价值取向是重义轻利,孔子言:"君子喻以义,小人喻以利。"① "子罕言利。"② 孟子曰:"何必曰利,亦有仁义而已矣。"③ 到董仲舒更是提倡"正其义而不谋其利,明其道而不计其功。"然而,这些命题并不能全面体现传统伦理价值取向的真谛。孔孟的义利论确实具有道义论的倾向,但往往也具有因时而发,就事论事的特点。且在先秦伦理中,并不只有孔孟的道义主义,还有墨家、法家的功利主义。实际上,中国伦理精神的特点,是在"利"中强调"义"的价值,即强调"利"的道德价值,反对离"义"而谋"利",认为"义""利"不可分。墨家就认为,"义,利也。"④ 荀子则主张先义后利,以"义"制"利"。"巨之用者,先义而后利;小用之者,先利而后义。"⑤ 到宋明理学,"义利合一"的取向更加明显。宋明

① 《论语·里仁》。
② 《论语·子罕》。
③ 《孟子·梁惠王》。
④ 《墨子·经上》。
⑤ 《荀子·王霸》。

理学特别强调义利之分，朱熹就指出，"义利之说，乃儒者第一义。"① 他把义利问题与天理人欲、公私问题相提并论，认为"古圣言治，必以仁义为先，而不以功利为急。"② 并把"正其义而利自在，明其道而功自在"作为自己的学规。但值得特别注意的是，他并不是绝对地不要功利，而是要将"利"纳入"义"的轨道，以"义"求"利"，其根本原理是："正其义而利自在，明其道而功自在，专去计较利害，定未必有利，未必有功。"③ 因而得出了"利在义中"、"义中有利"的结论。这种义利观，与"德者，得也"的价值取向是完全一致的。

可见，"德者，得也"是中国伦理精神的真谛之所在，中国伦理、中国道德就是以此为元点而生长发展的。在中国文化中，伦理是"人理"，道德是"得道"。道德的根本不是游离于"得"，而是在处理现实利益关系中获得现实性；道德的真谛不是不要"得"，而是如何用符合"道"的方式"得"。故如何处理"德"与"得"的关系，成为伦理必须解决的基本课题。"'德'—'得'相通"的精神取向在前道德意识阶段体现为"以德配天"；在文化信念和习俗形式上表现为"善恶报应"；在实现步骤上表现为"内圣外王"；在哲学形态上表述为"义利合一"。可以说，中国传统伦理精神就是"德""得"相通、"德""得"合一的精神。

"'德'—'得'相通"的伦理精神，在逻辑与历史上展开为丰富多样的结构性内涵。第一，"得"必须"德"，"得"应当"德"。就是说，应当以"德"说"得"，以"德"谋"得"，以"德"作为"得"的原则和规范，以"德"的方式"得"。这是中国伦理精神的精华。第二，"德"为了"得"。就是说，"德"以"得"为目标和价值取向，而"德"只是"得"的手段和途径。以上两点的结合，形成中国特色的德治主义、内圣外王之道。第三，"德"必然"得"。这是中国特有的道德信念，如前所述，其世俗表现就是报应的观念，所谓"得人心者得天下"；"多行不义必自毙"。第四，"德"就是"得"。它以"德"作为惟一的目的，形成为"德"而"德"，即为道德而道德的泛道德主义、道德至上主义。第五，"得"就是"德"。这种逻辑在原初的"德""得"观念中已经蕴

① 《与延平李先生书》，《朱文公文集》卷二四。
② 《晦庵文集》卷七五。
③ 《朱子语类》卷六八。

藏，当它被统治阶级利用后就成为政治统治的工具。五个方面的结合，形成中国伦理精神的多样性与复杂性。理解中国伦理精神，就必须从"德""得"关系追根溯源，求得本源的解析，由此发现中国伦理精神现代建构的根源动力与源头活水。

　　[b. 传统伦理精神的逻辑结构与历史建构] 以"'德'—'得'相通"的伦理精神为核心，中国文化建构起特殊的精神体系，进行了传统伦理精神自身的历史建构。可以说，传统伦理精神的逻辑结构，就是"'德'—'得'相通"的结构；传统伦理精神的历史建构，在逻辑体系上就是"'德'—'得'相通"的伦理精神建构的历史过程。

　　中国伦理精神具有自己的特殊韵味和特殊本质。在中国文化中，"伦理"就是"人理"，是人与人相处的原理；"道德"就是"人道"，是为人的道理。然而由于它们在中国社会中对社会关系与社会生活的设计、组织、结构功能，"伦理"不仅是"为人之理"、"待人之理"，而且是"治人之理"；同样，"道德"也不仅是"为人之道"、"待人之道"，而且是"治人之道"。为人之理、待人之理、治人之理；为人之道、待人之道、治人之道，三方面的有机统一，形成中国伦理精神的特殊的结构体系。其中，"为人"、"待人"可以说是"德"的结构，而"治人"则是"得"的结构。

　　以"伦理人"为为人之道，以"忠恕"为待人之道，以"德化"为治人之道，以"中庸"为最高境界和整体形态，中国传统伦理形成了"'德'—'得'相通"的浑然一体的伦理精神结构。其中，"伦理人"可视为个体"德"的建构与人格特性；"忠恕"是"德"的目的价值的体现，"德化"在相当程度上则是"德"的工具价值的体现，二者的结合，形成比较完整的"得"的逻辑和"得"的精神；而"中庸"是"德"与"得"的最佳状态和最高境界，是"'德'—'得'相通"所形成的伦理精神体系。①

　　"'德'—'得'相通"，不仅是儒家伦理精神的结构，而且也是整个传统伦理精神的结构，可以说，中国传统伦理精神就是以此为根本原理和价值结构建构起来的。

---

　　① 关于中国传统伦理精神的结构体系，参见拙著《中国伦理精神的历史建构》，台湾五南图书出版公司1995年版，第203—232页；江苏人民出版社1992年版，第205—234页。

　　众所周知，中国文化精神的主干由儒家、道家、佛家构成。中国文化是一种伦理型文化，因而在系统结构上，传统文化的结构与传统伦理精神的结构是同一的。在理论形态中，中国传统伦理精神的基本结构由儒家伦理精神、道家伦理精神、佛家伦理精神构成。在原初的文化中，"'德'—'得'相通"与善恶报应一样，只是一种道德的信念与文化原理的设定，在现实伦理生活中，当它展现为自觉的伦理理论时，必然有许多课题需要解决，或者说必然碰到许多矛盾。

　　我们发现，在中国伦理史上，当诞生了儒家伦理精神的同时，就诞生了道家的伦理精神，儒家伦理精神与道家伦理精神是中国伦理精神的双胞胎；经过漫长的生长后又引进、孕育了佛家伦理精神，三者都是由"'德'—'得'相通"的伦理文化的源头孕生出来的中国伦理的有机体系的不可缺少的结构。儒家德性以家族为本位、情感为本体、整体秩序为价值取向，在精神性格上表现为道德性的进取，修身养性，自强不息，最终达到至善的境界，实现自我完善。然而这种道德的进取包含了许多内在的矛盾：一是"性"与"命"即德性与命运的矛盾；二是整体与个体的矛盾；三是个体之中灵与肉，即生理欲求与道德意识的矛盾；四是入世与超脱的矛盾。四种矛盾，一言以蔽之，就是"德"与"得"的矛盾。道家伦理精神是中国伦理文化内部产生的克服自身矛盾的必然结构与机制。它以自然无为、消极个人主义、宿命论为精神要素，以及避世、玩世的行为方式，克服儒家德性的内在矛盾，向人们提供一套人生智慧。然而，这一结构具有现实上的消极性与理论上的不彻底性，其直接的社会效应是社会责任感、义务感的匮乏，最终只能成为随波逐流的庸人。道家伦理精神从本质上说只是个体解脱或超脱的机制，而不是人格超越的机制。佛教，确切地说，中国佛教以其特有的精神取向与机制比较彻底地消解了这一矛盾。佛家主张自度度人的社会责任感和对现实的超越，在精神深层上与儒家相通。在精神原理上，佛家一方面主张因果报应，另一方面又有生死轮回的机制，前者是善恶报应，"'德'—'得'相通"；后者通过人生的延长，使道德主体在生与死的轮回中，善恶的因果报应获得永恒的现实性，从而演绎出这样的逻辑：善有善报，恶有恶报，不是不报，时间未到。于是，"德"与"得"的矛盾也就得到了彻底的消解。

　　由此，才可以理解，为什么当宋明理学把儒、释、道融为一体时，就标志着中国传统伦理精神体系的完成？为什么传统的义—利原理到朱熹那里被演绎为"利在义中"、"义利合一"? 其深层的价值原理和价值结构就是:"'德'—'得'相通"。

[c. 传统伦理精神的双重本质]　由以上论述可知,中国伦理精神是以"'德'—'得'相通"为起点、为原理和根本取向的一种价值体系,它的内在逻辑和运行原理使中国伦理精神具有双重本质:道德至上主义和道德实用主义。

在个体的道德意识与道德行为中,如果仅抓住道德的"内得于己","外施于人"的内涵,把道德作为为人、待人的惟一方式,就会形成为道德而道德的道德至上主义。道德至上主义在文化深层上把人作为"伦理人"、"道德人",把道德价值作为惟一价值,执意追求某种道德价值的实现。传统伦理、传统道德以性善为逻辑起点,执著于"人为万物之灵"的信念,在人兽之分即"人之所以异于禽兽者"的意义上认同人性,认为人生的意义就是完成某种道德的使命,实现伦理的目的。中国伦理历来强调礼的秩序,仁的情怀,克己修身的德性,致力培养一种顶天立地,天人合一的"大人"人格。这种文化设计,使传统伦理精神在世界文明体系中具有无与伦比的崇高性与神圣性,形成目的性的德性伦理精神。但也正因为如此,伦理精神往往容易与社会生活相脱节,在具有理想性的同时具有虚幻性,当与封建政治结合并为之利用时便具有虚伪性。

然而,"'德'—'得'相通"的伦理精神在现实生活中的落实和运作,也会产生另一种倾向:把"德"作为"得"的途径和方法,乃至成为"得"的手段和工具,形成道德实用主义。在这种道德实用主义中,既有儒家"厚德载物"的精神,更有道家"无为而无不为"的精髓。从中国自觉道德意识产生的历史考察,"德"在起源上就是作为"得"的诠释,此后演绎为一套"得"的原理。当把"德"作为惟一目的,而不考虑"得"的功效时,就是道德至上主义;当怀着"得"的目的修"德"、行"德"时,便是道德实用主义。在伦理文化的背景下,道德是使自己获得社会认同和接纳的必由之路,甚至是通向政治上成功的阶梯,所谓"内圣外王"之道、所谓"以不忍人之心行不忍人之政,治天下可运于掌上"的原理,就内涵着道德实用主义的原理。中国伦理之所以在世俗生活中具有很强的干预力和调控力,就是因为它具有很大的实用性和实效性,只不过这种功利性是"无功利的功利性",是"无为而无不为"。

可见,中国伦理精神具有双重本质:道德至上主义与道德实用主义;

中国伦理具有双重价值：目的价值和工具价值。两方面互为依托，在"'德'—'得'相通"中融为一体，形成中国伦理精神的崇高性与平实性、理想性与现实性。

（四）"'德'—'得'相通"的人文意蕴

综上关于"德"的本性与"得"的原理的分析，可以发现："德"与"得"存在深层的关联。这种关联，我称之为"'德'—'得'相通"。为准确地理解这一理念，我认为以下几个理论问题需要澄清。

［a. 事实还是追求？］　"'德'—'得'相通"，到底是一个现实或事实，还是一种追求与信仰？这是"'德'—'得'相通"能否成立的关键。

不少人对"德"与"得"之间的相通持怀疑态度，认为它善则善矣，美则美矣，然而只有在"镜花缘"中才能实现，在现实生活中并无存在根据。是的，必须承认，在现实生活中，"德"与"得"并不相通，或者准确地说，并不总是相通。然而，就是因为它不相通，就是因为存在着不相通的事实，才萌生了人们对"相通"的追求，在这里，道家"反者道之动"的原理是潜在的。试想，如果"相通"是社会的现实，那么，代表文化理想的价值就既不会追求这种"相通"，也不会歌颂这种"相通"。伦理的根据存在于非伦理的现实中，对"相通"的追求，出于不"相通"的现实。

人们为什么要追求"德"与"得"的相通？理论上的论证是复杂的，最简单的陈述是："'德'—'得'相通"，是伦理的必须。伦理的根本使命在于调节利益关系，建立合理和谐的"冲动"与"愿望"，伦理运行的结果，如果总是"德"者不"得"，而无"德"者却总是"得"，就不会有人信奉，因为它违反文化的根本价值原理。中国传统的伦理型文化的重要成功之一，就是在文化精神体系中建立了"'德'—'得'相通"的价值结构与价值原理，造就了"'德'—'得'相通"的文化传统，并使之积淀为特殊的民族文化心理。因此，"'德'—'得'相通"，可以说是一种现实，其现实性存在于非现实性中，存在于人们对于这种"非现存"的文化理想的追求中。"'德'—'得'相通"的社会，是一个理想的社会。就是因为它还未完全成为社会的"真实"，才需要通过文化的努力追求。应当承认，在现实生活中，"德"与"得"也确实存在着相通，既然二者的相通是文化价值永恒的追求之一，那么，既然有了伦理，既然伦理是中国传统文化的核心，"德"与"得"的相通，就有历史的现实性，人们在伦理与社会的实践中就会努力追求并努力实现二者之间的相通。

总之，从社会历史的意义上考察，"德"与"得"的相通，既是一种事实，更是一种追求。

［b. 作为文化设定的"'德'—'得'相通"］　当对伦理理论与道德生活的发展进行考察时，很容易发现一个令人深思的现象：在伦理的逻辑与历史起点上，"现存"的"事实"是"德"与"得"的不相通，乃至是二者之间的背离。但人们又发现了二者之间在价值层面"应当"深刻存在着的因果关联，并试图通过伦理的努力使它外化为历史的真实。在中国伦理的源头，西周的理论家以"德"解释文王、武王的"得"，从而得出"以德配天"的结论。应该说这不只是一种政治谋略，政治谋略不可能在文化史上有那么强的生命力，充其量只能以某种政治智慧的形式供人们欣赏，很难形成一以贯之的文化传统。"德"的发现，是中国文明史也是世界文明史上的重大进步，它的发现对人类文明的意义并不比任何自然科学的发现更逊色。在文化的源头，以"德"说"得"，与其说是一种"发现"，不如说是一种"建构"。如果说，这种发现在开始阶段具有某种为政治统治的神圣性作论证的性质的话，那么，日后以此为元点与逻辑所进行的伦理精神的"建构"，对中国文化与世界文明的发展，却具有至为重要的意义。另一个值得注意的事实是：虽然在现实生活中"德"与"得"并不总是相通，但文化价值的导向又极力提倡这种相通，执著地追求这种相通。于是，"德"与"得"的相通，在"执著"追求的背后，就体现为文化与社会的信仰。

由此，就产生了伦理生活中关于"德"与"得"的矛盾：现实中不相通，理想中执著地相信并追求相通。这种矛盾，体现了事实与价值之间的张力。"'德'—'得'相通"，与其说陈述一个事实，不如说体现一种信仰，一种追求。因为，二者的相通，对人类的生活具有重要的价值意义。它体现着人的理想生活的基本原理，也建立了社会生活与个体生命的价值原理与价值结构。在这个意义上可以说，"'德'—'得'相通"是一种文化信仰——既是人类必须的文化信仰，也是文化价值致力建构的信仰。当我们对作为人类童年时代的文化作品与精神体现的古神话进行考察时，会发现两个特别值得注意的问题：为什么善恶报应成为神话尤其是东方神话的主题？为什么"德"与"得"之间的关联，成为人类社会初民的伦理逻辑与伦理起点？解释只有一个：因为它是人类文明必须作出的文化设定。从哲学上说，它的最终根据是以生产方式为核心的"社会存在"；从人类文明的精神体系上分析，它体现了人类最初也是最重要的伦理觉悟。如果没有"'德'—'得'相通"的信仰，人类不但不能产生伦理的追求，或许永远只能停留于动物本能冲动的水平上。

如果说伦理的根本目的不是为"德"而"德"，而是解决"德"与"得"的矛盾，解决人们"如何获得"的难题，那么"德"与"得"的相通，就不只是人类的信仰，也是伦理的运作所必须作出的文化设定。

[c. 社会公正的价值指向]　在伦理的运作中，"'德'—'得'相通"不仅是调节利益关系的强制性机制，而且也在体现伦理的文化本性中实现个体至善与社会至善的统一。

伦理道德追求意义和价值，因而必须讲奉献和牺牲，但这只是对个体、对个体的某种特殊境遇而言。在社会的文化设计及其价值运作中，伦理也是社会至善的目的性要求。社会至善的目的性，不仅向个体提出行为合理性的要求，同样也向社会提出价值合理性与制度合理性的要求。伦理的运作，道德的牺牲，只有最终有利于社会至善与社会公正，才有健全的价值意义。从伦理的角度考察，什么是社会公正？如何评判社会公正？标准当然是多元的，但有一点可以肯定：一个"德""得"不相通的社会，绝对不是一个公正的社会。无论个体怎么"至善"，如果现实总是有"德"者不"得"，无"德"、缺"德"才得，这个社会总不是一个合理的社会，只能说是不健全的畸形社会。只有当"德"与"得"相贯通，"德者得也"，以"德"获"得"时，社会才具有基本的合理性与公正性。

文化价值对社会秩序的要求，并不只是追求稳定，合理性是更高的也是更有意义的价值目标。当追求"德"—"得"相通时，伦理就向社会提出合理性的要求，提出不仅改造个体，而且同时改造社会的任务。由此，伦理便走出自身的领地，与社会相接，伦理学也就与政治学融为一体。正是在这个意义上，我才说，"德"—"得"相通，是伦理与社会的连接点，是伦理学与政治学的切合点。

十六 实践理性的社会合理性的逻辑法则：善恶因果律

（一）"康德悖论"

在《实践理性批判》中，康德提出了关于"实践理性"的一道难题："德性"和"幸福"的二律背反。

康德的理论前提是："至善"是实践理性即道德的最高目标；德性与幸福是至善的两大要素，这两大要素的联系包含于"至善"的概念之中，是至善的本质特征；实践理性实现至善的目标必须假定这两大要素之间存在着某种因果关联：或者谋求幸福的欲望是德性准则的推动因，或者德性准则是幸福的产生因。①

然而，康德认为，这种假定既不符合实践理性的本性，也不具有现实性。根据是：对幸福的追求不可能直接产生德性的心灵，以幸福作为德性准则的基础是不道德的；德性之心也不一定导致幸福，因为德性不是感性世界中理性生命存在的惟一形式。②

———————

① 康德立论是，在德性和幸福之间，"一定要被设想为一种因果联系，因为它跟实践理性的善有关，也即跟靠行动而实现的善有关。这样，或者谋求幸福的欲望必定是德性准则的推动因；或者，德性准则一定是幸福的产生因。"康德：《实践理性批判》，见《康德文集》，改革出版社1997年版，第261—262页。

② "第一种绝对不可能，因为，正如分析论已经证明，把意志的决定原理安放在个人幸福的要求中的那些准则，完全不是道德的，任何德性都不能以它们为基础。不过第二种情况也不可能，因为尘世中的一切实践上的因果联系，作为意志决定的结果，并不依赖意志的道德倾向，而是依靠对于自然法则的认识，依靠为了自己幸福而利用这些知识的那些物质力量。"康德：《实践理性批判》，见《康德文集》，改革出版社1997年版，第262页。

　　德性与幸福不能建立必然的联系，意味着至善不可能；而如果至善不可能，那就必然证明道德法则的虚妄性。这种德性与幸福的二律背反，就是著名的"康德悖论"。①

　　为了解决德性与幸福的二律背反，康德逻辑地作出关于实践理性的两个悬设所谓悬设②：灵魂不朽；上帝存在。

　　"灵魂不朽"即同一理性生命的生存和人格的无止境的延续，它针对至善的第一个要素，所解决的问题是实践理性实现道德法则必须具备的"时间足够长"这一条件；③"上帝存在"针对至善的第二个要素，预设了一个无上存在和道德立法者，解决的是幸福的可能性，以及如何通过崇高的德性获得幸福的难题。④第一个悬设提供了实现至善的时间条件，就是说，德性和幸福的统一，存在于理性生命的永恒之中。第二个悬设提供了理性世界的全权的道德立法者和执行者。

　　这样，借助宗教，康德在实践理性中完成了关于"至善"的预设，并在思辨中解决了内在于至善中的德性与幸福的背反。

　　康德显然没有真正解决问题，但是，他所提出的"实践理性难题"及其逻辑思路，对伦理精神的社会合理性的理论追究，提供了诸多有意义的启示。

　　第一，在"'德'—'得'相通"的生态原理中，"德"和"得"的真谛到底是什么？"德"的核心是德性，而"得"则有"得道"（"内得于己，外施于人"）与"得到"（"得于人"、"得天下"，或"获得"）两个基本内涵。应该说，无论是"得道"，还是"得到"，都不是"得"的

---

①　"这样一来，我们即使最严格地遵守道德法则，也不能因此就期望，幸福与德性可以在尘世中有什么必然的联系，足以使人达到至善。"康德：《实践理性批判》，见《康德文集》，改革出版社 1997 年版，第 262 页。

②　在康德那里，所谓"悬设"，"指的是这样一种理论命题，它虽然不可证明，却是无制约的先天实践法则的一个不可分割的结果。"康德：《实践理性批判》，见《康德文集》，改革出版社 1997 年版，第 272 页。

③　之所以需要"灵魂不死"这一悬设，"是因为要想圆满实现道德法则，必须具备'时间足够长'这么一个实践上的必要条件。"康德：《实践理性批判》，见《康德文集》，改革出版社 1997 年版，第 283 页。

④　康德写道："必须引领我们去假设：存在一个跟这种结果相称的原因；换言之，它必须悬设上帝的存在，作为至善可能性的必然条件——这个至善是我们意志的对象，是跟纯粹理性的道德立法必然联系着的。""在这样一个理性世界中，必须假设最高独立的善即上帝存在，作为至善存在的必要条件。"康德：《实践理性批判》，见《康德文集》，改革出版社 1997 年版，第 274、283 页。

完整内涵，只有二者的统一，才是"得"的真谛。二者的统一是什么？就是"幸福"。幸福，才是"得"的真正内涵。在中外伦理史上，伦理学家大都不把物质利益或物质财富当作德性的对象或实践理性的指向，而是把价值与事实、主观与客观、道德与财富相统一的幸福，当作德性的追求。以"幸福"作为德性的价值目标，具有很大的超越性，可以超越物质主义、功利主义、享乐主义，乃至在一定意义上可以超越抽象的道义主义的缺陷，对目前中国的诸多伦理困境具有很强的解释力。

第二，严格说来，实践理性、伦理精神的终极指向，既不是德性，也不是幸福，而是德性与幸福的统一。德性与幸福统一的状态和境界，康德称之为至善。至善是中外伦理精神共同追求的终极价值。在西方伦理中，从亚里士多德到康德、黑格尔，都以至善为最高价值；在中国，儒家、道家也都以至善为伦理精神的根本取向，"止于至善"是德性的最高境界。德性与幸福的统一，就是至善。至善状态，是"'德'—'得'相通"的状态；至善的境界，是"'德'—'得'相通"的境界。

第三，应该说，康德所指出的实践理性的二律背反，并不是一个伪命题，而是一个真命题。它的努力，是试图建立德性与幸福之间的必然联系。矛盾在于，一方面，实践理性以个人幸福作为德性准则的基础和德性的动力，就否定了德性自身；另一方面，德性也不可能成为获得幸福的充要条件。然而，如果不能建立德性与幸福之间的必然联系，实践理性就既没有理论合理性，也没有实践合理性。德性与幸福的关系，是内在于实践理性中的基本矛盾。

第四，康德解决悖论的最有启发性的方面，是关于感性世界与理性世界、经验世界与超验世界统一的思路。康德借助彼岸世界的建立，消解德性与幸福的二律背反，当然具有虚幻性。"康德悖论"给我们的理论超越提出的课题是：如何在实践理性中建立德性与幸福的具体的和现实的联系？康德的"悬设"提供了信念方面的启示，信念无疑是解决实践理性的二律背反的基本的和至为重要的环节，然而仅仅诉诸信念，显然还缺乏落实的现实力量，在此基础上，还必须借助一定的制度环境。这样，在实践理性中建立德性与幸福的必然联系，就必须透过两个机制：道德信念与制度安排。

第五，"康德悖论"的理论意义之一，是引导我们进行关于实践理性或伦理精神理念的重大变革。"如此说来，道德学本来就不是教人'如何谋求幸福’的学说，而是教人‘怎样才配享受幸福’的学说。"① 从 "如何谋求幸福" 到 "怎样才配享受幸福" 的转变，是伦理精神、实践理性追求至善必须完成的转变，惟有如此，才能在实践理性中建立德性与幸福之间的必然联系。需要作出的超越，在康德看来 "只有仰借宗教之助，我们才敢期望有一天能依照自己的修德的程度来分享天福，而问心无愧。"②

这种 "仰借信念与制度之助" 建立德性与幸福的必然联系的实践理性的逻辑法则就是：善恶因果律。

"仰借信念与制度之助" 的善恶因果律，就是对 "康德悖论" 的现实超越。

（二）　善恶因果律

［a. 至善与善恶因果律］　德性与幸福之间的因果关联，用一个实践性与世俗性的原理表述，就是：善恶因果律。

按照中国文化的理解，所谓善恶因果律，基本原理是品行善恶和人生际遇之间的因果关系，具体内涵是中国古典哲学所揭示的 "性善者得福，性恶者得祸"，亦即中国世俗伦理中所言 "善有善报，恶有恶报"。"善恶因果律" 所揭示的伦理法则是：品行善恶和人生际遇之间存在或应当存在必然的因果关联，这种关联具有规律性。

显然，至善与善恶因果律在透视角度和表述方式方面都存在差异。至善是康德所设定的实践理性的最高目标，这一目标的真谛是德性与幸福的因果关系；善恶因果律是中国传统伦理所信奉的道德法则。然而，只要仔细考察就会发现，二者在价值原理方面存在深刻的相通性。揭示这一相通性的关键在于：善恶—因果的逻辑链环在哪里？"善恶" 之 "因" 的报应之 "果" 是什么？

善恶因果律是以 "报应" 的机制建立起品行善恶与人生际遇之间的因果关联。善恶—因果关联得以成立的最重要的因素是因果链的长度。在这里，"善恶" 不应该是对偶然的道德行为的评价，而是对主体的德性品

---

① 康德：《实践理性批判》，见《康德文集》，改革出版社 1997 年版，第 280 页。
② 同上书，第 280—281 页。

质的总体判断；"报应"的时间链也不是当下的或有限的时空，而是基于人生的有限与无限的辩证把握，也就是康德式的关于人生"不朽"的信念追求的因果逻辑；善恶因果律既是对个体人生经验，乃至整个人类的人生经验的事实性的揭示，也是对人生、对人类的伦理生活的信念追求和价值引导。"善恶"和"报应"之间的因果关联不是个别性、偶然性，而是整体性、必然性。对具体的行为主体来说，也许某一次、某一阶段行为的善恶属性与现实际遇之间并没有直接的和紧密的因果关联，但当对一生、扩而充之，对整个社会的人生经验进行总结时，善恶因果律就具有规律性，或者说人们在观念中就被认为具有某种规律性。所以，正像德性与幸福的关系那样，善恶因果律既存在于经验世界之中，也存在于经验世界与超验世界的关系之中。善恶因果律的道德法则有两种存在状态：偶然的状态与必然的状态；实然的状态与应然的状态。作为一种道德法则，它既是实然的事实判断，也是应然的价值追求。因此，善恶因果律不是纯粹理性的规律，而是实践理性的规律。

什么是"善恶"之"因"的报应之"果"？在中国文化中，"报应"是一个兼具客观性与主观性的概念。在善恶—因果的逻辑链环中，"报应"不只是关于结果的认定，更重要的是对结果的诠释和理解。当人们不仅把最后的结果，而且把对这种结果的追究结合在一起，以"报应"对人生进行诠释和理解时，善恶—因果关联就不只是一种事实，更重要的是对事实的感受。作为集事实认定与对事实之"因"的价值追究的人生感受于一体的"报应"之果，显然不可能只是一种客观性或世俗性的事实，而必定是兼具客观性与主观性、世俗性与超越性的体悟。兼有这些条件的概念就是所谓"幸福"。这样，作为"善恶"之"因"的报应之"果"。就不是偶然性的际遇，而是作为人生终极追求的"幸福"。

什么是幸福？幸福与道德的关系如何？康德的理解是有道理的，也是深刻的："幸福乃是这样一种状态：这尘世中的理性生命对他的一切际遇都称心如意。因此，幸福依赖于物质自然界和人的全部目标之间的相互和谐，也依赖于物质自然界和他的意志的必不可少的决定原理之间的相互和谐。"① "幸福"的基础是理性生命的"际遇"，因而具有客观性；这种"际遇"不是个别的、偶然的，而是"一切际遇"，因而是总体性、整体

---

①　康德：《实践理性批判》，《康德文集》，改革出版社 1997 年版，第 274 页。

性的;"幸福"是对"一切际遇""称心如意"的"和谐状态",因而又具有一定的主观性和价值性。由此,道德就不只是对"幸福"的谋求,更重要的是对"幸福"的享受。"现在我们可以很容易地看出,配享幸福完全是依靠道德行为,因为在至善概念中,道德行为就构成那另一要素(那属于一个人的地位)的条件,那分享幸福的条件。"① 在这个意义上,"决不要把道德学当作一种幸福学来对待,也就是说,道德学并不是教导人如何去谋求幸福的;因为它们只研究幸福的合理条件(必要条件),而不研究获得幸福的手段。"② 伦理学不是教人"如何获得幸福",而是教人"如何配享幸福"。③

于是,当在"善恶"与"幸福"之间建立起因果关联,当把"幸福"理解为对人生的感受,当把德性不只理解为对幸福的谋求,更重要的是配享幸福的条件时,德性与幸福因果关联的至善就与善恶因果律相通了。至此,善恶因果律就既是社会伦理的规律,也是个体道德的法则。

[b. 善恶因果律的人文意旨]   康德所提出的至今仍然值得我们深思并有待进一步探讨的问题是:第一,在实践理性中,德性与幸福的统一为什么是重要的?第二,德性与幸福的统一为什么是可能的?第三,德性和幸福的统一在逻辑和现实中如何才能成为可能?三个问题归结为一个,就是:善恶因果律的人文意旨是什么?

作为体现人的价值追求的一种道德法则,善恶因果律至少包含三个方面的人文意旨。第一,它是对一种理想的人生状态和人生境界的追求。"幸福"是对理性生命的一切际遇的心满意足,"德性"是"获得""幸福"的条件,因为,现实的际遇是"幸福"的客观基础,不管人们怎样强调"知足"才能幸福,作为幸福的客观基础的现实际遇还是与德性存在着也应当存在着某种紧密的联系。只是说,如果没有德性,即使际遇良好,也不配享幸福,或者说也感受不到幸福。在这两个意义上(即追求幸福和配享幸福),"德性"成为"获得""幸福"的必要条件,二者之

---

① 康德:《实践理性批判》,《康德文集》,改革出版社1997年版,第281页。

② 同上。

③ 康德的原话是:"不过话说回来,这种专门赋予责任而不给人的私欲指点窍门的道德学,要是经过详细发挥,而且,如果那个推进至善的道德心愿已经唤醒,也就是说,那个引导我们迈进天国的道德心愿已经唤醒,如果这种道德心愿的确是奠基于法则之上,……那么,这种道德学倒也可以称为幸福论,因为幸福的热望,惟有首先伴随着宗教,才会萌发。"见康德:《实践理性批判》,《康德文集》,第281页。

间确实也应当存在着因果关系。不过，这里的"获得"，应当从拥有幸福的客观条件和配享幸福主观要件两个方面理解，只有当这两方面结合时，才能真正"获得"幸福。诚然，这种因果关联并不是在人生的每一阶段都存在，也并非对一切理性生命都是现实的，而是主体通过对人生的反思，通过对人类生活法则的把握，体悟到它应当是人的理想的生活状态和人生目标，也是人达致理想的生活状态和人生目标所应当"设定"的逻辑。正像康德所指出的那样，二者之间的统一，遵循的不是思辨理性的逻辑，而是实践理性的逻辑，就是说首先是由"应然"、"当然"而不是"实然"、"必然"引申出来的法则。所以，与其说"善恶因果律"是对人生逻辑的现实的反映，不如说是对人生理想的追求法则。也许，就是因为善恶因果律并不具有完全的和永恒的现实性，人们才需要通过"应然"的努力，建立德性与幸福因果关联的道德理想和人生境界。在这个意义上可以说，"善恶因果律"是对人的生活法则的"实践精神"的把握。

第二，善恶因果律凸显的是责任逻辑。如果从理念的和理想的层面向个体行为的层面落实，如果假定善恶因果律是一种被理性生命接受的法则，那么，这一法则的实质就是：以幸福对德性、对人的行为的善恶属性负责。思辨理性和实践理性对于世界的把握方式的不同特点在于，后者关注的更多的是一个法则形成以后对人的生活所具有的意义，而前者则是把潜在的规律揭示出来。换句话说，后者的侧重点是以"应然"的标准"确立"法则，这就是康德所说的"道德立法"；前者的侧重是使固有的法则呈现出来。在这个意义上，善恶因果律既是一种理想的人生状态，也是一种"道德立法"。它所揭示的道德真理和道德逻辑是：人们必须对自己的行为负道德责任，行为善恶的回报和代价就是人生的幸福与否，那些行为恶的人即使具有好的生活际遇，也不配享受幸福。以客观性和主观性相统一的幸福作为德性之果，可以扬弃存在于善恶因果律内部的理想性与现实性的矛盾，在德性中培育主体的责任精神和责任能力。

第三，善恶因果律是对理想社会的追求和对现存社会的批判。伦理原理、道德法则的另一特点是：它一旦确立，便成为一种价值标准，不仅成为对个体行为，也成为对社会进行价值评价的尺度。善恶因果律所揭示和追求的德性与幸福之间存在、或"应当"存在的因果关联，对个体来说，要求每个人对自己的行为负道德上的责任；对社会来说，演绎出这样的命题：一个理想的、合理的社会，"应当"是体现善恶因果律的社会，或者说，"应当"是在德性和幸福之间存在因果关联的社会。由此，当道德走出个体的身心修养，外化为客观的社会力量时，善恶因果律就成为社会批判和社会改造的动力。按照因果律的原理，理想的社会应当是体现善恶因果律的社会，当现存的社会不能体现这一法则时，就需要进行批判和改造。现实的社会当然最多只是部分地、至少不可能完全地体现善恶因果律，而且，德性的善恶标准也总是处于不断的变化之中，于是，在现实面前，人们对善恶因果律的追求，总使伦理道德对社会保持某种批判性。正是这种批判性，构成伦理自身的活力，也是社会进步和社会完善的重要伦理动力。自古以来，人们对社会公正和社会正义的一如既往的追求，就是最明显的体现。

[c. 善恶因果律的存在方式]　当对善恶因果律进行现实性反思时，一个问题就必须回答：善恶因果律存在于哪里？

作为实践理性的法则，善恶因果律逻辑地应当在伦理中存在。然而，两个事实否定了这个表面上似乎不言自明实际上却缺乏根据的假设。第一个事实是，康德的努力已经宣告，在伦理中无法建立德性与幸福的紧密联系，换句话说，善恶因果律不可能在伦理中获得真正的落实；第二个事实是，伦理，无论是具体的伦理生活，还是自觉的伦理理论，都只是一种抽象，是有机的社会生活和文明体系的一种抽象，只有在现实的经济—社会—文化的生态关系中才有现实性，因此，善恶因果律在伦理中即使可能存在，最多也只是理念的抽象。一句话，善恶因果律不可能只在伦理中存在，准确地说，不可能只在伦理中得到现实、得到具体的贯彻。

在迄今为止的人类的意识形态和人文精神形态中，直接致力于人的德性培养的是伦理与宗教，与此相对应，善恶因果律主要有两种表现形态：道德因果律、宗教因果律。两种形态的因果律互补互通，由此获得现实性。道德因果律必须借助宗教因果律才能实现，宗教因果律以道德性为因果的基本内涵。在此意义上可以说，善恶因果律存在于伦理与宗教的紧密关联中。或者说，善恶因果律在实践理性的层面上有待于道德精神与宗教精神的匹合，从古神话的善恶报应、宗教的因果报应，到儒道佛三位一体的伦理精神结构，都具有道德精神与宗教精神结合的特质。

问题在于，由道德精神与宗教精神二位一体所形成的宗教因果律，不仅具有虚幻性，而且潜在深刻的理论危机，康德实践理性的二律背反就内在着这种危机。康德把德性与幸福的统一设定为实践理性的终极目标，又认为在实践理性中不能完成，只有借助宗教才能达到。于此，他事实上把伦理与宗教合而为一，在伦理—宗教一体化中实现德性和幸福的统一。在这里，康德存在一个逻辑矛盾：如果至善是实践理性即道德的最高目标和最高境界，那么它就应该在伦理中实现；如果至善不能在伦理中达到，那么它就不能是实践理性的目标和实践理性的境界，至少不应该是实践理性的预设；如果至善最后只能在伦理—宗教一体化中达到，那么它就应该是宗教的或宗教伦理的概念。所以，康德关于德性与幸福关联的至善理念必须隐含一个前提：伦理与宗教本来就是一体的，至少说，伦理和宗教是相通的，宗教完成伦理的使命，伦理在宗教中实现自己的终极目的。可是，这样一来，又逻辑地隐含着另一种危险：既否定了伦理，因为伦理无力实现自身；又否定了宗教，因为宗教在本质上等同于伦理。在康德的至善理论中，人们难以理解：到底是因为要预设至善的目标，因为要赋予至善以现实性，才使伦理与宗教一体化（换句话说，它是由于思辨体系的需要而建立的强制性的结构），还是伦理与宗教本来就是一回事？

透过宗教信仰的机制和力量，在实践理性中建立德性与幸福的紧密联系，这是康德的聪明之处，也是其理论的合理之处。不过，这种理论的虚幻性以及由此导致的实践理性的自我欺骗也毋庸置疑。信仰和信念的机制对善恶因果律的意义不言自明，然而这种信仰和信念从根本上说不是彼岸的，而是此岸的；不是宗教的，而是道德的。更重要的是，善恶因果律的法则植根于现实，也指向现实，既是对社会合理性的伦理追究，也是对社会合理性的伦理改造。

于是，善恶因果律在文化上就表现为多样性的存在方式：

由于代表人类的伦理理想和道德理想，善恶因果律存在于主体的道德信念和道德信仰中；

由于是对理想的人生状态和人生境界的追求，是对人生深切体验和反思的结果，善恶因果律存在于主体对道德价值的永恒追求和对自身存在的有限的无限超越中；

由于是对社会合理性的追究，善恶因果律现实地存在于对社会的批判与改造中，存在于合理的制度安排和制度变革中。

（三）　善恶因果律的伦理学依据

[a. 个体德性与社会合理性]　　善恶因果律的理论合理性确证首先遇到的伦理课题是：德性的本质是什么？应当如何确立个体德性的社会合理性？

康德之所以未能真正解决他所提出的实践理性的难题，基本原因就在于他对德性的义务论的规定。什么是德性？康德的理解是深刻的，同时也是抽象的。他认为，德性是人的意志的道德力量，① 是人履行义务，执行法则过程中的一种道德强迫。德性的重要内涵是义务，但又不能等同于义务，而是关于义务的绝对命令。② 人与德性结合的实质，是德性对人的拥有。③ 由此，德性又被称为"根据绝对命令的法则来衡量"的"道德力"④ 所有的义务都由其法则而包含着"迫使"的概念，伦理义务的特点在于，它所包含的"迫使"，只可能是"内在立法"，所以，"德性是人的行为准则在履行义务时的力量。"⑤

康德的德性论在个体道德内部当然具有一定合理性，然而一旦走出个体道德进入社会伦理的视域时，马上就遇到难题：主体用"道德力"或"德性力量"履行义务的社会伦理后果是什么？换句话说，个体德性的运作是否就一定造就道德化的社会？这一难题的存在形成现代西方学者所指出的个体道德与社会伦理的悖论——"道德的人与不道德的社会"。诚然，道德是出于义务的和信念的行为，因而在利益冲突的背景下或多或少

---

①　"德性指的是意志的道德力量。……准确地说，德性乃是人的意志，在履行义务的过程中所体现的道德力量。"康德：《实践理性批判》，《康德文集》，改革出版社1997年版，第372页。

②　"德性本身不是义务，拥有德性也不成其为义务（否则我们就应该有这样的义务；必须有义务），但它命令人有义务，伴随着其命令的是一种（只可能由内在自由的法则所施加的）道德强制。"康德：《实践理性批判》，《康德文集》，改革出版社1997年版，第372页。

③　"不是人拥有德性，而是德性拥有人；因为若是人拥有德性的话，人似乎仍然作了选择（而那样的话他还得另外再有一种德性，来把德性从施于他的种种福惠中挑拣出来）"。康德：《实践理性批判》，《康德文集》，改革出版社1997年版，第373页。

④　康德：《实践理性批判》，《康德文集》，改革出版社1997年版，第371页。

⑤　同上书，第361页。

地以自我牺牲为前提。① 但是，如果由此把道德行为的本性看作是自我牺牲，在现实的政治生活中，很可能在培育"道德的人"的同时，造就"不道德的社会"。② 正如胡·塞西所说，"要求个人为别人而牺牲自己的利益的那部分道德学说，即归于无私名义下的有关一切要求，不适合运用到一个国家的活动上去，因为任何人都没有一种作为无私的权利，以牺牲自己的利益的态度来对待他人的利益。"③ 所以，尼布尔宣布：将纯粹无私的道德学说转用来处理群体关系的任何努力都以失败告终。"④ 个体在作出了一定的贡献后，应当得到"应得的回报"。⑤

可见，抽象的德性，即便是崇高的德性，不仅难以自我确证其社会合理性，而且潜在着造成"不道德社会"的危险。对个体至善的追求可能是一种崇高的德性，但却不一定能导致真正的社会至善，因为它的彻底贯彻难以造就公正的社会现实。⑥ 也许，在自然社会（家庭）的伦理生态中，德性论具有一定的合理性，然而在市民社会与政治社会的生态中，却难以达到现实的合理性。在这个意义上可以说，康德的伦理误区是伦理生态的误区；康德德性论的非合理性，是生态的非合理性。善恶因果律不仅是关于动机与效果、价值与功利相关联的道德信念，而且是个体道德与社会伦理相整合，使个体德性与社会合理性辩证互动，从而形成有机合理的伦理—社会生态的现实机制。

---

　　① "崇高的无私即便带来终极的回报，它也要求作出直接的牺牲。"莱茵霍尔德·尼布尔：《道德的人与不道德的社会》。蒋庆等译，贵州人民出版社 1998 年版，第 209 页。

　　② "当这种超越社会酬报的最纯洁崇高的道德理想运用到更复杂、更间接的人类集体关系上去时，其社会有效性就会逐渐减弱。要使一个群体对另一个群体充分保持一贯无私的态度，并赋予它非常有效的拯救能力，这不仅是不可想象的，而且对于任何一个参与竞争的群体来说，想象它会赞赏这种态度并能取得道德功效也是不可能的。"莱茵霍尔德·尼布尔：《道德的人与不道德的社会》，贵州人民出版社 1998 年版，第 209 页。

　　③ 莱茵霍尔德·尼布尔：《道德的人与不道德的社会》，贵州人民出版社 1998 年版，第 209 页。

　　④ 胡·塞西：《保守主义》。转引莱茵霍尔德·尼布尔《道德的人与不道德的社会》，贵州人民出版社 1998 年版，第 210 页。

　　⑤ J. 范伯格：《自由、权利和社会正义》，王守昌等译，贵州人民出版社 1998 年版，第 166 页。

　　⑥ 从逻辑体系上说，本章应当研究个体至善与社会至善的关系，因为它是善恶因果律的社会合理性根据，然而由于这一问题对现代伦理建构的特殊意义，必须在下文中以整章的篇幅专门讨论。

[b. 善恶因果律在何种意义上成为伦理—社会生态的概念]

把善恶因果律作为实践理性的逻辑法则，遇到的基本问题是：存在不存在善恶因果律？这个问题，在理论上又分解为"实然"与"应然"两个逻辑。"实然"的逻辑是说因果律是不是在现实伦理生活中运作的规律，或者说社会生活是否遵循善恶因果律；"应然"的逻辑是说社会生活中是否"应当"建立善恶因果链，善恶因果律是否"应当"在社会生活中运作。两方面结合起来，作出的追问就是：在社会生活中，善恶因果律到底是事实，还是信仰？

当把善恶因果律当作道德法则时，事实上主要是在"应然"而不是"实然"的意义进行考察，就是说，是把它作为价值追求的对象。作为道德法则的善恶因果律与哲学所揭示的规律存在很大区别。作为人们价值追求的对象，道德法则应当具有现实性，必须在现实生活中得到体现和落实，但更重要的是，必须符合伦理的目的性和价值的合理性。它遵循的主要是价值逻辑，而不是事实逻辑。如果某一法则已经是完全意义上的实在，具有完全的客观性，那么就不是道德的法则，而是哲学的或科学的规律，因为它已经不是人们价值追求的对象。道德法则由于体现了人的目的性，必定具有某种理想性，体现主体的价值追求与价值理想。但如果只有理想性而没有现实性，也不能成为道德法则。所以，在社会生活中，善恶因果律有两种存在状态：既是价值的存在，又是事实的存在；既在信仰中存在，又在现实中存在。

善恶因果律是与伦理目的性紧密相连的法则。善恶因果律的核心是"德"与"得"、"德"与"福"之间的因果关联。中国传统伦理赋予道德以完全的神圣性，就像康德所理解的那样，为义务而义务。然而，如果深究下去，伦理的目的是什么？如果伦理是为造就至善的个体，那么，造就至善的个体又是为什么？至善是伦理的目的，但伦理的至善决不只是个体至善，而且同时必须是社会至善。至善的个体是为造就至善的社会和至善的生活。至善的生活，要求伦理理念中把握与追求的"善"，具有在世俗生活中实现自己的力量，达到伦理理念与道德生活的统一。只有达到这个统一，伦理才具有基本的合理性。

善恶因果律是与道德有效性与社会合理性紧密关联的法则。善恶因果律与其说是理论问题，不如说是关于社会合理性与伦理有效性的实践问题。如果行为善恶与世俗生活的祸福完全无关甚至背离，那就意味着伦理与社会相游离，意味着道德失去对社会行为的规范与调节功能。公正合理的社会，应当是贯彻善恶因果律的社会；具有道德权威的社会，也必定是善恶因果律有效运作的社会。

善恶因果律的伦理底蕴之一是主体的道德责任与道德权利。道德责任是理论上被普遍接受的理念。但值得注意的是，人们一般只是在主观动机而不是在最后结果的意义上理解道德责任。在这种理解中，道德责任的全部内涵是主观上"意识到"并在行为中"履行"自己在道德上的责任，而不只是对行为后果的道德责任的承担。合理的道德责任理念，应当不仅在主观上意识到并切实履行自己的道德责任，而且必须承当行为的道德后果。对行为后果的道德责任的承当，就是客观的道德责任。客观的道德责任，就是对自己道德行为的善恶属性负责。对行为的善恶属性负责的现实具体的道德法则，就是"德"与"得"、"德"与"福"之间的因果关联。"得"与"福"，既是社会赋予、也是个体承担的行为善恶的道德后果。只有建立起这样的因果关联，才不仅在主观动机，而且在现实后果意义上担当自己的道德责任。

从伦理互动的意义上考察，主体的道德责任同时也是主体的道德权利。道德责任的担当，一方面要求对行为的"恶"承担"祸"的责任；另一方面也意味着对行为的"善"拥有追求"得"与"福"的权利。在因果运作的伦理互动中，既有对行为善恶的客观责任的承诺，也有对获得"回报"的预期。责任的承诺与回报的预期，构成善恶因果律运作中道德责任理念的双重内涵。这里，涉及目的伦理与责任伦理的分歧。按照成中英先生的观点，中国传统伦理，形成的是一种目的性的德性伦理精神，而西方伦理所体现的是一种分辨性的责任伦理品质。然而，"目的"如果不落实为"责任"，伦理就是抽象的理念；"责任"如果不上升为"目的"，只是外在的强制。前者使伦理丧失有效性，后者使伦理失去价值性。"目的性转化为责任性，目的性的德行也就转化为责任化的行为。责任行为具有内在的目的性，但却不具有目的性德行具有的最高目的指向意义。"①

综上所述，世俗性的、表面看来甚至渗透着某种宗教原理的善恶因果律，与伦理合理性之间内在着深层的必然关联。如果把"伦理合理性"理解为伦理自身的价值结构与价值原理的合理性、伦理的运作所造就的社会伦理实体的合理性、伦理对社会作用的有效性三方面，那么，善恶因果

---

① 樊浩：《中国伦理精神的历史建构》，江苏人民出版社1992年版，成中英序，第6页。

性既是伦理合理性的直接体现，又是伦理合理性的实现机制。正是通过因果律的运作，作为主观精神的伦理才有可能外化为合理的道德行为和具有现实效力的文明因子。

（四）宗教因果律的形上原理与道德魅力

与伦理一样，宗教履行文化功能必须透过"意义"世界的建立。宗教的意义世界具有特殊的原理。"意义的问题……乃是肯定或者至少承认无知、痛苦和人生不公正现象的不可避免性，同时又否定这些不合理的事情是整个世界的特征。正是借助于宗教符号系统，把人的生存范围与一个更广泛的范围（人的生存范围由之得到支撑的范围）联系起来，才能做出肯定和否定。"① 宗教的本性不在于否认世界的不完美性，而在于认为这种不完美不是世界的本性，在于通过某个能够支撑人生的"更广泛范围"（即彼岸世界）重建此岸世界的完美性。伦理秩序和伦理法则就是重建这种完美性的最重要的努力之一，其中，宗教伦理的因果律就是实现这种努力的最普遍也是最有效的法则。

在宗教的理解中，道德是人类升华的模式，也是神圣意志的某种体现，它表现人类的善的本性。但是，道德的最后完成，却有赖宗教的信仰。斯特伦把"自我"、"自我必定与之发生作用的他人"、"道德理想"，当作改变人类存在的三种不同的力量，它们构成一个"回路"。在这个"回路"中，仅有道德的努力是不够的，道德的努力必须建立在宗教的基础上，正如 J. E. 斯密斯所说："道德若不立于宗教之上，就不会有一种自我批判的原则或本质，因为严格说来它不具有超越性。道德本身属于这个超验之体，而这个超验之体则可评判道德。……如果一种生活不具备宗教的信仰，那么这种生活中的道德就既无保障也不完善。"② 不过，宗教学也发现，伦理道德必须与社会政治相结合，③ 在宗教的意识中，"道德、

---

① 罗伯特·鲍柯克等编：《宗教与意识形态》，龚方震等译，四川人民出版社 1992 年版，第 84 页。

② 转引自斯特伦《人与神》，金泽等译，上海人民出版社 1991 年版，第 208 页。

③ "把伦理、道德、正义结合在一起，一直是传统宗教表现形式的一个重要组成部分。"见斯特伦：《人与神》，第 209 页。

正义、权利这三者之间，有着牢不可破的联系。"① 只有借助这些社会的、政治的和文化的价值机制，宗教因果律才具有世俗基础和世俗世界的现实力量。

善恶因果律的宗教伦理法则，在佛教中得到最清楚的表现。佛教用"业报"表现德性与命运之间的因果关联，并通过"轮回"的人生延长，使"业报"具有永恒的现实性。"佛法认为，在从无限的过去延续到无限的未来的连续不断的生生流转中，人的所有行为作为业（善恶的行为）被刻印在生命深处。过去的业决定现在的命运，现在的业决定未来的人生。从而人被过去所作的业所规定。人现在如何生活，他有选择的自由，然而，人现在如何生活，就会把什么样的业积蓄在生命之中，这个业也就决定着人是否改变从过去承担下来的命运。"② 英国著名学者汤因比博士作过一个意味深长的比喻："业"像一个银行户头，里面储存着我们行为的伦理账。根据人的伦理行为，这个户头的存款会不断发生变化，这个"业的资产负债表"即使在人死后也会继续生效，它决定着未来的命运。③ 这就是所谓"因果报应"的观念。佛教把因果报应的理念"作为表明个人责任的更重要的因素。""业的理念实际上起到这样一种警告作用：如果人们现在不遵从道德要求，将来就会遭到报应。因此，在一定意义上，它具有社会控制的有效功能，或者说，它可使人们养成自制的能力。"④ 基督教关于人的行为的善恶属性和未来传动之间的因果关系的观念，具有同样的社会功能。传统基督教认为，人死后要在某地接受生前的德行的奖赏和罪过的惩罚。它的所谓"地狱之火"，就对人的行为的威慑力而言，与佛教的轮回报应具有同样的社会控制能力。"在那些时代，人们至少想知道自己在现实生活中的道德行为和非道德行为死后会带来什么直接后果。由于对这种极其现实问题的关心，使人们的自制力加强了，因此，也就起到了规范人们社会行为的作用。"⑤

由此，人们发现了伦理与宗教在行为的道德法则和生活的伦理逻辑方

---

① 斯特伦：《人与神》，第 187 页。

② 池田大作、B. 威尔逊：《社会与宗教》，梁鸿飞等译，四川人民出版社 1991 年版，第 86 页。

③ 同上。

④ 同上书，第 87 页。

⑤ 同上书，第 88 页。

面的惊人相通："在原因和结果之间，即在对人类的善与恶的态度以及由这种态度产生的结果之间，应该是均衡的。不论佛教与西方哲学这二者之间有多少的不同，但在道德律方面，却是大致相同的。"①　正是在这个意义上，"基于因果律的业报概念有着深层的魅力。"②

（五）善恶因果律的现实运作

作为理性尤其作为实践理性的法则，善恶因果律要在理论上和实践中得到贯彻，必须逻辑地解决四个问题，或者说面临四大难题。

第一，善恶的标准是什么？在一个社会中，善恶因果律要得到比较彻底的贯彻，首先必须作这样的假设：这个社会的主要成员对于善恶具有大致相同的价值判断。在一个价值多元的社会，善恶因果律即使得到贯彻，其结果也会截然不同。显而易见，任何社会在道德价值方面不可能彻底地实现一元，也不可能总是实现一元，因为道德从一个民族到另一个民族、从一个时代到另一个时代会变得完全不同；但同样明显的是，任何时代背景下的社会，都不可能彻底地价值多元，否则社会就会因为缺乏基本的价值基础而分崩离析。于是就会出现这样的情况：在一些基本的道德价值方面，善恶因果律具备贯彻和运作的前提，价值观的共性越多，善恶因果律运作的可能性越大；对那些存在巨大差异的道德价值来说，善恶因果律即使得到贯彻，也难以具备全社会的普遍性。善恶观念的相对性，造就了善恶因果律的具体性和历史性。

第二，什么是因果律之"果"？如前所述，用佛教伦理的术语表达，善恶因果律的原理是所谓"善恶报应"或"因果报应"，随之而来的问题是："报应"的"果"是什么？佛教认为人的一切生活际遇都是"果"，康德则把具有很大主观性的幸福与德性相对应，使之构成实践理性的二律背反，同时又把幸福定义为客观际遇与主观感受的统一，为悖论的逻辑解决埋下伏笔。应该说，把幸福作为因果律之"果"具有更大的合理性，因为生活际遇与幸福在相当程度上不只是客观实在，更重要的还是人的主

---

①　池田大作、B. 威尔逊：《社会与宗教》，梁鸿飞等译，四川人民出版社1991年版，第89页。

②　同上书，第89页。

观理解与价值认同的结果。

第三，因果链的长度。善恶因果律的相对性，不只表现在主体善恶观念的差异和人们对幸福的不同感受，还与主体在什么时候、什么境遇下建立德性与幸福的因果关联有关。一帆风顺的境遇中和荆棘丛生的境遇中人们关于善恶因果律运作的结论当然不同。因果链长度的模糊性，使人们对因果律的理解同样具有很大的相对性。一般说来，因果链在以下两种情况下建立：或者作为对人生的感受或体验；或者作为对与人的德性状况有着直接的和深刻的联系的某种结果的诠释。无论是体验还是诠释，都具有一定的整体性。正因为如此，善恶因果律与其说是德性与幸福之间内在的因果关联，不如说是人的道德信念的表现。因果律的存在，是因为人们相信，也是为了使人们相信：德性是获得幸福的必要条件。而之所以如此，归根到底，是因为社会需要建构所期望的德性。但是，正因为社会需要这种德性，正因为人们认同了这种德性，正因为这种德性是大多数人认同的价值观，人们对这种德性的评价本身就象征着一种社会力量和社会效果。社会的道德评价既是一种"果"，也会创造一种"果"。于是，善恶因果又不只是信念，而是现实，准确地说，它既是对道德价值认同的结果，又内在着使因果律成为现实的能力。

第四，在具体历史的社会中，德性与幸福之间是否事实上遵守善恶因果律的道德法则？换句话说，社会是否具有实现因果律的条件和能力？这是关于社会生活中善恶因果律的事实判断。显然，善恶因果律并不是在任何社会中都真实地存在，在同一个社会中，善恶因果律也不是自始至终存在。正因为它代表着道德的意义、价值以及主体对于道德价值的不同理解和认同，善恶因果律在不同社会中具有不同的存在方式。但有一点是肯定的，在具有相对稳定的主流价值的社会中，善恶因果律会得到也应当得到比较明显的体现。在这个意义上，可以把善恶因果律现实运作的状况作为判断一个社会的道德状况以及这个社会的道德合理性和道德能力的重要标尺。

如果把"伦理秩序"当作伦理与社会相交融的概念，那么从伦理—社会生态的意义上考察，造成伦理秩序紊乱的最深刻的根源之一，就是道德信仰的危机。从道德与现实生活之间不可分离的关系方面把握，道德信仰不只是对某种道德精神、道德价值的信仰，而且是对一定的伦理原理、道德法则、道德生活逻辑的信仰。这些原理和法则，是伦理展开和道德运作的过程中建立的伦理与社会、道德与生活的因果链环。在道德信仰的支撑下，人们相信，伦理的运行，一定会造就期望的社会；道德的践履，一定会有预期的响应。在特定历史时期，某种伦理发育越是成熟，这种因果链环就越是坚韧，因果作用力就越是巨大。当这种因果性作用力减弱甚至难以发挥作用时，就会导致伦理的无力，道德的无效。当人们不再相信这种因果链环的真实性和客观力量时，就导致道德信仰的危机。社会转型、文化冲突对社会生活的冲击，一定意义上是对伦理逻辑与道德预期的破坏，产生现实生活中道德因果律的中断，进而导致人们在信仰中对善恶因果律的怀疑。蔡元培先生在《中国伦理学史》中曾指出，道德信用的丧失与道德的虚伪，是造成魏晋时期道德混乱的重要原因。道德信用丧失的表征就是性善者罹祸，性恶者得福；道德虚伪，表现为统治者的行为及社会的道德说教与现实社会的道德行为、道德风尚的背离。善恶因果律的中断，既是转型时期如中国历史上的春秋战国时期，社会动荡时期如魏晋时期伦理紊乱的重要表征，也是行为失范、社会失序的重要伦理根源。

现实社会中的伦理危机，根源于道德信仰的危机；道德信仰的危机，根源于善恶因果律的中断或错乱。因果律的中断与错乱，对社会伦理生活的直接影响，是伦理的合理性与有效性的缺乏。合理性的缺乏，表现为德性与个体生活、社会生活相分离，甚至相背离；有效性的缺乏，表现为伦理对个体行为和社会生活缺乏干预力。转型时期伦理精神的价值合理性建构的突破口之一，就是在现实的社会生活与主体的道德信仰中，重建古老的道德法则——善恶因果律。

十七 个体至善与社会至善

伦理以善为主题。伦理的善在个体生命和自然社会中的价值合理性毋须确证。个体生命秩序如果缺乏伦理精神的引导，无疑将导致自我本性的沦丧。家庭是伦理性的实体，家庭伦理精神是自然伦理精神，其合理性无待追究。然而，一旦走出个体生命与自然社会，伦理精神便丧失先验神圣性，必须重新确证自己的价值合理性。自然社会的伦理精神如何转换为市民社会的伦理精神？从自然社会生长的伦理精神如何与市民社会形成有机的生态并获得价值合理性？基本课题是实现个体至善与社会至善的价值互动。

（一）"善"的两种逻辑向度及其历史传统

当对善的理论源头及其当代发展进行反思时，一个本以为十分确定的问题便模糊起来：善到底是什么属性的概念？是伦理学的，政治学的，抑或其他什么"学"的？

问题的解决有两种方法可供选择。一是辩证的、复归现实具体方法。按照这种方法，善就是善的存在，必须在其存在的真实状态中把握。二是学科抽象的方法。按照这种方法，先对善进行学科归类，认定它属于哪一学科，继而在这一学科的视野下进行考察和把握。

把善当作伦理学的概念，在伦理学的视野下考察善的本性，是关于善的研究的传统的也是基本的取向。美国伦理学家梯利认为，个人和社会的发展是至善，也是人类的目的。道德服务于作为最高理想的至善，并在某种程度上依赖于这个理想。至善是被人类普遍追求的东西，具有绝对的价值，因民族和时代的不同而殊异，因而不可能对至善给出一个详细的描述。① 日本伦理学家小仓志祥认为，善是道德的根本价值，也是伦理的价值，"善作为永远无上的价值，而且作为有伦理意义的价值，对于其他任何价值的应有样态来说，都理应独自被视为本原的伦理价值本身，或者被视为伦理价值的基础。"② 对许多伦理学家来说，善无疑是属于伦理学的概念。

关于善的理论源头和发展趋势的追踪，对善只属于伦理学的传统观念提出了严峻挑战。西方伦理学的最重要的理论源头是亚里士多德。在亚里士多德那里，善虽然是伦理学研究的对象，但在他看来，道德问题似乎更应该是政治学的部分，对于善，他不仅在伦理学的视野中，更主要的是在政治学的视野中进行考察。在《大伦理学》中，亚里士多德开卷就指出："既然我们的目的是要讨论有关伦理的问题，那么，首先就必须考察道德是什么知识的部分。简要地说，它似乎不应是其他知识的，而是政治学的部分。因为如无某种道德性质（我指的是，例如善行），一个人就完全不能在社会活动中有所行为；而善行就是具有德性。因此，如果某人要想在社会活动中有成功的行为，就必须有好的道德。可见，关于道德的讨论就似乎不仅是政治学的部分，而且还是它的起点，从总体上说，在我看来，这种讨论似乎应公正地被称为不是伦理学的，而是政治学的。"③ 他认为，善从属于道德，道德是政治学的部分，因而善归根到底是政治学的概念。不过，在亚里士多德那里，善又不只是政治学的概念，恰当地说，是具有政治学内涵的伦理概念，或具有伦理学意义的政治学概念，是伦理—政治一体化的概念。有必要提醒的是，亚里士多德的政治学概念和当今通用的政治学概念是有所区别的。在《尼可马可伦理学》中，亚里士多德着力讨论了两个基本的概念：德性与公正。这两个概念体现了亚里士多德伦理—政治一体化的视野。二者之中，德性可以视为主要是伦理学的概念，公正则兼具伦理学和政治学的性质。亚里士多德显然认为二者存在某种所属关系，因为他把公正作为最重要的德性，并且更多地在政治学的意义上

---

① 参见弗兰克·梯利《伦理学概论》，何意译，中国人民大学出版社1990年版，第182、185、184页。

② 小仓志祥：《伦理学概论》，吴潜涛译，中国社会科学出版社1990年版，第75页。

③ 亚里士多德：《大伦理学》第一卷，见苗力田主编：《亚里士多德全集》，第八卷，中国人民大学出版社1997年版，第241页。

考察公正问题。著名的希腊四德之所以把"公正"作为重要的德目，与这种伦理—政治一体化的视野有着密不可分的联系。现代西方伦理学，尤其是以罗尔斯为代表的正义论的伦理学，之所以把社会公正或正义作为伦理学和伦理精神建构的核心概念，在传统上就导源于亚里士多德。现代伦理学家们在对正义论的伦理学进行观照时，常常容易忘记：公正和正义在源头上主要是政治学而不是伦理学的概念。

中国伦理对善的理解也有相似的传统。在孔子那里，德性和善并不只从属于伦理学，最后同样从属于政治学。作为孔子伦理的理想价值的"礼"，就是一个伦理—政治一体化、以政治为最后指向的概念；而作为道德的理想价值的"义"，则兼具个体德性的"义"和社会伦理的"义"（既所谓公义）两个内涵。可以说，在中国传统伦理中，并没有自觉的伦理与政治严格区分的意识，中国传统伦理精神，本质上是一种伦理政治精神，是伦理—政治一体化的精神。① 当代中国伦理研究中公正问题的提出，一方面是西方伦理影响的表现；另一方面也在某种意义上表征着向伦理—政治一体化的传统回归的趋向。不过，中西方善的价值传统中伦理—政治一体化的源头及其现代发展，决不意味着在对善的研究和把握中要抛弃伦理学的视野。作为学科分工的结果，严格意义上伦理学的视野是学术研究与学术发展的必要阶段，代表着学术发展的进步，至今仍具有必要性与合理性。

综上关于善的概念的历史传统和现实发展的历史考察，演绎出的结论是：善，既不只是伦理学的概念，也不只是政治学的概念，而是伦理—政治一体化的概念，应当在伦理—政治一体化的视野下进行把握。

在源头和现代，为何善同时既是伦理学又是政治学研究的对象？善在何种意义上与正义相通并成为政治学的概念？显然，善不只是一种伦理理念，也不只是一种德性行为，而是代表一定民族和一定文化的价值判断与价值追求，代表对于合理的人类文明的理想追求。亚里士多德在论述善的同时，曾提出这样的问题："我们说的善，是在这个词的什么意义上？因为该词的含义不是单纯的。'善'这个词，或者指每一存在物中最好的东西，即由于它们自身的本性而值得向往的东西，或者指其他事物通过分有

---

① 参见樊浩著《中国伦理的精神》，台湾五南图书出版公司 1995 年版，第 47—59 页。

它而善的东西，即善的理念。"① 亚里士多德主要是在后者的意义上讨论善，但他在这里并没有明确指出"善"究竟对谁来说是最好的东西，是值得谁向往的东西。因为亚里士多德事实上在这样的前提下阐述善，这个前提是：城邦社会的合理性。在伦理学的发展中，人们一直没有放弃试图对善进行形上规定的努力。梯利认为，"我们可以用至善表示：人类认为是世界上最有价值的东西，它具有绝对的价值，正是由于它的缘故其他被意欲的一切才被意欲"。② 小仓志祥认为，伦理学意义上的善具有三个特性："第一，伦理的善无论在何时何地，都必须是有益的价值"；"第二，伦理的善是无制约的或根本的益处"；"最后，伦理的善，是结合来自自由主体并与自由主体的应有样态有关的精神作用而被认识到的益处。"③ 这些形上表述虽然可以导致一定程度的理论满足，但总难以使人对善有一个具体的和现实的理解。因为它没有回答这些问题：对谁有价值？对谁有益处？自由主体是谁？

只要对人的伦理生活进行具体的而不是抽象的把握就会发现，善的主体是二元而不是一元的。善的第一个主体是个体，即个体的善，其最高价值目标是个体至善，个体至善的实现是个体德性的造就。善的第二个主体是社会，即社会的善，其最高目标是社会至善，根据亚里士多德的理论，社会至善的实现必须透过社会公正或社会正义的追求。个体至善与社会至善当然有共通性，但在伦理的现实中二者之间的矛盾显而易见并深刻存在：个体至善的结果不一定能造就至善的社会，美国学者尼布尔的著作《道德的人和不道德的社会》已经以一个足以使世人震惊的命题提出警告；同样，透过正义而追求的社会至善也不一定具有个体至善的基础，麦金太尔《谁之正义？何种合理性》的究诘，已经向人们展示了正义的抽象性和虚妄性。也正因为如此，亚里士多德才把个体德性与社会公正同时作为伦理学的两个重要概念。亚里士多德所开辟的伦理的传统，在西方内在着两种可能的发展路向：一是伦理学视野下的德性论的传统；一是政治学视野下的正义论的传统。当代西方的所谓现代伦理与后现代伦理之争，在相当意义上就体现了德性论的传统和正义论的传统的冲突，表现出向亚

---

① 亚里士多德：《大伦理学》第一卷，见苗力田主编：《亚里士多德全集》，第八卷，第243页。

② 梯利：《伦理学概论》，中国人民大学出版社1990年版，第138页。

③ 小仓志祥：《伦理学概论》，第73—74页。

里士多德回归的趋向。

从亚里士多德到罗尔斯，为什么要把公正、正义的概念引进伦理学？公正、正义在何种意义上成为伦理学的范畴？亚里士多德一方面认为"公正自身是一种完全的德性"，"公正不是德性的一个部分，而是整个德性"；① 另一方面又提醒"不应忘记，我们所探求的不仅是一般的公正，而且是政治的或城邦的公正。"② 公正、正义，只是在作为达致社会至善必要条件和价值前提的意义上，才作为伦理学的范畴。准确地说，不是公正、正义概念本身，而是因为它们是社会至善的必要条件和具体体现，才成为伦理学的范畴。对伦理价值来说，最根本的概念是社会至善，而不是社会公正。一旦把公正、正义引进伦理学，就标志着伦理学突破自身，与政治学合为一体。这样，善就具有伦理—政治的双重属性，成为个体与社会一体化的概念。如果说，个体至善是关于个体生命秩序的价值合理性的概念，社会至善就是关于社会生活秩序的价值合理性的概念。把善的主体只理解为个体，在认识上的根源就是个体道德与社会伦理的混同。在这种混同下，社会至善被当成是个体至善的代数和。

由于善具有两个价值主体，在文化设计的价值和精神生长的价值指向方面，就逻辑地存在两种可能性：或是侧重个体至善，或是凸显社会至善。这两种可能性逻辑地和历史地开辟出伦理精神的两个传统：以个体至善或个体德性为本位的伦理精神传统；以社会至善或社会伦理为本位的伦理精神传统。二者并不相互排斥，只是依循不同的逻辑。前者的逻辑是：只要每个社会成员都至善，人人都为尧舜，那么，社会自然也就至善；后者的逻辑是：社会至善了，个体必然至善，不是个体至善是社会至善的条件，而是社会至善是个体至善的基础。前者是以修养论为核心的中国伦理精神传统；后者是以正义论为表征的西方伦理精神传统。二者可以视为同一价值源头的逻辑演绎和历史展开。对其中任何一个传统作抽象的评价都可能导致非合理性，因为作为相互包容的文化设计和价值选择，两种传统的最大的特色及其现实性，是在此基础上建构的不同伦理精神生态。使两种伦理传统及其价值合理性产生根本区别的，不是个体至善或社会至善的

---

① 亚里士多德：《尼可马可伦理学》，见苗力田主编《亚里士多德全集》第八卷，中国人民大学出版社 1997 年版，第 96、97 页。

② 同上书，第 107 页。

不同取向，而是在这两种价值取向下所形成的伦理精神生态。中西伦理精神各自具有的合理性和局限性，两种伦理精神传统的冲突，存在于它们的特殊文化、社会生态之中。

双重主体（个体与社会），不仅使人们对善的判断具有不同的价值标准（个体道德的和社会伦理的），而且，无论是个体的善还是社会的善，都是内在着难以克服的价值悖论：基于个体的善，如果个体的善直接导致并等同于社会的善，社会的恶从何来？如果个体的善会滋长他人或社会的恶（在现实社会生活中，这种情况在客观上是普遍存在的），那么，善又如何确证自身？如果不以个体至善为基础，社会至善何以获得和证明？如果至善以个体为基础，善的个体为何难以造就现实的善的社会？个体至善与社会至善的逻辑与历史的悖论，构成中西方伦理精神的矛盾运动的内在根据。两种不同向度的善的价值冲突的结果和发展趋势，是伦理不断走出自身的抽象，达到与社会的一体化。

个体至善与社会至善的关系及其相互冲突，显然不是一个单纯的伦理学问题。因为在伦理学中无力解决社会至善，也无力真正现实地解决个体至善的问题；同时也不是一个单纯的政治学问题，因为在价值体系中，善应当成为伦理的价值目标。个体至善与社会至善的矛盾本质上是一个伦理—社会的关系问题，是伦理—社会一体化的问题，或者说，善本来就是伦理—社会一体化的概念。善的合理性根据，存在于伦理—社会生态之中，存在于自然社会—市民社会—政治社会的伦理精神的生态整合和生态互动中；个体至善与社会至善的价值冲突和辩证互动的结果，就是伦理—社会生态的合理建构。

（二）20世纪"善"的理念的价值冲突及其辩证发展

以个体至善与社会至善的区分为依据，20世纪伦理学先后出现三种关于善的价值理念，这就是：人格的善、正义的善、美德的善。三种理念的价值冲突，从理论上折射出伦理精神发展的辩证轨迹，对伦理精神的价值合理性的现代建构，具有重要的资源意义。

[a. 人格的"善"]　无论从逻辑的还是历史的角度考察，人格的"善"都是关于善的价值理念的基本内涵和善的最初形态。在历史发展中，人格的善可以被看作是由自然社会中生长出来的重要的"自然伦理

精神"之一，在自然社会中具有不证自明的合理性。因此，在伦理学理论和道德实践中，人格的善总是首先被引起重视并获得广泛认同。各种伦理理论和善的理念的根本分歧，不在于是否将人格的善作为善的基础，而在于人格的善在善的价值体系中的地位，在于如何获得价值合理性。

亚里士多德曾对善作过各种规定，认为善最后只有在政治社会中才能得到真正的落实，但他事实上也把人格的善或德性作为善的基础。这一观点体现在以下理论的演绎中：最好的善是幸福，获得最好的善的条件是德性。"幸福应存在于按照德性的生活中。既然最好的善是幸福，而在实现中的它又是目的和完满的目的，那么，如若按照德性而生活，我们就会有幸福和最好的善。"①

在20世纪的伦理学家中，对"善"的本性探讨得最系统并给人格的善以最重要的地位的，是日本伦理学家西田几多郎。在《善的研究》中，他依据意志的目的性说明善和善的行为，认为，"所谓善就是我们的内在要求即理想的实现，换句话说，就是意志发展的完成。"② 善的本性不是压抑人的要求，相反，而是使它们获得最大和最合理的实现，在这个意义上，善的文化实质就是自我发展的完成。③

作为生命的存在，人的要求是多方面的，究竟满足了人的要求的哪一个方面才是最高的善呢？善是一个完整意义上的概念，"我们的善，并不是指仅仅满足了某一种或暂时的要求说的，而是一个要求只有在同整体的关系上才能成为善。"④ 于是就需要一种控制人的意识的统一力，这种统一力就是人格。⑤ 人格统一了内在杂多的意识，是知、情、意的统一，其

---

① 亚里士多德：《尼可马可伦理学》，见苗力田主编《亚里士多德全集》第八卷，第250—251页。

② 西田几多郎：《善的研究》何倩译，商务印书馆1965年版，第107页。

③ "意志的发展完成，立即成为自我的发展完成，因而可以说善就是自我的发展完成（self-realization）。也就是说，我们的精神发展出来各种能力，能达到圆满成熟的就是最高的善（即亚里士多德说的圆满实现（entelechie）就是善）。"见西田几多郎：《善的研究》，第109页。

④ 西田几多郎：《善的研究》，第111页

⑤ "如果在这里把这种统一力定名为每个人的人格，那么善就在于这种人格，亦即统一力的维持发展。"见西田几多郎：《善的研究》，第113页。

中没有主客体的对立。① 善的行为，就是"一切以人格为目的的行为"。②
善是一种伟大的人格力量。人格是一切价值的根本，具有绝对的价值。③
西田几多郎的结论是："一言以蔽之，所谓善就是人格的实现。"④

　　西田几多郎特别强调，个体的善是一切善的基础，但个体的善与私欲
不可同日而语，必须把个人主义与利己主义相区分："利己主义是以自己
的快乐为目的的，也就是所谓任性。个人主义则同它恰恰相反。每个人都
逞纵自己的物质欲望，反而是消灭个性。"在个人主义看来，个体与社会
并不冲突，"只有生活在一个社会里的每个人都能充分地活动，分别发挥
他们的天才，社会才能进步。忽视个人的社会决不能说是健全的社会"。⑤
自我是社会性的自我，个人是社会自我的表现。个体的一切，知识、道德
等等，都具有社会意义，杰出的个体，就是"发挥了社会意识的深远意
义的人"，人的社会性随人格的成长而成长。⑥ 善的最高境界是所谓"完
整的善行"，完整的善行既是内在道德自我的建构，又具有最健全的社会
性，从而具有最大人格力量的人。"我们在内心锻炼自己，达到自我实
体，同时在外部又产生了对人类集体的爱，以符合最高的善的目的，这就
叫完全的真正的善行。"⑦ 这种完整的善行，既非常艰巨，又完全可能，
在不断追求和进取中造就出伟大人格。"无论多么小的事业，如果这个人
能够始终以对人类集体的爱情（此处"情"字疑为笔误——编者）去工

---

　　① "人格既不是单纯的理性，又不是欲望，更不是无意识的冲动，它恰如天才的灵感一样，
是从每个人的内部直接而自发地进行活动的无限统一力（古人也说过，道不属于知或不知）。"
见西田几多郎：《善的研究》，第 113 页。

　　② 西田几多郎：《善的研究》，第 114 页。

　　③ "人格是一切价值的根本，宇宙间只有人格具有绝对的价值。我们本来就有各种要求，
既有肉体上的欲望，也有精神上的欲望；从而一定会有财富、权力以及知识、艺术等各种可贵的
东西。但无论是多么强大的要求或高尚的要求，如果离开了人格的要求，便没有任何价值；只有
作为人格要求的一部分或者手段时才有价值。富贵、权力、健康、技能、学识等本身并不是善，
如果违反人格要求时反而会成为恶。因此所谓绝对的善行必须以人格的实现本身为目的，即必须
是为了意识统一本身而活动的行为。"见西田几多郎：《善的研究》，第 114 页。

　　④ 西田几多郎：《善的研究》，第 122 页。

　　⑤ 同上书，第 118—119 页。

　　⑥ "与其说是我们由于自己的满足而满足，毋宁说是由于自己所爱的东西以及自己所属的
社会的满足而满足。""随着自我的人格越来越伟大，自我的要求也越来越成为社会性的要求。"
见西田几多郎：《善的研究》，第 120 页。

　　⑦ 西田几多郎：《善的研究》，第 125 页。

作，就应该说他是正在实现伟大的人类人格的人。"①

综上所述，西田几多郎以人格为善的核心，认为善就是人格的实现。虽然他认为人格和善都具有社会性的内涵，要求将个体的善上升为社会的善，但是，个体人格的善始终是他的至善论的根本。中西方伦理精神关于善的传统的重要区别，内在于善的两个逻辑主体之间的价值冲突，不在于要不要达到社会的善，而在于如何达到社会的善，在于个体至善与社会至善之间的关系。西田几多郎显然怀着韦伯所指出的儒家式的乐观态度对待二者间的关系，认为个体只要扩充自己人格的善，就能达到社会的善，或者说，社会的善就是个体善的扩充。这种思路，就是《大学》所说的"明明德"—"亲民"—"止于至善"的推扩个体的善之本性的思路，也是《中庸》所说的由"尽己之性"到"尽人之性"，再到"尽万物之性"，最后"赞天地之化育"，"与天地参"的天人合一的境界。在这里，个体的善与社会的善之间不存在太多的紧张，二者的统一是善的扩充、生长的自然结果。显然，由这种善的人格所造就的社会，逻辑上可能是一个圣化的社会，但却不是现实的社会。在现实生活中，可以依循这样的原理造就个体人格，但善的人格运作的结果，很可能并不是善的社会。原因很简单，现实的社会不是一个伦理化的社会，至少不完全是一个伦理化的社会。西田几多郎和中国传统儒家一样，在个体至善和社会至善的关系中指出了一条道德理想主义的路，它是一条诱人的路，遗憾的是，不是一条现实的路。

[b. 正义的"善"]　　《善的研究》初版于1911年，20多年后即1932年，西田几多郎人格善的道德理想主义梦想，被美国学者莱茵霍尔德·尼布尔的警世之作碾碎。尼布尔以令世人震惊的标题提出一个严峻的问题：道德的人与不道德的社会。

尼布尔对个体道德与群体道德作了严格区分，指出二者之间既有联系又有差异，"如果不能正确认识二者间的差异，用个体道德去规范群体行为，或反过来仅用群体道德要求个体，都可能造成道德的沦丧，无助于解决社会问题和消除社会不公正。"② 他认为，人的本性中有自私和非自私

---

① 西田几多郎：《善的研究》，第125页。
② 尼布尔：《道德的人与不道德的个体》蒋庆译，贵州人民出版社1998年版，中译本序，第4页。

两种冲动，后者使人有一种利他的倾向。相比之下，社会群体却主要表现出利己的倾向，因为群体的利己主义和个体的利己主义纠缠在一起，只能表现为一种群体利己的形式，因而群体道德低于个体道德。解决这一问题必须通过宗教信仰、人类理性和社会强制三个途径实现，其中理性伦理的建构是核心。理性伦理追求社会公正，力图平等地考虑他人的需要和自己的需要之间的关系，努力在个人利益和他人利益、个人利益和社会利益之间达成平衡与和谐。① 尼布尔"对人类社会中所存在的问题进行现实的分析，揭示出这样一个长期存在并且表面上看是难以调和的冲突，即社会需要和敏感的良心命令之间的冲突。这一冲突可以最简要地概括为政治和伦理之间的冲突。由于道德生活有两个集中点，故而使这一冲突不可避免。一个集中点存在于个人的内在生活中，另一个集中点存在于维持人类社会生活的必要性中。从社会角度看，最高的道德理想是公正；从个人的角度看，最高的道德理想则是无私。"②

　　于是，关于善的理念，关于个体的善与社会的善的关系，在道德理想主义之外，有必要考察另一种传统或另一种思路，这就是作为社会正义或社会公正的善。

　　如前所述，在亚里士多德的体系中，正义或公正被赋予十分重要的地位。他把正义作为政治学意义上的善。"政治学上的善就是'正义'，正义以公共利益为依归。"③ 亚里士多德的公正论对日后西方伦理的影响，三个方面特别值得注意。第一，他认为，在各种德性中，公正是最主要的，是一种完全的德性，是一切德性的总汇。④ 第二，公正有两种最主要的表现：守法和均等，⑤ 公正就是一种中庸之道。⑥ 第三，他特别强调，"我们所探求的不仅是一般的公正，而且是政治的或城邦的公正。"⑦ 亚里士多德把公正作为伦理学的重要范畴，并在政治学的意义上加以把握的方法，在日后西方伦理的发展中形成一种传统。罗尔斯的正义论在某种意义上可以看作是这一传统的现代演绎。

---

① 参见尼布尔《道德的人与不道德的个体》，中译本序，第4—8页。
② 尼布尔"《道德的人与不道德的个体》，第201页。
③ 亚里士多德：《政治学》，吴寿彭译，商务印书馆，1997年版，第148页。
④ 见《尼可马可伦理学》第五卷，《亚里士多德全集》，第八卷，第96页。
⑤ 同上书，第98页。
⑥ 同上书，第106页。
⑦ 同上书，第107页。

约翰·罗尔斯发现，"伦理学的两个主要概念是正当和善。我相信，一个有道德价值的人的概念是从它们派生的。这样，一种伦理学理论的结构就大致是由它怎样定义和联系这两个基本概念来决定的。"① 在罗尔斯的体系中，"正当"与"正义"有区别也有联系，"正义"是"正当"的一个子范畴，是用于社会制度时的"正当"。罗尔斯规定，正义的对象是社会的基本结构——即用来分配公民的基本权利和义务、划分由社会合作产生的利益和负担的主要制度。所以，"正义"原则根本上与社会制度紧密关联。"一个组织良好的社会是一个被设计来发展它的成员们的善并由一个公开的正义观念有效地调节着的社会。因而，它是一个这样的社会，其中每一个人都接受并了解其他人也接受同样正义原则，同时，基本的社会制度满足着并且也被看作是满足着这些正义的原则，在这个社会里，作为公平的正义被塑造得和这个社会的观念一致。"② 在罗尔斯看来，社会的善是正义，正义的标准是平等，设计一种正义的社会制度就是要使其最大限度地实现平等。在这种情况下，"正义观念和善观念就是一致的，正义理论也就在总体上是和谐的。"③ 在伦理学中，善与正义、正当具有内在的一致性。 "要构筑道德上的善概念，必须借助于正当和正义的原则。"④

显而易见，罗尔斯关于正义的"善"的理念有两个基本的特点。第一，他所说的善，主要是社会制度的善，是政治社会或伦理—政治社会生态中的善，至于所谓正义的善是否适用于自然社会甚至市民社会，则有待进行价值合理性的追究；第二，他所讨论的制度的善或正义，显然缺乏至少忽略了个体人格的善或个体德性的善的基础。

[c. 美德的"善"] 罗尔斯试图以正义扬弃人格善的抽象性，由对个体至善的追求转而对社会至善的追求，然而，他并没完成这一任务，只是由一种抽象达到另一种抽象，由抽象的个体至善达到抽象的社会至善。

---

① 约翰·罗尔斯：《正义论》，何怀宏等译，中国社会科学出版社1988年版，第21页。
② 罗尔斯继续写道："而且，一个组织良好的社会也是由它的公开的正义观念来调节的社会。这个事实意味着它的成员们有一种按照正义原则的要求行动的强烈的通常有效的欲望。由于一个组织良好的社会是持久的，它的正义观念就可能稳定，就是说，当制度（按照这个观念的规定）公正时，那些参与着这些社会安排的人们就获得一种相应的正义感和努力维护这种制度的欲望。"见约翰·罗尔斯：《正义论》，第441页。
③ 约翰·罗尔斯：《正义论》，第443页。
④ 同上书，第390页。

另一美国学者阿拉斯戴尔·麦金太尔敏锐地发现了潜在于罗尔斯正义论中的局限，提出了关于善的第三种理念——美德的善。

麦金太尔以"谁之正义？""何种合理性？"两个追问揭示了罗尔斯正义论的伦理学的深刻矛盾。指出，在各种文化体系和社会生活中，存在着"诸种对立的正义和互竞的合理性"，"在当代各社会内部，相互争论的各个个体和群体对此提出了种种选择性的、互不相容的回答"。① 这种情况使人们无法对正义作出解释。要了解什么是正义，首先必须了解实践合理性的要求是什么，然而关于实践合理性的一般本性和特殊本性同样是多方面的和争论不休的。关于正义和实践合理性的解释，都以某种党派性的假设为前提。"我们寄居于一种文化中，在该文化中，一种无法达到对正义和实践合理性本性的一致合理正当结论的无能性，与那种把相互竞争的社会归于相互对立和冲突的、得不到合理证明支持的确信上的求助是共同存在的。"② 因此，他认为，关于正义和实践合理性的争论必须在公共领域里处理。启蒙运动以理性代替传统的权威，努力寻找正义和实践合理性普遍标准，这当然是一个了不起的进步。但是，启蒙运动使人们在大多数情况下盲目无知，因为它把社会与文化的特殊性当作理性的偶然，事实上，合理性完全是一个历史的概念，它与正义一样，不是惟一的，而是多样的。③ 他认为，共同善的基础不在于契约和道德规范的周全，"而在于人们对自身传统和历史联系的认同，在于具有善品质和正义美德的个人对道德共同体的理解、认同、确信和忠诚。"④ 由此，他宣告了那种寻找普遍的、非人格的、公度性的价值标准的现代性伦理的失败，认为，只有通过对历史和传统的连续性解释，才能理解道德。⑤ 同时提出了一个解决问题的办法，这就是回到亚里士多德的美德伦理传统。⑥

---

① 阿拉斯戴尔·麦金太尔：《谁之正义？何种合理性？》，万俊人等译，当代中国出版社 1996 年版，第 1 页。

② 阿拉斯戴尔·麦金太尔：《谁之正义？何种合理性？》，第 7 页。

③ 罗尔斯的原话是："所以，合理性——无论是理论的合理性，还是实践合理性——本身是带有一种历史的概念；的确，由于有着探究传统的多样性，由于它们都带有历史性，因而事实将证明，存在着多种合理性而不是一种合理性，正如事实也将证明，存在着多种正义而不是一种正义一样。"阿拉斯戴尔·麦金太尔：《谁之正义？何种合理性？》，第 12 页。

④ 阿拉斯戴尔·麦金太尔：《谁之正义？何种合理性？》，译者前言，第 21 页。

⑤ 参见阿拉斯戴尔·麦金太尔《谁之正义？何种合理性？》，译者序言，第 10 页。

⑥ 阿拉斯戴尔·麦金太尔：《谁之正义？何种合理性？》，第 12 页。

　　麦金太尔建构的既不是传统意义上的人格的善，也不是现代主义的正义的善，而是体现后现代主义精神的美德的善。① 如果说，人格的善的指向是个体的善，正义的善的指向是社会的善，那么，美德的善便试图在美德中统摄个体的善和社会的善。正如麦金太尔所试图做的那样，美德的善是向亚里士多德的古典伦理精神的复归。"在古希腊，正义原本有着两种不同的却又是相互联系的概念，即作为美德的正义概念与作为规则的正义概念。而且，它首先是作为美德的概念而出现的。"② 作为一种社会的道德规则，正义表示对社会的有效性规则的服从和践行，即遵循正义规则的品质；作为个体完善的概念，正义表示一种个体的美德品质。"正义和合理性不仅是外在的规则和秩序，而且更重要的是人的一种内在能力和品质或美德。""这样理解的美德既是人格内在化的品质，也是社会实践性的品质"。③ 麦金太尔的结论是：德性是善的必要条件。"如果不参照德性，我们就不能恰当描述人类的善。"④

　　麦金太尔以美德论扬弃正义论，应该说在西方伦理精神的发展中具有内在合理性。他在实践的意义上规定美德，把美德看作是传统发展的必然结果，并在人的整体性的意义上把握美德，显然赋予伦理的善更多的、也是更具体的价值意义。在某种意义上，美德论是对正义论的伦理精神的抽象性和外在性的扬弃，它赋予价值主体以更大的整体性，也赋予伦理精神以更大的价值合理性。但是，美德论并没有像作者所期望的那样，真正解决或完全解决西方现代性伦理精神中的价值难题。麦金太尔主张回到亚里士多德，但努力的最后结果，并没有也不可能真正达到这一目标。因为，一方面，古希腊的亚里士多德并不能解决西方社会由现代伦理向后现代伦理转化中的问题，更不可能解决所有问题，亚里士多德对西方后现代伦理

---

　　① 在先于《谁之正义？何种合理性？》出版的《德性之后》一书中，麦金太尔已经对他的美德的善进行了建构。麦金太尔建构的美德具有三个方面的规定性：内在于实践；内在于个人生命和生活的整体；内在于传统。（参见阿拉斯戴尔·麦金太尔《德性之后》译者前言，第18—22页。）这三个方面都体现了他的后现代主义的立场和视野。美国学者大卫·雷·格里芬认为，后现代精神有三个特点：强调内在关系的实在性；有机主义；新传统主义。麦金太尔所规定的美德的三方面的规定性，正体现了这三个特点。（参见大卫·雷·格里芬编《后现代精神》，中央编译出版社，第21—27页。）

　　② 阿拉斯戴尔·麦金太尔：《谁之正义？何种合理性？》，译者序言，第16页。

　　③ 同上书，第18页。

　　④ 阿拉斯戴尔·麦金太尔：《德性之后》，第188页。

精神发展的意义，在相当程度上是后现代伦理学家们对其历史文本和作品文本"解释"与"理解"的结果；另一方面，在亚里士多德那里，善不仅在德性和正义的双重意义上被论述，而且在政治学和伦理学的双重视野下被观照，其中政治学的视野比伦理学的视野更具有现实性，因此，如果没有伦理—政治的视野，麦金太尔要回到亚里士多德是困难的。在这个意义上，麦金太尔是否应该、是否能够回到亚里士多德，美德论能否解决西方伦理精神由现代性向后现代性转化的课题，都难以获得真正的证明。

（三）"善"的价值互动及其合理生态

以上考察了关于善的三种价值形态或价值取向：人格的善、正义的善、美德的善。在一定意义上，它们构成现代伦理发展中关于善的价值取向的否定之否定的辩证运动。这三种善的理念，不仅是在 20 世纪的伦理学研究中依次出现的、体现学术发展大势的三种形态，不仅代表关于善的三种不同价值取向，而且同时存在于现代伦理精神的价值结构中，在全球化的文化趋势下，三者构成中西方伦理精神之间以及中西方伦理精神内部的价值冲突。

从伦理精神发展的趋势来看，将正义论引入伦理学，成为伦理学理论和伦理精神发展的重要趋向。这种趋向反映了伦理精神由传统的、追求个体至善的人格主义伦理，向追求社会至善的正义论的伦理的重大转化。但是，从理论上说，人们不能期望正义论可以真正解决伦理精神的社会合理性问题。因为，第一，正义本质上是一个政治学的范畴，在伦理的范围内很难解决什么是正义，以及如何实现正义的问题。而且，正如亚里士多德所发现的，正义本身在相当多的情况下只具有规则的合理性，正义的标准在相当多的情况下是相对于规则而言的，因此，正义论的伦理必须有一个前提，这就是社会的合理性。正义的合理性前提是：只有社会是合理的，按照社会要求所提出的规则才是正义的；只有规则是正义的，按照规则所做出的行动才具有正义性。由于人们一般只是在规则的而不是价值合理性的意义上理解和使用正义的标准，正义的伦理准则的运作在逻辑上就会产生以下结果：正义的提出本来是对社会的批判和对社会合理性的建构，然而，由于关于正义的规则、正义规则的合理性存在于现实社会之中，因而正义论的伦理精神运作的结果，恰恰是对现存社会的维护。最后，正义的伦理的本质并不是真正追求社会至善，而是论证和维护了一个被伦理先验地认定已经是至善的社会。这样，正义论的伦理精神就有可能从一种批判性的品质转换为保守性的品质。在古希腊，亚里士多德的正义论就是对古希腊城邦社会合理性的论证。第二，正如麦金太尔所指出的那样，在现实的社会和多元的文化中，存在多种正义的主体和正义的标准，也存在多种合理性，因而正义和合理性本身并不统一，它们本质上不仅是传统的，而且是民族的和时代的，关于正义及其合理性的所谓普遍的、超越于各种社会和各个民族之上的理念和标准事实上并不存在。第三，如果认为正义论的伦理精神以对社会至善的追求为取向和目标，那么，社会的至善无论在理论上还是现实中都必须以个体至善为前提，没有至善的个体，很难设想有至善的社会。在理论上，人们同样不可能设想在规则合理性的基础上可以造就至善的个体，因为，在合理性的建构中，规则只是工具理性，不仅规则本身的合理性有待论证，而且即使完全忠实地践履规则的主体也很难称为至善的主体。原因很简单，它只是规则主体，而不是价值主体，表现的是规则的主体性，而不是价值的主体性。至善社会的造就，离不开德性的个体，正义论的伦理是西方理性精神尤其是工具理性精神发展的产物，正是发现了这种精神的内在缺陷，麦金太尔的美德论的伦理才有历史的合理性。基于以上三个方面的原因，不能期望正义论的伦理能够解决中国伦理精神的现代转换尤其是价值转换的问题。正义在中国伦理精神现代转换中的地位，只能作为传统伦理精神的一种辩证否定，不能作为中国伦理精神现代转换的出路。企图以正义论解决伦理精神的现代发展问题，就像企图以人格论解决中国社会的伦理问题一样，只能是一个道德理想主义的梦想。

　　如何解决现代伦理精神发展中的"善"的价值冲突？中西方民族的特点，现代性与后现代性的划分当然是两个十分重要的纬度。但是，在开放的社会中，民族性在不断的对话中也会被赋予了全球性的内涵：现代性与后现代性的划分，在相当意义上只是对伦理精神发展过程的一种历史性和阶段性的把握，并不具有最后的和绝对的意义。作为伦理精神的价值指向的"善"，本质上是一种生态性存在。冲突中的各种善的取向的最根本的区别，是善的价值生态的区别。从伦理的文化功能和文化取向方面考察，任何伦理精神，包括中国的和西方的、传统的、现代的、后现代的，个体至善与社会至善都是它的目标，只是由于伦理精神生态的不同，在善

的取向方面有所侧重，准确地说，由于善的生态不同，善的价值追求具有
不同的着力点和逻辑起点。人格的善、正义的善、美德的善，都有各自的
价值生态。人格的善之所以被称为人格的善，不是由于它不追求社会的
善，而是由于它把人格的善作为实现社会的善，从而最后达到至善的基
础。中国传统儒家伦理之所以要求推扩个体善的本性，之所以要求己立立
人，己达达人，就是试图由个体的善达致社会的善，只是在这个生态中，
个体的善是着力点，它试图通过修身养性的一系列步骤，由个体道德走向
社会伦理，最后达到社会至善，但是，在以个体至善为着力点的传统伦理
精神的价值生态中，社会至善并不具有真正的现实性，因为一旦追求社会
至善，就不只是一个伦理问题，而是一个政治问题，至少是与现实政治秩
序和制度安排相关联的问题，因而在抽象的伦理学视野和单一的伦理努力
中无法真正地实现。正义的善、美德的善也是如此。正义的善可以看作是
以社会的善为着力点，以社会正义为突破口的善的价值生态；美德的善是
以美德为着力点，包容人格的善和正义的善，又超越这两种善的价值
生态。

　　价值冲突中的伦理对话，是人格的善、正义的善、美德的善三种生态
之间的对话，因而价值冲突也只有通过生态的努力才能解决。伦理精神的
价值合理性的建构，关键是合理的善的价值生态的建构，着力点是个体至
善与社会至善辩证互动的价值生态的建构。由于个体至善与社会至善，本
质上关联着个体与社会、伦理与政治，关联着自然社会、市民社会、政治
社会三大社会领域，因此，善的价值生态的建构有赖于合理的伦理—社会
生态的建构。如果以个体至善—社会至善的辩证互动和良性循环为生态目
标，那么，善的自我生长和自我否定的能力，就是善的价值生态的基本品
质。依据这样的目标，善的价值生态，既不是抽象的人格，也不是抽象的
正义，毋宁说是具有价值内涵的正义和体现正义要求的人格的结合。这
样，才能使个体的善和社会的善互为前提，互为基础，从而实现个体至善
和社会至善的辩证互动和良性循环。这种价值生态以伦理—社会的生态属
性和生态性存在为前提，又促进伦理—社会生态的合理、现实的建构。可
以说，现代中国伦理精神所建构的善的价值，既不是人格论的，也不是正
义论的，又不是美德论的，而是以伦理—政治一体化为视野、以个体至善
与社会至善为价值结构、以个体至善和社会至善的辩证互动和良性循环为
价值目标的伦理精神生态。现代中国伦理建构的主要任务是现代化，但西

方后现代伦理发展中提出的问题，也具有极为重要的借鉴意义。这种意义，在西方研究后现代主义的学者格里芬的一段话中得到很好的体现："我的出发点是：中国可以通过了解西方世界所做的错事，避免现代化带来的破坏性的影响。这样做的话，中国实际是'后现代化了'。"[①]

---

① 大卫·雷·格里芬编：《后现代精神》，译者前言，第20页。

十八　道德精神与法律秩序

　　道德与法律的价值整合，是伦理精神的实践合理性确证的第二个课题。在伦理—社会生态中，道德—法律价值整合的意义，在于为市民社会的伦理精神的社会合理性提供价值逻辑，推动市民社会的伦理精神向政治社会的伦理精神辩证发展。

　　伦理精神由自然社会进入市民社会，实践合理性的价值原理发生了深刻变化。市民社会的重要原则是：每个人都是个别而独立的存在，但每个个别性的存在必须透过他人与社会而得到肯定。"具体的人作为特殊的人本身就是目的；……每一个特殊的人都是通过他人的中介，同时也无条件地通过普遍性的形式的中介，而肯定自己并得到满足。"[①] 人的需要的特殊性与需要满足形式的普遍性，是市民社会的基本矛盾。在人类文明体系中，这一基本矛盾的解决有两大文化机制：道德与法律。市民社会中伦理精神的实践合理性，市民社会的伦理精神向政治社会的伦理精神过渡的实践合理性，必须实现道德与法律的价值整合。

（一）　法哲学视域中的道德与法律

　　道德与法律、德治与法治的关系问题，从根本上说是一个方法论和价值观难题。也许，在任何一种"学科"的立场上，这一难题都难以真正解决。道德与法律是不同的意识形态，德治与法治是不同的治国理念，二者之间关系的真理，有待关于社会文明的有机性、整体性思考和形上追究。这种思考和追究的形上形态，就是法哲学的辩证体系。

　　法哲学的辩证体系与辩证结构潜在于"法"的本性之中。什么是法？

---

　　① 黑格尔：《法哲学原理》，范扬等译，商务印书馆1996年版，第197页。

试图对"法"这样的基本概念进行简洁而准确的规定显然是困难的，把"法"当作概念进行诠释和分析，不如将它当作理念。理念的特性是什么？黑格尔说，理念是一门学科的理性。其实，在法哲学的把握中，理念更是意志的理性、行为的理性。法与财产的关系以及由此产生的权利义务关系、与人的意志及其自由、与人的行为及其合理性、与社会秩序及其合理性等问题密切相关。①法的精神、法哲学的辩证体系逻辑和现实地统摄并贯通这些方面，贯通并统摄与这些方面相对应的诸种意识形态。因此，无论法哲学的体系如何具有文化个性，它总在一般意义上具有几个基本结构，这就是道德、伦理与法律。在法哲学的视域下，"法"与"法律"存在本质差异。"法"比"法律"更深刻，既把法律作为自身体系的一部分，又为之提供价值根据。法哲学的深层结构是道德精神和伦理秩序，正因为这一结构的存在，人的自由意志和社会秩序才被赋予价值合理性。在一定意义上可以说，法哲学的体系，就是关于道德、伦理与法律的辩证关系，以及在此基础上形成的人的行为和社会秩序的价值合理性的体系。

可以为道德与法律的辩证整合提供思想和学术资源的是黑格尔的法哲学体系。通过扬弃黑格尔的法哲学体系，可以为道德与法律的价值整合从逻辑、历史和现实诸方面提供理论参照。

在《法哲学原理》中，黑格尔将法的理念的发展当作法哲学研究的对象，透过概念的自我运动，阐发法的理念。他的法哲学体系包括三大部门或环节，即：抽象的法、道德、伦理。三者都是特定的法，它们的发展，形成法的由低级到高级，由抽象到具体的辩证运动。②"抽象法"通过"所有权——契约——不法和犯罪"三个阶段获得确证。所有权是抽象法的逻辑起点，契约是对所有权的转移，不法和犯罪导致刑罚。刑罚是对不法和犯罪的惩罚，也是对意志和自由的唤醒，它所表现的法的精神是对犯法的报复而不是复仇，其真谛是伸张正义。由对正义的追求，"抽象

---

①　黑格尔就是在这些意义上理解法、规定法，认为，"法的基地一般说来是精神的东西，它的确定地位和出发点是意志。意志是自由的，所以自由就构成法的实体和规定性。""任何定在，只要是自由意志的定在，就叫做法。所以一般地说来，法就是作为理念的自由。"黑格尔：《法哲学原理》，范扬等译，商务印书馆1996年版，第6、36页。

②　贺麟先生指出，"黑格尔从意志自由来谈法，认为在抽象法的阶段，只有抽象的形式的自由；在道德阶段就有了主观的自由；伦理阶段是前两个环节的真理和统一，也就是说，意志自由得到了充分具体的实现。"见《法哲学原理》中贺麟《黑格尔著〈法哲学原理〉一书述评》，第7页。

法"发展为"道德"。在黑格尔看来，道德是法的真理，是扬弃抽象法的成果，居于较高阶段。道德也是法的一种，是具有特殊规定的内心的法，亦即"主观意志的法"。由于在自由意志中包含对"应然"的不断要求，在道德意志与外部世界之间就存在紧张和距离。"道德"同样包括三个阶段：故意和责任——意图和福利——善与良心。道德意志只对故意的行为负责任；故意包含手段和后果，不但与意图和目的（动机）相联，而且必然导致福利（后果）；到第三阶段，道德才以自身为目的，追求作为世界的"绝对最终目的"的善，从而产生具有普遍性的道德自我意识，即良心。当主观普遍性的"形式的良心"，发展为主观与客观统一、特殊与普遍统一的"真实的良心"时，道德便向伦理过渡。黑格尔将道德与伦理相区分，以凸显良心的社会性本质。他认为，伦理是"主观的善和客观的、自在自为地存在着的善的统一"，① 伦理的规定是个人的实体性或普遍本质，个人的权利和道德自由，都以社会性、客观性的伦理实体为归宿。他把伦理看成一个精神性的、活生生的、有机的世界，认为它经过了三个矛盾发展过程："直接的、或自然的伦理精神——家庭"；分化的、或中介的伦理精神——市民社会；统一的或复归的伦理精神——国家。"在黑格尔法哲学的辩证体系和法的理念的辩证发展中，抽象法是客观的、形式的法，其特点是自由意志借助外物（尤其是财产）实现自身；道德是主观的法，其特点是自由意志在内心中实现；伦理是主观与客观统一的法，其特点是自由意志既通过外物，又通过内心，得到充分的现实性。由此，便完成法的理念和法的体系的否定之否定的辩证发展。

　　黑格尔对法的理念和法哲学体系的贡献有二。（1）在法哲学的视野下，将道德、伦理、法律整合、统摄为一个有机体；（2）通过法的概念的自我运动、自我发展，展现道德—伦理—法律互动整合的辩证过程，揭示法的概念自身的辩证法，建构起一个道德—伦理—法律辩证互动、以伦理道德为价值基础的法哲学体系。黑格尔的法哲学体系无疑是头足倒置的，然而在这个体系中所揭示的法哲学的逻辑结构及其辩证发展的合理内核，对于探讨道德—法律的辩证互动和价值整合，具有重要的资源意义。

　　扬弃黑格尔的法哲学体系，需要进一步作出的理论推进是：走出概念的王国，突破思辨的世界，在现实性的意义上，道德与法律、德治与法治

---

① 黑格尔：《法哲学原理》，范扬等译，商务印书馆1996年版，第162页。

关系的合理性基础是什么？

　　法哲学的辩证体系，是道德与法律、德治与法治的有机性、整体性的体系；法哲学的方法论与价值观，是关于社会文明视野下德—法关系的生态合理性的方法论与价值观。法哲学的基本问题，是人的行为的正当性和社会秩序的合理性。由此，道德与法律、德治与法治的辩证整合，就具有三大价值结构的基础，并有待这三大价值结构的辩证互动：逻辑结构—"应当"—"必须"合一；历史结构："家"—"国"一体；现实结构—伦理—政治生态。道德与法律、德治与法治，应当、必须、也只有在关于社会文明的有机性和整体性的生态视野中才能得到逻辑、历史、现实的统一。

（二）"应当"与"必须"

　　[a. 行为正当性的两种逻辑]　　在文明体系中，法的理念的根本价值指向，是追求人的行为的正当性，由此追求整个社会秩序的合理性。在意义世界和生活世界中，人的行为正当性和社会生活秩序的合理性的建立，必定借助一定规则。英国法学家哈特在《法律的概念》中发现，人类具有五个基本的共性：脆弱性、大体上平等、有限的利他主义、有限的资源、有限的理解力和意志力。① 这五个共同特性使人的社会生活秩序，以及社会生活中人的行为的正当性的规则的形成既有必要，也有可能。基于这五大特性，人既可能牺牲眼前的和暂时的利益，又具有自发地受它们支配的倾向。于是就需要调节人的行为，以保证人的行为的正当性的规则。在所有规则中，法律和道德就是两种基本的和最重要的规则，因为它们与

_____

　　①　参见哈特《法律的概念》，张显文等译，中国大百科全书出版社 1996 年版，第 190—193 页。哈特这样阐述人的五大基本特性。第一，"人的脆弱性。"人及其肉体是脆弱的，容易受到伤害，因而需要克制性的行为规范。第二，"大体上的平等。"虽然人在智力和体力方面互不相同，任何一个人都不会比其他人强大到这样的程度，以至没有合作还能较长时期地统治别人或使后者服从。这一大体上平等的事实，要比其他事实更能使人们明白：必须有一种相互克制和妥协的制度，它是法律和道德两种义务的基础。第三，"有限的利他主义。"人既不是恶魔，也不是天使，是处于两个极端之间的中间者。于是人既有可能伤害别人，又要考虑自己付出的代价。这就使得相互克制的制度既有必要又有可能。第四，"有限的资源。"人类的资源是稀少的，有待成长或创造，因而需要某些最低限度的产权制度以及新尊重这种制度的规则。第五，"有限的理解力和意志力。"

人类的生存目的紧密相关。① 法律和道德对人的行为以及在此基础上形成的社会秩序的规范有两个逻辑，一是强制性的逻辑，即所谓"必须"（must, bound to），它保障规则的基本有效性；一是价值性的逻辑，即所谓"应当"（should, ought to），它赋予规则以价值的内涵。② "应当"与"必须"，是人的行为正当性的两种基本逻辑。

"应当"与"必须"是道德、法律的原理，但彼此间并不是简单的一一对应关系。虽然在人文意蕴的主要方面道德体现"应当"的逻辑，法律体现"必须"的要求，但从根本上说，道德和法律都同样内在"应当"与"必须"的双重逻辑，"应当"与"必须"，是既存在于法律中，也存在于道德中的两个共同逻辑。事实上，无论是法律还是道德，都既需要产生规则效力的"必须"逻辑，也需要体现价值合理性的"应当"的逻辑。法律规则并不是人们想像的那样，只需要外在的强制性，价值的合理性是其现实性的基础；道德也不是人们想像的那样，只需要价值的引导，它同样需要一定的社会强制。二者的区别只在于：在法律和道德中，"必须"的实现机制和"应当"的运作原理各有个性。"必须"与"应当"不是分属于法律和道德的两种功能逻辑，而是体现规则的有效性和价值性的、同时存在于法律和道德中的意义逻辑。

人类从早期开始，就存在两种不同的规则，一种是靠对不服从的惩罚威胁维护的规则，另一种是靠认同和自省维护的规则，二者构成法律规则和道德规则的萌芽形态。③ 这两种规则都有一定的制裁功能，但制裁的同时也是保护，是对自愿服从规则的人的保护。④ 道德规则区别于其他社会规则的特点在于两方面："一是保障它们严肃性的社会压力；二是在相当程度上牺牲个人利益或与之相连的个人偏好。"⑤ 前一方面是"必须"，后

---

① "假定生存是一个目的，法律和道德应当包括一个具体的内容。一般形式的论据简单地就是：没有这样一个内容，法律和道德就无法促进人们在互相结合中所抱有的最低限度的生存目的。"哈特：《法律的概念》，张显文等译，中国大百科全书出版社 1996 年版，第 189 页。

② 参见哈特《法律的概念》，张显文等译，中国大百科全书出版社 1996 年版，第 183 页。

③ "有些规则主要是靠对不服从的惩罚威胁来维护，另一些则依赖于有指望对规则的尊重、负罪感或者自省来维护，法律与道德规则之区别的萌芽形态也许会显现出来。"哈特：《法律的概念》，张显文等译，中国大百科全书出版社 1996 年版，第 167 页。

④ "之所以需要'制裁'，并不是作为通常的服从动机，而是确保那些自愿服从的人不致牺牲给那些不服从的人。"哈特：《法律的概念》，张显文等译，中国大百科全书出版社 1996 年版，第 193 页。

⑤ 哈特：《法律的概念》，张显文等译，中国大百科全书出版社 1996 年版，第 166 页。

一方面是"应当"。道德当然必须借助一定的强制力，即所谓"严肃的社会压力"，由此"应当"便成为"必须"，它与法律的区别，在于不像法律那样，是"有组织的强制"，而是透过"应当"的内在判断和能动努力，将外在强制转换成内在强制。① 道德和法律都表现为一种控制力，但道德的控制力是一种内在的控制力，法律的控制力是外在的控制力。但是，"这个道德的'内在'方面并不意味着道德不是控制外在行为的方法，而仅仅意味着个人必须具有某种对其行为的控制力，这是道德责任的必需条件。"② 法律也同样必须遵循"应当"的逻辑，因为法律的制定及其遵守首先是一个价值判断，法律义务之所以被履行，"乃是因为人们确信它们对于维护社会生活或社会生活的某种价值极高的特征是必须的。"③道德和法律，既代表"应当"与"必须"的逻辑，又同时遵循这两种逻辑。

[b. "道德先于法律"] 关于行为的正当性，人们迄今形成的共识是，在法律和道德之间，道德规则和道德控制处于优先的地位。这不仅因为从社会生活的起源方面考察，道德先于法律，而且由于道德更深刻地体现人们对价值合理性的追求，为行为合理性和社会秩序的形成提供更具有前提性的条件。米尔恩发现，"道德在逻辑上先于法律。没有法律可以有道德，但没有道德就不会有法律。这是因为，法律可以创设特定的义务，却无法创设服从法律的一般义务。"④ 法律只是规定了人们必须履行的具体义务，但却不能规定服从法律的"一般义务"，不能造就服从规则的品质，而服从规则的品质却是法律得以运行的先决条件。⑤ 法律可以规定人们必须履行的义务，但服从法律的义务却不能由法律作出，只能由道德完

---

① 道德强制与法律强制的区别在于："法的反应在于秩序所制定的社会有组织的强制措施，而道德对不道德行为的反应或者是不由道德所规定，或者是有规定，都不是社会有组织的。"凯尔森：《法与国家的一般理论》，沈宗灵译，中国大百科全书出版社 1996 年版，第 20 页。

② 哈特：《法律的概念》，张显文等译，中国大百科全书出版社 1996 年版，第 176 页。

③ 同上书，第 89 页。

④ A. J. M. 米尔恩：《人的权利与人的多样性》，夏勇等译，中国大百科全书出版社 1995 年版，第 35 页。

⑤ "假如没有这种义务，那么服从法律就仅仅是谨慎一类的问题，而不是必须做正当事情的问题。A. J. M. 米尔恩：《人的权利与人的多样性》，夏勇等译，中国大百科全书出版社 1995 年版，第 35 页。

成。① 对法律来说，最基本的不是具体的法律条文和法律义务，而是服从法律的品质，如果没有服从法律的品质，法律就不会获得也不能实现其文化价值即对正义和正当的追求，法制也就会仅仅成为一种形式，甚至因为缺乏使之落实的主体，可能会导致"法制"与"法治"的分离。

正是在这些意义上，西方法学家都强调，"服从法治是一项道德原则。"② 这是道德先于法律的最深刻的原因。当然，道德之所以优先于法律还有另一些原因，最明显的原因是：在社会规则体系及其形成的过程中，道德是基本的和初级的规则。③ 没有道德就不会有共同体，也不会有社会生活。④ 对于社会秩序和人的行为的正当性来说，最具有前提性意义的不是规则，而是主体尊重和服从规则的品质。法律和道德的基本的同一性，就在于奉行法律规则和道德规则的主体，在于法律主体和道德主体的服从规则的品质。

因此，道德在秩序建构中的优先地位，不是基于"应当"的价值合理性，而是基于主体品质的本位性。只有在这个意义上理解道德在行为正当性与秩序合理性中的优先地位，才能真正使法律和道德熔于一炉。否则，就会给人这样的错觉：法律可以不追求和体现价值，而只是对人的行为的消极约束和对社会秩序的硬性规定。这种错觉，不仅会造成法律和道德的分离，从而既影响法律的效力也影响法律的合理性，更严重的是，它会使人们放弃对法律的价值要求、价值反思和价值批判，使法律只具有规则的客观性，缺乏价值的合理性，形成所谓"不合理的合理性"、"非正义的正义性"。而当这种"不合理的合理性"以法律的"必须"的强制性

---

① "假如没有服从法律的道德义务，那就不会有什么堪称法律义务的东西。"A. J. M. 米尔恩：《人的权利与人的多样性》，夏勇等译，中国大百科全书出版社 1995 年版，第 35 页。

② A. J. M. 米尔恩：《人的权利与人的多样性》，夏勇等译，中国大百科全书出版社 1995 年版，第 132 页。

③ "道德对法律在逻辑上的居先性还可以用另一种方式来展示，它是惯例性规则对制定性规则的逻辑居先性的一种特殊情况。"A. J. M. 米尔恩：《人的权利与人的多样性》，夏勇等译，中国大百科全书出版社 1995 年版，第 35—36 页。

④ "道德怎么样呢？它贡献于人类生活的是什么？究竟为什么必须有道德呢？简而言之就是，没有道德就不会有任何社会生活。假如没有道德及其构成规则，就不可能有任何财产制度，也不可能有任何对承诺的履行。因为两者在每个人类共同体中都是必不可少的，而人类生活又必须在共同体中进行，所以假如没有道德，就不会有人类共同体，从而也不会有人类生活。"A. J. M. 米尔恩：《人的权利与人的多样性》，夏勇等译，中国大百科全书出版社 1995 年版，第 43 页。

机制落实时，规则的不合理性就形成现实的不合理性。这是以罗尔斯为代表的现代西方正义论的政治理论和伦理理论的重大缺陷所在。

[c. 规则、原则与美德] 法律和道德对社会秩序和人的行为的调控有两个基本的运作机制，就是规则和原则。"法律和道德正是通过它们所包含的规则和原则而成为行为的指南。"① 其中，"规则"是有效性的基本来源，"原则"则追求合理性。

什么是规则？规则的特点是普适性和客观性。普适性是说它一旦形成，就是"普遍"的，必须适用于一切对象，因而缺乏因时因地因人制宜的具体性和灵活性；客观性是说在规则面前，人只能是机械的执行者，就像西方有些学者所批评的那样，只能是"稻草人"。如果没有这两个特点，规则就会缺乏公约性。

规则的权威性中的这些缺陷，决定了人们在追求行为与社会秩序的合理性过程中，必须寻找另一种机制加以扬弃，这就是"原则"。规则和原则对人的行为都有约束功能，但二者之间存在重大区别。是否容许自主性或者说是否为自主性留下余地，是原则与规则之间的重大区别之一。"规则也对行为设定要求，但是，在遵守规则和依照原则行事之间有一个重要区别。遵守规则者对于要做什么毫无自由裁量权。规则告诉他要做的一切。……依据原则行事者具有自由的裁量权。原则虽然设定一项要求，但并没有告诉他如何满足此项要求。他必须自行决定。……正因为在决定如何满足原则的要求时必须使用自由裁量，原则方为明智的行为提供了基础。由于规则不允许任何自由裁量权，就不能提供这样一种根据。"② 由于这一区别，规则和原则就有了不同的合理性。在社会生活中，规则是行为预期和秩序形成的要求。然而规则支配的行为是统一的行为，它着眼的东西被限于各种情况的共性，不容许有选择的余地，更谈不上自主性和创新精神，否则就会影响规则的权威性和普适性。虽然人们可以在规则制定和对规则的调整两方面表现出自由，但总体在执行规则的过程中自主性是不存在的。原则恰恰弥补了这种不足。原则作用于依规则行事的活动中，

---

① A. J. M. 米尔恩：《人的权利和人的多样性》，夏勇等译，中国大百科全书出版社 1995 年版，第 15 页。

② 同上书，第 23 页。

追求行为的合宜性和合理性。① 行为过程中规则和原则的不同地位，换言之，按原则行事和完全按规则行事，是道德行为和法律行为的重要区别。按原则行事，是道德行为的必要条件，其目的是确保行为的正当性，因而成为道德行为的重要特征。"一个按照原则行事的人，必须能够在任何特定的场合下决定什么是那种场合下适当的原则。……因此，能够合乎道德地行事，对于难免在一个特定的场合知道什么样的道德原则适合于这种场合，对于能够作出和执行一项有关如何最好地满足该原则的各种要求的决定，既是一个必要条件，又是一个充分条件。"② 原则的精神，按原则行事的品质，用中西哲学的共同范畴表述，就是所谓"中庸"。在亚里士多德那里，中庸的本性是"恰当"，"恰当的时候恰当的地方以恰当的行为施加于恰当的人"；在儒家那里，中庸是"不偏不倚"，"恒常不易"的境界。正是由于"原则"，道德才具有比法律更大和更多的价值合理性。

法律和道德都由规则和原则组成，区别在于原则的地位和运作方式不同。在法律方面，原则的作用场所主要是在立法而不在执法的过程中，法治要求执法必须完全按照规则行事。于是，法律的调控机制就是由规则、原则和强制性的组织三要素构成。道德则不同。由于道德调控具有更大的"原则性"，并且，正是通过这种"原则性"的运作体现其价值合理性和行为主体性，因此，道德的调控除了规则和原则两个机制之外，还需要另一个更重要的机制，这就是美德。

美德是道德行为和道德调控的标志性特征，它既使法律和道德根本区分开来，又透过主体循规品质的培养为法律的实施提供主体性前提。米尔恩认为，"道德由美德、原则和规则所组成，人们有义务培养美德并将其付诸实践，有义务依原则行事，有义务遵守规则。"③ 什么是美德？美德是人们合乎道德地行事的品质。④ 正像中西方伦理学家所发现的那样，美

---

① "原则作用于因构成性规则而成为可能、并由调控性规则加以调整的活动之中，而不是所有活动之中，本质上属于自发的活动或者那些不要求有反映性理解的活动。"见 A. J. M. 米尔恩：《人的权利和人的多样性》，夏勇等译，中国大百科全书出版社 1995 年版，第 26 页。

② A. J. M. 米尔恩：《人的权利和人的多样性》，夏勇等译，中国大百科全书出版社 1995 年版，第 28 页。

③ 同上书，第 38 页。

④ "一种特定的美德就是一种特定的品质或素质，这种品性或素质通常包含在某个方面的道德行为之中，或为该方面的道德行为所必需。"A. J. M. 米尔恩：《人的权利和人的多样性》，夏勇等译，中国大百科全书出版社 1995 年版，第 33 页。

德的重要品质是"坚持"，美德是在诱惑面前仍能按照原则和规则行事的品质。[①] 美德不是道德行为，而是道德行为所必需的品质；美德不是对规则的遵循，而是遵循规则的品质。因此，美德并不是包含于道德行为中的品性，而是为道德行为所必需的品性。法律和道德虽然都由规则和原则构成，但法律必定借助强制性的组织实行，而道德必须由美德主观能动地完成。但是，正如奥尔森所强调的，道德原则和道德规则在逻辑上先于道德美德，因为只有参照一定的原则和规则，道德的品性和素质才得以识别。

原则高于规则，美德高于原则。在没有组织强制的道德调控中，美德使原则的运作，使主体对原则的主体性和灵活性的运用执著于一定的价值合理性，而不至于流于主观任性。美德在建立和保障行为的价值合理性的同时，也确立行为的内在强制性。规则—原则—美德的递进，使人的行为不断获得自主性和价值合理性。规则为法律和道德所共有。法律的规则和道德的规则在相当程度上相联相通，构成社会生活秩序的基础。其中，道德规则先于也高于法律规则，法律规则为道德规则提供秩序前提。原则虽为法律和道德所共有，但运用原则的主体不同，由此使法律和道德具有不同的价值合理性。美德为道德所独有，但美德不仅为道德、也为法律的落实提供主体，因而是联结法律和道德的深层结构。美德，既体现法律和道德的根本区别，更体现法律和道德在根本精神方面的深层联系。

（三）"家"与"国"

"应当"与"必须"合一，是道德—法律价值整合的逻辑结构，它所形成的行为正当性的价值逻辑，从本质上说还是一种抽象的抽象；抽象性的扬弃，是由"家"—"国"一体的历史整合所达致的社会合理性。道德—法律历史整合的客观基础，是社会结构的基本要素及其运作原理。"家"与"国"的价值整合，是道德—法律整合的历史结构。

［a. "家"—"国"结构与德—法价值互动］　在迄今为止的原始社会以后的各种文明形态中，"家"与"国"都是构成社会体系的两极，

---

①　"要具有一种美德，就应该能够和愿意按照原则行事并遵守与某方面的道德相关的各种规则，而不管相反的诱惑是什么。"见 A. J. M. 米尔恩：《人的权利和人的多样性》，夏勇等译，中国大百科全书出版社 1995 年版，第 33 页。

只是在诸民族之间，"家"和"国"的关系、"家"在社会结构文明体系中的地位迥然不同。由此，各民族的法哲学体系便既在基本的方面共通或相似，又必定具有很强的民族性。"家"、"国"要素的普遍性，表现为法哲学的共通性；"家"—"国"关系的具体性，表现为法哲学的民族性。

从发生学的意义上考察，"家"—"国"关系的不同形态，起源于各民族由原始社会向文明社会过渡的特殊方式，以及日后文明演进的特殊路径，正是从这里开始，中西方文明大相趣异。以古希腊为代表的西方民族，在由原始社会向奴隶社会转变这个迄今为止人类文明最大的、也是最重要的历史跨越中，通过一系列变革选择了"家"—"国"相分的文明路径，而中国民族则通过"西周维新"，成功地改造并进一步开发了有着漫长历史的氏族文明，走出了一条"家"—"国"一体、由"家"及"国"的文明道路。两种文明的巨大差异，不是"家"与"国"这两个构成社会文明的基本要素的或缺，而是两大要素之间关系的殊异，其中最根本的，是"家"在社会结构从而在文明体系中地位的差别。基于此，道德与法律，不仅逻辑地而且历史地成为社会价值体系的两个基本要素，并在社会进步中被历史地统摄于一体；出于同样的原因，中西方文明也逻辑与历史地表现出深刻的文化差异，这就是道德和法律的关系，尤其是道德在价值体系中的地位迥异。

社会体系中的"家"—"国"结构何以必然演绎出文明体系中的道德—法律结构？"家"作为血缘实体，遵循伦理的逻辑，是道德情感的根源。黑格尔认为，家庭的实质是一种伦理关系。家庭以爱为其规定，而爱是自然形式的伦理，家庭的同一性，是"最初的东西、神圣性的东西和义务的渊源。"① 法律毫无疑问是国家最重要的制度构成，是国家政治的逻辑。"家"—"国"结构，在社会合理性的价值体系中必然抽象为德—法，准确地说道德—法律结构。当然，黑格尔的法哲学体系并不是简单地体现这一逻辑。他在法哲学的最后也是最高的环节即"伦理"中，将道德—法律与"家"—"国"相关联，认为，经过"抽象法"和"道德"的肯定与否定环节，法在"伦理"中达到统一和自我复归。法在"伦理"中的复归经过三个发展阶段：家庭，它是"道德"环节发展的直接成果，以爱为规定，是直接的或自然的伦理精神；市民社会，它分化的或相对的

---

① 黑格尔：《法哲学原理》，范扬等译，商务印书馆1996年版，第196页。

伦理精神，以法律在多样化的社会成员之间建立起形式的普遍性；国家，它是伦理精神的充分实现和辩证复归。在黑格尔的法哲学体系中，"抽象法"和"道德"是法的潜在与自在，只有客观意识（所有权关系）和主观意识（道德自我）统一的"伦理"，才是法的自为与复归。在"伦理"环节中所揭示的"家"—"国"结构与道德—法律结构的深刻关联，才集中体现黑格尔法哲学的深刻本质。所以，黑格尔法哲学的历史根据和历史结构，就是"家"—"国"结构基础上的德—法结构。当然，说"家"—"国"结构是德—法结构的历史根据，并不意味着二者之间的严格对应，更不意味着"家"与法、德与"国"的要素之间的相互排斥，只是在文化意识生长的直接基础的意义上说，"家"是神圣性、道德情感、伦理精神的渊源，"国"是法律的现实性根据。由"家"的要素中生长出来的道德情感和伦理精神，可以透过个体德性，扩充为家庭伦理（自然社会的伦理）、社会伦理（市民社会的伦理）、国家伦理（政治社会的伦理）。同样，在"国"的结构中派生的法的要求，在家庭生活中也会具有一定的效力。

　　[b. "家"—"国"一体与传统社会的秩序原理]　　与家—国、德—法之间的价值联系相关的一个现实课题是：中国在漫长的文明演进中，为何没有走上法治主义的道路？或者说没有像西方社会那样，实现充分的法治？

　　一些研究中国政治与中国法律的学者认为，中国缺乏西方意义上的法治传统。现代社会对法治的呼唤，以及法治在中国实现之艰难，更使人们对此产生深切的感受。然而，仔细反思就会发现，这种批评存在两个难以解决的逻辑矛盾。

　　第一，如果把法律作为任何社会实现社会控制的必要条件，那么从理论上说缺乏法治的中国传统社会应当是一个失范与失序的社会，然而任何人似乎都不否定中国传统社会的"超稳定"。假如没有法律传统，假如现代意义上理解的法律是建立社会秩序的最重要的条件，那么，缺乏社会秩序建构的必要条件的中国传统社会，又何以实现"超稳定"？

　　第二，近代以来，中国社会呼唤法律，也为法律的建立健全进行了不懈的努力，然而人们理想中的法治社会至今也未实现，即使在现代，虽然有了法制，却总是难以实现完全意义上的法治。人们可以把这种现状归罪于传统，归因于国民素质，但"法律"如此难以生根，除了否定性的原因之外，是否还有其他更有解释力的原因？

法治与法制是西方文明建立社会秩序、实现社会控制所作出的文化设计与文化选择。西方文明在形成之初，就与东方文明特别是中国文明具有不同的特色。在由原始社会向文明社会的过渡的具有决定意义的社会转型中，西方社会选择了"家"—"国"分离的路径，比较彻底地挣断了原有的氏族血缘纽带，以地域划分公民，社会以个人为本位。然而当作出这种选择时，也就意味着社会失去了血缘的自组织能力，因而就必须寻找另一种建立社会秩序的模式。在选择的过程中，契约论成为西方人接受的也是适应西方社会结构特点的秩序原理与秩序模式。在契约论的基础上，西方社会形成了自己的法律传统，并在长期的发展中完善了自己的法治秩序。

中国社会则不同。"家"—"国"一体、由"家"及"国"的文明路径，决定了它在传统社会不能采用西方式的契约原理与单一的法治模式。因为，既然是"家"—"国"一体、家族本位，那么，建立社会秩序的原理与原则，在理论上就必须既适应于"国"又适用于"家"，就是说，关于社会秩序的设计原理必须同时适用于"家"与"国"的两极。如果只适用于"国"，那么，整个社会生活与社会秩序不仅会失去中国民族所追求的家族温情，更重要的会由于它与作为社会的本位因子的"家"的价值原理相悖而使社会生活缺乏价值与效力，事实上不可能建立和维持稳定的社会秩序；如果只适用于"家"，就不可能体现"国"的政治本质，社会就会因为缺乏有效的控制机制而陷于无序。因此，中国社会建立社会秩序、实现社会控制的原理与原则，既不能立足于"家"，也不能立足于"国"，而只能选择一条非"家"非"国"又即"家"即"国"的特殊道路。"家"的原理是血缘与伦理，"国"的原理是政治与法律，"家"—"国"一体的文化结构原理是血缘—伦理—政治三位一体，于是，与"家"—"国"一体的社会结构相匹配的社会控制方式就是情—理—法三位一体。"情"是家族血缘的逻辑。由于家族在社会中的本位地位，"情"在中国文化设计以及中国人的主体精神结构中当然也就具有精神本体的地位。"情"在中国社会结构与中国人的现实生活中，不仅构成深层的文化原理，而且是重要的文化价值取向，是价值判断的重要标准。"法"是国家政治的逻辑，只要国家政治存在，法的强制就具有必然性与必要性，它是实现政治利益、进行政治统治的必须，在相当程度上构成社会秩序的基础。"理"是介于"情"与"法"之间的中介机制。"家"—
"国"一体的社会秩序的建构，所要解决的最大的文化难题，就是如何把
"家"与"国"的两极相通，完成由"家"到"国"的过渡，"理"就是
这样的文化机制之一。"理"由"情"引发，但又是植根于家族基础上的
"情"的普遍化与外推，是由"情"引发出的"理"，谓之"情理"。但
这种"理"一旦引发出来，就不只是家族的"情"，而是社会的"理"，
并且直接与国家的"法"相连接。"忠恕之道"、"大学之道"、"中庸之
道"，都是"理"的文化原理与价值结构的体现。如果说"'家'—
'国'一体"社会的结构模式是自然社会—政治社会的直接贯通，那么，
"情"就可以当作自然社会的逻辑，"法"是政治社会的法则，"理"则
是跨越于自然社会与政治社会的社会生活的原理，在某种意义上，也可以
称作是介于自然社会和政治社会之间的"市民社会"的原理。情—理—
法三位一体，就是血缘—伦理—政治三位一体。

如果把西方社会控制的原理称之为"法治"，那么，在社会控制的基
本机制方面，可以把中国传统的社会控制模式称之为"德治"。在中国传
统社会，由于"情"与"理"主要遵循伦理的原理，并在伦理设计中完
成，所以，血缘—伦理—政治的一体，在文化原理上也就是伦理与政治的
一体。正因为如此，我认为"伦理政治"是与"家"—"国"一体的社
会结构相匹配的文化原理，这种文化原理的核心与实质就是伦理政治化、
政治伦理化。中国历史上成熟的治道，基本上都采取"德—法结合，德
主刑辅，德为基础"的"德治"方略。在这个意义上，可以大胆地说，
中国民族在长期的文明进程中，之所以没有走上完全的法治主义道路，不
是因为中国人缺乏智慧，也不是因为中国政治管理制度总不成熟，委实是
因为，完全意义上的法治，或者说泛法治主义的道路，不适合中国国情。
"家"—"国"一体的社会结构的秩序原理与社会控制的实施，要比西方
"家"—"国"相分的社会结构复杂得多，因而需要更高的人文智慧。事
实上，中国历史上并不是没有法律，也不是没有法治，中国古代的青铜鼎
法比古罗马的十二铜表法，早了三百多年。情—理—法三位一体的秩序原
理与社会控制体系，是中国社会经过五千年历史锤炼形成的人文智慧。只
要承认中国五千年的传统文明，就应当承认这种秩序原理与控制模式在总
体上是一种适合中国国情的成功的文化设计，只是到了近现代，随着社会

结构的演化，其内包含的消极因素才成为中国社会发展的障碍。①

[c. "家"—"国"价值整合的现代合理性] 德—法整合、德治—法治合一的实践合理性与理论合理性必须追究的问题是：在现代化社会，"家"的结构和"家"的逻辑有没有必然性与合理性？"国"是否具有、是否应当具有伦理的属性？

在主流意识中，现代社会应当、必须是一个法治的社会。法治社会是以法为社会的基本秩序原理和治理机制的社会，在这个法律被当作根本生活准则的社会中，德、德治的存在及其合理性，不仅要有特殊的行为主体和作用对象，而且要有文化的根源。"家"对现代社会生活和未来文明发展的意义毋须赘言，西方学者尤其是后现代主义学者对现代化的反思，已经从一个相反的视角作了确证。问题在于，"家"是否还可能作为德治的基础？"家"的存在及其合理性，不仅必然要求而且可能实现德治。澳大利亚研究家庭问题的专家米特罗尔指出："家庭是社会共同体的一种最古老的形式，并且无论何时，人们都将家庭用作构成人类社会的一种模型。"② 家庭的逻辑是神圣性的、非理性的情感逻辑，正因为如此，它才可以成为理性社会的价值源头和伦理性的根源。于是，在家庭中就难以也不应当彻底贯彻所谓纯粹理性和客观意志。家庭关系和家庭生活的理性化，意味着"家"的逻辑的消解，因为它难以像黑格尔所说的那样，以"离开了他人自己就不能独立"的爱的情感为共同体的逻辑，从而也就在从源头上动摇了人类情感和伦理性的根基。法制化的浪潮将契约关系引进了家庭尤其是婚姻关系，并且似乎产生某种当下的效率和效力，然而，黑格尔早就告诫，契约的合理性必须质疑，婚姻关系不可以也不应当契约化。契约的出发点是任性，它可以订立，也可以解除。而"婚姻是具有法的意义的伦理性的爱"，"婚姻的客观出发点则是当事人双方自愿同意组成为一个人，同意为那个统一体抛弃自己自然的和单个的人格。"所以，把婚姻仅仅理解为民事契约的观点是粗鲁的，"因为根据这种观念，双方彼此任意地以个人为订约的对象，婚姻也就降格为按照契约相互利用

---

① 关于中国走向文明的特殊道路，参见樊浩《中国伦理精神的历史建构》，江苏人民出版社 1992 年版之绪论部分；关于中国传统社会情—理—法三位一体的文化设计及其内在合理性，参见樊浩《文化撞击与文化战略》，河北人民出版社 1994 年版之"人治与法治"部分。

② 迈克尔·米特罗尔等著：《欧洲家庭史》，华夏出版社 1987 年版，第 2 页。

十八　道德精神与法律秩序　　341

的形式。"① 由此引申的结论就是：在家庭中，法律无论在合理性还是有效性方面都是极有限度的；对家庭这样的社会结构的"阴极"，必须也应当贯彻伦理的原理和伦理的逻辑；由于如此，"家"的现实性及其价值逻辑，就成为现代社会实行德治的历史根据。

德、德治的现实性与合理性，逻辑和历史地要求"国"必须具有伦理的属性。黑格尔将国家作为法哲学的最高阶段和伦理的最高表现，当然具有为普鲁士王朝粉饰的实质，然而，正像恩格斯所发现的那样，从这个"凡是现存的都是合理的，凡是合理的都是现实的"的保守命题中，恰恰可以引申出极具否定性的结论。在粉饰现存国家制度的同时，黑格尔事实上也思辨性地对国家提出了伦理要求，其隐藏的逻辑是：只有具有充分的伦理性的国家，才是具有现实性和合理性的国家。诚然，正如经典作家所指出的那样，国家是阶级矛盾不可调和的产物，是阶级压迫和阶级统治的工具。但是，如果认定国家的本质只应当如此，那么，一切国家就都不具备价值上的合理性，至少没有完全的价值合理性根据。它无法回答一个现实诘问：在我们已经宣告资产阶级作为一阶级已经在整体上不存在的背景下，作为阶级压迫和阶级统治工具的国家，是否还有存在的充分根据和存在的合理性？当然，可以从民族矛盾和民族冲突的视角诠释国家的存在根据，即所谓"外部国家"，但它正好说明，"内部国家"即国家内部的治理机制应当作根本性的调整。而且，排斥国家的伦理性的观点，还可能在实践上造成这样的误区：国家，落到实处，掌管国家政权的人，可以无视伦理的约束而为所欲为。显而易见，这一误区造成的后果将是灾难性的。在理论上和实践中走出困境的办法是：承认并且追究国家的伦理性；不仅把国家当作政治性的存在，而且同时也当作伦理性的存在。既然同时是伦理性的存在，那么，当然就不仅需要法治，还需要德治。对国家的德治，必然提出国家伦理、政治伦理、制度伦理的要求。所以，德治的实行，德治与法治的结合，最终有待于关于国家理念、国家理论的创新。

（四）　伦理—政治生态

道德—法律价值整合的现实结构是：伦理—政治生态。在道德—法律

---

① 以上三处均见黑格尔：《法哲学原理》，范扬等译，商务印书馆1996年版，第177页。

整合的价值体系中，伦理—政治生态是"应当"—"必须"合一的逻辑结构，与"家"—"国"一体的历史建构的现实统一与现实复归。其现实性的内涵是：在理论上，道德—法律价值整合的现实追求、现实基础和现实归宿，就是合理的伦理—政治生态的辩证建构；在实践上，道德—法律价值整合的实现，道德—法律价值整合的具体落实，就是伦理—政治生态的辩证建构。

在道德—法律辩证整合的价值体系中，伦理—政治生态是一个兼具逻辑必然性和历史必然性的理念。"家"—"国"结构，"家"—"国"一体，必然形成伦理—政治的实体，所以任何文明社会的结构形态，都具有伦理与政治的二重性，都具有伦理—政治合一的特性，只是在中国"家"—"国"一体的社会结构体系中，伦理—政治合一具有更大的直接性和历史必然性。不过，合一并不就是生态，生态的真义是辩证互动、自我否定的有机体。在这个意义上，伦理—政治生态是社会文明的价值追求，是人的主观能动的辩证建构。当然，这种辩证建构具有逻辑和历史的基础，这些基础不仅是"应当"—"必须"合一的行为正当性逻辑结构，也不仅是"家"—"国"一体的社会合理性的历史结构，更深刻地还有伦理与政治之间在事实（"实然"）和价值（"应然"）两个层面内在的相通性。伦理与政治的区别显然而深刻，同样，伦理与政治的关联深刻而内在。美国学者道格拉斯在《政府的伦理》一书中说道："伦理和政治是有其关系而可相互为用，伦理阐明善的观念，勉人而为之，但必须从政治者将善施之于政治，才能努力于全社会的利益和幸福。"① 伦理—政治生态，是基于伦理—政治相通的事实认定，而进行的主观能动的伦理—政治辩证整合的价值追求和价值努力。

［a. 正义、公平与情理］　伦理—政治生态的合理性，首先与一些基本的价值观念以及在此基础上形成的价值结构相关。其中，与现代中国伦理—政治生态的价值合理性关联最密切的，是正义、公平、情理诸价值形式之间的互补互动。

在西方文化中，正义和公平一般具有相同的含义。哈特发现，大部分

---

① Paul H. Douglas, *Ethics in Government*, Greenwood Press, Publishers., Connecticut, 1972, p. 25.

使用的正义和不正义的词语几乎都能对应地以公平和不公平的词语表达。① 亚里士多德认为，公平是正义的特殊的也是最好的表现，在《尼可马可伦理学》中，"公平"被用来表达一种自然正义，它是纠正由法律的普遍性即统一性与一般性而导致的审判不完善的原则。在西方法律思想中，正义或公平一开始就是法律的重要指导原则，因为按照法律规则的普遍性审判，很容易导致特定情况下的不合理性，于是就必须以正义或公平的原则进行纠偏。在 16 世纪的法学家圣·热尔曼那里，"公平"是指存在于法律的正义与社会的、自然的正义之间的平衡与和谐的原则。在这个意义上，正义、公平与其说是法律的原则，不如说是对法律的非正义和不公平的扬弃。"真正的和真实的意义上的'公平'乃是所有法律的精神和灵魂。实在法由它解释，理性法由它产生。"② 在中国传统法律中，"公平"同样被作为法律实践的正义原则并由此成为法律制度的基础。根据金勇义先生的观点，法家与儒家的区分，不在于要不要法，只是"法家主张成文，而儒家却赞成不成文法。"儒家主张法律应依据伦理道德的"原则"而不是僵化的法律"规则"作出裁决，衡量公平正义的原则乃是以人的"情"和"理"为基础，而这种"情"和"理"的根据则是作为法律基础的先验的基本人性。③ 所以，伦理性的"情"与"理"，就构成法律的"公平"原则的价值基础，或者说就是公平自身。

什么是情理？在中国传统伦理中，"情"是与"义"相关的概念。儒家建立伦理，但并不否定人情，它认为"情"和"义"共存于人类生活的现实之中，主张"情""义"并重，"情""理"并用。《礼记·礼运》曰："何谓人情，喜、怒、哀、乐、惧、爱、恶、欲七者弗学而能；何谓人义，父慈、子孝、兄良、弟悌、夫义、妇听。"不过，"情"的理解也有广义与狭义之分。"狭义的'情'可意指个人的情感。然而，广义的'情'则意指人类的基本属性。"④ "情"既然指人的自然情感，如怜悯、恻隐等等，因而就是"性"，即人性的表露。根据孟子的性善论，"情"

---

① 参见哈特《法律的概念》，张显文等译，中国大百科全书出版社 1996 年版，第 156 页。

② 金勇义：《中国与西方的法律观念》，陈国平译，辽宁人民出版社 1989 年版，第 79 页。

③ "伦理原则是中国法律和统治的基础。人们更愿意求助一些人依照不成文的伦理原则来解决争议，而不愿意根据成文法来审判。"金勇义：《中国与西方的法律观念》，陈国平译，辽宁人民出版社 1989 年版，第 81 页。

④ 金勇义：《中西方的法律观念》，陈国平译，辽宁人民出版社 1989 年版，第 90 页。

被理解为人与动物区别的基本属性，是人的善性的表现。这个意义上理解的"情"，是在特定条件下判定人的行为是否正当的标准，是人的美德的根据。人性的另一面是"理"。中国文化中的"理"，既是自然规则，又是伦理原则，是人循"情"据"性"而行为的准则，它同样存在于人性之中并体现人的美德。在孟子规定的人性的"四心"结构中，"情"和"理"都是基本结构，因而被认为超越于实体法，是公平与正义的原则。中国传统的社会控制，是情、理、法三位一体的体系，首先诉诸"情"，然后诉诸"理"，最后才求助"法"。① 正是因为有了作为道德美德的"情"和作为道德原则的"理"的参与，法律规则及其实行才能真正体现正义和公平的精神，也才具有价值的属性。

有待证明的是，在价值结构中，作为美德体现的"情理"是否会有损法律所应有的正义与公平的客观性？探讨这一问题的关键是，作为法律的正义与公平的实质和表现形式是什么？

哈特认为，正义的观念由两部分组成。第一部分是一致的或不变的特征，就是所谓"同类情况同样对待"；第二部分是流动的或可变的标准，即所谓"具体情况具体对待"。作为法律评价的正义或不正义，关心的往往不是法律本身的正义或不正义，而是法律在特殊案件中适用是否公正的情况。② 法律与公平并无天然的和深刻的联系。正如凯尔森所说，"将法和正义等同起来的倾向是为一个特定社会秩序辩护的倾向。这是一种政治的而不是科学的倾向。"③ 正义具有阶级、民族、国家的内容，"每一价值体系，特别是道德体系及其核心的正义观念，是一个社会现象，是社会的产物，因而按照其所产生的社会性质而有所不同。""所以也就有着许多很不同的正义观念，多到使人甚至不能简单地讲'正义'的地步。"④ 法规本身无所谓正义，也无所谓道德性，但对法规的遵从却体现出正义和道德的属性。米尔恩认为，"法治"的原则由三个相关联的原则构成：法律

---

① 金勇义认为，情—理—法一体的价值体系有很大的合理性，"当法律正义与人的怜悯之心调和时，判决就可以说是与人的自然感情和理性——'情'和'理'相符。人的自然情感和理性是作出公平而正义的判决的更高标准。"见金勇义：《中西方的法律观念》，陈国平译，辽宁人民出版社 1989 年版，第 91—92 页。

② 参见金勇义《中西方的法律观念》，陈国平译，辽宁人民出版社 1989 年版，第 158 页。

③ 凯尔森：《法和国家的一般理论》，沈宗灵译，中国大百科全书出版社 1996 年版，第 6 页。

④ 同上书，第 8 页。

下的自由、法律至上、法律面前人人平等。"上述三个原则是实在法的道德原则，其道德性在于服从法治是一项道德原则。"① 它们是共同道德原则在法律制度中的适用，体现的是道德的原则，这些道德原则就是："以'公平对待'为具体形式的公正和不受专横干涉。"② 因此，即使在法律的范围内，正义和公平也不能简单地等同于依法行事。哈特已经指出，把正义等同于遵循法律"显然是一个错误"，③ 因为正义应当体现为在特殊案件中的合理性，而法律本身难以进行正义或公平的评价。罗尔斯试图建立正义论的价值哲学，他的正义的观念建立在三大原则基础上：平衡、契约、原始状态。④ 然而，这三大原则都难以说明正义原则的具体性和普适性，也很难对现代社会中的正义作出说明，最后必然要被麦金太尔的美德论所否定。

综上所述，可以对正义和公平进行狭义和广义之分。狭义的公平意味着法律面前人人平等，广义的公平意味着伦理和道德的原则优越于普通法律的规则。如果得到恰当的运用，"情"、"理"不仅不会影响正义和公平的客观性，相反，为了体现并真正落实正义和公平精神，"情"和"理"是必要的价值结构和价值机制。

[b. 人格逻辑、制度原理与民族精神]　在现代中国社会，伦理—政治的生态整合，道德—法律、德治—法治的价值互动，主要表现在三方面：内圣外王的人格逻辑、价值—效率整合的制度原理、道德—法律融摄的民族精神。

内圣外王的人格逻辑，是从"必须"—"应当"合一的行为正当性逻辑中引申出的现实结构。"必须"—"应当"合一逻辑在主体性的意义上，是一种人格逻辑。伦理—政治生态首先要求造就伦理—政治一体的立体性人格。这种人格的文化逻辑与文化范式，用中国传统哲学的述语表达，就是所谓"内圣外王"。内圣外王的逻辑，从根本上说，就是伦理—政治的逻辑，这种逻辑的具体展开，就是所谓"大学之道"。"大学之道"

---

① A. J. M. 米尔恩：《人的权利和人的多样性》，夏勇等译，中国大百科全书出版社1995年版，第132页。

② 同上书，第133页。

③ 哈特：《法律的概念》，张显文等译，中国大百科全书出版社1996年版，第159页。

④ 参见罗纳德·德沃金《认真对待权利》，信春鹰等译，中国大百科出版社1998年版，第213—241页。

的基本原理是："明明德—亲民—止于至善。""明明德"是性善信念下的自我修养、自我复归和道德自我的建构；"亲民"即在自明德性基础上以德化民，其途径是行"忠恕之道"，"己立立人"，"己达达人"，建构社会伦理；"止于至善"是个体道德与社会伦理之统一，建构伦理—政治生态。"大学之道"的具体环节是所谓"八条目"：格物、致知、诚意、正心、修身、齐家、治国、平天下。其中，"修身"以前是"内圣"的功夫，是个体道德；"修身"以后，是"外王"的功效，是社会伦理与国家政治。"内圣外王"之道，就是人格生长逻辑意义上的伦理政治之道。"内圣外王"之道内含着四个逻辑："内圣"才能"外王"；"内圣"必然"外王"；"内圣"为了"外王"；"外王"就是"内圣"。"内圣"才能"外王"是以"内圣"即内在德性为政治上自我实现的必要条件，以道德人格为政治人格和政治实现的基础，以个体道德为社会伦理和国家政治的前提；"内圣"必然"外王"，是关于内在德性与自我实现之间必然联系的信念；"内圣"为了"外王"，是以"内圣"即个体德性作为"外王"即自我实现的工具，内在着道德工具化和道德虚伪的危险；"外王"就是"内圣"则是为统治者作道德上的粉饰，个体道德与社会伦理沦为政治的工具。应该说，"内圣外王"之道内在着很大的合理性。它将道德人格与政治人格合一，对为政者提出了道德要求，为建立道德政治提供了人格条件；它将个体道德、社会伦理与国家政治相贯通，对政治提出了伦理的要求，也提供了伦理的基础，同时也为伦理提供了政治的保障，因而有利于伦理—政治的辩证互动。"内圣外王"之道，即"修己治人"之道，亦即伦理—政治契合之道。"内圣外王"的伦理政治传统的扬弃，对建立合理的伦理—政治生态，具有重要的资源意义和现实意义。

价值—效率整合的制度原理，是家—国一体的社会秩序合理性的现实结构。在制度安排中贯彻伦理的原则和精神，是实现德—法整合，建构伦理—政治生态的制度环节。这里的制度主要包括政治和经济两方面。在这两个方面，伦理—政治生态所要解决的核心问题，是价值和效率的关系。伦理的本质当然是价值。至于政治和经济，美国社会学家丹尼尔·贝尔在《资本主义文化矛盾》一书中指出，现代西方政治和经济的核心概念是效率。事实上不仅在西方，在现代中国，效率也被当作核心概念，"效率优先，兼顾公平"的取向，就是其核心地位的体现。在政治、经济运作中，如何实现价值与效率的整合，是德—法整合、伦理—政治辩证互动的关键。在政治方面，突出表现为政治的伦理理念和伦理理想；政治的伦理原理和伦理机制；政治的伦理素质和政治家的道德品质；最后，还应当包括对政治的伦理评价。对政治的伦理评价在以往政治学说、国家学说中被忽视，乃至在某些特定时期遭到批判，然而事实已经说明，伦理评价对保证政治的伦理属性和价值属性，提升政治的伦理品质，防止政治走向人性的反面，具有至关重要的意义。政治制度中的伦理安排，表现为政治伦理、制度伦理、国家伦理诸多社会机制和诸多理论形态。内圣外王的人格逻辑的具体落实，已经为政治制度中伦理精神的贯彻准备了基本前提，在市场经济条件下，更大的难题，是如何在经济制度和经济运行中贯彻伦理的原理。20 世纪西方学术发展的重大主题之一，就是如何实现伦理与经济的生态整合。韦伯的《新教伦理与资本主义精神》及其所提出的"新教资本主义"模式，可以视作建立伦理—经济生态的开创性的努力，随后几十年中陆续出版的《资本主义文化矛盾》（贝尔）、《国家竞争力》（汉普登等）等产生广泛影响的著作，都是这种努力的继续。更能说明问题的是，西方不少著名经济学家，成功地将伦理的价值原理引进现代经济学体系，取得了突破性进展，"道德风险"理论、"伦理资本"理论、"社会成本"理论，都是这些进展的体现。在众多杰出的经济学家中，1998 年度的诺贝尔经济学奖得主阿马蒂亚·森，是最典型的一位。他的成功和贡献，被概括为"呼唤道德良知，关注伦理问题"。世纪之交，伦理对经济的发展具有如此重要的意义，以至德国学者彼得·科斯洛夫斯基预言，未来的经济学，是伦理经济学。在经济运作中贯彻伦理的精神和原理，其意义不只在于降低经济成本，提高经济效率，更重要的是在财富创造中贯彻价值的原则，推动整个社会文明（不只是物质文明，也不只是精神文明，而是一体化的社会文明）协调、合理、持续地发展。经济与伦理的辩证整合，可以当作中国经济和中国经济学走向成熟的重要标志。不过，其成果形态不是抽象的经济伦理或经济活动的道德规范，而是经济与伦理的有机生态，即经济—伦理或伦理—经济生态。

民族精神是伦理—政治生态的深层结构，是人格逻辑与制度原理的统一和提升。民族精神中的伦理—政治生态，在法哲学体系中集中表现为伦理—政治文化和伦理—政治精神的整合，就中国目前的现实状况而言，突出课题是人文精神的建构和提升。从根本上说，德—法整合、德治—法治整合的精神，本质上是健全的民族精神的建构。法哲学是关于人的行为、关于社会秩序和社会制度的正当性与有效性的理论体系，其合理性基础是价值追求，因而是深刻而现实的人文精神。道德、伦理以对于人的本性的信念、信心和追求为基础，执著于道德理想和道德努力。然而，如果将理想代替现实，如果这种理想缺乏现实性和落实为现实的能力，最后的前途，只能导致道德的乌托邦、伦理的乌托邦。法的精神、法哲学的真谛，就是要造就道德与法律、理想与现实统一的健全的人文精神。但是，由于在法的精神和法哲学中包含着道德与法律的二元性，由于法治是人的行为调控和社会秩序建构方面的更为有力和更为有效的机制，在法的精神和法哲学体系中很容易形成关于法律的价值霸权，从而在理论上和实践上走进泛法治主义的误区。法律的价值霸权、泛法治主义对人文精神的生长具有很大的杀伤力，甚至窒息人文精神的生长。法治作为一种政治精神，其理论基础是关于人性本恶的假设，其运作机制则是外在的和有组织的强制。以法律取代伦理、以法治取代德治的企图，从根本上说会导致人文精神的沉沦。应该说，善与恶都是内在于人性中的现实可能性，道德与法律、德治与法治的分别，在于对人性的不同信念和不同认同。无论以性善还是性恶为逻辑建构法哲学体系，都不能把握人性的真理，因而无论德治还是法治，都只具有相对的真理性和合理性。从文化体系、精神体系、从文明体系方面考察，其合理性在于建构怎样的文化生态、精神生态、文明生态。就是说，在法哲学体系和社会的现实治理中，性善或性恶，都只是一种不可再追究的元点意义上的逻辑认定和理论假设，其合理性不在于这种认定和假设本身，而在于以此为基础所建构的体系。法哲学的合理性，不是逻辑起点而是整个体系的合理性；社会治理的合理性，不是抽象的德治或抽象的法治的合理性，而是道德—法律、德治—法治生态整合所形成的社会文明的合理性。前者高扬性善，培育和提升人文精神；后者扬弃性恶，建立有效的制度。二者的结合，是道德精神和政治精神的结合。德治是基于对人的信念、对人的信心、对人的信仰、也是对人的信任的人文精神和制度安排，因其理想性而体现人文价值，并因此需要透过法律得到落实。法治是一种政治精神，是以政治精神为内核的制度安排，因其现实性而具有效力。道德精神的失落，最终会导致对人的信念、信心、信仰和信任的丧失，必然结果是人文精神的失落。德治的人格假设和人格目标是"伦理人"，法治的人格假设和人格目标是"法律人"，二者都具有一定的合理性，也内在着深刻的片面性。只有性善—性恶、"伦理人"—"法律人"

的辩证整合，才能在文化精神的意义上造就合理的伦理—政治生态。

[c. 德治与法治]　社会生活的道德化，一直是中国文化追求的价值理想。古往今来，中国历史上一代又一代的圣人，一次又一次地陶醉于"人人为尧舜"的美梦之中，"不独亲其亲，不独子其子"的大同世界，是中国人向往的柏拉图式的乌托邦，《大同篇》、《镜花缘》以理性和感性诸多形式描绘了一幅幅令人心动的道德化社会的理想图式。然而，五千年的文明，虽然创造了无与伦比的伦理文化，却同时宣告了道德的乌托邦社会的幻灭。封建社会的伦理努力，虽然造就了中华民族的诸多美德，但最终还是被戴东原"以礼杀人"、鲁迅以礼"吃人"二语盖棺论定。道德化的乌托邦破灭了。近代以来，中国社会在反思中开始了建立法制的历程。但是，由于文化的惯性，不知不觉中，中国人似乎又在做着另一个美梦，营建着另一种乌托邦，这就是法制化的乌托邦。中国人厌烦了情—理—法的控制体系的烦琐，把西方社会的一切优越都归功于法律的设计。于是，自然产生这样的憧憬：只要建立健全了法制，现代社会的一切问题就可以解决。我不敢说这种法制化的乌托邦最后是否会遭致与道德化的乌托邦同样的命运，只是提醒，"健全法制"、"法制化"与"泛法制主义"存在原则区分。有必要提出如下质疑："泛法制化"是否就是一种合理的和理想的社会设计？泛法制化是否是一种适合现代中国国情的秩序原理？泛法制化是否就真的能解决中国社会的一切问题？

从工具理性方面分析，泛法制化的设计，确实是一种富有效率的秩序设计，但并不能由此就说它是一种最合理的和最理想的人文设计，更不能说它是适用于一切的文化设计。泛法制化设计的文化基础是西方科学主义的文化传统，它在创造效率的同时，也把复杂的社会现象简单化，把生动的社会机体还原为抽象的生物细胞。它在司法的层面虽然维持了相当程度的平等与正义，然而在立法的层面，即使在执法的层面，由于缺少必要的具体分析，往往更缺乏真正意义或理想意义上的平等与正义。就是说，西方文化的法律设计，只是在实体法的意义上是合理的，而在理想法的意义上，却比中国的社会控制体系具有更多的弊端。对社会生活与社会秩序来说，法律是需要的，然而泛法制化、泛法制主义却是必须质疑的。

泛法制化虽然是西方社会的必由之路，但必由之路未必就是理想之路。我在《文化撞击与文化战略》一书中曾指出，西方的法治设计虽然具有客观性、普遍性与有效性的优势，然而也具有单面性、缺乏情理性、繁复性的缺陷。① 西方现代社会的诸多弊端，已经宣布了泛法制主义的破产。当宣告"现代社会是（只是、就是）法制社会"的时候，我们是否应当反问：中国文化是否可能、是否正在从一种乌托邦走进另一个乌托邦？诚然，现代社会应当、也必须是一个"法制"社会，然而问题在于，是否就"只是"法制社会？法制化是否就意味着法制在作为基本的社会控制手段的同时，也成为惟一的控制手段？当发现中国社会虽然有"法制"，但却总是难以实现"法治"的时候，难道我们不应作这样的质疑：抽象的"法制化"是否适合现代中国的国情？从法制化的现实基础方面考察，中国现代社会诚然已经不是传统意义上那种家—国一体、家族本位的社会，但无论如何开放，无论世界如何变成一个"地球村"，中国的社会结构与西方总存在巨大的差异，更何况，具有巨大延绵力的传统仍然在不以人的意志为转移地对中国现代社会发挥作用。因此，在社会转型的过程中，中国社会秩序的建构，合理有效的社会控制体系的形成，需要进行新的文化创造，需要再一次找到或创造出适合中国社会特质、体现时代精神要求的社会秩序原理与社会控制模式。

由于家—国一体的社会结构，由于中国传统文化的秩序设计没有选择单一的法治化道路，而是选择了情—理—法三位一体的德治模式，由于道德在这种秩序模式中处于核心的地位，伦理生活对中国传统社会生活、伦理秩序对中国传统社会秩序，具有至关重要的意义。秩序的稳定，社会的治乱，往往与伦理秩序的状况有着直接的关联。但是，同样重要的是，在传统社会中，道德与法律是合二而一的，道德在政治化的同时也法律化，道德获得法律的保障，法律具有道德的价值基础。传统道德之所以在传统社会中发挥如此巨大的文化功能，与法律的匹合和同一是最重要的原因之一，它形成一种特殊的伦理—政治生态。传统社会的伦理效力的最重要的来源之一，就是道德—法律的一体化生态。也正因为如此，伦理的变革，对中国社会才总是具有如此重要的意义，它不仅对伦理生活，而且对整个社会生活与社会秩序都具有特别重要性，所以也会产生巨大的社会阵痛。

但是，由于道德的运作必须在一定的伦理—社会生态中，由于道德的运作效力依赖于与其他文化因子尤其与法律的匹合，道德的变革，总是整个伦理生态的变革，是道德与其他社会价值因子尤其是与法律的新匹合。

---

① 参见樊浩《文化撞击与文化战略》，河北人民出版社 1994 年版，第 215—216 页。

不过，新的道德—法律生态与传统社会无疑具有巨大的差异。传统社会的秩序原理以伦理为本位，传统社会的控制模式是"德主刑辅"、"礼法并用"。这种原理与模式当然有一定的合理性，也代表着一种崇高的文化理想，然而它终究只是那个特定的社会结构的产物，也只能在相应的社会结构中才能运作。现代中国社会已经不是家族本位的社会，市场体制的转轨，公民社会的建立，使社会生活秩序的建立不能以家族伦理为范型，而必须以法律为基础。即使假设家族在当今中国社会中的本位地位仍然十分牢固，在"市场"所创造的"市民社会"中也很难找到往日那种一以贯之的逻辑，更何况，家族在现代中国社会中的存在方式及其地位已经发生根本变化。在这种背景下，道德与法律的新的价值整合，便是合理的伦理精神和社会秩序建构的必由之路。

十九　秩序理性与民主品质

透过道德与法律的价值整合，伦理精神便由市民社会向政治社会辩证发展。

在政治社会中，对伦理—社会生态的建构及其价值合理性影响最深刻的，是伦理精神的政治品质和制度品质。亚里士多德说过，好的制度造就优秀的品质，坏的制度造就恶劣的品质，制度越好，造就的品质越好。政治社会中伦理精神的价值合理性，市民社会的伦理精神与政治社会的伦理精神的有机合理的整合，相当意义上取决于伦理—社会生态的政治品质和制度品质。

（一）伦理精神的社会悖论："道德的人与不道德的社会"

如果把伦理精神作为一个具体的而不是抽象的文明因子，那么，它在政治社会中的现实运作就内在着一个实践悖论，这个实践悖论用美国学者尼布尔的著名命题表述，就是："道德的人与不道德的社会"。

古今中外的伦理学家，从孔夫子、亚里士多德到罗尔斯、麦金太尔，都不断向世人指出一种现实危险：伦理在特定政治条件和制度环境下的运作，会造就出非伦理的乃至反伦理的社会。正像尼布尔所发现的那样，人类社会长期存在着一个难以调和的冲突，就是社会需要和良心命令之间的冲突，这一冲突可以概括为政治和道德之间的冲突。一般说来，道德指向两大领域：一是个体生命秩序，即个人的内在生活；二是社会生活秩序，即社会生活的需要。前者的价值目标是达至个体至善，理想价值是无私；

后者的价值目标是社会至善，理想价值是社会公正。①

　　由此出发，中西方伦理精神发展出两种截然不同的传统：美德论的传统（或个体至善的传统）；公正论的传统（或社会公正的传统）。然而，两种传统都潜在着难以克服的内在矛盾。中国传统伦理以义利关系为道德的基本问题，"义利乃儒者第一义。"义利关系的核心，就是理与欲、公和私的关系。中国传统伦理试图以"存理灭欲"的个体至善达致社会至善，其结果在造就"道德的人"的同时，维护着一个"不道德的社会"（封建社会）。从理论上说，在个体道德内部，最道德的行为是出于无私的动机的行为，然而，出于无私的动机的行为不一定就能导致道德的后果。因为，一方面，在政治社会中，"将纯粹无私的道德学说转用来处理群体关系的任何努力都以失败告终。"② 另一方面，如果无私的道德服从于不合理的社会，那么，客观效果只能导致社会的不合理。

　　从古希腊始，西方伦理开辟出公正论的传统。苏格拉底、亚里士多德都把公正或正义当作最高的德性。直到西方现代，这种公正论的追求不仅诉诸日益完备的制度安排，而且在理论上也日趋完备，罗尔斯的正义论就是典型代表。不过，正如麦金太尔、尼布尔所揭示的那样，社会学意义上的公正本身是靠不住的，它不仅难以回答"谁之正义？何种合理性？"的诘难，而且也难以确证自身的合理性，甚至在追求"道德的社会"（或公正的社会）的过程中，潜在着造就"不道德的人"的危险。公正只有由道德良知加以控制，才具有真实的与健全的合理性。道理很明显，"公正必须被高于公正的事物来保证。"③

---

　　① 尼布尔这样揭示这一矛盾："由于道德生活有两个集中点，故而使这一冲突不可避免。一个集中点存在于个人的内在生活中，另一个集中点存在于维持人类社会生活的必要性中。从社会角度看，最高的道德理想是公正；从个人角度看，最高的道德理想则是无私。"莱茵霍尔德·尼布尔：《道德的人与不道德的社会》，黄世瑞等译，贵州人民出版社1998年版，第201页。

　　② 莱茵霍尔德·尼布尔：《道德的人与不道德的社会》，黄世瑞等译，贵州人民出版社1998年版，第210页。

　　③ 尼布尔认为，"最高的道德洞见和个人良心的造诣两者与社会生活不仅是相关的而且是必要的。如果个人的道德想像力不寻求理解他的同代人的需要和利益，就不可能建立起最完美的公正。而且，如果任何实现公正的非理性手段不用道德良知加以控制，则它的运用就不可能不对社会造成巨大的危害；仅仅作为公正的任何公正，不久都会变质而失去公正性。"莱茵霍尔德·尼布尔：《道德的人与不道德的社会》，黄世瑞等译，贵州人民出版社1998年版，第201—202页。

如何避免走进"道德的人——不道德的社会"的伦理陷阱？

现实的努力是：通过伦理精神与政治理念、与制度安排的合理的生态互动，通过对政治理念和制度安排的道德合理性的价值追究，通过伦理精神的合理政治品质与制度品质的建构，实现伦理精神的政治合理性和制度合理性。

根据政治社会中伦理精神的特质，根据政治社会与市民社会的伦理精神的合理整合的要求，伦理精神的现实合理性、伦理—社会生态的政治合理性和制度合理性的伦理品质，与两个重大课题相关：秩序理性、民主品质。

（二）　秩序理性

秩序理性之所以成为政治社会中伦理精神的价值合理性的重要课题，基于三方面的原因。

第一，秩序是伦理与社会的最重要的结合点，也是伦理对社会的最基本的文化功能，秩序的合理性是社会合理性的重要表征。伦理是社会秩序的价值构成，社会秩序及其合理性的建构，必须透过伦理的努力。秩序问题，尤其是秩序理性和秩序理念，是伦理—社会生态的价值合理性的理论前提。

第二，转型时期社会发展的重大伦理难题，就是社会秩序的调整和重建。转型时期的社会秩序，是一个从有序到无序，再到新的有序的过程。如何理解转型时期的失序状况，以怎样的价值理念建立新的伦理秩序和社会秩序，是伦理精神的社会合理性的实践课题。

第三，由于特殊的历史境遇和文化传统，中国民族对秩序有特别的追求：既追求秩序的稳定性、秩序建构的价值取向和文化原理，也与西方社会迥然不同。可以说，秩序，是中国社会也是中国伦理的基本价值追求。

[a. 秩序情结]　"秩序"是中国伦理孜孜以求的目标，也是中国伦理文化气质的显著特色，从某种意义上可以说，中国传统伦理就是秩序伦理。正如有的学者所指出的，中国传统文化、中国传统伦理、中国人在精神深层上潜在着根深蒂固的秩序情结，在秩序的追求与建构中显现中国

民族的杰出智慧。① 秩序在中国传统伦理中如此重要，乃至可以得出这样的结论："儒家伦理千条万条，但归根究底，不外乎从一个害怕动乱、追求秩序的情结（Complex）衍生出来。"②

在中国伦理中，"秩序"可称为一种文化情结。为何称情结？情结是潜在于个人心理结构深层、在多方面支配人的行为，并且容易引起过度的情绪反映的那种心理状况。③ "秩序情结"是潜在于主体的文化心理结构的深层、对主体行为具有支配作用的之于秩序的强烈情绪反映。"情结"虽然具有非理性的特点，但对主体行为却具有巨大的影响力。

从中国社会发展与文化发展的历程考察，"秩序情结"相当程度上来源于"动乱情结"，"秩序情结"与"动乱情结"是一物两面。中国人的秩序情结起源于作为中国文化童年的春秋战国时期，这一时期天下大乱的局面，使中国文化在以后两千多年的历史发展中，一直蕴藏着一种因动乱创伤而造成的向往秩序的情结。作为儒家宗师的孔子，所面对的是一个巨大的"失范"和"失序"社会的挑战，一生致力于社会秩序尤其是伦理秩序方面的拨乱反正。在孔子看来，礼崩乐坏的"君不君，臣不臣"的局面，就是春秋战国时期"失范"与"失序"社会的特征。为此，他作出的根本伦理回应就是："克己复礼"。"礼"是孔子理想中的伦理政治秩序，其基本特点是所谓"君君、臣臣，父父、子子。"④ 孔子提出的解决失序与失范的伦理思路是：首先，确立社会秩序和伦理秩序的理想模式，这就是所谓"礼"。在孔子那里，"礼"因于周代而又有所"损益"，是理想的社会秩序和伦理秩序。其次，规定人们在礼的秩序中的伦理地位及其应尽的伦理义务，使人们"安伦尽分"、安分守己，以此使伦理秩序得以维持。最后，建立道德规范，并使之内化为人们的情感信念，成为行为

---

① "中国自秦始皇统一天下以来的文化发展，线索虽然很多，大抵上还是沿着'秩序'这条主脉而铺开。用弗洛伊德的术语，中国文化存在着一个'秩序情绪'，换做潘乃德（Ruth Benedict）的说法，则中国文化的形貌（Configuration），就由'追求秩序'这个主题统合起来。"张德胜：《儒家伦理与秩序情结》，台湾巨流出版公司，1993年版，第2页。

② 张德胜：《儒家伦理与秩序情结》，台湾巨流出版公司，1993年版，第17页。

③ "情结是一种心理状况，至少具备下列三项特征：第一，这种心理状态不一定为本人所知觉。换言之，它潜存于个人心理结构的深层。第二，这种心理状态虽然是不自觉的，却可以在多方面支配着人的行为。第三，这种心理状态不能说是病症，但对外来的刺激，往往引起过度的情绪反应。"见张德胜：《儒家伦理与秩序情结》，台湾巨流出版公司1993年版，第17页。

④ 《论语·颜渊》。

的准则。所有准则中，"仁"是体现"礼"的要求的最重要的德目。"克己复礼为仁。一日克己复礼，天下归仁焉。"① 根据这样的思路，孔子在提出了"礼"的秩序模式后，认为解决失范与失序的关键就是"正名"，因为，"名不正，则言不顺；言不顺，则事不成；事不成，则礼乐不兴；礼乐不兴，则刑罚不中；刑罚不中，则民无所措手足。"②"正名"就是按照各自的伦理分位即伦理角色确立行为的准则，各安其位，各司其职，所谓"父慈子孝，兄友弟恭"。"民无所措手足"就是行为失范。孔子追求秩序的情结和他回应社会失序的思想一样，深刻地影响了中国人的文化性格和文化气质。

规范的主要作用，在于节制人的欲望和行为，使之符合秩序的要求，从而体现人的价值追求，提升人的精神。"失序"是伦理关心的对象，"失范"是道德解决的问题。在《中国伦理精神的历史建构》中，我曾指出，"礼"是孔子伦理思想的核心概念，"仁"是孔子道德思想的核心概念。在社会理想和伦理理想的意义上可以说，孔子毕生的努力，就是重建春秋战国时期的伦理秩序。后来继承孔子学说的伦理思想家和采用孔子学说的政治家，在一定程度上继承和实现了孔子的秩序理想，同时也使之僵化而失去活力。然而，无论如何，在中国传统社会和传统伦理中，秩序是第一位的。对一些正统的伦理学家来说，秩序即使走向僵化，也要致力维持，因为僵化本身就是秩序。

[b."混沌"的意义] 需要进一步探讨的是，基于理性的判断而不是情绪的反应，"失序"和"失范"的状况，是否就一无是处？

"失范"的社会，当然使人"无所措手足"。然而，"对于思想的哺育与发展，则无疑是块肥沃的土壤。"③ 在当时看来，春秋战国时期，是失范和失序的社会，但在现代人看来，是一个百家争鸣，百花齐放，思想灿烂，学术辉煌的时期，这一时期的思想文化，成为中国民族最宝贵的精神遗产。古希腊时期，如果用中国人的观念考察，同样是一个失范和失序的时期，然而也正是这一时期，成为西方文化最灿烂的源头。所以，对"失序"和"失范"的社会，必须用历史的眼光进行辩证分析。正如尼采

① 《论语·颜渊》。
② 《论语·子路》。
③ 张德胜：《儒家伦理与秩序情结》，台湾巨流出版公司1993年版，第61页。

所说，"失序"和"失范"社会的长处，就在于没有绝对真理，"一切都被允许"。"一切都被允许"，当然会导致在思想上和行为上的混乱，因为它缺乏具有权威的秩序和具有权威的行为准则，也缺乏权威的思想和权威的人物。但权威的失落，可能导致思想文化的解放，也可能伴随价值的多元。问题在于，如果长期处于失序的和失范的状态，如果价值多元缺乏强大的理性自主和自我选择能力，社会最后会走向毁灭，因为它会丧失社会组织性和凝聚力。因此，失序之后，面临的课题总是秩序重建。混沌——有序——混沌，是社会发展中带有规律性的现象。"失序"必须正视，但"失序"并不可怕，也并非一无是处。对待"失序"和"失范"，需要理性的和宽容的态度，以专断的、僵化的秩序观对待"失序"现象，可能会扼杀新的思想和新的生活方式，从而产生社会发展的惰性。这正是儒家伦理的悲剧所在。

重建秩序的关键是重建规范，然而最困难的是使人们遵循规范。规范如何得到遵循？西方社会学家将遵循规范的动力归为三类：一是就范（Compliance）；二是认同（Identification）；三是植入（Internaltzation）。三者之中，当然以"植入"最为持久。就范需要监督，认同需要信仰，植入则需要内化。但社会秩序的建构，往往三者并存，即使在同一个人身上，也是如此。孔子的侧重，是规范的内植，此内植即个人的道德教化与道德修养。所以，儒家伦理，既有重社会轻个人的倾向，只把个人当作伦理秩序和社会秩序中的一个角色，但在建立伦理秩序的过程中，又把着力点放在个人身上，认为个人的道德修养及其对规范的践履是建立秩序的根本，以至余英时等人认为，儒家伦理也有浓厚的个人主义倾向。由于强调秩序，强调整体性，因而必然以社会为本位，但秩序的实现，伦理的责任，全在于个体的努力，于是又必须以个人为本位。可以说，儒家在伦理上以社会为本位，秩序为取向，而在道德上则以个体为本位，其特点是强调个体的道德责任与道德努力。同时，规范与秩序的建立，内植固然重要，但仅是内植显然不能解决问题，在欲望与利益的冲突中，还必须诉诸"就范"与"认同"，建立必要的制裁机制。

[c. 社会失序的伦理回应]　转型时期的中国社会，被认为同样是一个"失范"和"失序"的社会，至少社会面临着"失范"和"失序"的危机。面对这一危机，值得我们深思的问题是：我们会不会、该不该作出与传统儒家同样的回应？

如果说春秋时期的动乱与儒家的回应形成了中国文化、中国民族的某种"秩序情结"，那么，这种情结是否还在现代中国潜在？依照弗洛伊德的观点，个人于孩提时代所经历的创伤，会在性格上留下永不磨灭的烙印，在相当程度上影响日后的行为。把个体心理学的这一结论扩充为社会心理学的命题，逻辑地引申出的结论是：中国文化在早年蕴藏着一个因动乱创伤而造成的向往秩序的情结，这一情结至今还潜在于中国人文化—心理结构的深层。

秩序，对于任何社会，特别是对中国这样的大国，诚然是重要和必须的，但对现代中国来说，问题的关键，既不在于"为什么要建立秩序"这样的形而上的问题，也不在于"如何建立秩序"这样的社会学的问题，而在于"建立什么样的秩序"这样的兼具伦理学和社会学意义的问题。在现代中国，伦理秩序仍然是社会秩序的基本和深层的因子。中国文化对秩序的向往，或者说"秩序情结"，不仅在于文化发端中的痛苦体验，更在于中国社会对于秩序的特别需要。中国文化的得与失都与这种秩序情结和建立秩序的智慧有关。

传统伦理以整体至上主义的原理建构伦理秩序。在伦理秩序的建构中，个体不是没有主体性，恰恰相反，秩序的建立必须以个体主体性的发挥为前提。问题在于，这种主体性不是健全意义上的主体性，而只是道德的主体性，是个体在遵循伦理秩序的过程中进行能动的甚至是膨胀的道德努力的主体性。于是，在为建立新的伦理秩序和社会秩序而实现的伦理转换中，就必须确立新的价值取向与价值原理。

我以为，现代伦理秩序和社会秩序建构，应当体现三方面的要求。一是有效性、二是合理性、三是富有活力与张力。

秩序当然必须有效，有效的秩序不仅在理念中，也不仅在理想中存在，而且必须具有外化为现实的真实性。有效的秩序，不仅是理念和理想的呈现，而且必须有力地调节人们的行为，把人们的行为规范到"秩序"的范围内。如果秩序不能对人们的行为发挥规范调节作用，或者只是在理念中被人们所向往和接受，那就不是现实有效的秩序。秩序的有效性，在相当程度上依赖于结构上的完整性和有机性。对伦理秩序来说，法律秩序的保障是有效性的前提和条件。

秩序，任何社会都需要，但并不是任何秩序都合理。虽然秩序的合理性总是具体的和相对的，但在中西方伦理学和政治学的发展中，总有一些价值取向是共通的，譬如公正与正义。当然，公正和正义并不是一个抽象的概念，从一民族到另一个民族，从一个时代到另一个时代，其标准会变得完全不同甚至截然相反，但也不可否认，人们对公正和正义总有着某些共通的追求，因而可以成为秩序合理性的基本价值取向。

秩序的活力可以看作是合理性的特殊表现。秩序总表现为对整体性的要求，而整体性则有具体的（或现实的）整体性与抽象的整体性之分。现实的整体性是多样的个体性的统一，抽象的整体性则是泯灭了个体性的整体性。个体活力是秩序活力的基本源泉。丧失个体活力，秩序就缺乏活力，只是一种僵化的秩序。因此，如果说，秩序的认同与内化程度，秩序的规范约束力是有效性的体现，那么，整体与个体、个体至善与社会至善的关系，就是秩序的合理性所必须处理的内在矛盾。整体性与个体性是任何秩序模式都必须处理的基本关系，正是在对这种关系的处理中，表现出文化的特殊品质。伦理通过"善"的价值导向与价值理想处理秩序建构中整体与个体、个体与个体间的关系，于是，秩序的合理性程度，就表现为整体与个体、社会至善与个体至善关系的合理性程度。而整体与个体、社会至善与个体至善的关系，在相当程度上表现为"德"与"得"的关系。就像并非所有的"得"都是不合理的一样，并非所有的"德"都是合理的，"德"与"得"之间的张力与平衡，是维持伦理秩序的合理性的重要机制，也是伦理秩序的合理性的重要体现。

（三）伦理精神的民主品质

［a. 合理的伦理实体的价值品质］　伦理秩序的理念提出了一种人伦理想和道德理想，然而它在现实性上仍是思辨性的存在。理想的落实、理念的外化，还需要一种现实的力量和使之得以实现的现实品质。从广泛的意义上说，这种力量和品质既是一种政治制度，是体现伦理理想和伦理要求的政治制度，也是一种追求和实现制度合理性的主体精神品质。

伦理实体——无论是家庭、市民社会、还是国家的价值品质，在广泛的意义上都是共同体的品质。严格说来，任何伦理实体都具有共同体的属性。米尔恩指出，"人类生活总是在共同体中进行的，在任何地方都一样——之所以必须这样，是因为不这样就不会有下一代，人类生活就将终止。"① 共同体的存在和发展必须建立一定的制度以及与之相关的行为原则和行为规则，这就是共同体的伦理秩序。共同体的成员按照各自的社会角色，遵循相应的规则行动，以维持其良好的存在状态。② 在成为共同体成员，实践共同体道德的过程中，个体上升为主体。但是，主体对规则的遵循不只是对共同体的消极维护，毋宁说是对它的合理性的追求。共同体的存在要求一项基本原则，这就是社会责任原则。这个原则的根本要求是："共同体和每一个成员所负有的一项义务就是使共同体的利益优先于他的自我利益。"③ 因为，"假如没有一种按照社会责任原则行事的义务，一个共同体的利益在很大程度上就会因此而付之流水，它作为一个共同体的继续存在也将有危险。"④ 然而，无原则地牺牲或放弃自我利益决不是合理的共同体道德。共同体的存在取决于共同体内部社会责任获得落实的情况，共同体的生命力取决于在落实社会责任的过程中，个人自我利益和共同利益之间关系的合理性程度。⑤ 这就需要建立一种合理实现共同体利益和共同体中个体利益的制度。

显而易见，广义的社会（即包括自然社会、市民社会、政治社会的一般意义上的社会）是最大的共同体。由于在社会共同体中存在着个人自我利益与社会整体利益的矛盾，由于社会共同体的维持依赖于以个体道德为基础的社会责任的落实，因此，就提出了评价社会共同体的合理性标准，亦即社会的组织良好状况的标准问题。罗尔斯认为，一个组织良好的

---

① A. J. M. 米尔恩：《人的权利与人的多样性》，夏勇等译，中国大百科出版社 1995 年版，第 46 页。

② "社会共同体应该建立和维持一种内外部条件，使所有共同体成员能够基于那些确定他的成员身份的条件，尽可能好地生活，这是社会共同体的利益所在，也是伙伴关系的原则所要求的。"见 A. J. M. 米尔恩：《人的权利与人的多样性》，夏勇等译，中国大百科出版社 1995 年版，第 47 页。

③ A. J. M. 米尔恩：《人的权利与人的多样性》，夏勇等译，中国大百科出版社 1995 年版，第 52 页。

④ 同上。

⑤ "社会责任并不要求人们放弃对个人自我利益的追求。但他们必须用与共同体利益相一致的方式去追求。"A. J. M. 米尔恩：《人的权利与人的多样性》，夏勇等译，中国大百科出版社 1995 年版，第 52 页。

社会，必须具备两个基本的条件，一是道德的善，一是社会正义；① 组织良好社会的标准，既不是个体的善，也不是社会的正当，而是善与正当的统一。"在一个组织良好的社会里，公民们关于他们自身的善的观念与公认的正当原则是一致的，并且各种基本善在其中占有恰当的地位。"② 不过，二者之中，"正当概念优于善的概念。"③

罗尔斯为什么把善和正义作为组织良好的社会缺一不可的条件？为什么罗尔斯认为在这两个条件中，正义具有更优先的地位？根本价值取向就是追求个体道德和社会伦理的合理性。罗尔斯企图建立一种制度，以保障个体至善和社会正义的良性互动。善与正义的统一，实际上是个体道德和社会伦理，推扩开来，是伦理与社会的良性互动，在互动中，伦理与社会形成合理的生态。在罗尔斯看来，无论是个体道德还是社会伦理，都不能自我确证其合理性，合理性必须由另一原则证明，这就是正义。伦理精神的合理性，伦理实体的合理性，就是如何维持作为个体道德理想的善与作为社会道德理想的正义或公正之间的平衡。这种平衡的标准和平衡的机制同样不可能存在于伦理或伦理精神内部。而且，平衡要具有现实性，就必须有一种既体现价值理想的人文精神，又可以获得落实的制度保障。

［b. 民主的伦理性格和伦理精神］　使善和正义良性互动、达到社会组织良好、体现伦理的秩序理想的制度机制与主体品质，就是民主的制度和民主的精神。合理的伦理实体、合理的伦理—社会生态的重要品质，就是民主的品质，确切地说，是民主精神与伦理精神整合的品质。

台湾学者韦政通先生在《伦理思想的突破》一书中提出了一种见解，认为在现代社会中，伦理与民主应当相适应或相统一。④ 在现代价值体系

① "一个组织良好的社会是一个被设计来发展它的成员们的善并由一个公开的正义观念有效地调节的社会。因而，它是一个这样的社会，其中每一个人都接受并了解其他人也接受同样正义原则，同时，基本的社会制度满足着并且也被看作是满足着这些正义的原则。""而且，一个组织良好的社会也是一个由它的公开的正义观念来调节的社会。这个事实意味着它的成员们有一个按照正义原则的要求行动的强烈的通常有效的欲望。"罗尔斯：《正义论》，何怀宏等译，中国社会科学出版社1988年版，第440—441页、第441页。

② 罗尔斯：《正义论》，何怀宏等译，中国社会科学出版社1988年版，第381页。

③ 同上书，第382页。

④ "如果我们承认建立自由、民主的社会，是近代人类共同奋斗的目标，那末新伦理的建立，必须和这个目标相一致。在一致的目标上，使自由、民主、伦理产生交错重叠的关系，这个关系的一种意义是，伦理的问题可透过民主的方式来解决，而自由则为伦理生活的基本原理。"韦政通：《伦理思想的突破》，台湾水牛图书出版事业有限公司1987年版，第121页。

与社会生活中，伦理秩序与民主政治、伦理的价值与民主的价值有着密切的关联，因而必须造就伦理精神与民主精神相统一的文化品质，这种文化品质的特点，就是"道德的热情"与"知识的真诚"的结合。① 这种结合，在西方哲学家罗素《我的信念》中，被表述为"为爱心激发而又为知识指导"的"良好生活。"什么是民主的伦理精神？"在伦理的意义上，民主只是一种生活方式"，② 民主对伦理的影响，就是民主的精神与民主的性格。民主的精神、民主的性格造就民主的伦理，由民主精神和民主性格造就的伦理，就是现代人的伦理。正是基于这样的认知，一些海外中国学者把伦理精神和民主精神的整合，当作是中国文化现代化和中国伦理精神现代化的重要结构。

中国传统伦理的性格与现代文化中民主的伦理性格有何差异？传统的伦理精神与现代民主精神有何差异？在市民社会和政治社会中，民主说到底是一种政治形式，是建构社会共同体的一种政治原理和政治制度。与传统家—国一体的社会结构相匹配的文化原理是"伦理政治"，具体地说，是以家族为本位、血缘—伦理—政治三位一体的"伦理政治"。现代政治的价值取向显然是"民主政治"。只要把"伦理政治"与"民主政治"作一比较，就可以从一个层面透视传统伦理与现代伦理在文化性格和文化精神方面的差异。

在拙著《文化撞击与文化战略》一书中，我曾参照台湾学者黄奏胜先生的观点，把"伦理政治"与"民主政治"的差异概括为四方面：天下一家与现代国家、人格平等与政治平等、匹夫有责与政治参与、治权民主与政权民主。

"天下一家"与"现代国家"代表传统与现代两个不同的政治文化观念，其间有着深刻的分歧。"天下一家"是偏重文化意义上的社会而言的

---

① 韦政通认为，在一个被传统伦理观念所笼罩的社会，要把体现时代精神的新的价值观念实现于生活，必须同时做一体两面的努力，一面是个人的改造，一面是社会的改造，而自由、民主则是做两面改造的共同指导原理。个人改造的目的，在使自己成为一个自由人。自由人的特性，由两个基本的条件构成：一是道德的热情，一是知识的真诚。"道德的热情，并不必然导致道德的结果。道德热情如缺乏理智引导，往往导向错误的方向，形成一股盲目的破坏力量。所谓理智的引导，是主观上能独立思想，客观上能服膺正确知识的能力，知识的真诚有助于这种能力的培养。知识与道德在自由人身上，是一种互相激发又互相制衡的力量。"韦政通：《伦理思想的突破》，台湾水牛图书出版事业有限公司1987年版，第130—131页。

② 韦政通：《伦理思想的突破》，台湾水牛图书出版事业有限公司1987年版，第134页。

社会秩序和政治理念，"现代国家"是市民社会的政治组织。传统中国社会结构的理想是由"家"出发，超越政治的"国"而达到"天下一家"，因而是"文化至上"。"天下一家"的本位是伦理，"现代国家"的本位是政治。在"天下一家"的理念中，人们只需以家族为本位，由近而远，推己及人，"老吾老以及人之老，幼吾幼以及人之幼"，就可以建立所追求的社会秩序和伦理实体。西方意义和现代意义上的民主要求，在"天下一家"的背景和理念中既没有现实性，也无助于实现"家"的理想。

"政治平等"在观念和制度上肯定人人有平等的权力与机会参政议政，而所谓"人格平等"即是儒家所肯定的人人皆有道德的心灵。政治平等虽然必须以人格平等为基础，但人格平等并不能说明和代替政治平等。"人格平等"是抽象的伦理理念，而"政治平等"则是现实的政治要求；"人格平等"是一种道德意识，"政治平等"是一种政治意识；"人格平等"的核心概念是自我修养，"政治平等"的基本概念是政治权力。"人格平等与政治平等的混淆只能使政治意识消融于道德意识之中，扼杀了人们对政治权力的要求。"[①] 在中国传统伦理中，"人格平等"的本质是人的道德能力、说到底是道德责任的平等。

"匹夫有责"是"天下一家"文化社会的道德责任观念，它关心的是如何建立一个合乎人性，使人成为人的社会，而非从政治的角度鼓励人们关心政治，追求社会公正。"匹夫有责"的观念虽然可以转化为合乎民主的参与观念，但它并不就是"政治参与"。"匹夫有责"体现的是一种义务观念，而"政治参与"体现的是一种权力观念。

在政治关系中，"治权民主"的逻辑是"为民作主"，"政权民主"的实质是"当家作主"。在"治权民主"中，个体只是"民主"的对象，它在中国政治中的表现是"民本"，而非现代意义上的"民主"，只有在"政治民主"中，个体才能成为民主的主体。

因此，天下一家、人格平等、匹夫有责、治权民主是家族伦理的机制，而现代国家、政治平等、政治参与、政权民主，才是现代政治的要求。中国传统"伦理政治"的文化理念与文化机制当然有许多合理内核，但其局限性也显而易见。就伦理本身来说，最大的局限性就是缺乏现实合理性，它在造就道德上圣人的同时，事实上也是对现存制度的论证和维

---

① 樊浩：《文化撞击与文化战略》，河北人民出版社1994年版，第241页。

护。"伦理政治"虽然体现某种高远的政治理想，然而由于这种理想没有体现政治社会的本质，根本无法实现，只是虚幻的理想，在伦理精神和伦理生活中，当把虚幻当作真实，当把虚幻的理想当作政治统治的现实并为之作辩护时，不可避免的结果就是对现存制度的维护，从而失去其现实合理性。从根本上说，由于"伦理政治"在逻辑上把伦理与政治直接贯通，伦理品质中缺乏也难以产生对政治的批判意识和批判精神，难以追求和实现社会的合理性，最后，也难以实现个体道德行为的真正的和现实的合理性。它所建立的是伦理直接同一于政治的伦理—政治生态，其间缺乏必要的紧张，因而难以实现健康合理的互动。况且，由于历史条件的变化，传统的"伦理政治"在现代社会也失去了最深厚的基础，从而使得以此为机制的伦理缺乏现实有效性。因此，传统伦理精神的现代转换，现代伦理精神的合理建构，必须实行伦理性格和伦理精神的革命。这种革命的价值指向，被西方人道主义伦理学家表述为"民主的伦理"或"民主伦理精神"。①

美国人道主义伦理学家库尔茨发现，"人类历史上有过许多种革命：政治的、经济的、社会的和科学的。我们今天正在经历的革命是道德革命。"② 这种革命的主题是试图重新找回工业社会中丧失的人性，它以人的潜能的实现，以对幸福的追求为第一原则，③ 以对平等权利的要求和对共同利益的追求为第二原则。④ 这些原则要求建立一种民主的伦理学。在库尔茨看来，民主是一种伦理尺度。"在我看来，民主的关键在于表达了一种伦理尺度。它首先倡导一种合规范的理想——规劝我们应如何对待人民，如何作为团体中的个体与他人共同生活和工作。虽然民主理想有许多不同的解释和运用，但不确认它的基本道德基础就不可能实现它。"⑤ 民主精神尊崇自由和平等，并以此为道德原则，在自由和平等的互动关系

<hr>

① 参见保罗·库尔茨《保卫世俗人道主义》，余灵灵等译，东方出版社1996年版，第31页。
② 保罗·库尔茨：《保卫世俗人道主义》，余灵灵等译，东方出版社1996年版，第32页。
③ "新道德的基本假定是，人的潜能得以实现，便能过上幸福的生活。"保罗·库尔茨：《保卫世俗人道主义》，余灵灵等译，东方出版社1996年版，第32页。
④ "现代道德革命的另一原则是对平等权利的要求和对共同利益的追求。"保罗·库尔茨：《保卫世俗人道主义》，余灵灵等译，东方出版社1996年版，第34页。
⑤ 保罗·库尔茨：《保卫世俗人道主义》，余灵灵等译，东方出版社1996年版，第83—84页。

中，实现个体德性的善和社会的公正的良性循环。依照民主的伦理原则，如果过分强调自由，可能会导致个人主义和无政府主义；如果过分强调平等的权利，可能会限制人的自由。民主的伦理精神追求健全的自由平等，认为自由不仅是道德的自由，而且应当是现实社会秩序和伦理关系中的自由；平等也不只是道德人格的平等，而且应当是政治、经济生活中的平等。传统伦理政治的局限性，就是以道德自由取代现实自由，以道德人格的平等消解现实政治关系、经济关系中的不平等，以个体的道德责任意识取代个体权利意识。传统伦理虽然在对传统社会和传统政治的维护方面是成功的，但总体说来，并没有建立一个健康互动的、富有批判精神的伦理—社会生态。传统伦理精神的特点，过于侧重对社会的认同与顺从，就像韦伯所指出的那样，在伦理和社会的关系中过于"乐观"，缺少必要的"紧张"。于是，伦理精神可以建立具有强大超越功能的道德自我，却难以实现对社会的批判性提升，在塑造至善个体的同时，并不能造就正义的社会，最后事实上也不能真正实现其伦理理想。究其缘由，民主精神的缺乏是根本原因之一。现代伦理发展中提出的一系列课题和概念，如公正问题、美德问题，从制度和精神结构方面考察，都必须透过民主制度、民主精神与伦理性格、伦理精神的结合解决。应该说，当在抽象的伦理领域中考察时，传统伦理精神确实不失其崇高，然而一旦在现实的社会政治背景下运作，一旦把伦理与社会放到一个有机的生态中考察，其合理性就具有很大的局限。

政治社会中伦理精神的现实合理性，有待伦理—社会的健康互动；健康互动的伦理—社会生态的建构，有待民主的伦理精神的和伦理性格的培育。民主的伦理性格、民主的伦理精神，是合理的伦理—社会生态、也是伦理精神的社会合理性必须建构的政治品质。

结语　伦理精神的生态对话
　　与生态发展

　　以上四篇十九章的论述，凝结为一个理念，就是：在开放—冲突的文明体系中，伦理精神的价值现实性，是生态现实性；伦理精神的价值合理性，是生态合理性。把关于伦理精神的价值现实性和价值合理性的生态理念进行方法论上的提升，就可以演绎出一种开放—冲突的文明体系中伦理精神的合理性建构的价值观："生态价值观"。

　　进入 21 世纪，人类迎接的第一个文明飓风就是所谓全球化。伦理精神的生态价值观能否在新世纪的文明形态中确证合理性与现实性，必须解决的第一个也是最基本的课题就是：生态价值观能否应对全球化的挑战？生态价值观能否成为全球化时代中国伦理发展的价值理念？

（一）开放—冲突的文明体系中伦理精神的价值理念："生态价值观"

　　所谓生态价值观，简要地说，就是在伦理与文化、经济、社会的有机生态中，即在有机的伦理—文化、伦理—经济、伦理—社会生态中理解、建构、确证、把握伦理精神的现实性和合理性的价值观。

　　生态价值观具有以下内在规定性。

　　生态价值观以"生态"为伦理精神及其价值的存在本质。生态价值观认为，不仅伦理价值，而且伦理、伦理精神，本质上都是生态的存在。一方面，作为具体历史的形态，伦理、伦理精神必有其内在的文化结构生态和价值结构生态；另一方面，伦理、伦理价值存在于伦理与经济、社会、文化的具体现实的生态关系中。在思维方式上，生态价值观把伦理精神作为一定社会文明及其历史发展的有机体中的一个生态因子，认为它只有在一定的经济—社会—文化的文明生态中才有价值现实性，也只有在一定的文明生态中通过对文明生态发展的积极贡献才能确证其价值合理性。由此，生态价值观扬弃了抽象的伦理价值观，它不否认伦理拥有自己的独立的价值追求和价值形式，但坚持认为，伦理、伦理精神没有抽象的存在现实性和价值合理性，其现实性和合理性存在于与一定文化、经济、社会所形成的有机生态之中。

生态价值观以生态合理性为最高价值标准。生态价值观把伦理生态的合理性，即由伦理参与并有效发挥文化功能所形成的伦理—文化生态、伦理—经济生态、伦理—社会生态，以及在此基础上形成的社会文明的整体生态的合理性，作为伦理价值的合理性基础和合理性标准。它认为，伦理价值的现实性，在于伦理与经济、社会、文化形成有机的生态并有效地发挥文化功能；伦理价值的合理性，在于造就体现伦理的价值理想和价值追求的合理的伦理—文化生态、伦理—经济生态、伦理—社会生态。生态的合理性，是整合的和整体的合理性，或者说是"伦理生态"的有机整体的合理性。生态价值观所追求的，不仅是具体的伦理—文化生态、伦理—经济生态、伦理—社会生态的合理性，而且是由这些子生态系统最后所形成的有机的社会文明的生态合理性。生态价值观视伦理与文化、经济、社会为有机的生态，在一体化的有机体中追求和实现自己的价值合理性，认为伦理的根本价值，在于追求有机体的价值合理性。生态价值观的价值追求，不是伦理和伦理主体的自我完善和伦理价值的自我实现，而是努力通过伦理的运作，实现整个伦理生态的价值合理性。生态价值观认为，伦理价值的合理性标准，既不是伦理自身，也不是抽象的经济、社会发展，而是伦理与文化、经济、社会健全协调发展的合理化程度。当然，在文明演进的过程中，伦理具有独特的价值功能，也只能履行自己的价值功能，因而对经济社会发展只能承担自己所应当承担的文化责任，而不是全部责任。伦理的生态合理性，在于通过文化、经济、社会发展中伦理的文化功能的履行，追求和实现文化—经济—社会协调发展的价值合理性。

生态价值观是互动的、批判的价值观。生态价值观在伦理与文化、经济、社会的互动关系中理解和确证伦理价值，认为伦理精神的价值合理性存在并根源于伦理与文化、经济、社会的辩证互动，及其所形成的社会文明的生态有机体的合理性之中。依照这种价值观，伦理的价值目的不是、至少不仅是对现存社会的维护和对现存价值系统的支持，而且还应当是对现存社会的道德批判和伦理改造。在伦理与文化、经济、社会之间，不应当只有韦伯所发现的中国传统伦理所特有的那种"乐观"和"顺应"，还应当存在韦伯所阐述的西方式的"紧张"与"冲突"。伦理精神不只是现存社会文明的肯定性结构，还是内在于既有社会文明之中，使现存提升为现实的否定性价值力量。作为一种有机的价值观，生态价值观在文明有机体和社会有机体的意义上理解伦理精神的价值及其合理性，在健康互动中不断追求、创造、实现、更新自己的价值合理性，实现社会文明的辩证发展。在这个意义上，生态价值观是富于自我生长、自我更新的内在活力和自我否定力量的价值观。

　　生态价值观是在开放—冲突的文明体系中追求价值合理性的价值观。这种价值观追求伦理价值的具体现实性。一方面，生态价值观认为，伦理价值具有相对性，伦理的价值合理性存在于伦理与一定文化、经济、社会所形成的具体、历史、现实的有机生态关系之中；另一方面，生态价值观也认为，伦理价值应当渗透并体现于文化—经济—社会体系之中，应当成为一定的文化—经济—社会生活中具有现实效力的价值力量。由于价值的具体性和历史性，只有在一定的伦理生态中，才能确证伦理的价值现实性和价值合理性，因而在价值冲突中，生态价值观必定以民族为本位，强调在伦理主体的历史文化传统和现实的经济社会生活中，追求与确证伦理的价值及其合理性生态价值是开放的、多元的、民主的、一体化的，总而言之是辩证的价值观。它认为必须在冲突和融合中追求、确证伦理价值的生命力，在中—西、古—今价值冲突，在伦理价值与经济价值、社会价值、文化价值的冲突、融合、及其所形成的有机生态中，追求和实现伦理的价值合理性。在这些意义上可以说，生态价值观是生态文明时代的价值观。

　　生态价值观呼唤体现生态文明发展要求的时代精神的学术品质。作为一种有机的、历史的、辩证的价值理念，生态价值观要求实现伦理学的研究视野与研究方法的变革。生态价值观认为，现代中国伦理精神的理论建构和现实建构，必须突破抽象的学科壁垒，走出伦理学的象牙塔，从伦理学走向经济学、走向社会学、走向政治学、走向文化学，在伦理—文化—经济—社会一体化的生态视野中，在伦理—文化—经济—社会的生态整合与辩证互动中，建构和确证伦理精神的价值现实性和价值合理性。

（二）"全球化"与多元性

几乎可以断言，如何合理而智慧地解决全球化与多元性的矛盾，将历史和现实地成为影响 21 世纪人类文明发展的前途的基本课题。21 世纪的人类文明，不是在全球化中飞跃，就是在全球化中沉寂。

一旦由经济、科技，通过政治渗透到文化领域，全球化就深入到人类精神的深层，具有整个人类文明的意义，从而不仅在广度而且在深度方面与世界文明发展的前途密切相关。面对全球化的冲击，人类的理性和智慧必须进行两个基本努力。其一，坚持至少不能放弃对全球化的理性反思和价值批判；其二，审慎地确立应对全球化的基本文化立场。

全球化在世纪之交的社会和学术发展中形成巨大的冲击波。震颤之后，理性思考应当作出的追问是：在思想和学术的意义上，全球化到底是一股浪潮，还是一种思潮？显然，在经济和科技领域，全球化具有某些客观性和必然性，虽然全球性的经济文化互动伴随资本的扩张已经延续了一个多世纪，然而高度发达的市场经济和突飞猛进的信息技术将全球互动的进程推进到前所未有的程度，在这个意义上说，全球化是一股浪潮。但值得注意的是，在这个"自然过程"背后，隐藏着某些值得警惕的政治和文化的故意，也体现着某种新的价值取向和文化立场，从这个角度说，全球化又真真切切是一种思潮，一种"全球化"的思潮。"浪潮"与"思潮"，构成全球化的客观与主观的双重本性。"浪潮"和"思潮"的区分，不仅表现为客观性和主观性，而且表现为必然性和偶然性、现实性与非现实性的区别。

全球化的合理性，存在于"浪潮"和"思潮"的辩证互动之中。辩证互动的核心，是对全球化的理性反思与价值批判。反思、批判的前提和结果，就是形成关于全球化的文化立场。

到目前为止，经济全球化和文化多元性辩证互动的文化立场，代表着对全球化的理性反思和价值批判的积极成果。这一立场的基本内核是：在经济、科技全球化的浪潮面前，坚持和发展各民族的文化多元性。文化多元性，不仅是关于全球化"浪潮"的理性反思和价值批判的必须，而且具有内在的历史必然性和价值合理性。显而易见，如果放弃文化多元性，那么，理性将缺少反思意识，价值将缺少批判主体。难以否认的事实是，全球化不仅在最后的客观后果方面关乎诸民族和整个世界的命运，而且从一开始就内蕴着深刻的价值企图和价值追求。面对"浪潮"和"思潮"的纠结，解决这一难题的基本智慧，是在事实与价值的双重纬度寻求全球化与多元性的辩证互动，理性的触角是由"实然"的事实判断指向"应然"的价值追求。不难发现，全球化进程中坚持文化多元性，不仅代表一种理性，一种价值，还代表一种信念。联合国教科文组织在1998年世界文化报告中申诉了坚持文化多元性的七大根据。① 亨廷顿宣告，只有全球化的经济竞争，没有全球化的文化趋同。② 一些西方的观察家坚信，世界不会在经济上或文化上变成同质的，一个由经济全球化而产生的文化同一的世界，是单一的男人和女人的世界，人类因此将会丧失自己创造性的潜力和适应性的弹力。③ 在全球化的冲击面前，人类不仅有足够的理由保持文化的多元性，而且更重要的是，如果不这样，世界文明将会由此导向毁灭。

文化多元性，既是关于全球化浪潮和全球化思潮的合理文化理性与文化价值，也是必须执著的文化信念。坚持全球化与多元性的辩证互动，坚持和发展文化多元性，是人类必须确立的关于全球化的基本文化立场。

（三）普世价值观、相对价值观与生态价值观

中国伦理如何坚持这一文化立场？情况特别复杂。

问题的复杂性，其一在于全球化的实质；其二在于伦理的特殊文化本性和在全球化冲击下中国伦理所处的特殊文明情境。全球化的实质乃是一个有争议的至少应当经过充分质疑的问题，可以肯定的是：全球化是一种

---

① 这七项根据是："第一，文化多元性作为人类精神创造性的一种表达，它本身就具有价值。第二，它为平等、人权和自决权原则所要求。第三，类似于生物的多样性，文化多元性可以帮助人类适应世界有限的环境资源。在这一背景下多元性与可持续性相连。第四，文化多元性是反对政治与经济的依赖和压迫的需要。第五，从美学上讲，文化多元性呈现一种不同文化的系列，令人愉悦。第六，文化多元性启迪人们的思想。第七，文化多元性可以储存好的和有用的做事方法，储存这方面的知识和经验。"

见联合国教科文组织：《世界文化报告（1998）》，北京大学出版社，2000年版，绪论第3页。

② 参见《世界文化报告（1998）》，第18页。

③ 同上书，第2、5页。

"现存"，但还不能轻言"现实"，更不能说是"合理"，全球化的现实性与合理性有待理性追究与实践批判。伦理是文化体系的核心构成。伦理的对话，是文化价值的深层对话；伦理的普遍性，是文化价值的普遍性；伦理精神多元性的丧失，在一定意义上既可以看作文化同质化的结果，也可以看作文化同质化的标志。因此，坚持伦理精神的多元性，是文化多元性立场最重要的内核之一。由于伦理精神的状况和伦理价值的取向，在归根结底的意义上与经济发展的水平、与物质资料的生产方式，以及在此基础上形成的对于自己所处的文明状态的价值判断相联系，一个民族对全球化所作的伦理反应总是深层的和整体性的，在实践上所作的伦理应对必须特别审慎。世纪之交，中国伦理所处的文明情境与世界文化体系中的其他形态很不相同。作为一个发展中国家，毋庸讳言，中国在全球化浪潮中客观上和总体上处于被冲击乃至某种意义上处于被裹挟的状态，参与全球化进程的后果肯定是复杂的；20 世纪 70 年代以来，中国主动并不断深入地进行改革开放，改革开放首先、也必然导致价值取向和文明体系的调整，这种调整在经济、社会、文化发展的诸方面往往自觉不自觉地以西方发达国家为参照，在此过程中难以避免地潜在着某些接轨乃至趋同的结果和危险；悠久的文化尤其是伦理文化的传统，逻辑和历史地要求人们在全球化的浪潮中，必须对伦理及其传统的民族性作出深刻的反思和选择，由于以上两方面的原因及其所导致的文化情结和民族情结，反思和选择的结果也肯定是多样的甚至是截然相反。

有鉴于此，面对全球化的冲击，中国伦理坚持全球化与多元性辩证互动的文化立场的理论前提，是确立全球化背景下伦理精神的价值理念。

全球化使今天的世界文明同时面临两个矛盾的课题。一方面，积极寻找各种文明之间借以深层沟通、对话、理解的文化路径，比以往任何时候都紧迫和有意义；另一方面，民族性的存在和坚持也同样比以往任何时候都重要和有必要。矛盾着的课题形成两种相反的文化思潮："文化全球一体化"；"文化全球多元化"。由此，现代伦理的发展似乎陷入某种文化悖论之中。"一方面，文化多元意识的增强，促使人们更多地偏执于'特殊主义'或'地域主义'的文化价值立场，对人类普遍价值理想和道德规范的信心大大减弱。""另一方面，现代人和现代世界愈是强烈地意识到文化多元分庭竞争的现实，其寻求某种形式的跨文化差异的普遍共识之愿望愈发强烈。"① 由此，全球化背景下的伦理精神就逻辑地存在两种基本的价值观。一是普世价值观，所谓"普世伦理"或"普遍伦理"；一是相对价值观，所谓"特殊伦理"或"民族伦理"。前者与"文化全球一体化"文化立场相一致，主张普世主义；后者与"文化全球多元化"的文化立场相适合，主张特殊主义。二者之中，特殊主义或民族主义的伦理价值观比较传统，它在汹涌的全球化浪潮面前明显缺乏抵抗力，在现实中的运作也容易导向保守。普世主义的价值观与全球化思潮直接合拍，甚至可以说本身就是全球化思潮的一部分，是全球化冲击下伦理发展尤其是中国伦理发展的新理论和新思潮，因而有必要进行认真的理论反思。

"普世伦理"能否作为中国伦理应对全球化挑战的合理的价值理念和价值选择？回答是否定的。

应当肯定，"普世伦理"作为对全球化浪潮的学术回应，作为寻求各种文明形态的伦理精神之间相互沟通对话的共通语言和共通价值的努力，有一定的必然性和合理性；面对全球化浪潮，"普世伦理"课题的研究具有重要的学术价值和现实意义。但是，如果作为应对全球化的价值理念和价值选择，"普世伦理"就不仅不合理，事实上也不现实。不合理与不现实的理由至少有两方面。其一，在理论上，"普世伦理"的主张有许多难题难以逾越，即使勉强得到"辩证"，"普世伦理"在实践中也难以得到彻底的落实。虽然从 1998 年 8 月的世界宗教大会及其所发表的著名的《走向全球伦理宣言》开始，"普世伦理"的努力总带有某种神圣性的色彩，虽然普世伦理的倡导者们，在理论上进行了所谓"最高限度的"、"较深厚的"（孔汉思、库舍尔）的普世伦理，与"最小主义"、"较稀薄的"（翰普歇尔、沃兹尔）普世伦理的审慎而用心良苦的区分，但普世伦理到底如何具有现实性，争议更大的是，到底如何具有合理性，问题远没有解决。更重要的是，"普世伦理"从根本上说也是一种抽象的价值观，当严格限定于伦理的范围中时，"普世伦理"的追求是神圣的，也有一定可能，然而一旦将伦理学家们所概括或提倡的所谓"普世伦理"，与全球化过程中各个国家的经济、政治利益，与各民族的文化传统相联系，它就不仅像汹涌的海涛中海鸥的鸣叫一样软弱无力，而且十分抽象和虚幻。全球化不能消解国家之间的经济冲突和文化差异，脱离国家的经济利益、政

---

① 万俊人著：《寻求普世伦理》商务印书馆 2001 年版，第 303 页。

治制度和伦理传统寻求所谓"普世伦理"，高则高，圣则圣，然而却没有现实性，因为它对国家的政治、经济行为太缺乏约束力，反而会成为全球化过程中弱势国家的自慰剂和强势国家向弱势国家出售的精神鸦片。麦金太尔很早就断然宣告：以所谓普遍理性为基础的，追求普遍不变的超历史超文化传统的普世伦理学的"启蒙运动"式的道德谋划不仅"彻底失败"，而且"还将失败"。① 当然，特殊主义或民族主义的伦理价值观同样面临难题。最大的难题是如何克服保守性，如何更主动、更积极也是更合理地应对全球化的挑战，这个难题不解决，"民族伦理"只能是一个防御性的文化策略。其二，根据伦理的特殊文化本性和全球化冲击下中国伦理所处的特殊文明情境，中国伦理发展的合理价值理念应当三个基本构成。(1) 作为走向现代化的国家，关于现代文明的健全合理的伦理价值理念；(2) 作为发展中国家，在全球化中保持自己的文化独立性的合理性伦理价值理念；(3) 作为具有悠久伦理传统的国家，在全球化中保持开放品质，通过传统伦理与现代伦理、中国伦理与西方伦理的健康互动，能动地推进中国的现代化进程，推动世界文明健康发展的合理性价值理念。三个构成，简单地说就是全球化背景下中国伦理的文明观、西方观和传统观。根据全球化与多元性辩证互动的文化立场，中国伦理对于全球化的合理回应，理论上应当进行两方面的努力。第一，加强和扩展伦理精神的世界性，提高与世界其他形态的文明进行价值沟通和价值对话的能力；第二，坚持和发展伦理精神的民族性，提高有效合理地推动本民族的文明发展，以及在与其他文明形态的价值互动中追求世界伦理精神的合理性的能力。

　　我的观点是，基于对全球化的价值反思和全球化浪潮中中国民族所处的特殊文明情境，中国伦理应对全球化的挑战的价值理念，不是普世价值观，也不是相对价值观，而应当是生态价值观。伦理精神的生态对话与生态发展的理念，是中国伦理应对全球化的合理的和现实的价值理念。

　　也许，至今还难以有足够的根据确证生态价值观就是全球化背景下最合理、最现实的价值观。这是因为，一方面，全球化正在进程中，它的发展趋势及其所隐含的诸多伦理问题有待全球化的进一步发展才能充分展现；另一方面，生态价值观在相当意义上还只是一种理念假设，其理论也有待进一步完善和成熟。但可以肯定的是，生态价值观能更有力地回答和

---

① 参见万俊人著《寻求普世伦理》商务印书馆 2001 年版，第 273 页。

解决全球化进程中已经出现和可能出现的诸多难题，也能够更有解释力地扬弃内在于普世价值观和相对价值观中的诸多理论局限，相对来说，是应对全球化冲击的比较合理和比较现实的价值观。

根据全球化提出的文明难题和可能出现的文明陷阱，合理的伦理价值观在理论上必须完成三大课题或应对三大挑战：在文明观和伦理精神的价值合理性标准方面，消解价值霸权；在诸文明形态和诸伦理精神形态的关系方面，抵御文化帝国主义；在对待自己的文明传统和伦理传统的态度、在全球化中坚持民族伦理的现实合理性和历史合理性的策略理念方面，扬弃文化相对主义。显而易见，无论普世伦理的理念，还是相对伦理的理念，都难以真正有力地解决这些难题。基本理由是：不仅关于普世伦理的学术论争都与这些难题有关，而且，价值霸权、文化帝国主义、文化相对主义，这三个危险的倾向都可能逻辑地潜在于普世伦理和相对伦理的价值取向中。能否扬弃价值霸权、文化帝国主义、文化相对主义，是全球化背景下伦理精神的合理性的现实根据。

（四）伦理精神的生态合理性：消解价值霸权

在文明观和价值观方面，中国伦理应对全球化的基本课题是：消解价值霸权。

全球化的冲击，在内部和外部都可能导致或强化文明体系中的价值霸权。在外部，全球化的基础是经济全球化，经济全球化的核心是资本的全球化。在全球化的浪潮中，资本的重要性，经济发展水平的重要性在最广阔的范围内以最直观的形式凸显，使经济问题和经济发展，成为各民族特别是那些处于发展中的国家生存攸关的课题。在内部，如果将 20 世纪 70 年代以来中国的改革开放，置于全球化的大背景下，那么，"以经济建设为中心"的发展策略，也可以诠释为是应对全球化挑战的价值选择。全球化所产生的外部压力和内部推动，都存在一种现实可能：将本来在文明体系中处于基础地位、在国家发展中处于优先地位的经济，在文明理念和价值体系中不恰当地夸大，成为价值霸权，所谓"经济的价值霸权"。顺着同样的逻辑，科技也可能成为价值霸权。现代经济发展和全球化的最重要的推动动力是科技，这种推动力经过价值观上的泛化，极易在价值体系中形成价值霸权。

　　纵观西方现代化的进程，经济的价值霸权、科技的价值霸权曾经造成严重后果，后现代思潮对经济主义和科学主义的批判，在一定意义上可以看作是对这些价值霸权的消解。在现代中国，价值霸权的突出表现，是将"以经济建设为中心"发展策略，演绎为价值体系中的经济至上或经济主义。毋庸置疑，"以经济建设为中心"作为中国现代化建设的重要战略转移，是完全必要的，在相当长的时期内不应动摇。但当把"经济中心"误当为现代化建设的"全部"，把特定历史时期社会发展战略重点的转移，当作现代化建设的根本理念和惟一目标时，就由"经济中心"演绎为经济的价值霸权。这种价值霸权把经济价值作为衡量一切的惟一标准，推崇经济价值至上，其理论误区，是把社会文明的有机体及其发展简单归诸于生产力标准，把生产力标准简单地等同于经济标准，把经济标准简单地等同于物质财富，忽略了社会文明的整体、有机的价值合理性，忽略了生产力的核心要素——人是物质文明和精神文明的有机统一体。在伦理和经济的关系方面，价值霸权集中表现为伦理虚无主义，道德虚无主义。它将"经济决定伦理"的本体论的思维方式机械地移植到价值观中，在单一的经济标准下使伦理沦为经济的附属和附庸。在文明观和价值观方面，价值霸权否认经济与伦理在价值上的平等的和互动关系，以经济价值为价值体系和文明体系的核心，甚至以经济价值消解和取代伦理价值。消解价值霸权是中国现代化发展，更是现代中国伦理发展必须解决的严峻课题。

　　消解价值霸权，必须确立以社会文明的整体合理性和有机合理性为内核文明理念，为此，就要超越某些潜隐着价值霸权的现代性的文明价值观，特别是那些至今仍被奉为经典和权威的文明价值权。以生态合理性为根本取向的生态价值观，具有完成这一任务的理论品质和实践品质。

　　生态价值观是有机的和整体的价值观，有机的和整体的价值观既是对以经济为本位的价值理念的超越，也是对韦伯主义的文明理念和文明模式的超越。生态价值观认为，任何文明都是一个生态有机体，因而是一个生命的存在；有机性和合理性是文明及其合理性的存在和确证方式；文明生态的深层结构是价值生态，文明的合理性，是价值生态的合理性；价值生态的合理性，是文明有机体的整体的合理性，而不只是其中任何一个文明因子即使在一定时期的民族发展中是最重要的文明因子的合理性。由此，生态价值观不仅消解经济的价值霸权，甚至也消解统治西方学术整整一个世纪的韦伯主义的文明理念和文明模式。韦伯以"新教资本主义"的著名命题，揭示现代西方资本主义发展的秘密，说明现代西方文明的合理性，其重大的学术贡献就在于向经济主义泛滥的西方社会，有力地论证了宗教、伦理对资本主义经济发展的意义，向人们提供一种新的文明发展理念和文明发展模式。然而，仔细考察就会发现，韦伯所竭力向人们展示的乃是新教伦理与资本主义发展的关系，准确地说，是宗教伦理对资本主义经济发展的意义。虽然在价值观上由功利主义的经济本位向经济与伦理的关系本位作了具有重大价值的拓展，然而其实质仍然是以经济为绝对价值，为伦理的价值合理性标准，它所追求的根本目标，还是资本主义的经济发展，而不是整个文明的合理性，其理论中深藏的，还是经济的价值霸权，是发展了的更高形态的经济价值霸权。正因为如此，在韦伯主义挺进了差不多一个世纪西方，霸权主义非但没有被消解，反而由经济霸权走向政治霸权、文化霸权。应该说，这才是韦伯主义、韦伯命题的本质。生态价值观是对韦伯主义的超越。这种价值观当然强调经济与伦理的辩证关系，承认伦理的经济标准和经济基础，承认伦理对经济发展的意义，但是，生态价值观的价值目标和价值标准，既不是经济，也不是伦理，乃至不是经济与伦理的关系，而是合理的伦理—经济生态，是整个社会文明有机体的生态合理性。这种价值观不是在伦理与经济相互关系，而是在社会文明整个合理性的意义上，考察和把握伦理的价值合理性，因而既是对潜隐于韦伯命题中的经济价值霸权的消解，也是对韦伯二元视野和二元方法的超越。

　　生态价值观是平等的和民主的价值观。依据生态价值观，虽然在特定历史时期各民族面临的基本课题和发展的理念有所侧重，虽然各种文明要素在文明体系中所处的现实地位有所不同，但作为价值生态，各因子的价值地位是平等的，生态价值观拒绝和反对任何形式的价值霸权，就像现代生态主义者反对人类中心主义一样，平等与民主是生态价值观的文化品质。生态价值观将关于经济—伦理关系的形上思辨与经济—伦理关系的价值合理性相区分。经济价值霸权的方法论根源之一，就是将哲学思辨中关于经济第一性，伦理第二性的本体论追究，简单移植到价值观中，由经济决定论的具有真理性的哲学理念，不恰当地演绎为经济霸权的价值观。在本体论的意义上，经济和伦理之间确实存在决定与被决定的关系，然而在价值体系中，经济和伦理应当具有平等的文明价值。生态价值观的平等原则和民主原则，要求超越文明价值观方面的本体论模式和本体论错位，在文明因子平等关系中追求价值生态的合理性。

　　生态价值观是互动的和批判的价值观。生态价值观所追求的生态合理性，通过各生态因子的辩证互动实现。在各种生态因子之间，不仅存在适应与平衡的关系，而且更重要的是，存在辩证互动的关系，在互动中相互扬弃片面性，实现价值的生态合理性。不可否认，经济与伦理是价值生态的基本因子。但是，经济并不具有天生的价值合理性，经济的基本价值合理性受伦理引导并由伦理赋予。正像马歇尔、韦伯、贝尔、阿马蒂亚·森等西方经济学家和社会学家发现的那样，人的行为有两种动力，这就是经济冲动力与冲道德动力（在一些学者如贝尔那里，道德冲动力被表述为宗教冲动力），前者被称之最强的动力，后者被称之为最好的动力。人的行为及其由此所导致的社会秩序和社会文明的合理性，取决于这两种冲动力之间的合理互动，不是经济，也不是伦理，而是经济和伦理辩证互动所形成的合力，以及这种合力的状况，推动社会文明的发展，形成社会文明的基本合理性。因此，生态价值观消解经济与伦理抽象分析，以及由此引申的"精神文明"与"物质文明"的二元区分，认为从根本上说文明的现实形态及其合理性只有一个，这就是有机的和生态的社会文明，要求在互动的和批判的意义上实现伦理的价值合理性和价值现实性。

（五）伦理精神的生态对话：抵御文化帝国主义

　　文化帝国主义是价值霸权在民族文化关系中的演绎。

　　无论是作为一个发展中国家，还是作为一个具有悠久文明传统和巨大文化绵延力、辐射力的民族，应对全球化的挑战，中国伦理的价值理念都必须具有这样的价值品质和价值能力：抵御文化帝国主义。

　　在世纪之交的世界文明体系和世界民族关系中，文化帝国主义不仅具有逻辑可能，而且已经是一个应当特别正视的文化现实。全球化无论是浪潮还是思潮，因为它以经济、科技为基础和先导，因为全球化与国家利益和国家发展前途密切相关，也因为全球化从一开始就不可否认地包含了在经济、科技方面处于领先地位的某些国家的发展战略和价值故意，在国家之间的文化关系方面就潜在产生文化帝国主义的客观和主观基础。事实上，文化帝国主义已经成为当今世界一种新的霸权主义形态。英国学者汤林森在上个世纪90年代就以《文化帝国主义》为题向世界发出警示。美国有关国际问题专家认为，20 世纪下半叶以后，美国奉行得最成功、最深刻的不是经济帝国主义，军事帝国主义，而是文化帝国主义。可见，文化帝国主义已经不是理念，而是事实，是伴随全球化浪潮而生成并得到膨胀的新的形态的世界霸权主义。

在理论上，文化帝国主义在一个国家的存在，必须具备外因内因两方面的条件。外因方面是一些国家推行文化霸权主义的价值故意，内因方面是另一些国家对文化帝国主义的主观认同。当在文明体系和文明观、价值观中将经济或科技的价值地位推向极致乃至取得价值霸权地位时，对在经济、科技方面处于发达地位的国家的文化价值观的认同甚至趋同就顺理成章了。因此，文明观和价值观方面价值霸权的存在，是文化帝国主义滋生蔓延的内因和主观条件，价值霸权不消解，文化帝国主义就难以得到真正的和有力的抵御。

什么是文化帝国主义？至今对此仍无统一的界定，我认为贝尔洛克的理解是有道理的。他认为，文化帝国主义的特质是："运用政治与经济权力，宣扬并普及外来文化的种种价值与习惯，牺牲的却是本土文化。"①虽然汤林森从西方中心的立场极力为文化帝国主义辩护，但不经意间却披露了帝国主义与全球化之间关系的天机。在汤林森看来，文化帝国主义乃是现代性的一种扩散，自 60 年代以来，帝国主义已被全球化取而代之。帝国主义致力于从一个权势中将某种特定的社会体系扩散到全球各地，而全球化则在各地域的相互关联和相互依赖削弱各自文化上的同一性。由此，帝国主义也已转向全球化，文化帝国主义也变成了文化的全球化。②文化帝国主义的实质是文化霸权或文化强权，其后果是一些国家文化同一性的削弱乃至文化独立性的丧失。

"普世伦理"的理念能否有效地抵御文化帝国主义？至少是一个令人怀疑的问题。普世伦理的倡导者们努力将普世伦理建立在某种普遍理性或公共理性的基础上，强调普世伦理的引出应当遵循"自下而上"而不是"自上而下"的路径，极力提倡不同文化间的自由、平等和宽容，然而，正如另一些学者所提出的那样，每一种文化都试图将自己的基本伦理价值和伦理原理说成是普遍的和共通的，最后究竟哪些价值和原理被推崇为普

---

① 转引汤林森《文化帝国主义》，上海人民出版社 1999 年版，第 5 页。
② 参见《文化帝国主义》一书的代出版说明，第 6—7 页。

遍，最有力的根据可能还是经济和科技发展的状况，准确地说是经济的、科技的以及由此而产生的政治的强权。人们有理由担心，发达国家可能会借助经济、科技和政治的力量，通过将自己的基本伦理价值上升为"普世伦理"，强制性地在全球推行。现代西方国家所强力推销的所谓人权价值观就是如此。即使那些已经被认为是具有一定全球性的观念，如自由、平等、博爱等，也显而易见地带有西方中心论的色彩。事实是，这些基本观念的具体内涵，往往"从一个民族到另一个民族，会变得完全不同甚至截然相反"。

生态价值观与普世价值观在不同文明形态和伦理形态之间的关系方面的分歧在于，生态价值观认为，各种文明形态的伦理精神之间的沟通、比较、对话，不是某些伦理普遍性或普遍的伦理价值观念如人权、自由、平等、民主的抽象和演绎，而伦理精神的生态理解、生态对话。应该说，生态价值观可以更有解释力地抵御文化帝国主义。

在诸伦理形态之间的相互关系方面，生态价值观的基本信念是"生态对话"与"文化理解"。

"生态对话"的前提是伦理精神的生态本性和生态合理性。依照生态价值观，每一种文明形态的伦理精神，都是独特的生态有机体：是伦理与它赖以生长的经济、社会基础所构成的有机生态；是与民族文化中的其他因子如宗教、政治、法律等构成的有机生态；伦理精神自身也是有机的价值生态。总之，是有机的伦理—经济生态，伦理—社会生态，伦理—文化生态和伦理精神的结构生态。由此出发，生态价值观坚持伦理精神的生态对话，认为，每一种文明、诸文明形态和伦理形态之间的关系是生态关系，离开特定的生态，任何一个因子，即便是这个生态中被认为是最合理的因子，都难以获得现实的合理性。因此，文明形态和伦理精神形态之间的比较，应当是生态有机体之间的比较，而不应当是个别价值因子之间的比较。文明体系和伦理精神体系的价值合理性标准，不是抽象的经济发展或科技进步，而是价值生态的合理性程度，它取决于生态有机体内部各价值因子之间合理互动的状况。各种文明形态虽然在经济、科技发展的水平方面存在显著差异，各种伦理精神形态虽然所体现的经济发展水平不同，但作为民族的生活方式和生存方式，作为民族生活的价值原理和文化智慧，它们都有存在的根据和存在的合理性。各种文明形态和伦理精神形态之间的沟通，不仅应当是平等的对话，而且应当是生态的对话，是有机生态之间的对话。生态对话的真谛是生命对话，是中国与西方、传统与现代的伦理生命之间的价值对话。只要承认诸民族的文化生命是平等的，就应当承认这些民族伦理精神之间的对话的平等性。在这方面，哈贝马斯的"商谈伦理"的理念有合理内核。生态合理性的理念与哈贝马斯"商谈伦理"理念的差异在于，前者强调，商谈不仅应当是平等的，而且应当是生态的，只有这样，才能达到真正的平等和合理。显然，在生态对话中，文化帝国主义没有存在基础，因为生态对话在起点和终点上都是以平等、民主、宽容为特质的多元性立场的贯彻。

生态对话的文明品质是"文化理解"。"文化理解"不同于"文化了解"和"文化解释"。现代解释学认为，历史文本和作品文本的真义必须通过"理解"而不是"解释"获得。"理解"把握"意义"而不是"含义"，因而比"解释"更深刻。伦理精神之间的生态对话是"文化理解"的"意义"对话。"文化理解"是整体的生态把握，是建立在尊重基础上的文化生命的沟通和平等对话。"文化理解"在理论上不仅解构文化帝国主义，也解构杜维明先生所指出的"强势文化心态"，这种"强势文化心态"导致经济上暂时处于弱势地位的民族对发达国家的非理智的价值认同和文化趋同。

在文化资源方面，生态价值观与弗雷斯恰克尔的"文化平行比较模式"有共通之处。弗雷斯恰克尔检讨了三种最有代表性的探究普世伦理的方法："人权"模式；"先验条件"模式；"文化平行比较"模式。他认为，"人权"模式很容易导向价值霸权和文化帝国主义，"先验条件"模式的结果是非常抽象的，只有"文化平行比较"模式才能趋向比较深厚的文化一致。这种模式强调多元文化之间的相互对话和平等理解，承认各文化传统之间的差异，主张通过平等的文化对话和理解达成道德共识。这种对文化差异的尊重和文化平等对话的精神的内核，与生态价值观的理念是一致的。

（六）伦理精神的生态发展：扬弃文化相对主义

在全球化浪潮下，文化相对主义可能是一种自然的倾向。

导致这种自然倾向的原因有二。第一，潜在于全球化浪潮中的霸权主义和帝国主义，很容易诱发民族主义情绪，甚至产生和强化民族主义情结。民族主义的理论基础之一是文化相对主义，民族主义是文化相对主义的社会形态。第二，多元文化的立场也可能出于相对主义的文化理念。

民族主义作为霸权主义的反动，一定程度上可以对全球化进行某种矫枉，在反对西方文化、政治、经济殖民化的斗争中具有战略意义和积极意义。但是，无论是基于民族主义还是文化多元的立场，文化相对主义在理念和思想武器方面，总体上是防御性和"不合时宜"（阿尔都塞语）的，它既不能真正有效地扼制价值霸权主义和文化帝国主义，也难以在全球化浪潮中主动、积极地推动本民族文化和文明的发展。

普世伦理的理念及其真正实现必须以文化相对主义的扬弃为前提。然而，到目前为止的理论和实践进展表明，普世伦理难以切实确立这一前提。事实上，普世伦理及其努力的重要障碍之一就是文化相对主义。部分原因是，普世伦理只是对多样性伦理传统中的共通性的抽象和概括，是对一些共通价值理念和道德规范的提倡，它不能解决、尤其不能切实解决在全球化的冲击下，民族伦理精神如何发展的问题。

"伦理精神的生态发展"，可以作为中国伦理应对全球化的比较合理的发展理念。生态存在、生态合理性、生态对话的理念，已经从逻辑上演绎出生态发展的概念。生态发展的基本内核是：中国伦理以有机的文化生命形态，平等文化心态，开放的文化胸怀，不断积极地融摄其他文明形态的伦理精神的合理因子，将其消化为本民族伦理精神的生命养分，在与其他伦理精神形态的共生互动中实现中国伦理，也实现世界伦理的合理的和生态的发展。生态发展是伦理精神有机生态的生命发展，是整体的和互动的发展；它所形成的世界伦理的发展景象，是多样性伦理精神的和平发展，而不是被动或主动地趋于某种"普遍"的生存竞争式的发展。生态发展的前途，不是归于某些基于经济、政治的利益驱动和价值趋同而达致的抽象的普遍性，而是保持和回归伦理精神的多样性，归于具体的和合理的生命多样性，生态多样性。

"生态发展"的理念通过一个辩证结构和辩证过程扬弃文化相对主义。（1）在"生态"的意义上坚持和发展伦理精神的民族特色；（2）以"生态"的理念和模式推动伦理精神的发展；（3）在生态发展中扬弃相对主义，积淀和积累人类伦理精神的普遍性。

坚持和发展民族伦理精神的"中国特色"，是在情感、信念、理性诸方面得到广泛认同的理念，在此基础上，需要作出的理论推进是：必须

"生态"地坚持和发展民族特色。所谓"生态地坚持",包含三个内涵:根据社会生活和市场经济的新发展,透过伦理变革形成新的合理的伦理—社会生态、伦理—经济生态;在文化冲突的背景下,建构与中国的文化传统和文化发展相匹合的合理的伦理—文化生态;建构体现时代精神、具有民族根基的伦理精神的结构生态。"生态坚持"的真谛,不是坚持伦理精神的民族自性,而是超越和发展民族自性。

"生态地坚持"和"生态地发展"的最大难题,是如何对待传统。解决这一难题需要作出的理论突破,不在于所谓传统理性,而在于对待传统的价值态度和文化情感。

经过 20 世纪长达百年之久的文化反思和文化批判,应该说中国人、中国学术界对自己的传统理性的清算是漫长而充分的,但结果似乎总难以达到预期目的,三次文化热中的反传统思潮留下许多值得深思的教训,进入新的世纪,有必要对这种理性主义的思路提出质疑。可能需要换个视角,从非理性的纬度,具体地说,从关于传统的信念和对待传统的态度方面进行突破。理论突破扬弃的对象,一是固守传统的狭隘民族主义,二是极端反传统的民族虚无主义。面对全球化的冲击,"越是民族的,越是世界的"的逻辑很可能成为民族主义的一面理论旗帜;而对于传统的过分抽象的理性追究,则是导致民族虚无主义的重要原因。事实上,任何传统,只要成为真正的传统,就是既是历史的,又是现实的。因为是历史的,所以很难对它进行完全准确的"文本""解释",只能进行意义"理解"。在世界文明体系中,许多民族对自己的传统尤其是源头性的传统,并不采取一味的理性追求的态度和方法,而是在相当意义上虚拟出一个美好的源头性的传统,像中国的"三代",西方的古希腊城邦时期,以此作为文化上和精神上的家园。根据一些学者的研究,思想启蒙有两种形式,一是反传统以启蒙,一是复古为解放。中国在走向近代和现代的过程中选择了前者,提出的著名口号是:"打倒孔家店!"西方在走向近代、现代、后现代的过程中选择了后者,几个重大的历史转折关头提出的口号都是:"回到古希腊!"文艺复兴运动如此,后现代主义也是如此。以理性主义为特征的对传统的反复解构和涤荡,一次又一次动摇了人们文化上和精神上的家园,是造成目前中国文化虚无主义、民族虚无主义的重要根源。应该说,传统,尤其是源头性的传统,因其不可"解释",首先应该是人们认同的对象,而不是也不可能是理性反思的对象,对于它,包括对日后一些产生过深远而复杂影响的传统，合理的态度应当是"理解"，甚至是"同情"、"敬意"的理解（现代新儒家语）。

　　流行的观点认为，中国传统伦理是封闭的。这种观点难以解释，为什么封闭的伦理在一个幅员广大的国度被尊奉了两千多年，甚至经过近现代的多次巨大冲击还"打"而不"倒"，并且对周边地区拥有很强的辐射力？其实，中国传统伦理的生命力和合理性，就在于它的生态发展。追源溯流，中国传统伦理一开始就是开放的，乃至可以说具有某种世界主义的潜质。春秋战国时期的伦理景象，是各种形态的伦理之间的平等对话与互动发展，当时儒家只是百家中的一家。因为儒家伦理与中国家—国一体的社会结构相适应，比较成功地解决了家—国一体背景下中国文明发展的基本课题，并形成比较成熟的理论形态（日后的《四书》就是在秦汉以前形成的），所以在汉武帝时期才被定为一尊。汉以后，儒家伦理"一尊"地位之所以被保持，基本原因是它在开放中不断推动自己的生态发展。魏晋时期，儒、道合一，形成玄学伦理；隋唐以降，又吸收佛学，将儒家伦理与佛家伦理结合；至韩愈的"道统说"，李翱的"复性论"，儒学正统地位回归，到宋明理学，形成儒、道、佛三位一体、以儒为主干的有机的伦理精神结构。这一结构有三个特点。第一，它是互补互摄的、入世——避世——出世互济的生态结构，具有很强的弹性和稳定性；第二，这一结构最大特点是自给自足，能自我消解各种人生矛盾和人伦矛盾，既能用世，又能用生，在任何情况下都不至丧失安身立命的基地，这种自给自足的伦理精神结构与自给自足的自然经济结构、自给自足的家—国一体的社会结构深度匹合；第三，儒、道、佛三位一体的自给自足的伦理精神结构，是在长期的生态开放和生态融合中不断推进，生态发展的结果，在这个结构形成的过程中，儒家不仅很早就吸纳了墨家（儒墨合一），不但使本土的道家伦理成为有机的生态因子，而且正是因为吸收了外来的佛家伦理，通过佛学伦理的本土化，使之成为有效的生态因子，才最终完成了传统伦理精神的生态建构和生态发展。可以说，中国传统伦理最成功的方面，就在于它的生态建构和生态发展。在生态发展中，它获得了活力，也获得了普遍性。难题在于，这样一个高度成熟的、自给自足的生态结构，20世纪以后在新的历史条件下，如何革命性地实现自己的生态转换和生态发展。面临全球化的挑战，狭隘的民族主义是一条走不通的路，所谓世界主义或普世主义也只是天真的幻想，这一幻想很可能将我们引进一个文明的圈套，可以借鉴的思路，就是从古老的伦理智慧中汲取养料，实现中国伦理精神的世纪性的生态转换和生态发展，在生态转换和生态发展中，扬弃文化相对主义，也扬弃抽象的普遍主义。

早在 20 世纪 40 年代，罗素就曾预言："在人类的历史上，我们第一次达到了这样一个时刻：人类种族的绵亘已经开始取决于人类能够学到的为伦理思考所支配的程度。"① 人类曾经在不同程度上建立起不同形态的"为伦理思考所支配"的社会文明，然而，"为伦理思考所支配"的社会文明的合理性，却一直是人类孜孜以求的目标。生态文明中的伦理觉悟，是人类最新的也迄今为止最深刻的伦理觉悟。生态价值观的确立，伦理—文化生态、伦理—经济生态、伦理—社会生态，一句话，伦理精神的价值生态的建构，将是 21 世纪人类追求"为伦理思考所支配"的社会文明的合理性的创造性努力。

---

① 罗素：《伦理学和政治学中的人类社会》，中国社会科学出版社 1992 年版，第 159 页。

后　记

　　无论新世纪的黎明何时露出灿烂，这本书都在时间意义上"跨世纪"。两年前，当地球以身躯作笔，在浩瀚银河画出人类采用新纪年后第二个千年的最后一个椭圆时，这本书点上第三稿、也是当时被认为是改定稿的最后一个句号。然而，在全世界都为拥抱新千年的第一缕曙光而欢呼雀跃的极富诗情画意的时刻，我却怎么也找不到那种以它为坐骥，穿越千年一遇的时间隧道的感觉。是沉重的理性折断了诗意的翅膀？是寒窗的煎熬困顿了被冷落的感觉？不，都不是！是脱缰的小驹根本就没长出翱翔的羽翼，是躁动于腹中的生灵还不能一朝分娩！于是，这个思想的"千禧婴儿"，在探出头来对新千年的黎明投上好奇的蒙目龙一瞥之后，又不无遗憾地回到母腹，与主人一道接受分娩前剧烈阵痛的考验。

　　1997年，在当时被认为是自己的"中国伦理精神三部曲"完成后，我本准备着手启动后三部曲的研究与写作。可是随后亲身经历和亲眼目睹的学术界发生的许多偶然也是必然的事件，使我逐渐萌生了"为生后写书"意念。受这种意念驱使，我获得这样的觉悟：在经过为期十年的急行军式的学术冲刺之后，应当暂时停顿下来，用相当长的时间进行先前学术研究和学术思想的反思和提升，为今后的奋斗提供更为坚实的基础和更为宽大的平台。于是便决定改变研究计划，进行前三部曲的整体反省和修订工作。这部书最初的立意是对"中国伦理精神三部曲"的第三部曲，即《中国伦理精神的现代建构》进行修订。可是经过一番深思熟虑的自我批判后，一开始动笔就新起炉灶，从主题、立意到体系、结构乃至学术风格，都试图进入一个新的境界。我努力控制写作进程，在开机后的三年多的时间中差不多每天都把兴奋点集中于此，几乎过着一种修道士式的出世生活，时刻注意提醒自己以一种从容的心态对待这一任务的完成，因而进展十分缓慢。在我以前所写的专著中，这部书是花心血最多的一部，研究与写作之艰辛，真可以用"呕心沥血"形容。全书初稿八十多万字，经过七次重大修改压缩，形成现在的篇幅。如果把《中国伦理精神的现代建构》与《伦理精神的价值生态》当作同一课题思考的两次不断深入的努力，那么，《伦理精神的价值生态》的研究与写作，事实上前后经历了六年之久。在自己的学术定位中，我还是把它当作第三部曲的重写和续写。这不仅因为前者是后者的直接基础，这部书中诸多观点在《中国伦理精神的现代建构》中已经萌芽或者提出，也不仅因为两部书之间存在紧密联系，更重要的是它代表自己学术思想的延续性和学术风格的新追求，是自己学术发展的自我否定。在内容方面，两部书之间也有某些交叉乃至重复之处，少数章节，特别是第二篇中的部分章节，与前一部书的内容大体相同，只是在原有基础上作了一些重大修改。但是，在整体上，无论立意、内容、体系还是风格追求，二者已经是两个不同的成果，可以说，它是在第三部曲的基础上作出的重大学术推进，在学术进展中可以视为由前三部曲向后三部曲转变的代表性作品，其任务是为后三部曲的研究进行方法论方面的准备。

在这部书中，我把所要完成的任务，从理论、现实、方法的纬度确定为三个课题：在开放—冲突的文明体系中，如何建构和确证伦理精神的存在现实性和价值合理性？面对文化冲突、经济转轨、社会转型，现代伦理精神如何实现创造性转换，如何与文化、经济、社会形成新的有机合理的生态，如何建构现代中国伦理精神的价值合理性？千年之交，面对人类文明的生态觉悟，伦理学在学术视野和研究方法方面应作怎样的拓展和超越？在这部书中，伦理精神的现代建构，被诠释为价值合理性的建构；价值合理性的建构，被理解为现实、合理的价值生态的建构；价值生态的建构，在形而上的层面被演绎为是对 20 世纪以韦伯为代表的关系本位的伦理学研究视野的突破和研究方法的超越。"生态"的理念、"生态"的视野、"生态"的方法，可以视为本书努力作出的创新，也是试图作出的贡献。我明白，目前的进展距课题的完成还很遥远，最多只能算是一个阶段性的心得。

本书得以完成，要感谢太多的知音和朋友。该书是江苏省社会科学规划"九五"重点工程项目"当代中国伦理工程"的成果之一，也是教育部重点课题"当代中国德育哲学"的基础研究成果之一。本书的研究和出版，得到江苏省委宣传部理论处的支持和资助。书稿第三稿完成后，我将它送请江苏人民出版社第一编辑室主任、《中国伦理精神的现代建构》的责任编辑周文彬先生指教，周先生提出了不少颇富撞击力和建设性的修改意见。在研究过程中，许多同仁提供了学术帮助。中国人民大学哲学系龚群教授寄来有关西方经济伦理方面的原版资料，使我得以解开有关难题；我经常向同事田海平教授请教并与之讨论有关现代西方伦理与现代西方哲学的问题，受益良多；袁久红博士专门为研究搜集了西方生态学马克思主义方面的文献。对所有这一切，我要由衷地道一声：谢谢！

本书得以顺利出版，要特别感谢中国社会科学出版社。1999 年 11 月 10 日，我把本书第三稿的目录和摘要寄给该社，出乎意料并令我十分感动的是，11 月 12 日晚，出版社社长张树相先生亲自给我打来电话，热情肯定此书有新意，并决定出版，书稿第三稿寄出后，责任编辑冯斌先生立即审稿，并请中国社会科学院著名学者吴元梁先生和张树相先生审阅把关，提出了十分深刻而详细的意见。按照他们的意见，我进行了近四个月夜以继日的修改。2000 年 4 月 17 日，我在女儿 14 岁诞辰之日将第四稿发出。时隔不久，张树相先生和冯斌先生再次提出重大修改意见，建议将书名由《中国伦理精神的价值生态》改为《伦理精神的价值生态》，这是研究视角方面的重大变化，它已经从个案研究进入具有更大普遍意义的理论建构。在与二位先生面谈后，我又进行了为期两个多月的第五次修改工作。在这段时间，平均每天只能休息 4 至 5 个小时。冯斌先生对第五稿逐章逐句斧正。坦率说，我虽然在情绪上偶尔觉得出版社有点过于苛刻，但理性和学者应有的治学态度告诉自己，苛刻出精品，严格乃至苛刻的挑剔，是对自己学术成长的锤炼。所以，9 月底收到校样后，在张社长和冯先生的支持鼓励下，我再次决定进行重大修改，特别是改写第四篇。2001 年 7 月，又第七次对书稿进行重大修改。中国社会科学出版社的运行机制令人信服，严谨的学风更令我折服。应该说，遇上这样的出版家和责任编辑，是吾辈学者的幸运。

在人类文明步入 21 世纪的时候，我恰好走过四十年的人生旅程。古人云：四十而不惑。然而无论在人生还是在学术的道路上，我却感到越来越"惑"。这本书与其说是探讨学问，不如说是自我解"惑"。以己昏昏，当然难以使人昭昭。读过后，但愿更多的朋友为我解惑，为我指点迷津。虽然我已经尽了最大的努力甚至付出了巨大的代价，但研究越深入，越感到自己功力不逮，书中的遗憾和谬误太多。我不敢把它作为献给新世纪的礼物，既担忧它过于微薄而贻笑大方，也担忧它太多的缺陷亵渎了神圣。我只想把正在思考还没有解决的这些困惑当作走向新世纪的探路杖，引导自己在新的时代逼近新的真知领域。"难得糊涂"、"大疑大进"，先贤的这两句哲语权且聊作对漫长跋涉艰辛的自我慰切吧！

作　者

于东南大学"水帘居"

1999 年 12 月 31 日　三稿

2001 年 7 月 10 日　七稿